Aachener Bausachverständigentage 2017

Bauwerks-, Dach- und Innenabdichtung: Alles geregelt?

Register für die Jahrgänge 1975 bis 2017

Herausgegeben von Martin Oswald und Matthias Zöller
AIBau – Aachener Institut für Bauschadensforschung
und angewandte Bauphysik gGmbH

Aachener Bausachverständigentage 2017

Bauwerks-, Dach- und Innenabdichtung:
Alles geregelt?

Christian Anders
Bert Bosseler
Thomas Brüggemann
Karsten Ebeling
Martin Günter
Rainer Henseleit
Christian Herold
Gerhard Klingelhöfer
Arno Kohls

Wolfgang Krajewski
Hans-Jürgen Krause
Géraldine Liebert
Heinz-J. Moriske
Michael Raupach
Michael K. Resch
Christoph van Treeck
Jürgen Warkus
Matthias Zöller

Rechtsfragen für Baupraktiker
Antje Boldt

Register für die Jahrgänge 1975 bis 2017

Springer Vieweg

Herausgeber
Martin Oswald, Matthias Zöller
AIBau – Aachener Institut
für Bauschadensforschung und angewandte Bauphysik gGmbH,
Aachen, Deutschland

ISBN 978-3-658-18369-1   ISBN 978-3-658-18370-7 (eBook)
DOI 10.1007/978-3-658-18370-7

Die Deutsche Nationalbibliothek verzeichnet diese Publikation in der Deutschen Nationalbibliografie; detaillierte bibliografische Daten sind im Internet über http://dnb.d-nb.de abrufbar.

Springer Vieweg
© Springer Fachmedien Wiesbaden GmbH 2017
Das Werk einschließlich aller seiner Teile ist urheberrechtlich geschützt. Jede Verwertung, die nicht ausdrücklich vom Urheberrechtsgesetz zugelassen ist, bedarf der vorherigen Zustimmung des Verlags. Das gilt insbesondere für Vervielfältigungen, Bearbeitungen, Übersetzungen, Mikroverfilmungen und die Einspeicherung und Verarbeitung in elektronischen Systemen.

Die Wiedergabe von Gebrauchsnamen, Handelsnamen, Warenbezeichnungen usw. in diesem Werk berechtigt auch ohne besondere Kennzeichnung nicht zu der Annahme, dass solche Namen im Sinne der Warenzeichen- und Markenschutz-Gesetzgebung als frei zu betrachten wären und daher von jedermann benutzt werden dürften.

Der Verlag, die Autoren und die Herausgeber gehen davon aus, dass die Angaben und Informationen in diesem Werk zum Zeitpunkt der Veröffentlichung vollständig und korrekt sind. Weder der Verlag noch die Autoren oder die Herausgeber übernehmen, ausdrücklich oder implizit, Gewähr für den Inhalt des Werkes, etwaige Fehler oder Äußerungen.

Lektorat: Annette Prenzer

Gedruckt auf säurefreiem und chlorfrei gebleichtem Papier

Springer Vieweg ist Teil von Springer Nature
Die eingetragene Gesellschaft ist Springer Fachmedien Wiesbaden GmbH
Die Anschrift der Gesellschaft ist:
Abraham-Lincoln-Str. 46, 65189 Wiesbaden, Germany

Vorwort

Die 43. Aachener Bausachverständigentage befassten sich mit Neuerungen in den Normen für Bauwerksabdichtungen. Es wurde u. a. der Frage nachgegangen, ob nun mit den im Juli 2017 erschienen Normen alle Details bei den Dach- und Innenabdichtungen sowie bei den erdberührten Bauteilen praxisgerecht geregelt sind.
Die Tagung behandelte nicht nur die Neuerungen nach den Einspruchssitzungen zu den Entwurfsfassungen aus dem Jahr 2016, sondern auch die weiterhin kontrovers diskutierten Punkte. So stellt sich bei Dachabdichtungen die Frage, ob die Flachdachrichtlinie 2016 oder die neue DIN 18531 gilt, da sich die beiden Regelwerke teilweise widersprechen.
Es wurde außerdem darüber diskutiert, welche Wassereinwirkung auf der Unterseite von Bodenplatten in gering durchlässigem Baugrund oberhalb von Grundwasserspiegeln tatsächlich zu erwarten ist, ebenso wie die Frage, ob Dränanlagen nach DIN 4095 noch zeitgemäß oder sogar riskant sind.
Neben den Abdichtungen wurden auch neue Bauweisen von WU-Betonbauteilen mit außenliegenden Frischbetonverbundsystemen und die Schwächen von Abdichtungen mit Schutzestrich in Parkhäusern und Tiefgaragen im Vergleich zu Oberflächenschutzsystemen behandelt.
Im Rahmen von Pro und Kontra wurde diskutiert, ob Regelwerke, die für die Planung und Ausführung verfasst werden, auch für die anschließende Bewertung geeignet sind. Dazu wurden die Änderungen der neuen WU-Richtlinie sowie in zwei Beiträgen die Bewertung und Instandhaltung von Betonbauteilen vorgestellt. Regelwerke verstehen sich als Hilfestellung zum Werkerfolg. Bei Einwirkungen ist zu differenzieren, ob sie einmalig auftreten und abklingen oder wiederkehren. Wenn in Regelwerken vorgesehene Beanspruchungen abgeklungen sind, müssen diesbezüglich nachträglich keine Maßnahmen ergriffen werden. Technische Bewertungen sollen daher – zunächst unabhängig von evtl. Nacherfüllungsansprüchen – die tatsächlich vorhandenen Eigenschaften des Bauteils erfassen und sich damit auseinandersetzen, ob das Werk für die vorgesehene Nutzungsdauer unter Berücksichtigung zukünftig zu erwartender Einwirkungen gebrauchstauglich ist. Dann kann geprüft werden, ob es darüber hinaus auch vertragskonform ist.
Der UBA-Schimmelleitfaden bietet Anlass zur Diskussion im Umgang mit Schimmelpilzschäden; hierzu wurde der Stand nach den Einsprüchen vorgestellt. Weitere Themen waren mobile und stationäre Leckortungssysteme an Flachdachabdichtungen sowie die Erläuterung zum Nutzen von Building Information Modeling (BIM) für Sachverständige.
Der juristische Beitrag befasste sich mit den Haftungsfallen bei der Verwendung von geschützten Darstellungen und Regelwerken in Gutachten. Ebenso wurde über Neuerungen in Regelwerken informiert.
Der Tagungsband enthält nicht nur alle Vorträge, sondern auch zahlreiche zusätzliche und aktualisierte Informationen, die in der Fülle nicht im Rahmen der Tagung dargestellt werden konnten. Weiterhin werden die Diskussionsbeiträge abgebildet, welche zusätzlich die aus Zeitgründen während der Podiumsdiskussion nicht behandelten Fragen beantworten. Das vorliegende Buch dient somit wieder als Nachschlagewerk, das den heutigen Diskussionsstand zu Abdichtungen und dem Schutz gegen Feuchtigkeit mit wasserundurchlässigen Bauteilen aus Beton abbildet.

Wir wünschen Ihnen viel Spaß beim Lesen der Beiträge.

Dipl.-Ing. Martin Oswald, M.Eng.
Prof. Dipl.-Ing. Matthias Zöller

November 2017

Inhaltsverzeichnis

Boldt, Quellenverwendung in privaten und gerichtlichen Gutachten 1

Liebert, Wichtige Neuerungen in bautechnischen Regelwerken – ein Überblick 6

Henseleit, Flachdachabdichtung – Neuerungen DIN 18531 23

Anders, Neuerungen in der Flachdachrichtlinie 27

Kohls, Abdichtung von erdberührten Bauteilen – Neuerungen DIN 18533 33

Krajewski, Wassereinwirkung auf der Unterseite von Bodenplatten in gering durchlässigem Baugrund 41

Bosseler/Brüggemann, Sind Dränanlagen nach DIN 4095 noch zeitgemäß oder sogar schadensträchtig? 49

Klingelhöfer, Innenraumabdichtungen – Neuerungen DIN 18534 58

Herold, DIN 18532 – Abdichtung befahrbarer Verkehrsflächen aus Beton, Änderungen und Neuregelungen 70

Herold, DIN 18535 – Abdichtung von Behältern und Becken, Änderungen und Neuregelungen 90

Krause/Horstmann, WU-Konstruktionen mit außenliegenden Frischbetonverbundsystemen 96

Raupach, Tiefgaragen: Sind Abdichtungen mit Schutzestrich zuverlässiger als Oberflächenschutzsysteme? 106

Das aktuelle Thema:
Sind Regelwerke als Planungsinstrumente zur Beurteilung geeignet? Diskussion am Beispiel Beton

Zöller, 1. Beitrag: Einleitung 111

Ebeling, 2. Beitrag: Neuerungen in der WU-Richtlinie 2017 121

Warkus, 3. Beitrag: Bewertung von Betonbauwerken – Wann gelten die Regelwerksanforderungen? 130

Günter, 4. Beitrag: Bedeutung von Regelwerken bei der Instandsetzung von Fassaden aus Beton 142

Moriske, UBA-Schimmelleitfaden: Auswertung der Einsprüche aus dem öffentlichen Diskussionsverfahren 154

Resch, Leckortung an Flachdachabdichtungen 160

Van Treeck/Fischer/Zander, BIM (Building Information Modeling) – Nutzen für Sachverständige 166

1. Podiumsdiskussion am 03.04.2017 ... 172

2. Podiumsdiskussion am 03.04.2017 ... 179

1. Podiumsdiskussion am 04.04.2017 ... 187

2. Podiumsdiskussion am 04.04.2017 ... 195

Verzeichnis der Aussteller Aachen 2017 ... 201

Register 1975–2017

Rahmenthemen der Aachener Bausachverständigentage ... 210

Autoren der Aachener Bausachverständigentage ... 211

Die Vorträge der Aachener Bausachverständigentage,
geordnet nach Jahrgängen, Referenten und Themen ... 215

Stichwortverzeichnis ... 246

Quellenverwendung in privaten und gerichtlichen Gutachten

Prof. Dr. Antje Boldt, Fachanwältin für Vergaberecht und Fachanwältin für Bau- und Architektenrecht, Frankfurt am Main

Die wesentliche Tätigkeit eines Sachverständigen besteht darin auf Basis seiner Begutachtung ein Sachverständigengutachten zu erstellen. Er tut dies entweder in privatem Kontext für seinen Auftraggeber oder als gerichtlich bestellter Sachverständiger. Im Rahmen der Gutachten werden häufig Texte, Skizzen, Abbildungen, DIN-Normen oder Ausdrucke aus dem Internet, z. B. von Google-Maps, verwendet. Diesbezüglich ist fraglich, ob hier fremdes Urheberrecht zu beachten ist und welche Rahmenbedingungen beachtet werden müssen.

1 Was ist urheberrechtsfähig?

Die Urheberrechtsfähigkeit eines geschützten Werkes richtet sich nach § 2 UrhG. Dieser lautet:

> „§ 2 UrhG
>
> (1) Zu den geschützten Werken der Literatur, Wissenschaft und Kunst gehören insbesondere:
> 1. Sprachwerke wie Schriftwerke, …;
> …
> 4. Werke der bildenden Künste einschließlich der Werke der Baukunst und der angewandten Kunst und Entwürfe solcher Werke;
> 5. Lichtbildwerke einschließlich der Werke, die ähnlich wie Lichtbildwerke geschaffen werden;
> …
> 7. Darstellungen wissenschaftlicher und technischer Art, wie Zeichnungen, Pläne, Karten, Skizzen, Tabellen und plastische Darstellungen;
> ….
>
> (2) Werke im Sinne dieses Gesetzes sind nur persönliche geistige Schöpfungen."

Wie aus der vorstehenden Aufzählung erkennbar wird, können die unterschiedlichsten von einem Sachverständigen verwendeten Quellen dem Urheberschutz unterfallen. Voraussetzung dafür ist jedoch immer, dass ein gewisser Grad individuellen Schaffens, also eine persönliche geistige Schöpfung vorliegt.

Damit unterliegen in Fachbüchern oder Fachzeitschriften veröffentlichte Fotos, aufwändige Zeichnungen oder sonstige aufwändige Skizzen in der Regel dem Urheberrechtsschutz gem. § 2 Abs. 1 Nr. 7 UrhG. Auch Formulare sind urheberrechtsfähig, wenn es sich dabei um persönliche geistige Schöpfungen handelt – auf den sachlichen Inhalt kommt es dabei nicht an.[1]

Landkarten oder Stadtpläne wurden ebenfalls bereits als schutzwürdig im Sinne des Urheberrechtes angesehen. So hat das LG München beispielsweise entschieden, dass Stadtpläne und Landkarten dann dem Urheberrecht unterfallen, wenn durch die Auswahl der Darstellung und die Besonderheit der Methode und Darstellungsmittel ein individuelles Kartenbild entsteht und die Karten dadurch künstlerische Züge erhalten.[2] Gleiches gilt somit für Ausdrucke von Abbildungen aus dem Internet, wie beispielsweise Google-Maps. Nach § 72 UrhG sind auch Erzeugnisse, die ähnlich wie Lichtbilder hergestellt werden, in entsprechender Anwendung der Vorschriften, die für Lichtbilder gelten, geschützt. Es besteht daher grundsätzlich die Möglichkeit, dass Urheberrechte bei Verwendung von Google-Maps-Ausdrucken verletzt werden.

Abzugrenzen hiervon sind amtliche Werke, die nach § 5 UrhG keinen urheberrechtlichen Schutz genießen. Gesetze, Verordnungen und amtliche Erlasse oder Bekannt-

---

1 OLG Hamm, Urteil vom 25.04.1991, Az.: 4 U 201/90
2 LG München I, Urteil vom 19.06.2008, Az.: 7 O 14276/07

machungen unterfallen daher nicht dem Urheberschutz, können folglich jederzeit unproblematisch zitiert oder kopiert werden.

Problematisch ist hier jedoch die Einordnung von DIN-Normen oder DIN-EN-Normen. Diese werden von privaten Gremien erstellt, sodass es sich nicht um Gesetze handelt. Die Frage, ob diese DIN-Normen daher urheberrechtlichen Schutz genießen können, weil sie eventuell nicht unter den Ausnahmetatbestand des § 5 UrhG fallen, war lange Zeit umstritten. Das Landgericht Hamburg hat mit seinem Urteil vom 31.03.2015 sehr ausführlich begründet, dass es sich bei DIN-Normen um ein Sprachwerk handelt, welches nach § 2 Abs. 2 Nr. 1 UrhG tatsächlich ein urheberrechtlich schutzfähiges Werk darstellt.[3] Hinsichtlich der Verwendung von anderen technischen Regelwerken, wie beispielsweise VDE-Normen gilt somit das Gleiche.

Urheberrechtlich geschützte Werke dürfen daher durch den Privatsachverständigen nur dann verwendet werden, wenn er hierfür die ausdrückliche Berechtigung des Urheberrechtsinhabers eingeholt hat. Es liegt auf der Hand, dass dies im Einzelfall schwierig bzw. nicht handhabbar ist.

Wie nachfolgend noch dargestellt wird, ist daher bei dem Umgang mit DIN-Normen in einem Sachverständigengutachten für den Sachverständigen Vorsicht geboten.

2 Schutz des gerichtlich bestellten Sachverständigen

Eine Einschränkung des Urheberrechtes liefert jedoch § 45 UrhG. Dort heißt es:

„*§ 45 UrhG Rechtspflege und öffentliche Sicherheit*

(1) Zulässig ist, einzelne Vervielfältigungsstücke von Werken zur Verwendung in Verfahren vor einem Gericht, einem Schiedsgericht oder einer Behörde herzustellen oder herstellen zu lassen.

(2) Gerichte und Behörden dürfen für Zwecke der Rechtspflege und der öffentlichen Sicherheit Bildnisse vervielfältigen oder vervielfältigen lassen.

(3) Unter den gleichen Voraussetzungen wie die Vervielfältigung ist auch die Verbreitung, öffentliche Ausstellung und öffentliche Wiedergabe der Werke zulässig."

§ 45 UrhG verfolgt den Zweck, dass Gerichte und Behörden zur Gewährleistung einer möglichst zügigen und auch kostengünstigen Rechtspflege Dokumente vervielfältigen dürfen, hierfür folglich keine Erlaubnis benötigen. Auch fällt hierfür keine Vergütung an. Fraglich ist, ob der gerichtlich bestellte Sachverständige sich ebenfalls auf diese Norm berufen könnte.

Der gerichtliche Sachverständige ist in § 45 Abs. 1 UrhG zwar nicht ausdrücklich genannt, aber aus der dort verwendeten Formulierung „*zur Verwendung in Verfahren vor einem Gericht*" wird der Schluss gezogen, dass auch der gerichtliche Sachverständige zu den privilegierten Personen im Sinne dieser Vorschrift zählt.[4] Im Rahmen eines Gerichtsverfahrens, aber auch bei Beauftragung durch eine Verwaltungsbehörde oder die Polizei oder Staatsanwaltschaft dürfen folglich urheberrechtlich geschützte Werke in dem Sachverständigengutachten vervielfältigt und verbreitet werden. Hierzu zählen auch sämtliche Fotos, die jeweils zu den Akten gereicht worden sind. Sofern sich in den Akten andere Privatgutachten befinden, können auch diese Fotos verwendet und in Bezug genommen werden.

Allerdings ist hierbei von der Rechtsprechung immer wieder darauf hingewiesen worden, dass es sich bei § 45 UrhG um eine Ausnahmevorschrift handelt, die somit eng auszulegen ist. Es gilt insoweit das Gebot des schonendsten Eingriffes, was bedeutet, dass urheberrechtlich geschützte Werke nur in dem Umfang verwendet werden dürfen, wie dies für das Verfahren zwingend notwendig erscheint. Auch bleibt die Verwendung auf das Verfahren alleine beschränkt. Es wäre daher nicht ohne weiteres zulässig ein besonders gelungenes Gutachten aus einem Gerichtsverfahren im Anschluss daran beispielsweise zu veröffentlichen, sofern das Gutachten tatsächlich urheberrechtlich geschützte Bestandteile enthält.

---

[3] LG Hamburg, Urteil vom 31.03.2015, Az.: 308 O 206/13

[4] Luft, in Wandtke/Bullinger, Praxiskommentar zum Urheberrecht, 4. Auflage 2014, § 45 Rn. 4

3 Der privat beauftragte Sachverständige

Wesentlich problematischer stellt sich die Situation für den Privatsachverständigen dar, der von einer Partei mit der Erstellung eines Sachverständigengutachtens beauftragt wird. Hier gilt es für den Privatsachverständigen, die rechtlichen Rahmenbedingungen genau zu kennen:

a. Keine Legitimation durch § 53 UrhG

§ 53 UrhG erlaubt die Vervielfältigung zum privaten oder sonstigen eigenen Gebrauch. Da der Privatsachverständige jedoch gewerblich tätig wird und folglich etwaige urheberrechtlich geschützte Werke Dritter nicht für seinen eigenen privaten Gebrauch verwendet, kann er sich nicht auf § 53 UrhG berufen.

b. Kein Schutz durch das Zitatrecht in § 51 UrhG

§ 51 UrhG erlaubt unter bestimmten Voraussetzungen das Zitat von urheberrechtlich geschützten Werken. Dort heißt es:

„*§ 51 UrhG*
Zulässig ist die Vervielfältigung, Verbreitung und öffentliche Wiedergabe zum Zwecke des Zitats, sofern die Nutzung in ihrem Umfang durch den besonderen Zweck gerechtfertigt ist. Zulässig ist dies insbesondere, wenn
1. *einzelne Werke nach der Veröffentlichung in ein selbständiges wissenschaftliches Werk aufgenommen werden,*
2. *Stellen eines Werkes nach der Veröffentlichung in einem selbständigen Sprachwerk angeführt werden, ...*"

Wie sich bereits aus dem Gesetzestext ergibt, muss das eigene zu erschaffende Werk eine derartige Gestaltungstiefe aufweisen, dass es als selbständiges wissenschaftliches Werk oder als selbständiges Sprachwerk angesehen wird, seinerseits also urheberrechtsfähig ist. Dies dürfte bei einem Privatgutachten nur in Ausnahmefällen gegeben sein.[5] Nur dann, wenn ein Sachverständigengutachten eine extreme „Gestaltungshöhe" aufweist, könnte daher über das Zitatrecht eine Verletzung des Urheberrechtes gerechtfertigt sein.

c. Gestattung über die sogenannte Zweckerreichungsregel?

Wird der Sachverständige im Rahmen einer außergerichtlichen Auseinandersetzung zwischen zwei Parteien für eine Seite tätig und überlässt ihm sein Auftraggeber beispielsweise einen Anwaltsschriftsatz der Gegenseite oder auch ein Gutachten, welches die Gegenseite hat erstellen lassen, so kann der Sachverständige die dortigen Erläuterungen und Ergebnisse in seinem Gutachten ebenfalls verwerten. Zunächst ist natürlich fraglich, ob der überlassene Anwaltsschriftsatz oder das überlassene Privatgutachten der Gegenseite überhaupt urheberrechtsfähigen Inhalt besitzen. Sollte dies jedoch bejaht werden, so ist jedenfalls die Auseinandersetzung mit den gegnerisch überlassenen Unterlagen durch eine unterstellte Einwilligung der Gegenseite gedeckt. Der Zweck, den die Gegenseite mit Übergabe eines Privatgutachtens oder Anwaltsschriftsatzes erreichen möchte, rechtfertigt es, dass sich der Auftraggeber mit diesen Inhalten im Detail auseinandersetzt und hierfür ggf. einen Dritten, nämlich den Sachverständigen mit der Erstellung eines eigenen Privatgutachtens beauftragt. Über diese Zweckerreichungsregel liegt daher keine Verletzung eines vermeintlichen Urheberrechtes vor.

d. Umgang mit DIN-Normen oder anderen privatrechtlichen Unterlagen

Wie bereits vorstehend erläutert wurde, dürfen DIN-Normen nicht vervielfältigt, also nicht im Rahmen des Gutachtens – auch nur in Ausschnitten – eingescannt und einkopiert werden. Auch das Abschreiben von Teilen von DIN-Normen ist somit nicht zulässig. Will man gleichwohl eine DIN-Norm in dem Gutachten zitieren und auf diese Bezug nehmen, so muss ein eigenes Exemplar in der Originalfassung dem Gutachten beigefügt werden. Nur dann ist durch den Erwerb dieses Exemplars die Verwertung in dem Gutachten von der Einwilligung des Rechteinhabers erfasst. Wird kein Originalexemplar beigefügt, bleibt dem Sachverständigen nichts anderes übrig, als ausschließlich den exakten Fundort im Rahmen einer DIN-Norm zu zitieren und die Parteien darauf zu verweisen, dass diese die einschlägigen technischen Regelungen durch Beschaffung einer eigenen Kopie der DIN-Norm überprüfen können. Wenn der Auf-

---
5 Wandtke/Bullinger, a.a.O., § 51 Rn. 8

traggeber von dem Sachverständigen verlangt, dass dieser den genauen Text der DIN-Norm im Rahmen des Gutachtens ergänzend beifügt, so sollte darauf hingewiesen werden, dass dies mit zusätzlichen Kosten für den Erwerb der Norm verbunden ist.

Will ein Sachverständiger im Rahmen eines Privatgutachtens daher nunmehr auf DIN-Normen oder sonstige urheberrechtlich geschützte Werke Dritter zurückgreifen, ist mangels entsprechender Ausnahmevorschriften im UrhG äußerste Vorsicht geboten.

e. Privatgutachten zur Vorbereitung eines Rechtsstreits

Für den Privatgutachter kommt in Betracht, dass er sich bei einer geschickten Formulierung seines Gutachterauftrages in den Schutzbereich der vorstehend bereits zitierten Norm des § 45 UrhG begibt. Wie dargestellt gelten die urheberrechtlichen Schranken nicht für Gutachten, die im Rahmen eines Rechtsstreits durch einen gerichtlich bestellten Sachverständigen erbracht werden. Fraglich ist jedoch, wann tatsächlich ein Rechtsstreit beginnt und ob tatsächlich auch nur ein gerichtlich bestellter Sachverständiger unter den Schutzzweck des § 45 UrhG fällt. Dies wird in der Literatur und der Rechtsprechung kontrovers diskutiert. Der Zeitraum der Vorbereitung eines Rechtsstreits könnte in den Schutzbereich des § 45 UrhG fallen, da nur dann effektiver Rechtsschutz sichergestellt ist, wenn ein Gerichtsverfahren auch entsprechend vorbereitet werden kann. Dies wird beispielsweise auch aus dem Wortlaut des § 45 Abs. 1 UrhG geschlossen, der davon spricht, dass Vervielfältigungsstücke von Werken *„zur Verwendung in Verfahren"* erlaubnisfrei verarbeitet werden dürfen. Diese Formulierung erfasst daher, dass Sachverständigengutachten, die zwar privat von einer Partei beauftragt wurden, aber für die Verwendung in einem Verfahren gedacht sind, keinen urheberrechtlichen Restriktionen unterliegen.

Eine andere Auffassung vertritt diesbezüglich jedoch, dass es sich bei § 45 Abs. 1 UrhG um eine Ausnahmevorschrift handele, sodass hier die Schranken auch extrem eng auszulegen seien und nicht dergestalt ausgeweitet werden dürften, dass der Urheberschutz ausgehöhlt werde.

Im Ergebnis ist der erstgenannten Auffassung jedoch zuzustimmen, da andernfalls die Vorbereitung oder auch Begleitung eines gerichtlichen Verfahrens nur in nicht effektiver Weise möglich wäre. Für einen Privatsachverständigen heißt dies, dass er seinen Gutachtenauftrag konkret dahingehend klären soll, ob sein Gutachten bereits zur Verwendung in einem gerichtlichen oder behördlichen Verfahren gedacht ist. Sofern dies der Fall ist, sollte dies auch ausdrücklich in dem Sachverständigengutachten so benannt sein, damit klargemacht wird, dass das Gutachten auch nur ausschließlich für diesen Zweck verwendet werden darf.

Würde der Sachverständige jedoch mit einer Begutachtung dahingehend beauftragt, dass auf Basis des Gutachtens erst zu klären wäre, ob ein gerichtliches Verfahren eingeleitet wird, so wäre dies jedenfalls nicht mehr von dem Schutzzweck des § 45 Abs. 1 UrhG gedeckt.

4 Zusammenfassung

Der gerichtliche Sachverständige unterliegt im Hinblick auf die Erstellung seines Sachverständigengutachtens nahezu keinen urheberrechtlichen Einschränkungen. Es ist lediglich darauf zu achten, dass das Gutachten ausschließlich für den bestimmten Zweck zur Verwendung in dem Rechtsstreit oder vor der Behörde auch tatsächlich verwendet wird.

Der privat hinzugezogene Sachverständige hingegen muss umfangreich Urheberrechte Dritter beachten und für die Verwendung von urheberrechtlich geschützten Unterlagen sich grundsätzlich die Berechtigung hierzu von den jeweiligen Urheberrechtsinhabern einholen. Eine Ausnahme hierfür gilt nur dann, wenn sein Gutachten zur Vorbereitung eines Rechtsstreits erstellt wird und nicht mehr mittels des Gutachtens geklärt werden muss, ob überhaupt ein Rechtsstreit durchgeführt wird oder nicht. Nur dann sind die von ihm in Bezug genommenen urheberrechtlich geschützten Werke ohne weitere Erlaubnis verwendbar.

RAin Prof. Dr. Antje Boldt
Seit 1994 als Rechtsanwältin in Frankfurt am Main zugelassen und Partnerin in der Anwaltskanzlei ARNECKE SIBETH Rechtsanwälte Steuerberater Partg mbB; Fachanwältin für Bau- und Architektenrecht sowie für Vergaberecht; Tätigkeitsschwerpunkt: Erstellung von Vertragsunterlagen, Strukturierung und Abwicklung von Vergabeverfahren sowie die Vertretung in gerichtlichen Verfahren bei Baumaßnahmen im Bereich des Gesundheitswesens sowie bei Verkehrsinfrastrukturprojekten; Mitglied des Vorstandes des Deutschen Baugerichtstages; Professorin für Wirtschaftsrecht an der Hochschule Fresenius in Idstein und seit einigen Jahren auch als Schiedsrichterin nach der Schiedsgerichtsordnung für Baustreitigkeiten (SGOBau) und nach der Schiedsgerichtsordnung der Deutschen Institution für Schiedsgerichtsbarkeit (DIS) tätig.

Wichtige Neuerungen in bautechnischen Regelwerken – ein Überblick

Dipl.-Ing. Géraldine Liebert, AIBAU, Aachen

Mit dieser Beitragsreihe werden die aus der Sicht eines in der Praxis tätigen Bausachverständigen wichtigsten Neuerungen in bautechnischen Regelwerken vorgestellt. Da innerhalb des letzten Jahres – seit meinem Vortrag im April 2016 – viele Regelwerke neu erschienen sind, kann im Vortrag nur auf einen Teil der Neuerungen eingegangen werden (Redaktionsschluss: April 2017).

Die neuen Abdichtungsnormen DIN 18531 bis DIN 18535, die Neufassung der Flachdachrichtlinie (ZVDH/Hauptverband der dt. Bauindustrie), der neue Schimmelleitfaden des Umweltbundesamtes (UBA) sowie die WU-Richtlinie 2017 des Deutschen Ausschusses für Stahlbeton (DAfStb) werden im Rahmen dieser Tagung von den Mitreferenten vorgestellt und sind daher nicht Teil des folgenden Beitrages.

1 Wärmeschutz (DIN 4108 Teil 4)

DIN 4108 *„Wärmeschutz und Energie-Einsparung in Gebäuden"* beschreibt in ihrem im März 2017 als Weißdruck neu erschienenen Teil 4 wärme- und feuchteschutztechnische Bemessungswerte. Diese Neufassung von DIN 4108-4 ersetzt die Ausgabe des Normenteils von Februar 2013.

1.1 Überblick zu den Änderungen in DIN 4108-4:2017-03

Im Wesentlichen wurden zwei Änderungen vorgenommen.

Zum einen wurden die Bemessungswerte der Wärmeleitfähigkeit auf Basis der Nennwerte neu festgelegt. Das bisher in DIN 4108-4 beschriebene Grenzwertkonzept wurde *„aus europäischen Erfordernissen für europäisch harmonisierte Produktnormen"* nicht weiter fortgesetzt. Grund für diese wesentliche Änderung in der Norm ist das Urteil vom 16.10.2014 (Rechtssache C-100/13) des Europäischen Gerichtshofes (EuGH).

In diesem Urteil wurde von den Richtern ein Verstoß der Bundesrepublik Deutschland gegen die Bauprodukten-Richtlinie (RiLi 89/106/WG) festgestellt. Unter anderem die Bauregellisten des DIBt stellten zusätzliche Anforderungen für den wirksamen Marktzugang und die Verwendung in Deutschland, obwohl die betroffenen Produkte bereits von harmonisierten Normen erfasst wurden und mit einer CE-Kennzeichnung versehen waren. Dieses Feststellungsurteil hebt die betreffenden nationalen Regelungen nicht auf, der Mitgliedstaat ist jedoch verpflichtet, von sich aus und nach seiner Entscheidung die Maßnahmen zu ergreifen, die sich aus dem Urteil ergeben. Aus diesem Grund musste das bisher für Dämmstoffe gültige Grenzwertkonzept in DIN 4108-4 aufgegeben werden.

Zum anderen wurden die in Tabelle 3 von DIN 4108-4 zusammengefassten Ausgleichsfeuchtegehalte von Baustoffen geändert. Der Ausgleichsfeuchtegehalt von Calciumsulfat (also Gips und Anhydrit) wird jetzt mit 0,004 Masse-% statt wie bisher mit 0,02 Masse-% angegeben.

Diese deutliche Verringerung des Feuchtegehaltes ist vermutlich darauf zurückzuführen, dass das heute verfügbare Calciumsulfat überwiegend industriell hergestellt wird und dementsprechend rein ist. Alte Naturgipse beispielsweise enthielten zum Teil größere Beimischungen von Ton und Kalk, die zu höheren Ausgleichsfeuchten führten.

Neben den beiden o. g. wesentlichen Änderungen wurden neue Produktgruppen (z. B.: PUR-/PIR-Spritzschaum, Produkte aus expandiertem Perlite (EP), Produkte aus Polyethylenschaum (PEF), unterschiedliche an der Verwendungsstelle hergestellte Dämmstoffe) aufgenommen, alte Produktgruppen (z. B. Wärmedämmputz nach DIN 18550, Mauerwerk aus Hüttensteinen nach DIN 398) gestrichen und die Norm wurde redaktionell überarbeitet.

1.2 Festlegung der neuen Bemessungswerte der Wärmeleitfähigkeit

Bemessungswerte für Wärmedämmstoffe sind in wärmeschutztechnischen Nachweisen anzusetzen und werden nach DIN EN ISO 10456 ermittelt. Sie gelten für Anwendungen nach DIN 4108-10 oder den Technischen Baubestimmungen. Folgende Randbedingungen werden bei der Ermittlung zugrunde gelegt: ein Feuchtegehalt von 80 % rel. Luftfeuchte bei 23 °C und eine Mitteltemperatur von 10 °C.

Das alte Konzept zur **Ermittlung von Bemessungswerten nach DIN 4108-4:2013-02** umfasste zwei Kategorien.

In die erste Kategorie fielen Produkte (Wärmedämmstoffe), bei denen ausschließlich Nennwerte nach harmonisierten Europäischen Normen vorlagen. Der Bemessungswert der Wärmeleitfähigkeit ermittelte sich hierbei durch eine pauschale Erhöhung des Nennwertes um 20 %. Mit diesem Aufschlag sollte das *„konkrete Verhalten des Produkts unter Einbaurandbedingungen"* abgebildet werden. Diese Bedingungen seien von *„klimatischen, baukulturellen und verarbeitungstechnischen Faktoren abhängig und schließen Teilsicherheitsbeiwerte aufgrund des nationalen Sicherheitsniveaus ein"*.

Zur zweiten Kategorie zählten bisher Produkte, die zusätzlich zu den nach harmonisierten Europäischen Normen ermittelten Nennwerten einen sog. Grenzwert nachwiesen. Dieser Grenzwert wurde nach sog. technischen Spezifikationen bestimmt und war bauaufsichtlich derart ausgelegt, *„dass er auch bei Materialstreuungen und Verarbeitungsgenauigkeiten"* eingehalten wurde. Der Bemessungswert der Wärmeleitfähigkeit ermittelte sich hierbei durch eine pauschale Erhöhung des Grenzwertes um 5 %.

In **DIN 4108-4:2017-03** gibt es zur **Ermittlung von Bemessungswerten der Wärmeleitfähigkeit für Wärmedämmstoffe** nach harmonisierten Europäischen Normen künftig nur noch eine Kategorie. Die Bemessungswerte werden durch eine Erhöhung der Nennwerte der jeweiligen Produktgruppen ermittelt (s. Tab. 1).

Die Zuschläge auf die Nennwerte liegen in der Neufassung von DIN 4108-4:2017-03 zwischen 3 % und 23 %. Beispielhaft werden in Tabelle 1 typische Dämmstoffe für die jeweiligen Kategorien genannt.

Diese Art der Ermittlung von Bemessungswerten ist nicht neu, sie wurde z. B. in der mittlerweile zurückgezogenen Norm DIN 52612-2:1984-06 *„Wärmeschutztechnische Prüfungen; Bestimmung der Wärmeleitfähigkeit mit dem Plattengerät; Weiterbehandlung der Meßwerte für die Anwendung im Bauwesen"* angewendet. Hier lagen die Zuschläge für die jeweiligen Dämmstoffe zwischen 5–40 %.

Diese Norm wurde ersetzt durch DIN EN 12664:2001-05 *„Wärmetechnisches Verhalten von Baustoffen und Bauprodukten – Bestimmung des Wärmedurchlasswiderstandes nach dem Verfahren mit dem Plattengerät und dem Wärmestrommessplatten-Gerät – Trockene und feuchte Produkte mit mittlerem und niedrigem Wärmedurchlasswiderstand"*. Auch in dieser europäischen Norm findet man ähnliche Zuschlagswerte für Dämmstoffe.

2 Schallschutz (Neufassung von DIN 4109)

Die Neufassung der deutschen Schallschutznorm DIN 4109 ist im Juli 2016 als Weißdruck erschienen. Sie umfasst insgesamt vier Teile, wobei Teil 3 zurzeit in sechs Unterteile gegliedert ist. Diese Neugliederung entspricht der Gliederung des Normentwurfes aus dem Jahr 2013. Für die Normenteile 1 und 2 liegen seit Januar 2017 jeweils die Entwürfe einer Änderung A1 vor.

Im ersten Teil von DIN 4109 werden die Anforderungen an die Schalldämmung, im zweiten Teil die rechnerischen Nachweise der Erfüllung der Anforderungen, im dritten Teil (mit sechs Unterteilen) die Eingangsdaten für die rechnerischen Nachweise (Bauteilkatalog)

Tabelle 1

3 %	(aber mind. + 1 mW/(m*K))	z. B. MW, EPS, XPS, PU, PF, CG, EPB, EP
5 %	(aber mind. + 2 mW/(m*K))	z. B. Holzwolleplatten (WW), Holzfaserdämmstoffe (WF)
10 %	(aber mind. + 3 mW/(m*K))	z. B. PUR-/PIR-Spritzschaum
20 %		z. B. Polyethylenschaum (PEF)
23 %		z. B. expandierter Kork (ICB)

und im vierten Teil die Handhabung bauakustischer Prüfungen beschrieben.

2.1 Änderungen bei den Schallschutzanforderungen

Der Titel von DIN 4109-1:2016-07 „Schallschutz im Hochbau – Mindestanforderungen" macht deutlich, dass die Norm die nicht zu unterschreitende Qualitätsgrenze bei den Schallschutzanforderungen aus bauordnungsrechtlicher Sicht festlegt.
Empfehlungen bzw. Angaben zu einem erhöhten Schallschutz sind zurzeit nicht Bestandteil der neuen DIN 4109 aus dem Jahr 2016. Im informativen Anhang A von DIN 4109-1:2016-07 findet man hierzu Folgendes: „Hinweise zu höheren Schutzzielen entsprechend sonstiger beabsichtigter Gebäudequalitäten werden in z. B. DIN 4109 Beiblatt 2, VDI 4100 bzw. sonstigen Empfehlungen von Verbänden gegeben."
Da das Beiblatt 2 von DIN 4109 noch in Überarbeitung ist, wurde die DIN SPEC 91314:2017-01 „Schallschutz im Hochbau – Anforderungen für einen erhöhten Schallschutz im Wohnungsbau" erarbeitet, in die die Angaben aus dem alten Beiblatt 2 von DIN 4109 weitestgehend übernommen wurden. Sobald die Überarbeitung von DIN 4109 Beiblatt 2:1989-11 „Schallschutz im Hochbau – Hinweise für Planung und Ausführung – Vorschläge für einen erhöhten Schallschutz – Empfehlungen für den Schallschutz im eigenen Wohn- oder Arbeitsbereich" abgeschlossen ist, z. B. in Form der Veröffentlichung eines weiteren Teils der Reihe DIN 4109, wird DIN SPEC 91314 zurückgezogen werden.
Der Anwendungsbereich von DIN 4109 ist überarbeitet worden. Neu aufgenommen wurde beispielsweise der Schutz gegen Geräusche von Raumlufttechnikanlagen im eigenen Wohn-/Arbeitsbereich, die vom Nutzer nicht beeinflusst werden können. Hierfür wurden in den Abschnitten 4 und 10 maximale Schalldruckpegel bzw. Anforderungen an maximal zulässige A-bewertete Schalldruckpegel aufgenommen.
Es wird in der Neufassung im Anwendungsbereich ausdrücklich darauf hingewiesen, dass die Anforderungen nicht zum Schutz gegen tieffrequenten Schall nach DIN 45680 und nicht zum Schutz vor Trittschall- und Luftübertragung sowie Geräuschen aus gebäudetechnischen Anlagen in Küchen, Flure, Bäder, Toilettenräume und Nebenräume gelten, sofern diese nicht wohnraumähnlich genutzt werden (z. B. als Wohnküche).
Die in der alten Schallschutznorm in Tabelle 3 zusammengefassten Anforderungen an „erforderliche Luft- und Trittschalldämmung zum Schutz gegen Schallübertragung aus einem fremden Wohn- und Arbeitsbereich" sind in der Neufassung von DIN 4109-1:2016-07 in die Tabellen 2 bis 6, entsprechend der Nutzung der Gebäude, aufgeteilt worden.
Unterschieden wird jetzt zwischen Mehrfamilienhäusern/Bürogebäuden/gemischt genutzten Gebäuden (Tab. 2), Einfamilien-Reihenhäusern/Doppelhäusern (Tab. 3), Hotels/Beherbergungsstätten (Tab. 4), Krankenhäuser/Sanatorien (Tab. 5) und Schulen/vergleichbare Einrichtungen (Tab. 6).
Die Sonderregelungen für Gebäude mit nicht mehr als zwei Wohnungen wurden gestrichen.
Die Anforderungswerte an den Luftschall- und den Trittschallschutz in den o. g. Tabellen 2 und 3 in DIN 4109-1:2016-07 wurden überarbeitet.
Die „Anforderungen an die Schalldämmung in Mehrfamilienhäusern, Bürogebäuden und in gemischt genutzten Gebäuden" wurden wie folgt geändert:
Die Anforderungen an den Trittschallschutz von Decken wurden um bis zu 3 dB, die von Treppen um 5 dB verschärft. Erstmals werden auch Anforderungen an die Luftdämmung von „Schachtwänden von Aufzugsanlagen an Aufenthaltsräumen" gestellt ($R'w \geq 57$ dB).
Zwischen Einfamilien-Reihenhäusern und Doppelhäusern sind die Anforderungen an die Luftschalldämmung von Wänden deutlich verschärft worden (bis 5 dB). Auch die Anforderungen an die Trittschalldämmung von Treppen und Decken bei diesen Gebäuden wurde deutlich verschärft (bis 7 dB).
Neu aufgenommen wurden Anforderungen an den Luftschallschutz von „Haustrennwänden zu Aufenthaltsräumen, unter denen mindestens 1 Geschoss (erdberührt oder nicht) des Gebäudes vorhanden ist" ($R'w \geq 62$ dB).
In den Änderungsverweisen der Norm findet man bezüglich der neuen Trittschallschutzwerte folgende Anmerkung: „Die Erhöhung der Anforderungen an den Trittschallschutz in den Tabellen 2, Zeilen 1 bis 4 und Zeile 10, und Tabelle 3, Zeile 1 entsprechen in den letzten Jahren regelmäßig fest-

zustellenden Qualitäten in ausgeführten Gebäuden mit Regelbauweisen. Die Anforderungen können mit den für die einzelnen Bauweisen üblichen Deckenaufbauten nach den allgemein anerkannten Regeln der Technik erzielt werden."

2.2 Änderungen beim rechnerischen Nachweis

Der rechnerische Nachweis wurde im Hinblick auf die Anpassung an die europäischen Normen des baulichen Schallschutzes komplett neu erarbeitet. Die Nachweisverfahren für den Luft- und Trittschallschutz basieren nun auf den in den Teilen 1 und 2 von DIN EN 12365 *"Bauakustik – Berechnung der akustischen Eigenschaften von Gebäuden aus den Bauteileigenschaften"* beschriebenen Verfahren.

Der Nachweis für den Luftschallschutz berücksichtigt die Schallübertragung über das Trennbauteil und die (in der Regel) vier flankierenden Bauteile nach dem sog. "13-Wege-Verfahren". Bei dieser Art der Berechnung wird versucht, den tatsächlich im Empfängerraum ankommenden Schall zu erfassen und nicht allein die Qualität des betrachteten, trennenden Bauteils zu beschreiben. Die schalltechnische Qualität der flankierenden Bauteile, die Abmessung des Trennbauteils sowie die Größe und der Zuschnitt des Empfängerraums werden hierbei berücksichtigt. Für zweischalige massive Trennwände wurde als vereinfachter Nachweis ein Berechnungsverfahren aus dem bisherigen Verfahren der DIN 4109 Beiblatt 1:1989-11 abgeleitet.

Beim Nachweis des Trittschallschutzes wird ebenfalls der Einfluss der flankierenden Bauteile in der Berechnung berücksichtigt. Hier erfolgt die detaillierte Berechnung des bewerteten Norm-Trittschallpegels mithilfe des sog. *"9-Wege-Verfahrens"*, es gibt aber auch weiterhin die Möglichkeit den Trittschallschutz anhand eines vereinfachten Nachweises zu bestimmen.

3 Ziele und Kontrolle von Schimmelpilzschadensanierungen

Die Wissenschaftlich-Technische Arbeitsgemeinschaft für Bauwerkserhaltung und Denkmalpflege e. V. (WTA) hat ein neues Merkblatt 4-12 *"Ziele und Kontrolle von Schimmelpilzschadensanierungen in Innenräumen"* herausgegeben. Der Entwurf trägt das Ausgabedatum 10/2015 (die Einspruchsfrist endete am 31.08.2016) als Weißdruck ist das Merkblatt mit Datum 11/2016 erschienen, im Fachhandel zu beziehen ist es seit ca. März 2017.

Anlass für die Erstellung des Merkblattes war ein Treffen unterschiedlicher Verbände und Institutionen, bei dem beschlossen wurde, sich ergänzende Merkblätter zur Schimmelpilzproblematik zu erarbeiten. Die unterschiedlichen Aspekte wurden wie folgt (s. Tab. 2) unter den beteiligten Verbänden/Institutionen aufgeteilt:

Tabelle 2: Aufteilung der verschiedenen Aspekte sich ergänzender Merkblätter zur Schimmelpilzschadensanierung (Quelle: Norbert Becker, in: Der Bausachverständige 3/2016)

UBA Umweltbundesamt	gesundheitliche Aspekte/ Standards/Organisation
BG Bau Berufsgenossenschaft der Bauwirtschaft	Arbeitssicherheit/ Schimmelpilzsanierung
VDI Verein Deutscher Ingenieure e. V.	Messverfahren/ labortechnischen Analyseverfahren
WTA Wiss.-Techn. Arbeitsgemeinschaft für Bauwerkserhaltung und Denkmalpflege e. V.	Sanierungszeile/ Sanierungskontrolle

Das WTA-Merkblatt *"Ziele und Kontrolle von Schimmelpilzschadensanierungen in Innenräumen"* umfasst im Wesentlichen folgende Kapitel:
– Definition von Sanierungszeilen
– Biozidbehandlung (Desinfektion) von Bakterien oder Oberflächen
– Qualitätssicherung bei der Sanierungskontrolle
– Methoden der Sanierungskontrolle
– Bewertungshilfe zur Ableitung eines Sanierungszielwertes
– Erfolgskontrolle einer technischen Trocknung

Wie bereits erläutert sind die Inhalte des WTA-Merkblattes an die Publikationen des Umweltbundesamtes (UBA) und der Berufsgenossenschaft der Bauwirtschaft (BG Bau) angelehnt. Im Anwendungsbereich findet man aus diesem Grund den Hinweis, dass das WTA-Merkblatt für Baustellen bzw. Sanierungsbereiche gilt, bei denen nach den aktuellen Größenvorgaben des UBA (Flächen > 0,5 m²) eine fachgerechte Schimmelpilzschadensanierung durchzuführen ist. Ein baustellenbezogener ausreichender Umgebungsschutz, die Einhaltung der Biostoffverordnung, sowie die Beachtung des aktuellen Standes der Regeln der Technik zum Arbeitsschutz (z. B. gem. DGUV 2001-028) sind bei der Durchführung von Sanierungsarbeiten zu beachten.

Fäkalschäden werden ausdrücklich nicht behandelt. Es wird zudem darauf hingewiesen, dass von einem Vorkommen von Bakterien bei Schimmelschäden auszugehen ist. *„Diese können in Gebäuden ein hygienisches Problem darstellen, das in diesem Merkblatt keine Berücksichtigung findet."*

3.1 Sanierungsziele

Das WTA-Merkblatt definiert zwei Sanierungsziele: Die Wiederherstellung des sog. Normalzustandes und die Abschottung des Befalls. Hierbei ist es nicht relevant, ob die Besiedlung mit Schimmelpilzen aktives Wachstum zeigt, keimfähig oder nicht keimfähig ist.

Ziel ist es, die bautechnische/bauphysikalische Ursache für den Befall dauerhaft zu beheben. Soll eine mikrobiologische Untersuchung in jedem Fall durchgeführt werden, so muss diese explizit vor Beginn der Sanierungsarbeiten vereinbart werden.

3.1.1 Sanierungsziel: Normalzustand

Die Wiederherstellung des *„Normalzustandes"* stellt im Sinne des WTA-Merkblattes das primäre Sanierungsziel dar. Es wird grundsätzlich zwischen dem Bewuchs eines Materials mit Schimmelpilzen und einer Kontamination von Oberflächen mit Bestandteilen von Schimmelpilzen unterschieden.

Das bewachsene Material wird bei diesem Sanierungsziel entfernt und möglicherweise durch z. B. Sporen oder andere mikrobielle Bestandteile des Schimmelpilzes kontaminierte Oberflächen so weit gereinigt, dass diese für den bestimmungsgemäßen Gebrauch wieder geeignet sind.

Zur Reinigung kontaminierter Flächen findet man im WTA-Merkblatt folgenden Hinweis: *„Bei kontaminierten Oberflächen, welche für eine Reinigung geeignet sind, ist eine mechanische Reinigung durch geeignete Industriesauger der Staubklasse H oder staubbindende Maßnahmen, wie feuchtes Wischen, in der Regel ausreichend."*

Hintergrundwerte von Baumaterialien/Oberflächen (aus aktuellen Richtlinien, Veröffentlichungen, …) und Referenzmaterialien von bekanntermaßen nicht befallenen Bereichen des Objektes definieren hierbei den Normalzustand im Sinne des Merkblattes.

3.1.2 Sanierungsziel: Abschottung

Eine dauerhaft partikel- bzw. sporendichte Abschottung von schimmelpilzbewachsenen Materialien, soll nur fallbezogen, sachverständig begründet und ausschließlich bei unverhältnismäßigem Aufwand für die Entfernung als Sanierungsziel vereinbart werden. Voraussetzung für die fachgerechte Abschottung ist demnach zum einen die dauerhafte partikeldichte Abschottung der befallenen Bereiche und zum anderen die messtechnische Bestätigung, dass die abgeschotteten Bauteile *„nachhaltig und ausreichend trocken"* sind. Hiermit sind im WTA-Merkblatt in der Regel nach dem Luftfeuchte-Ausgleichsverfahren ermittelte Feuchten < 80 % r. F. gemeint.

Zur Erfolgskontrolle einer technischen Trocknung enthält das Merkblatt ein ausführliches Kapitel, in dem u. a. auch Bewertungsalternativen/Feuchtemessverfahren und die Vorgehensweise zur hygrothermischen Messung in Bauteilen beschrieben werden.

3.2 Biozidbehandlung

Die Desinfektion (Biozidbehandlung) von Bauteilen bzw. Oberflächen in begründeten und geprüften Einzelfällen wird ebenfalls im WTA-Merkblatt behandelt.

Es wird ausdrücklich auf die negativen Auswirkungen für die Gesundheit des Nutzers hingewiesen, sofern nötig sollen deshalb rückstandsfreie Wirkstoffe bei der Desinfektion eingesetzt werden. Folgender Hinweis wurde zum Thema der Biozidbehandlung in das WTA-Merkblatt aufgenommen:

„Wegen den Risiken einer Geruchsbildung und möglicher gesundheitlicher Beeinträchtigungen durch den Verbleib von Biomasse ist die Durchführung einer sogenannten Desinfektion mittels einer Biozidbehandlung bei beiden … Sanierungszielen nicht ausreichend und in den meisten Fällen nicht erforderlich."

3.3 Sanierungskontrolle

Die Sanierungskontrolle sollte unabhängig und objektiv durchgeführt werden und wenn möglich nicht durch das ausführende Unternehmen erfolgen. Weiterhin wird empfohlen, dass auch die Probenahme und die Bewertung der Laborergebnisse personell unabhängig von der Laborauswertung erfolgen sollte. Die Kontrolle von Schimmelpilzschadensanierungen sollte nachvollziehbar dokumentiert werden. Im Prüfbericht sollte dazu beispielsweise die Größenordnung der Messunsicherheit dargestellt werden.

Die Kontrolle erfolgt üblicherweise unmittelbar nach der Feinreinigung im Sanierungsbereich und vor dem Entfernen der Abschottung des Sanierungsbereiches, sowie vor Beginn der Wiederherstellungsarbeiten.

Zu den Methoden der Sanierungskontrolle zählen zum einen die Objektbegehung und zum anderen mikrobiologische Untersuchungen. Ziel der Kontrolle ist der Vergleich der Ausführung vor Ort mit den geforderten Leistungen (z. B. aus einem Sanierungsgutachten oder einer detaillierten Leistungsbeschreibung).

Es wird im WTA-Merkblatt deutlich darauf hingewiesen, dass hierbei *„die visuelle schrittweise (bauabschnittweise) Kontrolle vor Ort Vorrang vor Material- und Oberflächen-Analysen"* hat. Erst wenn sich bei der Inaugenscheinnahme Hinweise auf Mängel bzw. Ausführungsfehler ergeben, sollen messtechnische Untersuchungen durchgeführt werden.

Bei den Untersuchungsmethoden unterscheidet das WTA-Merkblatt zwischen Materialprobenentnahmen und Raumluftmessungen. Die beiden Untersuchungsmethoden werden im Merkblatt beschrieben.

Die Strategie der Probeentnahme ist vor der Probenahme zu erstellen, hierbei ist auch eine nachvollziehbare Bewertungsgrundlage der Ergebnisse mit einzuschließen.

Als Bewertungshilfe zur Ableitung von Sanierungszielwerten von Raumluftmessungen ist im Merkblatt eine Tabelle mit *„Bewertungskriterien (Basis: Auswertung diverser Labormessungen) zur Beurteilung des Feinreinigungserfolges durch Referenzmessung der Raumluft"* enthalten.

4 Wärmedämmverbundsysteme (WDVS)

4.1 Verarbeitung von Wärmedämmverbundsystemen (DIN 55699)

Im September 2016 ist der Entwurf von E DIN 55699:2016-09 *„Verarbeitung von außenseitigen Wärmedämm-Verbundsystemen"* erschienen, der als Ersatz für DIN 55699:2005-02 vorgesehen ist. Der Anwendungsbereich von DIN 55699 wurde präzisiert. Die Norm gibt demnach Planungshinweise für außenseitige Wärmedämmverbundsysteme (WDVS) mit Dämmstoffen aus Polystyrol-Hartschaum oder Mineralwolle und bewehrtem Unterputz sowie einem Oberputz bzw. Flachverblendern. Dämmsysteme mit anderen Dämmstoffen und/oder harten Bekleidungen werden nicht von der Norm behandelt.

Wenn aus z. B. Brandschutz- oder Feuchteschutzanforderungen in Teilflächen (z. B. bei Sockeln, Brandbarrieren, Laibungen) andere als die o. g. Dämmstoffe eingesetzt werden müssen, ist dies gem. DIN 55699 zulässig. Werden jedoch großflächig andere Dämmstoffe verwendet, fallen diese WDVS dann nicht mehr in den Anwendungsbereich von DIN 55699.

Die Verklebung von EPS-Dämmplatten am Untergrund ausschließlich mit Klebeschaum wurde neu in den Normentwurf aufgenommen.

Die im Anhang A zusammengestellten Angaben zu Dübelmengen und zum Dübelschema sind im Entwurf nur noch informativ und nicht mehr normativ. Es wurde eine Vielzahl neuer Beispiele für unterschiedliche Dämmstoffplattenformate aufgenommen.

4.1.1 Bauliche Voraussetzungen und Anforderungen an den Untergrund

Das Kapitel zu den baulichen Voraussetzungen wurde überarbeitet und Anforderungen konkretisiert. Zu den Horizontalabdeckungen wurde der Hinweis neu aufgenommen, dass Tropfkanten von diesen Abdeckungen nach Fertigstellung des WDVS *„etwa 3 cm oder mehr"* vor der Oberfläche liegen müssen. Werden Sonderkonstruktionen für die Abdeckungen gewählt, müssen diese dauerhaft das Eindringen von Wasser verhindern. Bei Fensterbänken sind das erforderliche Gefälle und die Tropfkanten zu berücksichtigen, zudem müssen diese *„regendicht ohne Behinderung der Dehnung"* eingebaut werden.

Neu in den Normentwurf aufgenommen wurde ein Kapitel zu Anforderungen an den Unter-

grund. Neben den allgemein gehaltenen Anforderungen, dass die Wandoberfläche, auf der das WDVS befestigt wird, fest, trocken, fett- und staubfrei sein soll, werden auch maximal zulässige Unebenheiten des Untergrundes aufgelistet.
Bei geklebten Systemen darf die Unebenheit demnach max. 1 cm/m, bei geklebten und zusätzlich gedübelten Systemen max. 2 cm/m sowie bei Schienensystemen max. 3 cm/m betragen. Größere Unebenheiten müssen vor dem Anbringen des WDVS ausgeglichen werden.
Zum Thema der Festigkeit des Untergrundes wird auf DIN 18555-2 verwiesen, wonach der Untergrund eine Haftzugfestigkeit von mind. 0,08 N/m² aufweisen muss. Zudem müssen die einzelnen Schichten des WDVS eine ausreichende Verbundfestigkeit besitzen. *„Bestehen Bedenken ob die geforderte Haftzugfestigkeit des Untergrundes sichergestellt ist, so ist dies über einen Zugversuch am zu beklebenden Untergrund zu überprüfen"*. In einer Anmerkung zu diesem Hinweis wird eine Prüfung beschrieben, bei der in den aufgetragenen Klebemörtel ein Gewebestreifen zu 2/3 seiner Länge eingebettet wird. Nach einer Erhärtungszeit von ca. einer Woche wird dieser Streifen dann abgezogen: Löst sich der Klebemörtel vom Untergrund oder wird der Untergrund selber mit abgezogen, sei die Haftzugfestigkeit unzureichend.

4.1.2 Dunkle Schlussbeschichtungen von WDVS
Dunkle Schlussbeschichtungen von WDVS können zu hohen thermischen Belastungen führen, die Rissbildungen, Verformungen bzw. Abrisse zur Folge haben können. Der Hellbezugswert (Farbwert nach DIN EN ISO 11664-3) sollte daher möglichst unter 20 liegen.
Wird dennoch eine Schlussbeschichtung mit einem Hellbezugswert > 20 ausgeführt, muss das WDVS technisch darauf eingestellt werden. Dies kann durch spezielle Armierungen und/oder Pigmentierung der Oberflächenschicht erfolgen.
Zur Bewertung der Funktionstauglichkeit dunkler Fassaden gibt es in E DIN 55699: 2016-09 den Hinweis, dass *„bei Unterschreitung eines Hellbezugswertes von 20 der TSR-Wert"* heranzuziehen ist. *„Ist dieser TSR-Wert ≥ 25, ist die Beschichtung als thermisch unkritisch einzustufen."*
Der TSR-Wert (Total Solar Reflectance-Wert) stimmt nicht zwingend mit dem Hellbezugswert (HBW) überein. Gibt der HBW das Reflexionsverhalten einer Oberfläche gegenüber dem sichtbaren Anteil der relevanten Solarstrahlung wieder, so bezieht sich der TSR-Wert auf die Energieeinstrahlung im gesamten Sonnenlichtspektrum vom ultravioletten bis zum infraroten Bereich. Der TSR-Wert ist dabei umgekehrt proportional zur Aufheizung einer Oberfläche. Er muss seitens der Hersteller bestätigt werden. Weitere Informationen zum TSR-Wert können u. a. dem Merkblatt *„Total Solar Reflectance – Totale solare Reflexion und Hellbezugswert"*, Herausgeber: Industrieverband WerkMörtel e. V. (IWM), Stand 2014-04 entnommen werden.

4.1.3 Instandhaltung
Ein Abschnitt zur Instandhaltung von WDVS wurde neu in E DIN 55699:2016-09 aufgenommen. Hierin werden folgende Instandhaltungsmöglichkeiten beschrieben:
– Reparaturen von Beschädigungen
– Überholungsbeschichtung
– Putzüberarbeitung
– Instandsetzung und/oder Erneuerung von Anschlüssen
– Putzerneuerung
– Aufdopplung von bestehenden WDVS

4.2 Praxismerkblatt: Brandschutz von WDVS aus EPS-Dämmstoffen
Anlässlich von Fassadenbränden, die im Sockelbereich von Fassaden mit Wärmedämmverbundsystemen (WDVS) aus Polystyrol-Hartschaum (EPS) entstanden sind (z. B. verursacht durch brennende Müllcontainer), sind Änderungen in den Anforderungen der allgemeinen bauaufsichtlichen Zulassungen (abZ) des Deutschen Instituts für Bautechnik (DIBt) erforderlich geworden. Diese wurden u. a. in Hinweisen de DIBt mit Stand vom 27.05.2015 veröffentlicht. Diese Änderungen (u. a. zur Anzahl, Lage und Ausführung von zusätzlichen, gebäudeumlaufenden Brandriegeln) habe ich Ihnen bereits im letzten Jahr (2016) vorgestellt und zusammengefasst.
Einen anschaulichen Überblick über die Änderungen beim Brandschutz von Wärmedämmverbundsystemen aus EPS bietet das im Januar 2017 neu erschienene *„Praxismerkblatt: Brandschutzmaßnahmen bei WDVS mit EPS-Dämmstoffen"* herausgegeben vom Bundesverband Ausbau und Fassade im ZDB, dem Bundesverband Farbe, Gestaltung Bautenschutz, dem Fachverband

Wärmedämm-Verbundsysteme e. V. (WDV Systeme) und dem Industrieverband Werk-Mörtel e. V. (IWM). Neben den o. g. bauordnungsrechtlichen Grundlagen werden in dem Praxismerkblatt die brandschutzgerechte Ausführung von schwerentflammbaren WDVS mit EPS-Dämmstoffen, die beispielhafte Umsetzung von Brandschutzmaßnahmen und der Übereinstimmungsnachweis behandelt.

5 Liste der neu erschienen Regelwerke

Die folgende Tabelle listet die bis Anfang April 2017 erschienenen wichtigsten Neuerungen auf. Sie sind nach Themen sortiert; die Aufstellung hat keinen Anspruch auf Vollständigkeit.

(Stand: 04/2017)

Beton	DIN 1045	Bemessung und Konstruktion von Stahlbeton- und Spannbetontragwerken
	– Teil 100	Ziegeldecken (2016-08)
	DIN EN 206	Beton – Festlegung, Eigenschaften, Herstellung und Konformität (2017-01)
	DIN EN 934	Zusatzmittel für Beton, Mörtel und Einpressmörtel
	– Teil 6:	Probenahme, Bewertung und Überprüfung der Leistungsbeständigkeit (2017-02, Entwurf)
	DIN EN 1504	Produkte und Systeme für den Schutz und die Instandsetzung von Betontragwerken – Definitionen, Anforderungen, Qualitätsüberwachung und AVCP
	– Teil 4:	Kleber für Bauzwecke (2016-05, Entwurf)
	– Teil 8:	Qualitätskontrolle und Bewertung und Überprüfung der Leistungsbeständigkeit (2016-08)
	DIN EN 13791	Bewertung der Druckfestigkeit von Beton in Bauwerken oder in Bauwerksteilen (2017-03, Entwurf) und Änderung A 20 (2017-02)
	DIN EN 14038	Elektrochemische Realkalisierung und Chloridextraktionsbehandlungen für Stahlbeton
	– Teil 1:	Realkalisierung (2016-10)
	DIN EN ISO 12696	Kathodischer Korrosionsschutz von Stahl in Beton (2016-07, Entwurf)
	Deutscher Ausschuss für Stahlbeton e. V. (DAfStb), Berlin	
	– DAfStb-Richtlinie: Instandhaltung von Betonbauteilen (Instandhaltungs-Richtlinie), (2016-06, Entwurf)	
	– DAfStb-Richtlinie: Wasserundurchlässige Bauwerke aus Beton (WU-Richtlinie), (2016-10, Entwurf)	
	Deutsche Beton- und Bautechnikverein e. V. (DBV), Berlin	
	– Merkblatt Begrenzung der Rissbildung im Stahlbeton- und Spannbetonbau (2016-05)	
	– Frischbetonverbundfolie (2016-08)	
	Zementmerkblätter des Vereins Deutscher Zementwerke e. V. (VDZ), Düsseldorf	
	– B20	Zusammensetzung von Normalbeton – Mischungsberechnung (2016-04)
	– H11	Fugen und ihre Abdichtung in WU-Bauwerken aus Beton (2016-05)
Estrich	DIN EN 13813	Estrichmörtel, Estrichmassen und Estriche – Estrichmörtel und Estrichmassen: Eigenschaften und Anforderungen (2017-03, Entwurf)
	DIN EN 13892	Prüfverfahren für Estrichmörtel und Estrichmassen
	– Teil 9:	Bestimmung des Schwindens und Quellens (2017-03, Entwurf)
	Bundesverband Estrich und Belag e. V. (BEB), Troisdorf	
	– 4.7	Hinweise zur Planung, Verlegung und Beurteilung sowie Oberflächenvorbereitung von Calciumsulfatestrichen (2016-11)

(Fortsetzung „Estrich")	Beratungsstelle für Gussasphaltanwendung e. V. (bga), Bonn
	– Merkblatt 02 Ausgleichs- und Spachtelmassen auf Gussasphaltestrich (2016-08)
	Industrieverband WerkMörtel e. V. (IWM), Duisburg
	    – „Calciumsulfat-Fließestriche – Hinweise für die Planung" (2016-10)
	    – „Fugen in Calciumsulfat-Fließestrichen" (2016-03)	

Fliesen und Platten	DIN EN 12440 DIN EN 12670 DIN EN 14411	Naturstein – Kriterien für die Bezeichnung (2016-09, Entwurf) Naturstein – Terminologie (2016-09, Entwurf) Keramische Fliesen und Platten – Definitionen, Klassifizierung, Eigenschaften, Bewertung und Überprüfung der Leistungsbeständigkeit und Kennzeichnung (2016-12)
	DIN EN ISO 10545 – Teil 3	Keramische Fliesen und Platten Bestimmung von Wasseraufnahme, offener Porosität, scheinbarer relativer Dichte und Rohdichte (2017-02, Entwurf)
	Merkblätter der Wiss.-Techn. Arbeitsgemeinschaft für Bauwerkserhaltung und Denkmalpflege (WTA) e. V., Pfaffenhofen – 3-19-16 Instandsetzung von Natursteinbodenbelägen im Innenbereich (2016-10)	
Putz	DIN 18550 – Teil 1: – Teil 2: DIN EN 13914 – Teil 1: – Teil 2: DIN 4121	Planung, Zubereitung und Ausführung von Außen- und Innenputzen Ergänzende Festlegungen zu DIN EN 13914-1 für Außenputze (2017-03, Entwurf) Ergänzende Festlegungen zu DIN EN 13914-2 für Innenputze (2017-03, Entwurf) Planung, Zubereitung und Ausführung von Außen- und Innenputzen Außenputze (2016-09) Innenputze (2016-09) Hängende Drahtputzdecken – Putzdecken mit Metallputzträgern, Rabitzdecken: Anforderungen für die Ausführung (2016-05, Entwurf)
	Bundesverband Ausbau und Fassade im ZDB, Bundesverband der Gipsindustrie e. V., u. a. – MB 5 Verputzen von Fensteranschlussfolien (2016-08)	
Holz	DIN 20000 – Teil 1: DIN 68791 DIN 68792 DIN EN 338 DIN EN 1382 DIN EN 14374 DIN EN 16737 DIN EN 16784	Anwendung von Bauprodukten in Bauwerken Holzwerkstoffe (2016-05, Entwurf) Großflächen-Schalungsplatten aus Stab- oder Stäbchensperrholz für Beton und Stahlbeton (2016-08) Großflächen-Schalungsplatten aus Furniersperrholz für Beton und Stahlbeton (2016-08) Bauholz für tragende Zwecke – Festigkeitsklassen (2016-07) Holzbauwerke – Prüfverfahren: Ausziehtragfähigkeit von Holzverbindungsmitteln (2016-07) Holzbauwerke – Furnierschichtholz (LVL): Anforderungen (2016-07, Entwurf) Bauholz für tragende Zwecke – Visuelle Sortierung von Tropenholz nach der Festigkeit (2016-09) Holzbauwerke – Prüfverfahren: Bestimmung des Langzeitverhaltens beschichteter und unbeschichteter stiftförmiger Verbindungsmittel (2016-12)
	Merkblätter der Wiss.-Techn. Arbeitsgemeinschaft für Bauwerkserhaltung und Denkmalpflege (WTA) e. V., Pfaffenhofen – 6-8-16 Feuchtetechnische Bewertung von Holzbauteilen – Vereinfachte Nachweise und Simulation (2016-08)	
	Studiengemeinschaft Holzleimbau e. V., Wuppertal – BS-Holz Merkblatt (2016-08) – Anwendbarkeit von Brettschichtholz und Balkenschichtholz nach DIN EN 14080:2013 (2016-08)	

Mauer-werk	DIN 105 – Teil 4: DIN 1053 – Teil 4: DIN 18580 DIN 20000 – Teil 401: – Teil 402: – Teil 404: DIN EN 772 – Teil 1 DIN EN 845 – Teil 1: – Teil 2: – Teil 3: DIN EN 998 – Teil 1: – Teil 2: DIN EN 12602 DIN EN 13119	Mauerziegel Keramikklinker (2017-02, Entwurf) Mauerwerk Fertigbauteile (2017-02, Entwurf) Baustellenmauermörtel (2017-03, Entwurf) Anwendung von Bauprodukten in Bauwerken Regeln für die Verwendung von Mauerziegeln nach DIN EN 771-1:2015-11 (2017-01) Regeln für die Verwendung von Kalksandsteinen nach DIN EN 771-2:2015-11 (2017-01) Regeln für die Verwendung von Porenbetonsteinen nach DIN EN 771-4:2015-11; Änderung A1 (2016-09, Entwurf) Prüfverfahren für Mauersteine Bestimmung der Druckfestigkeit (2016-05) Festlegungen für Ergänzungsbauteile für Mauerwerk Maueranker, Zugbänder, Auflager und Konsolen (2016-12) Stürze (2016-12) Lagerfugenbewehrung aus Stahl (2016-12) Festlegungen für Mörtel im Mauerwerksbau Putzmörtel (2017-02) Mauermörtel (2017-02) Vorgefertigte bewehrte Bauteile aus dampfgehärtetem Porenbeton (2016-12) Vorhangfassaden – Terminologie (2016-12)
	Merkblätter der Wiss.-Techn. Arbeitsgemeinschaft für Bauwerkserhaltung und Denkmalpflege (WTA) e. V., Pfaffenhofen	
	– E 3-23-16	Fugensanierung (Naturstein) (2016-03, Entwurf)
Wärme-schutz und Energie-einsparung	DIN 1946 – Teil 4: DIN 4108 – Teil 4: DIN EN ISO 6781 – Teil 3: DIN EN ISO 10077 – Teil 1: DIN EN ISO 12631 DIN EN ISO 15148 DIN V 18599 – Teil 1: – Teil 2: – Teil 3: – Teil 4: – Teil 5: – Teil 6:	Raumlufttechnik Raumlufttechnische Anlagen in Gebäuden und Räumen des Gesundheitswesens (2016-06, Entwurf) Wärmeschutz und Energie-Einsparung in Gebäuden Wärme- und feuchteschutztechnische Bemessungswerte (2016-07, Entwurf) und (2017-03) Verhalten von Gebäuden – Feststellung von wärme-, luft- und feuchtebezogenen Unregelmäßigkeiten in Gebäuden durch Infrarotverfahren Qualifikation der Ausrüstungsbetreiber (2016-05) Wärmetechnisches Verhalten von Fenstern, Türen und Abschlüssen – Berechnung des Wärmedurchgangskoeffizienten Allgemeines (2016-10, Entwurf) Wärmetechnisches Verhalten von Vorhangfassaden – Berechnung des Wärmedurchgangskoeffizienten (2016-10, Entwurf) Wärme- und feuchtetechnisches Verhalten von Baustoffen und Bauprodukten – Bestimmung des Wasseraufnahmekoeffizienten bei teilweisem Eintauchen (2016-12) Energetische Bewertung von Gebäuden – Berechnung des Nutz-, End- und Primärenergiebedarfs für Heizung, Kühlung, Lüftung, Trinkwarmwasser und Beleuchtung (Vornorm) Allgemeine Bilanzierungsverfahren, Begriffe, Zonierung und Bewertung der Energieträger (2016-10) Nutzenergiebedarf für Heizen und Kühlen von Gebäudezonen (2016-10) Nutzenergiebedarf für die energetische Luftaufbereitung (2016-10) Nutz- und Endenergiebedarf für Beleuchtung (2016-10) Endenergiebedarf von Heizsystemen (2016-10) Endenergiebedarf von Lüftungsanlagen, Luftheizungsanlagen und Kühlsystemen für den Wohnungsbau (2016-10)

(Fortsetzung „Wärmeschutz und Energieeinsparung")	– Teil 7:	Endenergiebedarf von Raumlufttechnik- und Klimakältesystemen für den Nichtwohnungsbau (2016-10)
	– Teil 8:	Nutz- und Endenergiebedarf von Warmwasserbereitungssystemen (2016-10)
	– Teil 9:	End- und Primärenergiebedarf von stromproduzierenden Anlagen (2016-10)
	– Teil 10:	Nutzungsrandbedingungen, Klimadaten (2016-10)
	– Teil 11:	Gebäudeautomation (2016-10)
	<u>Referentenentwurf des GEG:</u> Gesetz zur Einsparung von Energie und zur Nutzung Erneuerbarer Energien zur Wärme- und Kälteerzeugung in Gebäuden; Hrsg.: Bundesministerium für Wirtschaft und Energie und Bundesministerium für Umwelt, Naturschutz, Bau und Reaktorsicherheit (Bearbeitungsstand 2017-01-23)	
Abdichtung und Nassraumabdichtung	DIN 1986 – Teil 100:	Entwässerungsanlagen für Gebäude und Grundstücke Bestimmungen in Verbindung mit DIN EN 752 und DIN EN 12056 (2016-09) und (2016-12)
	DIN 18532 – Teil 1:	Abdichtung von befahrbaren Verkehrsflächen aus Beton Anforderungen, Planungs- und Ausführungsgrundsätze (2016-05, Entwurf)
	– Teil 2:	Abdichtung mit einer Lage Polymerbitumen-Schweißbahn und einer Lage Gussasphalt (2016-05, Entwurf)
	– Teil 3:	Abdichtung mit zwei Lagen Polymerbitumenbahnen (2016-05, Entwurf)
	– Teil 4:	Abdichtungsbauart mit einer Lage Kunststoff- oder Elastomerbahn (2016-05, Entwurf)
	– Teil 5:	Abdichtung mit einer Lage Polymerbitumenbahn und einer Lage Kunststoff- oder Elastomerbahn (2016-05, Entwurf)
	– Teil 6:	Abdichtung mit flüssig zu verarbeitenden Abdichtungsstoffen (2016-05, Entwurf)
	DIN 18534 – Teil 4:	Abdichtung von Innenräumen Abdichtung mit Gussasphalt oder Asphaltmastix (2016-10, Entwurf)
	– Teil 5:	Abdichtung mit bahnenförmigen Abdichtungsstoffen im Verbund mit Fliesen oder Platten (2016-06, Entwurf)
	– Teil 6:	Abdichtung mit plattenförmigen Abdichtungsstoffen im Verbund mit Fliesen oder Platten (AIV-P) (2016-10, Entwurf) und Änderung A1 (2016-11, Entwurf)
	DIN EN 1253 – Teil 3:	Abläufe für Gebäude Bewertung der Konformität (2016-09)
	DIN EN 1610	Einbau und Prüfung von Abwasserleitungen und -kanälen; Berichtigung 1 (2016-09)
	DIN EN 13967	Abdichtungsbahnen – Kunststoff- und Elastomerbahnen für die Bauwerksabdichtung gegen Bodenfeuchte und Wasser: Definitionen und Eigenschaften; Änderung A1 (2016-10, Entwurf)
	DIN EN 14223	Abdichtungsbahnen – Abdichtung von Betonbrücken und anderen Verkehrsflächen aus Beton – Bestimmung der Wasserabsorption (2016-10, Entwurf)
	DIN EN 14691	Abdichtungsbahnen – Abdichtungen von Betonbrücken und anderen Verkehrsflächen aus Beton: Bestimmung der Verträglichkeit nach Wärmelagerung (2016-10, Entwurf)
	DIN EN 15651	Fugendichtstoffe für nicht tragende Anwendungen in Gebäuden und Fußgängerwegen
	– Teil 3:	Dichtstoffe für Fugen im Sanitärbereich (2016-10, Entwurf)

Dach	DIN 18531	Abdichtung von Dächern sowie von Balkonen, Loggien und Laubengängen
	– Teil 1:	Nicht genutzte und genutzte Dächer – Anforderungen, Planungs- und Ausführungsgrundsätze (2016-06, Entwurf)
	– Teil 2:	Nicht genutzte und genutzte Dächer – Stoffe (2016-06, Entwurf)
	– Teil 3:	Nicht genutzte und genutzte Dächer – Auswahl, Ausführung, Details (2016-06, Entwurf)
	– Teil 4:	Nicht genutzte und genutzte Dächer – Instandhaltung (2016-06, Entwurf)
	– Teil 5:	Balkone, Loggien und Laubengänge (2016-06, Entwurf)
	DIN EN 1873	Vorgefertigte Zubehörteile für Dachdeckungen – Lichtkuppeln aus Kunststoff: Produktspezifikation und Prüfverfahren (2016-07)
	DIN EN 16002	Abdichtungsbahnen – Bestimmung des Widerstandes gegen Windlast von mechanisch befestigten Dachabdichtungsbahnen (2016-10, Entwurf)
	DIN EN ISO 14122	Sicherheit von Maschinen – Ortsfeste Zugänge zu maschinellen Anlagen
	– Teil 1:	Wahl eines ortsfesten Zugangs und allgemeine Anforderungen (2016-10)
	– Teil 2:	Arbeitsbühnen und Laufstege (2016-10)
	– Teil 3:	Treppen, Treppenleitern und Geländer (2016-10)
	– Teil 4:	Ortsfeste Steigleitern (2016-10)
	Zentralverband des Dt. Dachdeckerhandwerks (ZVDH), Köln:	
	– Fachregel für Abdichtungen – Flachdachrichtlinie (2016-12)	
	– Produktdatenblatt für Bitumenbahnen (2016-12)	
	– Produktdatenblatt für Kunststoff- und Elastomerbahnen (2016-12)	
	– Produktdatenblatt für Flüssigkunststoffe (2016-12)	
Wand/ WDVS/ Innen-dämmung	DIN 18515	Außenwandbekleidungen – Grundsätze für Planung und Ausführung
	– Teil 1:	Angemörtelte Fliesen oder Platten; Änderung A1 (2017-01, Entwurf)
	DIN 55699	Verarbeitung von außenseitigen Wärmedämm-Verbundsystemen (2016-09, Entwurf)
	DIN EN 14019	Vorhangfassaden – Stoßfestigkeit: Leistungsanforderungen (2016-11)
	DIN EN 15651	Fugendichtstoffe für nicht tragende Anwendungen in Gebäuden und Fußgängerwegen
	– Teil 1:	Fugendichtstoffe für Fassadenelemente (2016-10, Entwurf)
	DIN EN 17101	PU-Klebstoffschaum für Wärmedämmverbundsysteme (WDVS) (2017-03, Entwurf)
	Merkblätter der Wiss.-Techn. Arbeitsgemeinschaft für Bauwerkserhaltung und Denkmalpflege (WTA) e. V., Pfaffenhofen	
	– 6-4-16	Innendämmung nach WTA I: Planungsleitfaden (2016-10)
	Fachverband Wärmedämm-Verbundsysteme e. V., Baden-Baden	
		Technische Richtlinie zur Dämmung von Außenwänden mit Innendämm-Systemen (IDS), (2016-09)
	Merkblätter des Deutscher Naturwerkstein-Verbands e. V. (DNV), Würzburg	
	– BTI 1.5	Fassadenbekleidung (2016-07)
	Deutsches Institut für Bautechnik (DIBt), Berlin	
		Neue Regelungen zur Berücksichtigung der Wärmebrückenwirkung der Dübel in WDVS (2016-10)
	Industrieverband WerkMörtel e. V. (IWM), Duisburg	
		Einbau und Verputzen von Platten aus extrudiertem Polystyrolschaum (2016-05)

Fenster/ Türen	DIN EN 12210	Fenster und Türen – Widerstandsfähigkeit bei Windlast: Klassifizierung (2016-09)
	DIN EN 12207	Fenster und Türen – Luftdurchlässigkeit: Klassifizierung (2017-03)
	DIN EN 14351	Fenster und Türen – Produktnorm, Leistungseigenschaften
	– Teil 1:	Fenster und Außentüren (2016-12)
	DIN EN 15651	Fugendichtstoffe für nicht tragende Anwendungen in Gebäuden und Fußgängerwegen
	– Teil 2:	Fugendichtstoffe für Verglasungen (2016-10, Entwurf)
	Bundesinnungsverband des Glaserhandwerks, Düsseldorf	
	– TR 2:	Technische Richtlinien des Glaserhandwerks – Anwendung der Glasbemessungsnorm DIN 18008 Anwendungsbeispiele und Ausführhilfen für die Praxis (2016)
	– TR 3:	Technische Richtlinien des Glaserhandwerks – Klotzung von Verglasungseinheiten, 8. Aufl. (2016)
	– TR 17:	Technische Richtlinien des Glaserhandwerks – Verglasen mit Isolierglas, 8. Auflage (2016-08)
	Richtlinien des Institutes für Fenstertechnik (ift) Rosenheim e. V., Rosenheim	
	– WA-22/2	Wärmetechnisch verbesserte Abstandhalter – Teil 3: Ermittlung des repräsentativen Psi-Wertes für Fassadenprofile (2016-08)
	– FE-17/1	Einsatzempfehlungen für Fenster bei altersgerechtem Bauen und in Pflegeeinrichtungen (2016-04)
	Verband Fenster + Fassade (VFF), Frankfurt/Main (www.window.de)	
	– AL.02	Visuelle Beurteilung von organisch beschichteten (lackierten) Oberflächen auf Aluminium (2016-08)
	– AL.03	Visuelle Beurteilung von anodisch oxidierten (eloxierten) Oberflächen auf Aluminium (2016-08)
	– HO.03/A1	Anforderungen an Beschichtungssysteme für die werksseitige Beschichtung von Holz- und Holz-Metall-Fenstern -Haustüren und -Fassaden; Änderung A1 (2016-09)
	– HO.06-2	Holzarten für den Fensterbau – Teil 2: Holzarten zur Verwendung in geschützten Holzkonstruktionen (2016-09)
	– HO.06-4	Holzarten für den Fensterbau – Teil 4: Modifizierte Hölzer, Beiblatt 2: Kebony® SYP (2016-10)
	– HO.06-4	Holzarten für den Fensterbau – Teil 4: Modifizierte Hölzer, Beiblatt 3: Kebony® Radiata (2016-10)
	– KU.01	Visuelle Beurteilung von Oberflächen von Kunststofffenster- und Türelementen (2016-08)
	– ST.02	Visuelle Beurteilung organisch beschichteter (lackierter) Oberflächen auf Stahl (2016-08)
	– ST.03	Visuelle Beurteilung von Oberflächen aus Edelstahl Rostfrei (2016-08)
	– CE.03/A2	Leistungserklärung und CE-Kennzeichnung von Fenstern und Türen mit Feuer- und/oder Rauchschutzeigenschaften nach EN 16034; Änderung A2 (2016-11)
	– TOL.01	Toleranzen im Fenster-, Türen- und Fassadenbau (2016-09)
	– WP.01	Wartung/Pflege & Inspektion: Hinweise für den Vertrieb (2016-11)
	– WP.02	Wartung/Pflege & Inspektion: Maßnahmen und Unterlagen (2016-11)
	– WP.03	Wartung/Pflege & Inspektion: Wartungsvertrag (2016-11)

Wärme-dämm-stoffe	Wärmedämmstoffe für das Bauwesen	
	DIN EN 16382	Bestimmung des Durchzugwiderstandes von Tellerdübeln durch Wärmedämmstoffe (2017-01)
	DIN EN 16383	Bestimmung des hygrothermischen Verhaltens von außenseitigen Wärmedämm-Verbundsystemen mit Putzen (WDVS) (2017-01)
	Wärmedämmstoffe für Gebäude	
	DIN EN 13163	Werkmäßig hergestellte Produkte aus expandiertem Polystyrol (EPS) (2016-08) und (2017-02)
	DIN EN 13165	Werkmäßig hergestellte Produkte aus Polyurethan-Hartschaum (PU) (2016-09)
	DIN EN 13166	Werkmäßig hergestellte Produkte aus Phenolharzschaum (PF) (2016-09)
	DIN EN 14063	An der Verwendungsstelle hergestellte Wärmedämmung aus Blähton-Leichtzuschlagstoffen
	– Teil 1:	Spezifikation für die Schüttdämmstoffe vor dem Einbau (2016-10, Entwurf)
	DIN EN 14064	An der Verwendungsstelle hergestellte Wärmedämmung aus Mineralwolle (MW)
	– Teil 1:	Spezifikation für Schüttdämmstoffe vor dem Einbau (2016-12, Entwurf)
	DIN EN 16977	Werkmäßig hergestellte Produkte aus Calciumsilicat (CS) – Spezifikation (2016-05, Entwurf)
	Wärmedämmstoffe für die Haustechnik und für betriebstechnische Anlagen	
	DIN EN 13467	Bestimmung der Maße, der Rechtwinkligkeit und der Linearität von vorgeformten Rohrdämmstoffen (2016-09, Entwurf)
VOB Vergabe- und Vertrags-ordnung für Bauleis-tungen	DIN 1960	Teil A: Allgemeine Bestimmungen für die Vergabe von Bauleistungen (2016-09)
	DIN 1961	Teil B: Allgemeine Vertragsbedingungen für die Ausführung von Bauleistungen (2016-09)
	DIN 18299 bis DIN 18451	Teil C: Allgemeine Technischer Vertragsbedingungen für Bau-leistungen (ATV) (2016-09)
Eurocode	DIN EN 1993	Eurocode 3: Bemessung und Konstruktion von Stahlbauten
	– Teil 1-1/NA/A1:	Allgemeine Bemessungsregeln und Regeln für den Hochbau; Änderung A1 (2017-03, Entwurf)
	– Teil 1-4/NA:	Allgemeine Bemessungsregeln – Ergänzende Regeln zur Anwendung von nichtrostenden Stählen, Nationaler Anhang (2017-01)
	– Teil 1-6:	Festigkeit und Stabilität von Schalen; Änderung A1 (2016-09, Entwurf)
	– Teil 3-2/NA:	Türme, Maste und Schornsteine – Schornsteine, Nationaler Anhang (2017-01)
	– Teil 4-1:	Silos; Änderung A1 (2016-09, Entwurf)
	– Teil 4-2	Tankbauwerke; Änderung A1 (2016-09, Entwurf)
	DIN EN 1999	Eurocode 9: Bemessung und Konstruktion von Aluminiumtragwerken
	– Teil 1-1/NA:	Allgemeine Bemessungsregeln; Änderung A4, Nationaler Anhang (2016-06, Entwurf) und (2016-11, Entwurf)
	– Teil 1-5:	Schalentragwerke (2017-03)

Brand-schutz	DIN 4102 – Teil 4:	Brandverhalten von Baustoffen und Bauteilen Zusammenstellung und Anwendung klassifizierter Baustoffe, Bauteile und Sonderbauteile (2016-05)
	DIN 18232 – Teil 9:	Rauch- und Wärmefreihaltung Wesentliche Merkmale und deren Mindestwerte für natürliche Rauch- und Wärmeabzugsgeräte (2016-07)
	DIN 18234 – Teil 3: – Teil 4:	Baulicher Brandschutz großflächiger Dächer, Brandbeanspruchung von unten Begriffe, Anforderungen und Prüfungen, Durchdringungen, Anschlüsse und Abschlüsse von Dachflächen (2016-12, Entwurf) Verzeichnis von Durchdringungen, Anschlüssen und Abschlüssen von Dachflächen, welche die Anforderungen nach DIN 18234-3 erfüllen (2016-12, Entwurf)
	DIN EN 1634 – Teil 1:	Feuerwiderstandsprüfungen und Rauchschutzprüfungen für Türen, Tore, Abschlüsse, Fenster und Baubeschläge Feuerwiderstandsprüfungen für Türen, Tore, Abschlüsse und Fenster; Änderung A1 (2016-08, Entwurf)
	DIN EN 13501 – Teil 5:	Klassifizierung von Bauprodukten und Bauarten zu ihrem Brandverhalten Klassifizierung mit den Ergebnissen aus Prüfungen von Bedachungen bei Beanspruchung durch Feuer von außen (2016-12)
	DIN EN 15254 – Teil 4: – Teil 5: – Teil 7:	Erweiterter Anwendungsbereich der Ergebnisse von Feuerwiderstandsprüfungen Nichttragende Wände – Verglaste Konstruktionen (2016-12, Entwurf) Nichttragende Wände – Sandwichelemente in Metallbauweise (2016-12, Entwurf) Nichttragende Unterdecken – Sandwichelemente in Metallbauweise (2017-01, Entwurf)
	DIN EN 15269 – Teil 1: – Teil 11:	Erweiterter Anwendungsbereich von Prüfergebnissen zur Feuerwiderstandsfähigkeit und/oder Rauchdichtigkeit von Türen, Toren und Fenstern einschließlich ihrer Baubeschläge Allgemeine Anforderungen (2017-03, Entwurf) Feuerwiderstandsfähigkeit von Feuerschutzvorhängen (2017-01, Entwurf)
	VDI 3819 – Blatt 1:	Brandschutz für Gebäude Grundlagen für die Gebäudetechnik – Begriffe, Gesetze, Verordnungen, technische Regeln (2016-10)
	Industrieverband WerkMörtel e. V. (IWM), Duisburg „Brandschutzmaßnahmen bei WDVS mit EPS-Dämmstoffen" (2017-01)	
Schall-schutz	DIN 4109 – Teil 1: – Teil 2: – Teil 31: – Teil 32: – Teil 33: – Teil 34: – Teil 35:	Schallschutz im Hochbau Mindestanforderungen (2016-07) und Änderung A1 (2017-01, Entwurf) Rechnerische Nachweise der Erfüllung der Anforderungen (2016-07) und Änderung A1 (2017-01, Entwurf) Daten für die rechnerischen Nachweise des Schallschutzes (Bauteilkatalog) – Rahmendokument (2016-07) Daten für die rechnerischen Nachweise des Schallschutzes (Bauteilkatalog) – Massivbau (2016-07) Daten für die rechnerischen Nachweise des Schallschutzes (Bauteilkatalog) – Holz-, Leicht- und Trockenbau (2016-07) Daten für die rechnerischen Nachweise des Schallschutzes (Bauteilkatalog) – Vorsatzkonstruktionen vor massiven Bauteilen (2016-07) Daten für die rechnerischen Nachweise des Schallschutzes (Bauteilkatalog) – Elemente, Fenster, Türen, Vorhangfassaden (2016-07)

(Fortsetzung)	– Teil 36:	Daten für die rechnerischen Nachweise des Schallschutzes (Bauteilkatalog) – Gebäudetechnische Anlagen (2016-07)
	– Teil 4:	Bauakustische Prüfungen (2016-07)
	DIN SPEC 91314	Schallschutz im Hochbau – Anforderungen für einen erhöhten Schallschutz im Wohnungsbau (2017-01)
Baugrund/ Geotechnische Erkundung/ Untersuchung	DIN 4084	Baugrund – Geländebruchberechnungen; Änderung A1 (2016-12, Entwurf)
	DIN 4085	Baugrund – Berechnung des Erddrucks (2016-10, Entwurf)
	DIN EN ISO 14688	Geotechnische Erkundung und Untersuchung – Benennung, Beschreibung und Klassifizierung von Boden
	– Teil 1:	Benennung und Beschreibung (2016-07, Entwurf)
	– Teil 2:	Grundlagen für Bodenklassifizierungen (2016-07, Entwurf)
	DIN EN ISO 14689	Geotechnische Erkundung und Untersuchung – Benennung, Beschreibung und Klassifizierung von Fels
	– Teil 1:	Benennung und Beschreibung (2016-07, Entwurf)
Sonstiges	DIN 4150	Erschütterungen im Bauwesen
	– Teil 3:	Einwirkungen auf bauliche Anlagen (2016-12)
	DIN 18015	Elektrische Anlagen in Wohngebäuden
	– Teil 3:	Leitungsführung und Anordnung der Betriebsmittel (2016-09)
	DIN 18205	Bedarfsplanung im Bauwesen (2016-11)
	DIN 20000	Anwendung von Bauprodukten in Bauwerken
	– Teil 4:	Vorgefertigte tragende Bauteile mit Nagelplattenverbindungen nach DIN EN 14250:2010-05; (2016-11, Entwurf)
	DIN SPEC 91350	Verlinkter BIM-Datenaustausch von Bauwerksmodellen und Leistungsverzeichnissen (2016-11)
	DIN SPEC 91400	Building Information Modeling (BIM) – Klassifikation nach STLB-Bau (2017-02)
	DIN EN 1090	Ausführung von Stahltragwerken und Aluminiumtragwerken
	– Teil 2:	Technische Regeln für die Ausführung von Stahltragwerken (2016-12, Entwurf)
	DIN EN 16757	Nachhaltigkeit von Bauwerken – Umweltproduktdeklarationen: Produktkategorieregeln für Beton und Betonelemente (2016-07, Entwurf)
	DIN EN 16782	Erhaltung des kulturellen Erbes – Reinigung von porösen anorganischen Materialien: Laserstrahlreinigungsverfahren für kulturelles Erbe (2016-07)
	DIN EN ISO 12944	Beschichtungsstoffe – Korrosionsschutz von Stahlbauten durch Beschichtungssysteme
	– Teil 4:	Arten von Oberflächen und Oberflächenvorbereitung (2016-07, Entwurf)
	– Teil 5:	Beschichtungssysteme (2016-06, Entwurf)
	– Teil 8:	Erarbeiten von Spezifikationen für Erstschutz und Instandsetzung (2016-07, Entwurf)
	– Teil 9:	Beschichtungssysteme und Leistungsprüfverfahren im Labor für Bauwerke im Offshorebereich (2016-07, Entwurf)
	DIN EN ISO 14713	Zinküberzüge – Leitfäden und Empfehlungen zum Schutz von Eisen- und Stahlkonstruktionen vor Korrosion
	– Teil 1:	Allgemeine Konstruktionsgrundsätze und Korrosionsbeständigkeit (2016-12, Entwurf)
	DIN EN ISO 29481	Bauwerks-Informations-Modelle – Informations-Lieferungs-Handbuch
	– Teil 1:	Methodik und Format (2016-12, Entwurf)
	– Teil 2:	Interaktionsstruktur (2016-08, Entwurf)
	VDI 2878	Anwendung der Thermografie zur Diagnose in der Instandhaltung
	– Blatt 4	Gerätetechnik (2016-05)

(Fortsetzung)	VDI/VDE 5585 – Blatt 1	Technische Temperaturmessung – Temperaturmessung mit Thermografiekameras Messtechnische Charakterisierung (2016-10)
	Deutsches Institut für Bautechnik (DIBt), Berlin Muster-Richtlinie über brandschutztechnische Anforderungen an Leitungsanlagen (Muster-Leitungsanlagen-Richtlinie – MLAR), 2. Ausgabe (2016-10)	
	Bundesausschuss Farbe und Sachwertschutz e. V., Frankfurt/Main	
	– MB 06	Beschichtungen auf Bauteilen aus Aluminium (2016-10)
	– MB 11	Beschichtungen, Tapezier- und Klebearbeiten auf Porenbeton (2016-10)
	– MB 17	Beschichtungen, Tapezier- und Klebearbeiten auf massiven Gips-Wandbauplatten (2016-10)
	– MB 20	Baustellenübliche Prüfungen zur Beurteilung des Untergrundes für Beschichtungs- und Tapezierarbeiten (2016-10)
	Deutsche Vereinigung für Wasserwirtschaft, Abwasser und Abfall e. V. (DWA), Hennef	
	– M377	Biogas – Speichersysteme: Sicherstellung der Gebrauchstauglichkeit und Tragfähigkeit von Membranabdeckungen (2016-11)
	– M553	Hochwasserangepasstes Planen und Bauen (2016-11)
	Bauvertragsrecht	Gesetz der Bundesregierung zur Reform des Bauvertragsrechts und zur Änderung der kaufrechtlichen Mängelhaftung; beschlossen am 09.03.2017
	Technische Regeln für Arbeitsstätten: ASR V 3a: Barrierefreie Gestaltung von Arbeitsstätten; 2. Änderung (2016-05-30)	
	Verwaltungsvorschrift EUV 305/2011Mitt 2016-06:2016-06-10; 2016/C209/03: Mitteilung der Kommission im Rahmen der Durchführung der Verordnung (EU) Nr. 305/2011 des Europäischen Parlaments und des Rates zur Festlegung harmonisierter Bedingungen für die Vermarktung von Bauprodukten und zur Aufhebung der Richtlinie 89/106/EWG des Rates (2016-06-10)	

6 Schlussbemerkung

Regelwerke sind nicht zwangsläufig im werkvertraglichen Sinn „anerkannte Regeln der Bautechnik", sondern haben lediglich die – widerlegbare – Vermutung für sich, solche Regeln darzustellen.

Wer Abweichendes für richtig hält, muss die Norm und Ihre Entwicklung kennen, um im Streitfall überzeugend argumentieren zu können. An der Regelwerkkenntnis führt daher kein Weg vorbei.

Dipl.-Ing. Géraldine Liebert
Architekturstudium an der RWTH Aachen; seit 2001 wissenschaftliche Mitarbeiterin im Büro von Prof. Dr.-Ing. Oswald und beim AIB$_{AU}$ – Aachener Institut für Bauschadensforschung und angewandte Bauphysik gemeinn. GmbH; seit 2009 staatlich anerkannte Sachverständige für Schall- und Wärmeschutz.
Tätigkeitsschwerpunkte: baukonstruktive und bauphysikalische Beratungen, Planungen von Bauleistungen im Bestand, Mitarbeit bei Gutachten, praktische Bauschadensforschung u. a. zu den Themen Wärmeschutz, Energieeinsparung, Innendämmungen, Schimmelpilzbildung, Flachdachabdichtung, Instandsetzung und Instandhaltung von Gebäuden/Kostengünstiges Bauen.

Flachdachabdichtung – Neuerungen DIN 18531

Dr.-Ing. Rainer Henseleit, Obmann DIN 18531, Industrieverband Bitumen-Dach- und Dichtungsbahnen e. V. (vdd), Frankfurt a. M.

Im Jahre 1983 erschien erstmals eine übergreifende Norm für die Bauwerksabdichtung, die DIN 18195 [2]. Diese Norm, die nach 8 Jahren Erarbeitungszeit erschien, wurde als großer Wurf im Bereich der Normung von Abdichtungen gefeiert, vereinte er doch zahlreiche kleinere Normenbeiträge unter einem gemeinsamen Dach. 35 Jahre später setzten die an der Normung Beteiligten erneut zu einem großen Normungsvorhaben an. Die DIN 18195, nunmehr in etliche Teile zergliedert, erwies sich als zu sperrig für eine erneute Bearbeitung, deren Ziel es sein sollte „neue Stoffe" in die Norm aufzunehmen und die Anwendung dieser sicher zu regeln. Nach einem knappen Jahr der Diskussion entschied sich der Normenausschuss zu einer „Rolle rückwärts" und zu einer Aufsplittung der „alten" DIN 18195 in 5 neue Teile. Man beschloss die Unterteilung der Normen in die folgenden Bereiche: Abdichtung von genutzten und nicht genutzten Dächern, Abdichtung von befahrenen Flächen, Abdichtung von erdberührten Bauwerken, Abdichtung von Innenräumen sowie Abdichtung von Behältern. Hinzu sollte noch eine übergreifende Begriffsnorm erarbeitet werden, die quasi die Klammer für all diese neuen Normen darstellen sollte. Von den neu zu erstellenden Normen existierte bis dahin nur die Norm für Abdichtungen von Dächern, wenn sie sich auch nur mit nicht genutzten Dächern beschäftigte. Alle anderen Normen mussten neu erstellt werden. Der DIN 18531 „Abdichtung für nicht genutzte Dächer" kam die einfache Aufgabe zu, den Teil der genutzten Dächer, wie sie bisher in der DIN 18195 geregelt waren, zu übernehmen. Die DIN-Arbeitsausschuss war 2011 sicher, diese einfache Aufgabe binnen eines Jahres zu erledigen. Ein neu eingerichtetes Koordinierungsgremium beschloss das anvisierte neue Normenpaket „en bloc" zu veröffentlichen und mit dem Erscheinen der neuen Normen die DIN 18195 vollständig zurückzuziehen. Die DIN 18531, als die bis dahin am weitesten fortgeschrittene Norm, musste also auf die Fertigstellung der anderen Normen warten. Wie wir heute wissen, sollte es ganz anders kommen.

Nach nunmehr fast 7 Jahren Bearbeitungszeit kann die neue DIN 18531 „Abdichtung von Dächern sowie Balkonen, Loggien und Laubengängen" Mitte 2017 der Fachöffentlichkeit als Weißdruck präsentiert werden. Die Norm wird in 5 Teilen erscheinen; Teil 1: Nicht genutzte und genutzte Dächer – Anforderungen, Planungs- und Ausführungsgrundsätze, Teil 2: Nicht genutzte und genutzte Dächer – Stoffe, Teil 3: Nicht genutzte und genutzte Dächer – Auswahl, Ausführung, Details, Teil 4: Nicht genutzte und genutzte Dächer – Instandhaltung, Teil 5: Balkone, Loggien und Laubengänge. Die ersten 4 Teile der Norm folgen weitgehend der bekannten Struktur der „alten" DIN 18531. Teil 5 stellt eine Besonderheit dar, hier handelt es sich um eine kleine Norm in der Norm, eine Notwendigkeit, die sich aufgrund der Besonderheiten der darin neu aufgenommenen Stoffe, die keine Querverweise auf andere Normteile zuließ, ergab.

Die Hauptänderungen der Norm DIN 18531-1 bis 4 gegenüber der „alten" Fassung aus dem Jahre 05/2010 sind im Wesentlichen drei, nämlich:

– Aufnahme von Regelungen zu genutzten Dächern
– Aufnahme von Regelungen zu Solaranlagen
– Aufnahme von Regelungen zu Balkonen, Loggien und Laubengängen

Der Teufel liegt bekanntlich im Detail, so wurden auch neue Stoffe in die Norm aufgenommen, die Gefälleregelung überarbeitet, die zulässigen Stauhöhen auf der Abdichtung und deren Überschreitungsmöglichkeit festgelegt, ein neuer Abschnitt zu Solaranlagen eingefügt, die Anforderungen an Wärmedämmstoffe überarbeitet sowie der Teil 4 Instandhaltung vollständig neu gefasst.

Neu aufgenommen in die Definitionsnorm DIN 18195 wurde der Begriff „Dach". „*Ein Dach ist der obere luftseitige Abschluss eines Bauwerkes oder Bauwerksteils*", diese Definition grenzt das Dach klar von den erdüberschütteten Deckenflächen (nach DIN 18533), den befahrenen Flächen (nach DIN 18532) sowie den Behältern (Swimmingpool auf dem Dach) (nach DIN 18535) ab.

Merke: Lese niemals eine Norm der Reihe DIN 1853x ohne die dazugehörige Begriffsnorm DIN 18195.

Die neue DIN 18531 unterscheidet zwei Formen der Nutzung von Dächern:

Nicht genutzte Dächer:
Flache und geneigte Dachflächen, die nur zum Zwecke der Pflege, Wartung und allgemeinen Instandhaltung begangen werden sowie Dachflächen mit extensiver Begrünung (bisheriger Anwendungsfall DIN 18531:2010)

Genutzte Dächer:
Begehbare Dachflächen z. B. Dachterrassen, Gehwege in begrünten Dächern und Dachflächen mit intensiver Begrünung, auch mit Anstaubewässerung ≤ 100 mm (erweiterter Anwendungsbereich), Dächer mit am Tragwerk befestigten oder ballastierten Solaranlagen und/oder haustechnischen Anlagen.

Da zu Beginn der Arbeiten die DIN 18531 schon bestand und „nur" noch die Regelungen zu genutzten Dächern mit eingearbeitet werden sollten, gestand der Koordinierungskreis dem Normungsausschuss zu, die Struktur der DIN 18531 in ihrer bisherigen Form zu erhalten. Die bisher auch schon in der Norm verwendeten Anwendungskategorien K1/K2 wurden in Anwendungsklassen K1/K2 umbenannt, aber in ihrer Form und Funktion beibehalten. Diese Anwendungsklassen sind die Vorläufer des in DIN 18532 bis DIN 18535 neu aufgenommenen Zuverlässigkeitskonzeptes. Die Anwendungsklassen sind eine Funktion aus Gefälle, Art der verwendeten Abdichtungsstoffe, der Stoffeigenschaften, der Konstruktion (Stahltrapezblech) sowie der Detailausbildung.

Anwendungsklassen K1/K2 = f (Gefälle, Abdichtungsstoff, Stoffeigenschaft, Konstruktion, Detailausbildung)
K1 stellt den Standardfall dar, während K2 für die höherwertige Ausführung steht.

Das geplante Gefälle ist das Kernstück dieses Konzeptes. Die wichtigste Aussage ist: „*Die Abdichtung sollte (...) so geplant und ausgeführt werden, dass Niederschlagswasser nicht langanhaltend auf der Abdichtung steht.*" „*Dazu sollte ein Mindestgefälle von 2 % geplant werden.*" In der neuen Normenfassung weicht der Normenausschuss somit von der „ultimativen" Forderung nach einem Gefälle („*(...) ist grundsätzlich mit einem Gefälle von mindestens 2 % zu planen (...)*", DIN 18531:2010), zugunsten einer Empfehlung („*sollte*") ab. Schon im Planungsstadium kann also von dieser Empfehlung begründet abgewichen werden. Das Thema Gefälle ist den an der Normung Beteiligten wichtig, sodass die Ausführungen vor allem auch hinsichtlich möglicher Pfützenbildung (Dachneigung bis 5 %) und deren Auswirkung sehr detailliert beschrieben werden. Es gibt einen deutlichen Hinweis, dass eine vollständige Pfützenfreiheit nur bei der Planung eines Gefälles von mehr als 5 % erreicht werden kann. Die Forderung nach besonderen Maßnahmen (Ist-Vorschrift) bei innenliegenden Rinnen und Kehlen mit einem Gefälle unter 2 % und damit erhöhter Beanspruchung der Abdichtung aus stehendem Wasser von Pfützen bleibt erhalten.

Wichtig ist, dass die Gefälleempfehlungen sich auf das geplante Gefälle beziehen und nicht auf das tatsächlich ausgeführte Gefälle auf der Baustelle. Ein Nachmessen des Gefälles mit der Wasserwaage auf der Baustelle erübrigt sich also. Die Planung sollte deutlich erkennbar ein Gefälle (mind. 2 %) vorsehen, von der Ausführung kann erwartet werden, dass das Wasser nicht langanhaltend auf der Dachfläche steht, sondern vom Dach ablaufen kann.

Merke: Kein Stau auf dem Dach!

Im Standardfall (K1) sollte ein Mindestgefälle von 2 % geplant werden. Für die Anwendungsklasse K2 sind die Flächen mit 2 % zu planen, im Bereich der Kehlen sollte ein Gefälle von 1 % geplant werden. Im Falle K2 in der Dachfläche wechselt also die Gefälleforderung von einer Empfehlung auf eine Anforderung. Dächer der Anwendungsklasse K1 können auch ohne Gefälle geplant werden, dann muss allerdings die Materialqualität der Abdichtung erhöht werden. In diesem Fall werden die Dicken der Abdichtungen bei Kunststoff- und Elastomerbahnen sowie bei flüssig aufzubringenden Abdichtungen erhöht, bei Bitumenbahnen sind zwei Lagen Polymerbitumenbahnen zu verwenden. Gemäß Teil 3 der Norm ist bei genutzten und intensiv begrünten K2-Dächern mit Anstauewässerung bis 100 mm ein geringeres geplantes Gefälle zulässig, wenn die Materialauswahl nach K2-Anforderungen getroffen werden und Maßnahmen zur Begrenzung der Wasserunterläufigkeit nach Teil 1, Abschnitt 6.13 (vollflächige Verklebung aller Schichten oder Aufteilung der Dachflächen in Felder und Abschottung des Dämmstoffquerschnitts) ergriffen werden. Somit kann der Planer seinem Bauherren auch eine hochwertige K2-Dachabdichtung unter einer intensiven Begrünung bei geringer geplantem Gefälle anbieten.

In DIN 18531-2 „Stoffe" erfolgte eine Vereinfachung der Stofftabellen. Bei Bitumen- und Polymerbitumenbahnen (Tabelle 2) werden nur noch die Namen der Bahnen mit der geringsten Dicke genannt, dickere Bahnen sind durch die Angabe der Mindestdicken ebenfalls erfasst (Beispiel PYE-KTP S4 beinhaltet auch PYE-KTP S5). In der Tabelle 3 „Kunststoff- und Elastomerbahnen" wurde explizit die homogene PVC-P Bahn weich, nicht bitumenverträglich, gestrichen, da diese Bahnen schadensträchtig (Shattering) waren und nicht mehr hergestellt werden. Im Teil 3 der Norm findet sich in Bezug auf homogene Kunststoffbahnen generell auch eine Anmerkung bezüglich ihres Verhaltens gegenüber extremen Witterungsbedingungen. „*Praktische Erfahrungen haben gezeigt, dass bei extremen Witterungsbedingungen (langanhaltende Kälteperiode) das Risiko der instabilen Rissausbreitung (Shattering-Versagen) bei Kunststoff-Dichtungsbahnen z. B. durch die Verwendung von Einlagen und/oder Verstärkungen minimiert werden kann.*" EVA-Bahnen mit Einlage wurden neu in die DIN 18531 aufgenommen. Flüssig zu verarbeitende Stoffe sind weiterhin in DIN 18531-2 enthalten, wobei „*Abdichtungssysteme aus zugelassenen flüssig zu verarbeitenden Stoffen, die im Verbund mit Abdichtungsbahnen verwendet werden*" nicht Bestandteil dieser Norm sind. Im Bereich genutzter Dächer können diese flüssig zu verarbeitenden Abdichtungsstoffe mit einer integrierten Nutzschicht versehen werden und sind dann bei Verwendung einer rutschsicheren Deckversiegelung direkt begehbar. Abdichtungen in Verbindung mit Gussasphalt wurden ebenfalls in die Norm aufgenommen und sind auch im Teil 2 und Teil 3 benannt.

Die Stoffe und Stoffkombinationen werden in DIN 18531-3 Tabellen 1 bis 4 den jeweiligen Anwendungsklassen zugeordnet. Beim Übergang von K1 zu K2 im nicht genutzten Dach erfolgt bei Bitumenbahnen ein Wechsel der zu verwendenden Bahnen (zwei Lagen Polymerbitumenbahn anstelle von 1 Lage Polymerbitumenbahn + 1 Lage Bitumenbahn), bei Kunststoff-/Elastomerbahnen und bei flüssig aufzubringenden Abdichtungen erfolgt eine Dickenerhöhung der Abdichtungsschicht.

Im genutzten Dach erfolgt der Wechsel von K1 zu K2 bei Bitumen- und Polymerbitumenbahnen in gleicher Weise. Im Bereich der Kunststoff-/Elastomerbahnen und der flüssig zu verarbeitenden Stoffe wird aber in beiden Fällen eine erhöhte Bahnendicke und die Verwendung einer zusätzlichen Schutzlage gefordert, eine Unterscheidung von K1 zu K2 gibt es hier nicht.

Aufgelegte und aufgeständerte Solaranlagen waren dem Normenausschuss besonders wichtig zu erwähnen. Die DIN 18531 unterscheidet diese Systeme deutlich von Anlagen, die schon werksseitig in die Abdichtungsbahn integriert sind. Der Ausschuss legte dabei großen Wert auf die Aussage: „*Die Abdichtung darf nicht zur lastabtragenden Befestigung (...) von Solaranlagen genutzt werden.*" Aufgrund der derzeit existierenden monetären Anreize finden sich zunehmend Anlagen auf dem Dach, bei denen deutlich wird, dass die Aufsteller wenig Verständnis vom Thema Dachabdichtung hatten. In DIN 18531, Abschnitt 6.10.2 wird deutlich an die Planer appelliert, sich vor der Verwendung von Solaranlagen ein klares Bild der Abdichtungssituation zu verschaffen. „*(...) Darüber hinaus muss eine Bewertung der Funktionstüchtigkeit der Dachkonstruktion/des Dachaufbaus bzw. der Abdichtung im Hinblick auf die geplante Nutzungsdauer der Anlage erfolgen.*" Eine Abdichtung sollte also mindestens so lange funktionsfähig bleiben wie die geplante Solaranlage. Alle auf die Abdichtung durch die Anlage wirkenden Kräfte aus Eigenlast, Windlast und Schneelast sowie die Belastung aus Wasser in flüssiger Form sind zu berücksichtigen. Vor allem die letzte Forderung wird häufig in der Praxis missachtet und z. B. eine funktionsfähige Entwässerung unterbunden.

Der Teil 4 der Norm „Instandhaltung" wurde umfangreich überarbeitet und an die DIN 31051 angepasst. Die Instandhaltung umfasst nun nicht mehr die Dacherneuerung, sondern nur noch die Inspektion, Wartung und Instandsetzung. Sind die Möglichkeiten der Instandsetzung (Absichern, Schützen, Ausbessern) ausgeschöpft, erfolgt die Dacherneuerung nach DIN 18531-1 bis 3. Gemäß DIN 18531-4 sollte eine Wartung in Verbindung mit einer Inspektion mindestens einmal jährlich durchgeführt werden.

In DIN 18531-5 finden sich Regelungen zur Abdichtung von Balkonen, Loggien und Laubengängen. Diese Bauteile sind einem deutlich geringeren Schutzniveau gegenüber Wasserbeanspruchung zugeordnet als nicht genutzte oder genutzte Dächer, da sie sich definitionsgemäß nicht über bewohnten Räumen befinden. Folgerichtig wurden die Regelungen zu Abdichtungen von Balkonen, Loggien und Laubengängen nicht in die logische Abfolge der Teile 1 bis 4 übernommen.

Selbstverständlich können aber auch diese Bauteile mit Stoffen nach 18531-2 abgedichtet werden. Alternativ dazu können Bitumenkaltselbstklebebahnen mit HDPE-Trägerfolie, flüssig zu verarbeitende Stoffe ohne Einlage sowie flüssig zu verarbeitende Stoffe im Verbund mit Fließen und Platten (AIV-F) verwendet werden. Die Norm verweist des Weiteren auf Beschichtungen mit Oberflächenschutzsystemen (OS-Systeme) OS 8, OS 10 oder OS 11 (nach RL-SIB [4]), die auf Balkonen, Loggien und Laubengängen angewendet werden. Diese OS-Systeme sind allerdings keine Abdichtung im Sinne der Norm. *„(…) Diese Beschichtung ist eine Maßnahme gegen das Eindringen von betonangreifenden oder korrosionsfördernden Stoffen in Betonbauteilen und zur Erhöhung der Widerstandsfähigkeit gegen mechanische Einwirkungen auf oberflächennahe Bereiche (…)".*

Literatur

[1] DIN 18195, Beuth Verlag, Berlin, 1977
[2] DIN 18195, Beuth Verlag, Berlin, 1983
[3] DIN 18531-1 bis 4, Beuth Verlag, Berlin, 2010, DIN 18531-1 bis 5, 2017-07
[4] Richtlinie des Deutschen Ausschusses für Stahlbeton (RL-SIB), DAfStb, 2014

Dr.-Ing. Rainer Henseleit
Studium der Chemie an der TH Darmstadt und Promotion im Fachbereich Festkörperchemie/Materialprüfung; seit 1996 für den vdd Industrieverband Bitumen Dach- und Dichtungsbahnen e. V. tätig und seit 1999 dessen Geschäftsführer; seit 2006/2007 Geschäftsführer der Gemeinschaft für Qualitätsüberwachung von Polymerbitumen- und Bitumenbahnen e. V. und der bitumenbahn GmbH; Mitarbeiter in nationalen und europäischen Normenausschüssen; Obmann in unterschiedlichen Normungsgremien, u. a. seit 2003 in dem Europäisches Komitee für Normung im Ausschuss Bitumenbahnen und seit 2014 im Deutschen Institut für Normung für die DIN 18531, stellvertretender Fachbereichsleiter des NABau Fachbereichs Feuchteschutz.

Neuerungen in der Flachdachrichtlinie

Dipl.-Ing. (FH) Christian Anders, Leiter Informationsstelle Technik,
Zentralverband des Deutschen Dachdeckerhandwerks e. V. (ZVDH), Köln

1 Ziel des Regelwerks

Das Dachdeckerhandwerk will mit dem bestehenden Regelwerk eine Zusammenfassung dessen liefern, was unter üblichen Umständen (d. h. im Regelfall) zu einem funktionsfähigen Werk führt und den üblichen Anforderungen der Auftraggeber entspricht. Der Fokus des Regelwerkes liegt somit darauf, aufzuzeigen, was nachweislich funktioniert und in der Baupraxis überwiegend ausgeführt wird. Durch diesen Grundansatz soll dem Planer, dem Ausführenden und insbesondere dem Bauherrn, also dem Auftraggeber, aufgezeigt werden, was im Rahmen des Werkvertrags für die Bauleistung üblicherweise mindestens zu erbringen ist.
Die Werkverträge zwischen
– Auftraggeber (Bauherr) und Auftragnehmer (Planer)
– Auftraggeber (Bauherr) und Auftragnehmer (Dachdecker)
haben mindestens das Ziel, dass die geplante, beauftragte und ausgeführte Leistung für die vorausgesetzte Verwendung geeignet ist und dem entspricht, was bei Werken gleicher Art üblich ist und somit vom Auftraggeber erwartet werden kann. Das Regelwerk des Dachdeckerhandwerks, vor allem die Fachregel für Abdichtungen –Flachdachrichtlinie–, haben somit den Anspruch die allgemein anerkannten Regeln der Technik in dem jeweiligen Bereich abzubilden.
Selbstverständlich können auch Leistungen vertraglich vereinbart werden, die zu einem qualitativ höherwertigeren Werk führen.

2 Überarbeitung

Vor diesem Hintergrund haben Dachdeckerhandwerk und Bauindustrie gemeinsam die Fachregel für Abdichtungen -Flachdachrichtlinie- überarbeitet und neu gefasst. Die Eingangsfragen, die in der Überarbeitung der Flachdachrichtlinie gestellt wurden, zielten vornehmlich auf die baupraktische Realität. In der Folge wurden diese Kernthemen überarbeitet:
– Differenzierung der Beanspruchungen und davon abgeleitete erforderliche Mindest-Qualitäten der Abdichtungen
  • Anwendungskategorien: mäßige und hohe Beanspruchung
  • Beanspruchungsklassen
  • Eigenschaftsklassen
– Gefälle
– „Marktsituation" hinsichtlich der geplanten und ausgeführten Abdichtungen
– wasserunterlaufsichere Ausführung der Abdichtung bzw. Dampfsperre
– Lesbarkeit der Fachregel für Abdichtungen –Flachdachrichtlinie–

3 Ausgangssituation – Anwendungskategorien

Die in der 2008er-Flachdachrichtlinie enthaltenen Anwendungskategorien definierten für nicht genutzte Dächer mit der Anwendungskategorie „K1" eine Mindestanforderung sowie eine höherwertige Abdichtung mit der Anwendungskategorie „K2". Mit der Anwendungskategorie „K2" sollte
– eine erhöhte Zuverlässigkeit und/oder
– eine längere Nutzungsdauer und/oder
– ein geringerer Instandhaltungsaufwand
erreicht werden. Daraus resultierten folgende Anforderungen:
– ausgeführtes Gefälle der Abdichtungsebene von mindestens 2 % in der Fläche, Empfehlung von 1 % in den Kehlen,
– Abdichtungsqualität
  • 2 Lagen Polymerbitumenbahnen
  • Kunststoffbahnen mit einer Mindestnenndicke von 1,5 mm,
  • Elastomerbahnen mit einer Mindestnenndicke von
– 1,3 mm bei homogenen oder kaschierten Bahnen,

- 1,6 mm bei Bahnen mit innenliegender Verstärkung,
- Flüssigkunststoff min. 2,1 mm dick,
- Verwahrung des oberen Endes von Anschlüssen an aufgehende Bauteile mit eingelassenen Blechen,
- Bleche bei Bitumenbahnabdichtungen nur als Stützkonstruktion.

Im Bereich der genutzten Dachflächen wurde zwischen einer mäßigen Beanspruchung, z. B. bei Balkonen, Laubengängen und Loggien, und einer hohen Beanspruchung, z. B. Dachterrassen, unterschieden. Abgeleitet von den Beanspruchungen wurden entsprechende Mindestqualitäten der Abdichtung definiert.

4 Die Baupraxis

Im Rahmen der Überarbeitung wurden zwei Dinge relativ früh hinterfragt:
- Werden die Anwendungskategorien in der Baupraxis überhaupt „gelebt"?
- Welche Relevanz haben die Anwendungskategorien in der Baupraxis?

Die Antworten darauf waren eindeutig – „Nein" bzw. „von geringer Bedeutung" – und haben automatisch die Frage hinsichtlich der tatsächlichen Marktsituation nach sich gezogen. Hier hat sich bestätigt, dass die „Abdichtungsqualitäten" der bisherigen Anwendungskategorie „K2" bei den nicht genutzten Dächern, genutzten Dach- und Deckenflächen sowie erdüberschütteten und befahrenen Flächen bereits der baupraktische Standard sind.

Die Marktsituation hinsichtlich des ausgeführten Gefälles der Abdichtungsebene zeigte klar auf, dass in der Planung das 2 %-Gefälle die Regel darstellt, jedoch bezüglich des ausgeführten Gefälles real nur bei einlagigen Polymerbitumenbahnabdichtungen und bei Oxidationsbitumenbahnen als untere Lage einer mehrlagigen Abdichtung eine Rolle spielt.

Von der erhöhten Qualität der Anwendungskategorie „K2" blieben somit nur noch die Verwahrungen und die „Stützbleche" als Parameter für die Differenzierung der Zuverlässigkeit, Lebensdauer und Instandhaltungsaufwand übrig. Eingeklebte Bleche bei Bitumenbahnabdichtungen sind mittlerweile von untergeordneter Marktbedeutung, da diese Anschlüsse überwiegend unter Verwendung von Flüssigkunststoffen ausgeführt werden.

Vor dem Hintergrund der real eingesetzten Abdichtungsqualitäten wurden auch die Beanspruchungs- und Eigenschaftsklassen hinterfragt. Die Beanspruchungsklassen haben die mechanische und thermische Beanspruchung klassifiziert. Dem gegenüber standen die Eigenschaftsklassen, die den thermischen und mechanischen Widerstand der Abdichtungsmaterialien darstellen sollten. Da die üblichen Abdichtungsmaterialien wie Polymerbitumenbahnen, Kunststoff- und Elastomerbahnen sowie Flüssigkunststoffe jeweils einem hohen Widerstand gegenüber thermischer und mechanischer Beanspruchung und somit der Eigenschaftsklasse E1 zugeordnet waren, bestand einzig noch bei den Oxidationsbitumenbahnen und den Polymerbitumenbahnen mit Kupferbandeinlage oder Kupferfolienverbundeinlage eine Differenzierung. Dass eine Oxidationsbitumenbahn eine geringere Wärmestandsfestigkeit als eine Polymerbitumenbahn hat und dass Bahnen mit Kupferband- oder Kupferfolienverbundeinlage wegen der unterschiedlichen thermischen Längenänderung einen schweren Oberflächenschutz benötigen, ist hinlänglich bekannt und kann somit auch direkt gesagt werden und bedarf daher keinerlei Klassifizierung. Weiterhin sind diese beiden Bahnentypen mit Blick auf die Marktsituation von untergeordneter Bedeutung.

5 Zwischenschritt in der Überarbeitung

Auf diesen Tatsachen aufbauend wurde in der Überarbeitung der Flachdachrichtlinie zunächst das Ziel verfolgt, die Anwendungskategorie „K2" „mit Leben" zu füllen, d. h. Maßnahmen und Eigenschaften von Materialien zu beschreiben, die tatsächlich eine erhöhte Zuverlässigkeit und/oder eine längere Nutzungsdauer und/oder einen geringeren Instandhaltungsaufwand zur Folge haben, die über das Übliche hinausgehen. Es entstand zunächst eine relativ umfangreiche Liste, in der z. B.
- im Bereich „Zuverlässigkeit"
  - die Sicherung gegen Wasserunterläufigkeit,
  - Doppelnähte bei Kunststoff- und Elastomerbahnen,
  - Dampfsperre mit Notabdichtungsfunktion,
  - Verbundblech ausschließlich als „Trägerbleche",
  - Türen mit spezieller Abdichtungsfunktion,

- im Bereich „Nutzungsdauer"
  - Erhöhung der Dicke von Kunststoff- und Elastomerbahnen auf > 1,5 mm,
  - Dreilagige Polymerbitumenbahn-Abdichtungen,
  - Generelle Forderung von schwerem Oberflächenschutz (z. B. Kies),
  - Werkstoffgüte von Befestigern,
- im Bereich „Instandhaltungsaufwand"
  - Zugänglichkeit von Details,
  - Absturzsicherungen

enthalten waren. Da jedoch jedes Bauwerk hinsichtlich der Kombination aus konstruktiven sowie örtlichen Gegebenheiten sowie der Zielsetzungen des Bauherrn individuell ist, war eine pauschale und somit starre Zuordnung dieser Maßnahmen nicht möglich. Entsprechend wurden die Anwendungskategorien aus der Flachdachrichtlinie gestrichen.

Es gilt der Grundsatz: höherwertige Qualitäten sind objektspezifisch zu planen.

Die oben bereits angesprochenen Aspekte „Dichtstoffverfugungen" und „eingeklebte Bleche" wurden durch konkretisierende Aussagen ersetzt:
1. Dichtstoffverfugungen sind wegen ihrer begrenzten Nutzungsdauer regelmäßig instand zu setzen.
2. Bei eingeklebten Blechen wurden die Anforderungen an die Klebfläche auf 160 mm erhöht sowie die zwingende Ausführung im Lagenrückversatz aufgenommen.

6 Neue Gliederung und erweiterter Anwendungsbereich

Zur Verbesserung der Lesbarkeit der Flachdachrichtlinie wurde die Gliederung geändert. Die Differenzierung zwischen Regelungen für nicht genutzte und genutzte Flächen der Vorgängerfassung wurde aufgehoben. Die neue Fachregel ist wie folgt gegliedert:
1. Allgemeine Regeln
2. Beanspruchungen und Anforderungen
3. Planung und Ausführung der Funktionsschichten
4. Details
5. Pflege und Wartung
6. Anhang I Windsogsicherung
7. Anhang II Detailskizzen

Der Geltungsbereich der Fachregel für Abdichtungen wurde erweitert und gilt nun für die Planung und Ausführung von Abdichtungen

- nicht genutzter Dachflächen, einschließlich extensiv begrünter Dachflächen,
- genutzter Dach- und Deckenflächen z. B. intensiv begrünte Flächen, Terrassen, Dächer mit Solaranlagen, Balkonen, Loggien und Laubengänge,
- erdüberschütteter Deckenflächen,
- befahrener Dach- und Deckenflächen aus Stahlbeton

mit Abdichtungsbahnen und Flüssigkunststoffen sowie allen für die Funktionsfähigkeit des Dachaufbaus/Bauteilaufbaus erforderlichen Schichten.

Auf eine Begrenzung der Wasseranstauhöhe bei bahnenförmigen Abdichtungen wurde verzichtet. Dies geschah vor dem Hintergrund, dass erst ab einer Wasseranstauhöhe von 3,0 m der Bedarf besteht, die Bahnendicke bzw. Lagenanzahl zu hinterfragen, und solch eine Wasseranstauhöhe bei begrünten oder erdüberschütteten Flächen wohl nicht als üblicher Fall zu betrachten ist. Die Anwendung von Flüssigkunststoffen ist hingegen auf eine Wasseranstauhöhe von maximal 0,10 m begrenzt, also nur für „nicht drückendes Wasser".

Durch die neue Gliederung mit dem Fokus auf den Funktionsschichten konnte der Umfang im regelnden Teil auf 44 Seiten reduziert werden. Einschließlich der beispielhaften und damit nicht regelnden Abbildungen des Anhangs II hat die Flachdachrichtlinie in gedruckter Fassung einen Umfang von 100 Seiten.

7 Gefälle

Abdichtungen müssen wasserdicht sein, weshalb Gefälleregelungen zunächst nichts mit der Wasserdichtheit der Abdichtung zu tun haben. Gleichwohl werden aber noch weitere Anforderungen an abgedichtete Flächen gestellt, wie beispielhalber die Entwässerung und die Dauerhaftigkeit. Niederschlagswasser soll vom Grundsatz her von der abgedichteten Fläche abgeführt werden, es sei denn, es soll planmäßig auf den Flächen zurückgehalten werden. Daher fordert die neue Flachdachrichtlinie, die Abdichtungsunterlage in der Fläche mit einem Gefälle von 2 % zu planen, unabhängig, ob die Fläche nicht genutzt, genutzt, erdüberschüttet oder befahren ist. Von dieser allgemeinen Forderung kann in begründeten Fällen abgewichen werden. Die Flachdachrichtlinie führt beispielhaft, und damit nicht abschließend, begründete Fälle wie z. B. eine reduzierte Anschlusshöhe im Bereich von Türen oder die planmäßige Anstaubewässerung auf. Weitere begründete Fälle, in denen gefällelos geplant werden kann, können objektspezifisch gegeben sein und sollten schriftlich dokumentiert werden.

Durch die bedingte Forderung – „soll mit 2 % in der Fläche geplant werden" – wird ein grundsätzliches Ziel definiert, jedoch ist auch eine gefällelose Planung – ohne Gefälle oder mit einem Gefälle < 2 % – im Rahmen der allgemein anerkannten Regeln der Technik möglich.

Die letzten Jahrzehnte haben gezeigt, dass bei stehendem Wasser auf der Abdichtung sowie einer freien Bewitterung die reale „Lebenszeit" der Abdichtung im Vergleich zu einer gleichartigen Abdichtung mit schwerem Oberflächenschutz eingeschränkt ist. Da diese Erfahrung jedoch hinsichtlich der „Verkürzung der Lebenszeit der Abdichtung" nicht quantifizierbar ist, empfiehlt die Flachdachrichtlinie bei gefällelosen Flächen einen schweren Oberflächenschutz.

Bedingt durch technische Anforderungen, z. B. wegen etwaiger Nutzschichten oberhalb der Abdichtung, oder optischer Anforderungen hinsichtlich der Verringerung von stehendem Wasser auf der Abdichtung, kann eine komplexe Planung der Abdichtungsunterlage erforderlich sein. Dies kann jedoch nur objektspezifisch – und nicht allgemein – erfolgen. In diesen Fällen ist, anders als im Normalfall, die Nivellierung der Oberfläche der Unterkonstruktion erforderlich, die produkt- und bauartspezifischen Toleranzen sowie Verformungen der Unterkonstruktion sind ebenfalls zu berücksichtigen. Ein abgedichtetes Dach/Bauteil ohne Stellen mit mindestens temporär stehendem Wasser oder ohne Pfützenbildung – wie beispielsweise um Durchdringungen – ist nicht die Regel, sondern die Ausnahme.

8 Abdichtung

Stehendes Wasser oder Pfützenbildung kommt auf nahezu jedem Dach oder jeder abgedichteten Fläche vor, daher steht ein grundsätzlicher „Bemessungsansatz", bei dem die Abdichtungsqualität vom Gefälle abhängt, – sei es planerisch und/oder ausgeführt – in Frage. In der Flachdachrichtlinie ist dieser grundsätzliche Ansatz nicht wiederzufinden. Für die Abdichtung von nicht genutzten Dächern, genutzten Dach- und Deckenflächen, erdüberschütteten Deckflächen sowie befahrenen Dach- und Deckenflächen aus Stahlbeton sind vereinfacht
– zwei Lagen Polymerbitumenbahnen
– Kunststoffbahnen mit einer Mindestnenndicke von 1,5 mm,
– Elastomerbahnen mit einer Mindestnenndicke von
  • 1,3 mm bei homogenen oder kaschierten Bahnen und nicht genutzten Flächen,
  • 1,5 mm bei homogenen oder kaschierten Bahnen und genutzten oder erdüberschütteten Flächen,
  • 1,6 mm bei Bahnen mit innenliegender Verstärkung,
– Flüssigkunststoff mindestens 2,1 mm dick mit Kunststofffaservlies-Einlage und ETA nach ETAG 005[1] mit den höchsten Leistungsstufen
geeignet.

Bei den Bitumenbahnabdichtungen mit Oxidationsbitumenbahnen als untere Lage sowie bei den einlagigen Polymerbitumenbahnen gibt es weiterhin die Anforderung an das ausgeführte Gefälle der Abdichtungsunterlage von 2 % in der Fläche. Der oben bereits beschriebene Bedarf eines schweren Oberflächenschutzes bei Oxidationsbitumenbahnen und Polymerbitumenbahnen mit Kupferband- und Kupferfolienverbundeinlage ist selbstverständlich auch in der Fachregel enthalten. Die letztgenannten Polymerbitumenbahnen sind hinsichtlich des Marktgeschehens jedoch von untergeordneter Bedeutung. Langfristig wird wohl die Art und Weise wie Bitumenbahnen den Widerstand gegen Durchwurzelung erreichen vor dem Hintergrund der Auswirkungen auf die Umwelt hinterfragt werden.

Kaltselbstklebende Polymerbitumenbahnen sind ausschließlich als untere Lagen üblich (ausgenommen befahrene Flächen), weshalb kaltselbstklebende Oberlagsbahnen aus der Flachdachrichtlinie gestrichen wurden. Hierbei ist auch zu erwähnen, dass die Nähte der kaltselbstklebenden Bahnen in Baupraxis fast ausschließlich mit einer zusätzlichen Wärmezugabe, mittels Brenner, gefügt werden. Da bei diesen Bahnen somit auch das

---

[1] ETAG 005 Leitlinie für die europäische technische Zulassung für „Flüssig aufzubringende Dachabdichtungen"

Schweißverfahren angewendet wird, sehen Dachdeckerhandwerk und Bauindustrie den Bedarf, die Dicke der kaltselbstklebenden Polymerbitumen-Unterlagsbahnen zu erhöhen. Die Empfehlung der neuen Flachdachrichtlinie lautet daher Mindestnenndicke 3,5 mm für diese Bahnen.

Die im Winter 2012 aufgetretenen Shattering-Schäden bei Kunststoffbahnen auf Basis von Polyvinylchlorid (PVC-P und EVA/EVAC) und die bereits zuvor und nach diesen Ereignissen erfolgte Vorgehensweise seitens der Hersteller dieser Produkte hat dazu geführt, dass allgemein anerkannt gesagt werden kann und muss:

> **Kunststoffbahnen auf Basis von Polyvinylchlorid (PVC-P und EVA/EVAC) ohne Einlage oder innenliegende Verstärkung bedürfen entweder eines oberseitigen Schutzes vor tiefen Temperaturen oder einer Verklebung mit der Unterlage.**

Die Mindestnenndicke beträgt 1,5 mm. Ein positiver Beleg für diese Vorgehensweise stellt das mehrfache Auftreten von Shattering bei den Bahnen im Winter 2017 dar.

9 Weitere Funktionsschichten

Neben der Abdichtung und den Gefälleregelungen standen natürlich noch weitere Themen auf der Agenda. Die Flachdachrichtlinie setzt sich nicht nur mit der Abdichtung auseinander, sondern auch mit den Funktionsschichten der Bauteile, die üblicherweise im Rahmen der Werkverträge zu erbringen sind. Hier sind an erster Stelle die Hinweise und Regelungen zu Wärmedämmungen zu nennen. In Ermangelung praxisgerechter Regelungen normativer und bauaufsichtlicher Natur wurden Anforderungen an die Druckfestigkeit (≥ 70 kPa) sowie lastverteilende Schichten für Mineralwolle-Wärmedämmungen bei Dächern mit Solaranlagen oder anderweitigen technischen Anlagen aufgenommen. Mit Blick auf die Dämmstoffe aus expandiertem Polystyrol (EPS) wurde ein Hinweis auf die vorhandene Problematik des Schrumpfverhaltens und die daraus ggf. resultierenden konstruktiven Anforderungen an die Randfixierung sowie die Verfalzung der Dämmplatten aufgenommen. Ebenfalls konstruktiver Natur ist die bedingte Forderung, auf EPS-Dämmstoffe vor transparenten oder stark reflektierenden Fassadenfläche wegen der begrenzten Temperaturbeständigkeit dieser Dämmstoffe zu verzichten.

10 Zuverlässigkeit

Der Aspekt der Zuverlässigkeit wird in der Flachdachrichtlinie ebenfalls behandelt. Allgemein verbindliche Vorgehensweisen – wann ist welcher Grad der Zuverlässigkeit erforderlich und mit welchen Maßnahmen wird dieser erreicht – bestehen nur in sehr geringem Umfang. Aufgrund der Tatsache, dass die Zuverlässigkeit unterschiedlich definiert werden kann, ist objektspezifisch die Frage zu beantworten: „Worauf bezieht sich die Zuverlässigkeit? – Auf die Abdichtung? Auf das Bauteil? Auf das Bauwerk?". Dass einlagige Abdichtungen und mehrlagige Abdichtungen, Bauteile mit Abschottungen, vollflächig verklebte Bauteilaufbauten und wasserunterlaufsichere Dampfsperren/Abdichtungen unterschiedliche Zuverlässigkeitsniveaus haben, zeigen auch die Aussagen der Produkthersteller. Und an dieser Stelle ist abermals hervorzuheben, wer im Rahmen der Bauleistung, also des Werkvertrags, die Akteure sind:
1. der Bauherr/Auftraggeber,
2. der Planer/Auftragnehmer,
3. der Ausführende/Dachdecker/Auftragnehmer.

Somit sind es diese drei Parteien, die hinsichtlich der Zuverlässigkeit objektspezifisch den Grad der Zuverlässigkeit festlegen, worauf sich die Zuverlässigkeit bezieht und mit welchen Maßnahmen dies erreicht werden soll. Die Flachdachrichtlinie gibt Hinweise zu Maßnahmen, die sich auf die Zuverlässigkeit beziehen, stellt jedoch keine Forderungen auf, wann diese Maßnahmen zu planen und auszuführen sind. Dies gilt insbesondere für die Maßnahmen zur Sicherung gegen Wasserunterläufigkeit (umgangssprachlich: wasserunterlaufsichere Konstruktionen):

> **Die Flachdachrichtlinie regelt nur, mit welchen Maßnahmen konkret die Dampfsperre oder Abdichtung gegen Wasserunterläufigkeit gesichert werden kann, jedoch nicht, wann und ob die Maßnahmen zur Sicherung gegen Wasserunterläufigkeit erforderlich sind.**

Demzufolge stellt die Flachdachrichtlinie nicht die Forderung nach „Wasserunterlaufsicherheit", sondern geht darauf ein, welche vertragsrechtlichen Forderungen bestehen, wenn „Wasserunterlaufsicherheit" gefordert ist.

11 Zusammenfassung

Die neue Flachdachrichtlinie ist keine Revolution im Vergleich zur 2008er-Fassung, sondern eine Evolution. Sie setzt den Fokus auf die in der Baupraxis ausgeführten und funktionierenden Bauarten und Materialien und nicht auf das, was funktionieren könnte. Die Grundgedanken der alten Flachdachrichtlinie – Beschreibung dessen, was üblicherweise geplant und ausgeführt wird sowie die Beschreibung einer qualitativ höherwertigeren Ausführung – wurden beibehalten. Die Baupraxis zeigt jedoch, dass das „qualitativ Höherwertigere" allgemein nicht zu beschreiben, sondern objektspezifisch ist und von der Zielsetzung des Bauherrn/Auftraggebers abhängt. Daher werden hierzu nur Planungshinweise gegeben, was nochmals die Bedeutung des Werkvertrags und den daran Beteiligten hervorhebt.

Dipl.-Ing. (FH) Christian Anders
Studium des Holzingenieurwesen; seit 2007 Technischer Berater beim ZVDH Zentralverband des Deutschen Dachdeckerhandwerks; seit 2014 Leiter der Informationsstelle Technik; Mitglied in verschiedenen Normenausschüssen des DIN, u. a: in der DIN 4108 und der DIN 18531.

Abdichtung von erdberührten Bauteilen – Neuerungen DIN 18533

Dipl.-Ing. Arno Kohls, Mitarbeiter DIN 18533, Saint-Gobain Weber, Datteln

Zusammenfassung:

Die neue Norm DIN 18533 bringt in den Teilen 1 bis 3 zahlreiche Neuerungen für die Planung und Ausführung von erdberührten Bauwerksabdichtungen. Die Klarstellung der Wassereinwirkungsklassen und die Zuordnung der Abdichtungsbauarten zu Rissklassen und Nutzungsklassen seien hier als besonders wichtig genannt. Alle neuen Normen DIN 18531 bis 18535 in den Teilen, die Abdichtungen regeln, die auch die bisherige DIN 18195 geregelt hat, werden zeitgleich veröffentlicht und damit verbunden wird DIN 18195 zurückgezogen. Die Veröffentlichung der Norm erfolgte im Juli 2017.

1 Historie der Regelwerke für die Bauwerksabdichtung

DIN 18195 hat über viele Jahrzehnte die Bauschaffenden als wichtigstes Regelwerk für die Bauwerksabdichtung begleitet. Waren es vor 2000 überwiegend Abdichtungsbauweisen mit bahnenförmigen Abdichtungsstoffen, die in DIN 18195 geregelt wurden, so wurde die Norm im Jahr 2000 grundsätzlich überarbeitet und wichtige, in der Praxis häufig angewandte Bauweisen, wie z. B. Abdichtungen mit kunststoffmodifizierten Bitumendickbeschichtungen ergänzt. 2006 folgte das Beiblatt zur DIN 18195, das wichtige Detailskizzen zur Erläuterung der Bauweisen beinhaltete. Insbesondere Schnittstellen, wie z. B. Sockel, Bodenwandanschlüsse, Übergänge, wurden hier skizzenhaft dargestellt. DIN 18195 ging immer von einer geschlossenen, wannenförmigen Abdichtung aus, die mit Stoffen, die in der Abdichtungsnorm geregelt waren, ausgeführt wurden. In der Praxis wurden jedoch sehr häufig bewährte Mischkonstruktionen aus z. B. wasserundurchlässiger Bodenplatte und Wandabdichtungen mit Abdichtungen nach DIN 18195 ausgeführt. Dieser Praxisbewährung trug der Normenausschuss Rechnung und regelte im Jahr 2010 im Teil 9 die Übergänge von Abdichtungen im erdberührten Bereich auf Bodenplatten aus Beton mit hohem Eindringwiderstand. Diese „Mischbauweisen" besaßen eine hohe Anwendungshäufigkeit, insbesondere für Bauwerke des Wohnungsbaus.
Im Jahr 2010 beschloss dann der Normenausschuss die bisherige DIN 18195 in Einzelnormen aufzuteilen. Die Bauwerksabdichtungen wurden in fünf Anwendungsbereiche aufgeteilt. Die bereits existierende Norm DIN 18531, Dachabdichtungen, wurde in diese Reihe integriert. DIN 18195 wurde als einteilige Norm mit einem neuen Beiblatt für die Begriffe dieser Normenreihe neu verfasst.
– DIN 18195, Abdichtung von Bauwerken – Begriffe
– DIN 18531, Abdichtung von Dächern sowie Balkonen, Loggien u. Laubengängen
– DIN 18532, Abdichtung von befahrenen Flächen aus Beton
– DIN 18533, Abdichtung von erdberührten Bauteilen
– DIN 18534, Abdichtung von Innenräumen
– DIN 18535, Abdichtung von Behältern und Becken

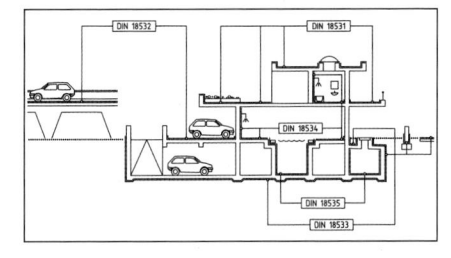

Bild 1: Übersicht zu den Anwendungsbereichen der Normen für die Abdichtung von Bauwerken [1]

Diese Übersicht erleichtert dem Planer und Ausführenden die Entscheidung, welches

Normenwerk für die jeweilige Abdichtungskonstruktion herangezogen werden kann.

2 DIN 18533 – Abdichtung von erdberührten Bauteilen

DIN 18533 besteht aus folgenden Teilen:
- Teil 1: Anforderung, Planungs- und Ausführungsgrundsätze
- Teil 2: Abdichtung mit bahnenförmigen Abdichtungsstoffen
- Teil 3: Abdichtung mit flüssig zu verarbeitenden Abdichtungsstoffen

Diese Norm beschränkt sich in ihrem Anwendungsbereich auf die Ausführung der Abdichtung von nicht wasserundurchlässigen, erdberührten Bauwerken oder Bauteilen mit bahnenförmigen und flüssig zu verarbeitenden Abdichtungsstoffen. Sie gilt für: Abdichtungen gegen Bodenfeuchte und nichtdrückendes Wasser, Abdichtungen gegen von außen drückendes Wasser, Abdichtungen gegen drückendes Wasser auf erdberührten Deckenflächen, Abdichtungen gegen Spritzwasser am Wandsockel, Abdichtung gegen Kapillarwasser in- und unter erdberührten Wänden.

3 Wassereinwirkung

Die erdseitige Wassereinwirkung auf die Bauwerksabdichtung ist entscheidend für die Dimensionierung der gesamten Abdichtungskonstruktion. Sie ist abhängig vom Bemessungswasserstand (HGW) bzw. höchst anzunehmenden Hochwasserstand (HHW), der sich witterungsbedingt oder aufgrund von hydrologischen Eigenschaften im Baugrund einstellt. Gegebenenfalls kann es zusätzlich erforderlich sein, die Baugrundverhältnisse, insbesondere die Durchlässigkeit des Baugrundes zu analysieren. Der Wasserdurchlässigkeitsbeiwert (k-Wert) wird nach DIN 18130-1 zur Unterscheidung von stark wasserdurchlässigem Baugrund, $k > 10^{-4}$ m/s, oder wenig durchlässigem Baugrund, $k \leq 10^{-4}$ m/s, bewertet.

W1-E, Bodenfeuchte und nichtdrückendes Wasser

Mit Bodenfeuchte ist im Baugrund immer zu rechnen. Bodenfeuchte ist kapillar gebundenes Wasser, dass durch Kapillarkräfte auch entgegen der Schwerkraft transportiert werden kann, sog. Saug-, Haft-, Kapillarwasser. Nichtdrückendes Wasser: Voraussetzung sind gut durchlässige Baugründe, z. B. Kies oder Sande ($k > 10^{-4}$ m/s). Hierbei kann das Wasser in tropfbarer flüssiger Form von der Oberfläche bis zum freien Grundwasserstand absinken und erzeugt keinen hydrostatischen Druck auf das Bauwerk. Durch eine Dränung nach DIN 4095 kann diese Wassereinwirkung auch hergestellt werden, falls die Durchlässigkeit des Baugrunds geringer ist.

Der Normenausschuss zur DIN 18533 hat die Wassereinwirkungsklassen W1.1–E und W1.2–E im Vergleich zum Entwurf konkretisiert. In W1.1–E werden nun Bodenplatten (und nicht mehr nur Bodenplatten nicht unterkellerter Gebäude) und erdberührte Wände geregelt. Dies ist damit zu begründen, dass nicht drückendes Sickerwasser vor den Wänden im Baugrund außerhalb der Bodenplatten verschwindet und so nicht auf die Unterseiten von Bodenplatten einwirken kann. Dort wirkt nur Bodenfeuchte ein, wie bei Bodenplatten nicht unterkellerter Gebäude auch.

Ferner wird der Bemessungswasserstand HGW auf die Abdichtungsebene bezogen und nicht mehr auf die Unterkante der Bodenplatte. Das Maß von 30 cm zwischen Unterkante Bodenplatte und HGW wurde auf 50 cm zwischen Abdichtungsebene und HGW erhöht, wodurch sich, ausgehend von einer 20 cm dicken Bodenplatte, die Anforderung nicht verändert hat. Mit dieser Änderung wird aber das bisherige Missverständnis ausgeräumt, dass sich durch eine dickere Bodenplatte in Grenzfällen die Wassereinwirkung an der Abdichtung erhöhte, die in dieser Einwirkungsklasse regelmäßig auf der Bodenplatte verlegt wird.

W1.1-E, Bodenfeuchte und nichtdrückendes Wasser bei Bodenplatten und erdberührten Wänden

Situation 1: Bodenplatten, bei denen die Abdichtungsebene mind. 50 cm oberhalb des Bemessungswasserstandes liegt und stark durchlässiger Baugrund oder auch Bodenaustausch vorliegt. Hier ist Bodenfeuchte vorhanden, Sickerwasser ist im Bereich von Bodenplatten nicht zu erwarten.

Situation 2: Erdberührte Wände und Bodenplatten, bei denen die Abdichtungsebene mind. 50 cm oberhalb des Bemessungswasserstandes liegt und stark durchlässiger Baugrund oder auch Bodenaustausch vorliegt (s. Bild 2).

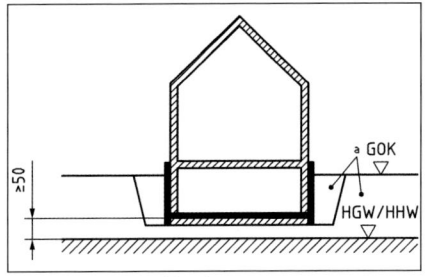

a: stark wasserdurchlässig

Bild 2: W 1.1-E Situation 2: Bodenfeuchte und nicht drückendes Wasser [1]

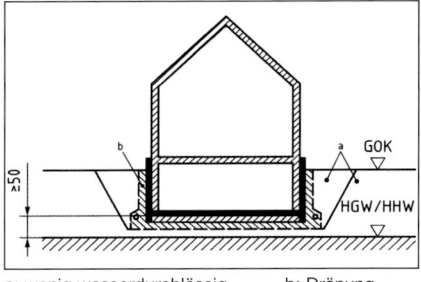

a: wenig wasserdurchlässig   b: Dränung

Bild 3: W 1.2-E Bodenfeuchte und nicht drückendes Wasser – mit Dränung [1]

W1.2-E, Bodenfeuchte und nicht drückendes Wasser bei Bodenplatten mit Dränung und erdberührten Wänden
Durch eine Dränung nach DIN 4095 wird die Wassereinwirkungsklasse Bodenfeuchte in gering durchlässigem Baugrund technisch sichergestellt und Stauwasser vermieden (s. Bild 3).

W2-E, drückendes Wasser
Drückendes Wasser kann hervorgerufen werden durch Grundwasser, Hochwasser oder auch Stauwasser. Entsprechend wird unterschieden in:

W2.1- E, mäßige Einwirkung von drückendem Wasser
Situation 1: Die Abdichtung reicht (in gering durchlässigem Baugrund) bis max. 3 m unter Geländeoberkante. Es kann sich Stauwasser bis zu 3 m einstellen. Eine Dränung ist nicht geplant (s. Bild 4).

Situation 2: Grundwasser wirkt bis zu 3 m auf die Abdichtung ein (Eintauchtiefe ≤ 3 m). Das Bauwerk kann eine größere Einbindetiefe in den Baugrund besitzen (s. Bild 5).
Situation 3: Die Bauwerksabdichtung kann mit Hochwasser bis zu 3 m beaufschlagt werden (s. Bild 6).

W2.2-E, hohe Einwirkung von drückendem Wasser
Situation 1: Stauwasser > 3 m wirkt auf die Abdichtung (s. Bild 7).
Situation 2: Grund- oder Hochwasser > 3 m wirken auf die Bauwerksabdichtung (s. Bild 8).

W3-E, nicht drückendes Wasser auf erdberührten Decken
Niederschlagswasser dringt in den Baugrund, sickert auf die geneigte Abdichtung. Eine Stauwasserbildung von mehr als 100 mm muss durch Dränung, ggfls. mit Ge-

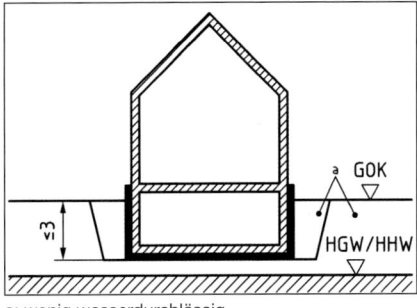

a: wenig wasserdurchlässig

Bild 4: W 2.1-E mäßige Einwirkung von drückendem Wasser-Stauwasser [1]

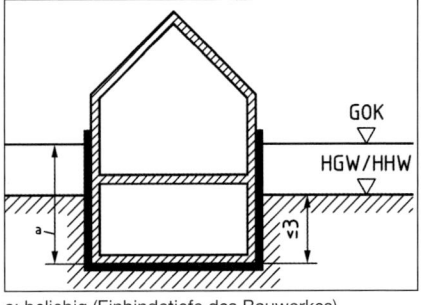

a: beliebig (Einbindetiefe des Bauwerkes)

Bild 5: W 2.1-E mäßige Einwirkung von drückendem Wasser-Grundwasser [1]

Kohls / Abdichtung von erdberührten Bauteilen – Neuerungen DIN 18533 (2017)

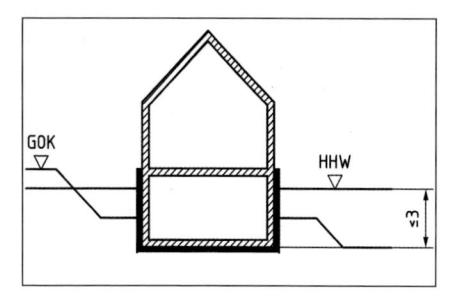

Bild 6: W 2.1-E mäßige Einwirkung von drückendem Wasser-Hochwasser [1]

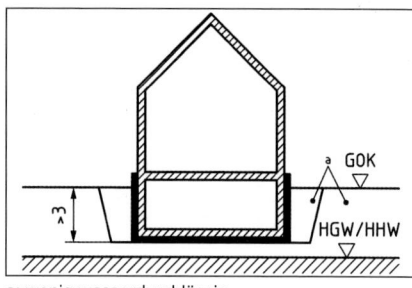

a: wenig wasserdurchlässig
Bild 7: W 2.2-E hohe Einwirkung von drückendem Wasser-Stauwasser [1]

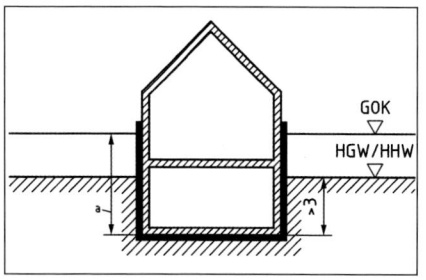

a: beliebig (Einbindetiefe des Bauwerks)
Bild 8: W 2.2-E hohe Einwirkung von drückendem Wasser-Grundwasser [1]

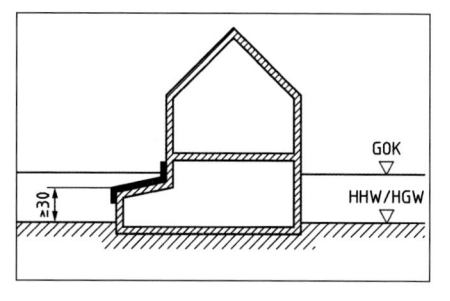

Bild 9: W 3-E nicht drückendes Wasser auf erdberührten Decken [1]

fälle, vermieden werden. Angrenzende, aufgehende Fassaden können die Wassereinwirkung erhöhen. Bei höherem Stauwasser als 100 mm ist eine Abdichtung gegen drückendes Wasser auszuführen (s. Bild 9).

W4-E, Spritzwasser am Wandsockel sowie Kapillarwasser in und unter erdberührten Wänden
Die Spritzwasser- und Sickerwassereinwirkung auf Sockel wird in einem eigenständigen Lastfall geregelt. Es werden unterschiedliche Wandkonstruktionen (einschalig, zweischalig) unterschieden. Der Wandsockel betrifft den Bereich ca. 30 cm über GOK bis 20 cm unter GOK (s. Bild 10).

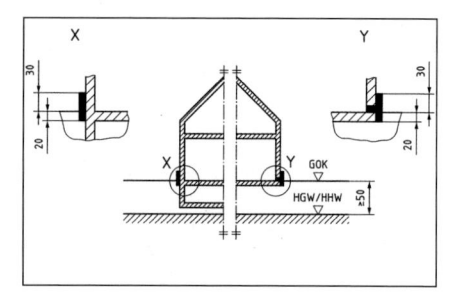

Bild 10: W 4-E Spritzwasser am Wandsockel sowie Kapillarwasser in und unter erdberührten Wänden [1]

4 Rissklassen

Bei der Planung der Abdichtungskonstruktion sind Rissbildungen (nur Neurissbildungen und Aufweitungen nach Auftrag der Abdichtungsschicht) aus dem Untergrund und die Leistungsfähigkeit der Abdichtung (Rissüberbrückungsfähigkeit) zu berücksichtigen.
Die Untergründe werden je nach Aufweitung in Rissklassen unterteilt.
- R1-E: gering, Rissbreitenänderung $\leq 0{,}2$ mm
- R2-E: Rissbreitenänderung $\leq 0{,}5$ mm
- R3-E: hoch, Rissbreitenänderung ≤ 1 mm
- R4-E: sehr hoch, Rissbreitenänderung ≤ 5 mm (Rissversatz ≤ 2 mm)

5 Nutzung des Gebäudes hat Einfluss auf die Planung der Abdichtung

Welche Anforderungen an die Trockenheit der erdberührten Räume stellen Planer bzw. Bauherren? Die Einführung von Raumnutzungsklassen soll hier Hilfestellung für die Planung geben.
- RN1-E: die Anforderung an Trockenheit der Räume ist gering, z. B. Werkstätten oder Lagerräume
- RN2-E: die übliche Anforderung an die Trockenheit, z. B. Wohnräume
- RN3-E: hohe Anforderung an die Trockenheit, z. B. Archiv; EDV Räume

Bei geringer Anforderung an die Raumnutzung kann, wie bisher auch schon, in der Wassereinwirkungsklasse W1-E eine Abdichtung gegen eine kapillarbrechende Schüttung unter der Bodenplatte ersetzt werden.
Bei hohen Anforderungen weist die Norm drauf hin, dass die Abdichtung gegen von außen einwirkendes Wasser nicht alleine die notwendige Trockenheit sicherstellen kann, sondern Zusatzmaßnahmen erforderlich werden können, wie z. B. Wärmedämmungen oder raumklimatische Maßnahmen zur Senkung der Raumluftfeuchtigkeit bei z. B. sommerlichem Lüften.

6 Planung der Abdichtungsbauart

Bei der Planung der Abdichtung sind folgende Randbedingungen zu berücksichtigen:
- Risse im Untergrund
- Art und Beschaffenheit den Untergrundes, z. B. Rauigkeit, Oberflächenfestigkeit
- Temperatureinwirkung auf die Abdichtung und die Gesamtkonstruktion
- Wasserführung, Gefälleausbildung und Entwässerung
- Zugänglichkeit

Den Abdichtungsbauarten lassen sich Rissüberbrückungsklassen zuordnen, abhängig von der Art der Abdichtung und ihrer Leistungsfähigkeit.
- RÜ1-E: geringe Rissüberbrückung $\leq 0{,}2$ mm
- RÜ2-E: mäßige Rissüberbrückung $\leq 0{,}5$ mm
- RÜ3-E: hohe Rissüberbrückung $\leq 1{,}0$ mm mit einem Rissversatz $\leq 0{,}5$ mm
- RÜ4-E: sehr hohe Rissüberbrückung $\leq 5{,}0$ mm mit einem Rissversatz $\leq 2{,}0$ mm

Als neue Abdichtungsbauart wurde in DIN 18533 Teil 1 für die Wassereinwirkungsklasse W1-E Schaumglas auf und unter Bodenplatten aufgenommen. Die Schaumglasdämmplatten sind vollflächig in Heißbitumen zu verkleben mit lückenlos verschlossenen Fugen.

7 DIN 18533 – 2; Abdichtungen mit bahnenförmigen Abdichtungsstoffen

Die bisher in DIN 18195 enthaltenen bahnenförmigen Abdichtungsarten wurden in den Teil 2 der DIN 18533 übernommen und einige neue Bahnentypen wie z. B. Estrichbahnen EB (Polyethylenbahnen mit Schaumkaschierung und Polymerbitumenbahnen mit Aluminiumverbundträgereinlage) für die Wassereinwirkungsklasse W1.1-E und Raumnutzungsklassen RN1 und RN2 neu aufgenommen. Ferner werden in der Wassereinwirkungsklasse W4-E Querschnittsabdichtung in und unter Wänden unterschieden nach ihrer Eignung bei seitlich druckbelasteten Wänden Querkräfte aufzunehmen (MSB-Q und MSB-nQ).
Gussasphalt und Asphaltmastix werden im Teil 3 beschrieben. [2]

8 DIN 18533 – 3; Abdichtungen mit flüssig zu verarbeitenden Abdichtungsstoffen

8.1 Stoffe

Folgende, flüssig zu verarbeitende Abdichtungsstoffe werden im Teil 3 der DIN 18533 beschrieben. [3]
- PMBC Kunststoffmodifizierte Bitumendick-

beschichtungen
- MDS Mineralische Dichtungsschlämmen
- FLK Flüssigkunststoffe
- Gussasphalt
- Asphaltmastix

8.2 PMBC Kunststoffmodifizierte Bitumendickbeschichtungen

Kunststoffmodifizierte Bitumendickbeschichtungen (KMB) werden seit vielen Jahren erfolgreich in der erdberührten Bauwerksabdichtung eingesetzt. Die Bauweise hat sich, aufgrund der einfachen und sicheren Verarbeitung ohne Nähte und Fugen und einem vollflächigen Haftverbund zum Untergrund für Neubau und Sanierung bewährt. Bitumendickbeschichtungen sind seit der Ausgabe 2000 Bestandteil der DIN 18195. Im 2011 neu erschienenen Beiblatt 1 finden sich zudem zahlreiche Informationen über Abdichtungslagen und Detailausbildungen. Es ergänzt grundsätzlich die überarbeitete Norm für Bauwerksabdichtungen aus dem Jahr 2000 und beschreibt auch „schwarze und weiße" Mischkonstruktionen aus Beton mit hohem Wassereindringwiderstand und abgedichteten Bauteilen aus z. B. Mauerwerk und KMB. Zusätzliche Planungs- und Ausführungshilfe bietet die „Richtlinie für die Planung und Ausführung von Abdichtungen mit kunststoffmodifizierten Bitumendickbeschichtungen (KMB)", Stand Mai 2010.

Mit Erscheinen der europäischen Stoffnorm DIN EN 15814 werden Bitumendickbeschichtungen als PMBC bezeichnet.

PMBC dürfen nun auch bei drückendem Wasser aus z. B. Grundwasser bis 3 m Eintauchtiefe (W2.1-E) eingesetzt werden (s. Bild 11).

8.3 Übergang zu wasserundurchlässigen Bodenplatten

Abdichtungen in Wänden gegen aufsteigende Feuchtigkeit sind in DIN 18533 im Teil 1 beschrieben. In der aktuellen Norm wird bei Kelleraußenwänden aus Mauerwerk mindestens eine Querschnittsabdichtung gefordert. Die Anordnung der Querschnittsabdichtung erfolgt in der Regel in Höhe der Bodenplatten, unterhalb der ersten Steinlage. Werkstoffe wie Bitumenbahnen oder bitumenverträgliche Kunststoffdichtungsbahnen sind mit einer Außenabdichtung aus PMBC verträglich. In der Baupraxis werden alternativ zu Bitumen- und Kunststoffbahnen flexible Dichtungs-

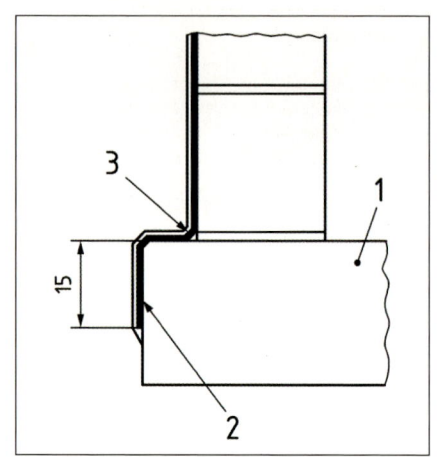

1 Bodenplatte als WU-Betonkonstruktion
2 Abdichtungsschicht aus PMBC auf abtragend vorbehandeltem Betonuntergrund
3 Dichtungskehle

Bild 11: Adhäsiver Übergang einer Abdichtung mit PMBC auf eine Bodenplatte als WU-Betonkonstruktion bei W2.1-E [1]

Bild 12: Untergrundvorbereitung Bodenplatte fräsen [4]

schlämmen MDS unter Wänden eingesetzt. Sie besitzen eine gute Haftung zum Untergrund und können nicht von Wasser unterlaufen werden.

Im Anschlussbereich zwischen Bodenplatte und aufgehender Wand wird eine Hohlkehle mit einem mineralischen Hohlkehlen-

Bild 13: Einbau Hohlkehlenmörtel [4]

Bild 14: Beispiel für eine Messung der Nassschichtdicke PMBC [4]

mörtel ausgebildet. Dieser verhindert, dass rückwärtige Feuchtigkeit die Flächenabdichtung aus PMBC in der Erhärtungsphase beschädigt (s. Bild 13). Alternativ ist die Ausführung der Hohlkehle mit einer zweikomponentigen Bitumendickbeschichtung möglich. Die Flächenabdichtung ist später über die Hohlkehle bis auf die Stirnfläche der Bodenplatte auszuführen.

8.4 Mindesttrockenschichtdicke

Die Mindesttrockenschichtdicke von flüssig zu verarbeitenden Abdichtungen ist die Schichtdicke, die nach Durchtrocknung und vor Belastung durch Erddruck an keiner Stelle unterschritten werden darf. Der Verarbeiter orientiert sich bei der Verarbeitung an der Nassschichtdicke, die er durch stichprobenartiges Messen kontrolliert. Der Hersteller ist verpflichtet, den erforderlichen Dickenzuschlag für handwerkliche Schwankungen und die Schichtdickenabnahme durch Trocknung anzugeben. Wenn hierzu keine Angaben des Herstellers vorliegen, sollte ein Schichtdickenzuschlag von mindestens 25 % der Mindesttrockenschichtdicke erfolgen. Im Rahmen der Eigenüberwachung wird die Kontrolle der Nassschichtdicke dokumentiert (s. Bild 14).
Folgende Mindesttrockenschichtdicken sind für PMBC in Abhängigkeit von der Wassereinwirkungsklasse definiert:
– W1-E: 3 mm
– W2.1-E: 4 mm
– W3-E: 4 mm
– W4-E: 3 mm

8.5 Schutzschichten

Der Abdichtungsschutz bietet dauerhafte Sicherheit vor schädigenden Einflüssen und Belastungen. Nach der DIN 18533 sind Schutzschichten erst nach vollständiger Durchtrocknung der Abdichtungsschicht aufzubringen. Es ist darauf zu achten, dass keine Punkt- und Linienlasten auftreten und keine Bewegungen beim Verfüllen der Baugrube auf die Abdichtung einwirken. Bahnenförmige, vlieskaschierte Schutzmatten aus Kunststoff sind dazu geeignet. Sie stellen neben der Schutzwirkung eine filterstabile Dränmatte nach DIN 4095 dar. Werden Schutz-,

Bild 15: Verklebung Perimeterdämmung vollflächig mit PMBC [4]

Drän-, Wärmedämm- oder Kombinationsplatten verwendet, so müssen diese formstabil, eng gestoßen und fest auf dem geschützten Fundamentvorsprung aufstehen. Zugelassene Perimeterdämmplatten werden punktförmig, ab W2.1-E vollflächig auf der durchgetrockneten Flächenabdichtung mit PMBC verklebt (s. Bild 15).

9 Literatur

[1] DIN 18533-Teil 1; 2017-07 Beuth Verlag
[2] DIN 18533-Teil 2; 2017-07 Beuth Verlag
[3] DIN 18533-Teil 3; 2017-07 Beuth Verlag
[4] Firmenliteratur Saint Gobain Weber GmbH
[5] A. Kohls: Schnittstelle dicht, Ausbau und Fassade, 02/2008

Dipl.-Ing. Arno Kohls
Studium des Bauingenieurwesens an der RWTH Aachen University und Mitarbeiter am dortigen Institut für Bauforschung (ibac); seit Ende der 1980erJahre Leiter der Anwendungstechnik bei der Firma Saint Gobain Weber, Datteln, vormals Maxit und Deitermann; Mitglied in zahlreichen Fachausschüssen des Fliesengewerbes und Sachverständigenausschüssen des DIBt sowie im Normenausschuss der DIN 18195 – jetzt DIN 18533; Mitarbeit in WTA – Arbeitskreisen; Obmann für den Bereich Bitumen innerhalb der Deutschen Bauchemie.

Wassereinwirkung auf der Unterseite von Bodenplatten in gering durchlässigem Baugrund

Prof. Dr.-Ing. Wolfgang Krajewski, Hochschule Darmstadt

1 Einleitung

Die tägliche Praxis zeigt, dass zur Wassereinwirkung auf der Unterseite von Bodenplatten bei gering durchlässigem Baugrund Irritationen bestehen, die teilweise zu überzogenen, teilweise aber auch zu unzureichenden Maßnahmen bei der Abdichtung und statischen Bemessung führen. Die Diskussionen um die Einführung der DIN 18533 als Nachfolgenorm der DIN 18195, aber auch die derzeit beim Verband baugewerblicher Unternehmer Hessen e. V. laufenden Arbeiten an einer Novellierung des ZDB-Merkblattes „Dränung zum Schutz baulicher Anlagen – Baupraktische Hinweise zur DIN 4095" zeigen, dass selbst bei ausgewiesenen und erfahrenen Fachleuten Unsicherheiten bzw. unterschiedliche Auffassungen bestehen und dass trotz Novellierung der Norm wesentliche Fragestellungen offen bleiben. Die Problematik wird im Folgenden erläutert.

2 Wassereinwirkungsklassen

Der Entwurf der DIN 18533-1:2015-12 unterscheidet im Hinblick auf die Beanspruchung von erdberührten Gebäudeaußenflächen sogenannte Wassereinwirkungsklassen. Zur Festlegung werden
– der Bemessungsgrundwasserstand und
– der Wasserdurchlässigkeitsbeiwert des anstehenden Baugrundes mit Unterscheidung von stark wasserdurchlässigem Baugrund ($k > 10^{-4}$ m/s) oder wenig durchlässigem Baugrund ($k \leq 10^{-4}$ m/s),
benötigt. Die Wassereinwirkungsklasse W1-E behandelt Bodenfeuchte und nicht drückendes Wasser. Mit dieser Einwirkung darf nach den Festlegungen der Norm nur gerechnet werden, wenn der Baugrund bis zu einer ausreichenden Tiefe unter der Fundamentsohle sowie das Verfüllmaterial der Arbeitsräume aus stark durchlässigen Böden (vgl. oben) bestehen. Der Durchlässigkeitsbeiwert ist durch eine Baugrunduntersuchung zu ermitteln. Eine ausreichende Tiefe der stark durchlässigen Bodenschichten liegt vor, wenn eine Stauwasserbildung bis zum Bauwerk sicher vermieden wird. In der Wassereinwirkungsklasse W1-E werden die Unterklassen W1.1-E (Bodenfeuchte bei Bodenplatten) und W1.2-E (Bodenfeuchte und nicht drückendes Wasser bei erdberührten Wänden und Bodenplatten) unterschieden. Die folgenden Überlegungen konzentrieren sich auf den Fall W1.2-E, der dann vorliegt, wenn stark durchlässiger Boden ansteht und sich die Unterkante des Bauwerks mindestens 30 cm oberhalb des Bemessungswasserstandes befindet (s. Bild 1). Die gleiche Einstufung liegt auch bei wenig was-

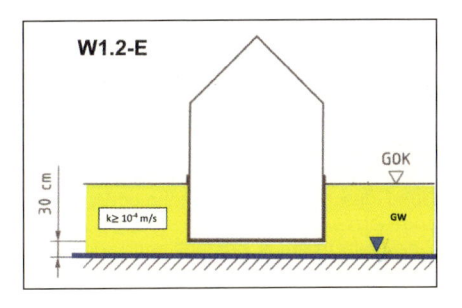

Bild 1: Notwendige Randbedingungen für die Wassereinwirkungsklasse W1.2-E, ohne Dränung

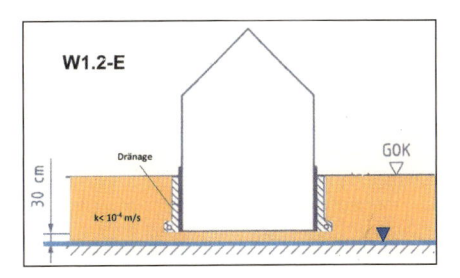

Bild 2: Wassereinwirkungsklasse W1.2-E, mit Dränung

serdurchlässigem Boden vor, wenn Stauwasser durch eine auf Dauer funktionsfähige Dränung nach DIN 4095 vermieden wird (s. Bild 2).

Die zunächst klar und eindeutig wirkenden Festlegungen der Norm, können sich in der Praxis im konkreten Einzelfall als problematisch darstellen. Insbesondere können unterschiedliche Betrachtungsweisen und Sprachregelungen bei den Baubeteiligten – teilweise im Zusammenhang mit planerischen Fehlern – zu Fehleinschätzungen und zu Baumängeln. Der Sachverhalt wird im Folgenden erläutert.

3 Bemessungsgrundwasserstand und Wasserdurchlässigkeitsbeiwert

Die DIN 18533 unterscheidet einen Bemessungsgrundwasserstand (HGW) sowie einen Bemessungshochwasserstand (HHW), die nach den Hinweisen im BWK-Merkblatt Nr. 8 objektbezogen zu ermitteln sind. Allgemein wird der Bemessungswasserstand definiert als der höchste, innerhalb der planmäßigen Nutzungsdauer zu erwartende Grundwasser-, Schichtenwasser- oder Hochwasserstand unter Berücksichtigung langjähriger Beobachtungen und zu erwartender Gegebenheiten. In der DIN 18533 heißt es weiter: ohne objektbezogene konkrete Feststellungen muss der HGW auf Geländeoberfläche oder den örtlichen Hochwasserrisiken auf Höhe des höchsten anzunehmenden HHW angesetzt werden.

Eine erste Irritation besteht darin, dass der Bemessungswasserstand im Allgemeinen vom Geotechnischen Gutachter festzulegen ist. Die Festlegungen in der Geotechnik orientieren sich nun allerdings am Eurocode 7, nicht oder bestenfalls sekundär an der DIN 18533, dem BWK-Merkblatt, der WU-Richtlinie oder weiteren Regelwerken außerhalb der Geotechnik. Im Eurocode 7 werden drei Geotechnische Kategorien (GK 1 bis GK 3) unterschieden. Für Bauwerke der Kategorien GK 2 und GK 3 sind ausnahmslos projektspezifische Untersuchungen zum Baugrund und zum Grundwasserstand vorzunehmen. Eine Einstufung in die Kategorie GK 1, bei welcher auf benachbarte, örtliche Erfahrungen zurückgegriffen werden darf, setzt aber voraus, dass das Grundwasser unterhalb der Gründungssohle liegt. Die Definition der DIN 18533, wonach der HGW ohne objektbezogene Untersuchungen in Höhe der Geländeoberfläche, d. h. in der Regel oberhalb der Gründungssohle anzusetzen ist, kollidiert so mit den Regelungen des Eurocode 7.

Ein weiteres Problem besteht häufig darin, dass der Geotechnische Gutachter den Bemessungswasserspiegel i. A. ausschließlich aus den gemessenen Grundwasserständen unter Berücksichtigung jahreszeitlicher Schwankungen ableitet. Unberücksichtigt bleibt dabei häufig ein möglicher Aufstau von Sickerwässern, z. B. im ehemaligen, verfüllten Arbeitsraum der Baugrube. Vielfach ist die Fragestellung der Wassereinwirkungsklasse nicht Thema der geotechnischen Begutachtung. Missverständnisse hinsichtlich der Bedeutung und Interpretation des Begriffs „Bemessungswasserspiegel" treten aus genannten Gründen vergleichsweise häufig auf. Die Problematik wird mit den nachfolgend erläuterten Schadensfällen erläutert.

Der Wasserdurchlässigkeitsbeiwert der anstehenden Böden ist gemäß DIN 18533 mit einer Baugrunduntersuchung zu ermitteln. Diese Forderung der Norm bedingt, dass für jedes Projekt ein Baugrundgutachter eingeschaltet wird. Pauschale Beurteilungen aufgrund Inaugenscheinnahme durch z. B. den Architekten (Beispiel: „Es stehen Sande und Kiese an. Dementsprechend liegt stark wasserdurchlässiger Baugrund mit $k > 10^{-4}$ m/s vor.") führen nicht selten zu Fehlplanungen des Abdichtungssystems. Bereits untergeordnete Schluffanteile im Boden können die Wasserdurchlässigkeit deutlich verringern, wie eine grobe Abschätzung des Durchlässigkeitsbeiwertes k nach HAZEN (Sieblinienauswertung) zeigt. Danach kann der Durchlässigkeitsbeiwert mit $k \approx 0{,}0116 \, d_{10}^2$ abgeschätzt werden, wobei d_{10} der die feineren Kornbestandteile mit einem Massenanteil von 10 % abgrenzende Korndurchmesser in der Einheit [mm] ist. Ein reiner Kiessand weist danach mit $d_{10} \approx 0{,}2$ mm einen Wasserdurchlässigkeitsbeiwert von $k = 4{,}6 \times 10^{-4}$ m/s auf. Der Boden ist in diesem Fall stark wasserdurchlässig. Bei einem schwach schluffigen Kiessand mit $d_{10} \approx 0{,}06$ mm verringert sich der k-Wert auf $4{,}0 \times 10^{-5}$ m/s. Die Voraussetzung der DIN 18533 zur Einstufung in die Wassereinwirkungsklasse W1.2-E wäre dann ohne Dränung nicht mehr gegeben. Der Unterschied zwischen einem reinen Kiessand und einem schwach schluffigen Kiessand ist in der Praxis ohne entsprechende Fachausbildung häufig nicht zu erkennen. Die daraus erwachsende Problematik wird in den folgenden Schadensbeispielen ebenfalls erläutert.

4 Schadensfall 1: Nichtunterkellertes Schulgebäude

Der erste hier erläuterte Schadensfall behandelt ein eingeschossiges, nicht unterkellertes Schulgebäude, das auf Streifenfundamenten in frostfreier Tiefe (ca. 1 m unter Gelände) in einem schwach kiesigen Sand gegründet ist. Bild 3 zeigt das Gebäude, in Bild 4 ist die Gründungssituation in einem vereinfachten Vertikalschnitt dargestellt.
Die als Baugrund anstehenden Sande weisen unregelmäßig dünne Schlufflagen auf, die sich i. A. lediglich über kurze Längen bzw. Flächen erstrecken. Der Baugrund wurde als durchlässig bis stark durchlässig nach DIN 18130 ($k_f = 10^{-3} \ldots 10^{-4}$ m/s) beurteilt. Abgedeckt werden die Sande flächig von einer ca. 20 … 25 cm dicken bindigen Lage aus organischen Waldböden. Der geschlossene Grundwasserspiegel wurde mit den Baugrunduntersuchungen in 2,5 m Tiefe festgestellt.
Unmittelbar nach dem Bau der Schule (die Außenanlagen waren noch nicht fertig gestellt) kam es zu einem Starkregenereignis, bei welchem über das leicht zum Gebäude hin geneigte Gelände Niederschlagswasser zum Gebäude hin ablief. Die Schwellen der Ausgangstüren waren zu diesem Zeitpunkt noch nicht komplett ausgeführt. Die Niederschlagswässer drangen über die Türschwellen in das Gebäude bzw. den Fußbodenaufbau ein und verursachten im Inneren flächig Durchnässungen.
Der bei dem folgenden Gerichtsprozess eingeschaltete Gutachter überprüfte den Ansatz des Bemessungswasserspiegels und kam zu dem Ergebnis, dass bei Berücksichtigung langjähriger Spiegelschwankungen der geschlossene Grundwasserspiegel bis ca. 1,5 m unter Gelände ansteigen kann. Unter dem Eindruck der bei Niederschlägen auf den organischen Waldböden entstehenden Pfützenbildung wurde ferner ausgeführt, dass die absickernden Niederschlagswässer in ungünstigen Fällen auch auf den im Untergrund vorhandenen bindigen Zwischenlagen temporär aufstauen können. Der Gutachter legte daraufhin mangels detaillierter Kenntnisse den Bemessungswasserspiegel im Sinne der oben zitierten Regel der DIN 18533 in Höhe der Geländeoberfläche fest (vgl. Bild 5).

Besondere Auswirkungen hatte die Einschätzung des Gerichtsgutachters dahingehend, dass nach seiner Auffassung der Bemessungswasserspiegel nicht nur seitlich sondern auch unterhalb des Bauwerks wirksam

Bild 3: Rückseite der nichtunterkellerten Schule

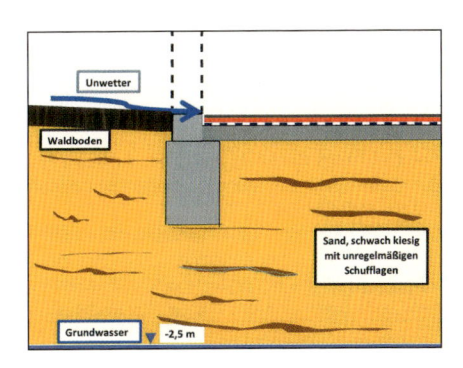

Bild 4: Vereinfachter Vertikalschnitt (nichtunterkellerte Schule)

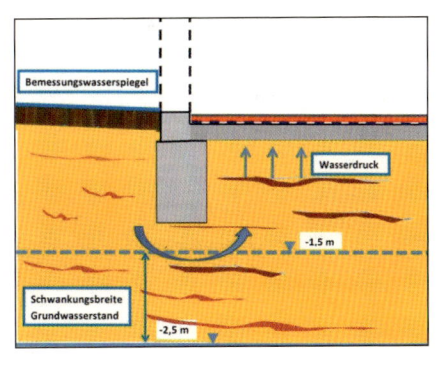

Bild 5: Grundwassersituation gemäß Auffassung des Gutachters

sei. Die Bodenplatte sei dementsprechend auf drückendes Grundwasser zu bemessen. Da das Bauwerk hierfür nicht ausgelegt ist, wurde in der prozessualen Auseinandersetzung ein Abbruch des Gebäudes gefordert! Unabhängig von der Tatsache, dass der Schaden im Wesentlichen aus dem noch unfertigen Bautenstand resultierte (falsche Geländeneigung, unfertige Türschwelle) trifft auch die Einschätzung des Gerichtsgutachters bezüglich der Möglichkeit eines Aufspiegelns des Grundwassers bis zur Geländeoberfläche nicht zu, wie bereits eine einfache Massenbilanz zur Grundwasserneubildung zeigt. Im Rhein-Main-Gebiet, in welchem sich das beschädigte Schulgebäude befindet, beträgt die Grundwasserneubildungsrate überschlägig etwa 3 l/(s × km²). Dies entspricht einer Sickerwassermenge je m² von etwa 95 l/a. Bei einem wirksamen Wasserdurchlässigkeitsbeiwert für die ungesättigte Bodenzone von lediglich $k_u = 1 \times 10^{-7}$ m/s kann der Boden über 3.000 l/a ins Liegende abfördern. Auch unter Berücksichtigung der Tatsache, dass eine solche Bilanz eine sehr grobe Abschätzung darstellt, wird deutlich, dass ein Aufstau bis zur Geländeoberfläche mit großer Sicherheit auszuschließen ist.

Der Sachverhalt wird phänomenologisch durch die Tatsache bestätigt, dass mit dem System einer feinkörnigen Decklage über einem sandigen Boden näherungsweise das System einer Kapillarsperre vorliegt. Eine Kapillarsperre besteht im Wesentlichen aus zwei Lagen, der oben liegenden feineren Kapillarschicht und der darunter liegenden Kapillarbruchschicht aus gröberem Material. Die Wirkung einer Kapillarsperre beruht darauf, dass die ungesättigte Durchlässigkeit der feinkörnigen oberen Schicht deutlich geringer ist als diejenige der darunter liegenden gröberen kapillarbrechenden Lage. An der Schichtgrenze der beiden Böden ist zwar die Saugspannung gleich, nicht aber die jeweilige Wassersättigung. Es stellen sich also bei gleicher Saugspannung unterschiedliche Wassergehalte in der oberen Kapillarschicht und dem unteren Kapillarblock ein. Die organische Deckschicht weist einen deutlichen höheren Wassergehalt auf als der darunter liegende gröbere Sand und gibt die eindringende Feuchte nur zu einem geringen Teil an den Untergrund weiter. Die Deckschicht speichert dementsprechend den anfallenden Niederschlag. Das beschriebene physikalische Phänomen wird technisch, z. B. bei der Oberflächenabdichtung von Deponien benutzt (s. Bild 6). Die in diesem Zusammenhang festgestellten Wasserbilanzen zeigen, dass vom anfallenden Niederschlag der Großteil über die Verdunstung (Pflanzen und Boden) wieder der Atmosphäre zugeführt wird. Lediglich ca. 20 % ... 25 % der Niederschlagsmenge können zur Grundwasserneubildung beitragen, wobei im Falle einer Kapillarsperre dieser Anteil weiter auf < 10 %, im Fall qualifizierter Deponieabdichtungen auf < 2 % reduziert wird (s. Bild 6).

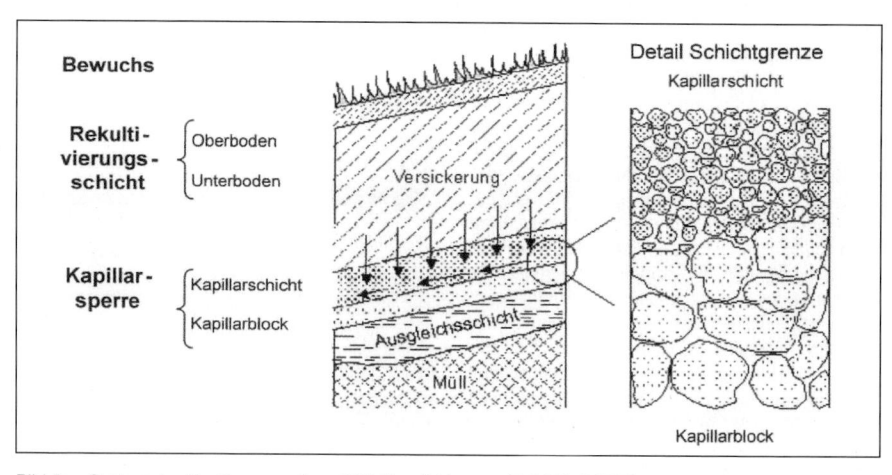

Bild 6: System der Kapillarsperre (aus GDA-Empfehlungen (E 2-33), DGGT)

Die Betrachtungen zeigen, dass die absickernden Wässer in keinem Fall zu einer Aufsättigung der ungesättigten Bodenzone oberhalb des geschlossenen Grundwasserspiegels führen können. Diese Feststellung gilt insbesondere für den Bereich der Bodenplatte, da hier keine Grundwasserneubildung aus dem Hangende stattfindet. Vielmehr müsste hier die Aufsättigung kapillar gegen die Schwerkraft erfolgen. Ein solcher Anstieg ist jedoch physikalisch nicht möglich, da die kapillare Steighöhe der Sande lediglich 0,1 ... 0,3 m beträgt, also deutlich geringer ist als die Dicke der ungesättigten Schicht (1,5 ... 2,5 m). Die häufig, in vergleichbaren Fällen verwendete Modellvorstellung, wonach das Fundament umströmt wird, trifft nicht zu, da die volle Wassersättigung des Bodens als Voraussetzung für eine Grundwasserströmung, nicht gegeben ist.

5 Schadensfall 2: Unterkellertes Wohngebäude

Im Bereich einer Konversionsfläche wurden Fein- und Mittelsande, die lokal schluffige Beimengungen aufweisen (Bodengruppen SE, SU nach DIN 18196) mehrere Meter mächtig aufgefüllt. Der Wasserdurchlässigkeitsbeiwert der Böden wurde anhand der Körnungslinie der Böden zu 1×10^{-4} m/s bis 5×10^{-4} m/s ermittelt. Die Böden wurden lagenweise eingebaut und verdichtet. Unter den Auffüllungen folgen stark wasserdurchlässige quartäre Sande und Kiese. Nach der Geländeauffüllung wurde in den Auffüllungen für den Neubau eines unterkellerten Mehrfamilienhauses eine Baugrube ausgehoben. Das Untergeschoss des Neubaus wurde auf Streifenfundamenten gegründet und gemauert (s. Bild 9). Die erdberührten Wände erhielten eine KMB-Abdichtung. Die 25 cm dicke Bodenplatte wurde auf den sandigen Boden aufgelegt. Für den Beton der Bodenplatte wurde eine WU-Rezeptur gewählt. Die Platte wurde jedoch nicht wasserdruckhaltend konzipiert und bemessen. Die Arbeitsräume wurden mit den zuvor ausgehobenen sandigen Böden verfüllt.

Bereits während der Bauarbeiten wurde in Teilbereichen der Baugrube festgestellt, dass anfallendes Niederschlagswasser nicht wie erwartet drucklos in den anstehenden Sanden absickerte. Vielmehr stauten die Wässer partiell bis über Gründungsniveau auf (s. Bild 7). Daraufhin wurde in diesen Bereichen der aufgefüllte Fein- und Mittelsand gegen einen enggestuften Rollkies ausgetauscht.

Gleichwohl zeigten sich nach der Fertigstellung des Hauses im Untergeschoss des Hauses an den Außenwänden Feuchteschäden (s. Bild 8). Im anschließenden Gerichtsverfahren wurden detaillierte Baugrunduntersuchungen vorgenommen. Diese zeigten, dass sich beim früheren Einbau der Fein- und Mittelsande der Boden partiell entmischt hatte und dass sich auf einzelnen Einbaulagen eine dünne „Tapete" aus bindigem Material gebildet hatte. Das absickernde Niederschlagswasser staute auf diesen „Tapeten" wenige Zentimeter hoch auf. Für den Schaden war der beschriebene Sachverhalt der entmischten Böden im vorliegenden Fall jedoch nur nachgeordnet verantwortlich. Vielmehr zeigte sich eine weitere Besonderheit im Arbeitsraum, dessen Kontur mit Baustellenabfällen, Mörtel etc. regelrecht „verkleistert" war. Aufgrund der Staulagen und fehlender Abdeckung des Ar-

Bild 7: Stauwasser im Arbeitsraum (Bauphase)

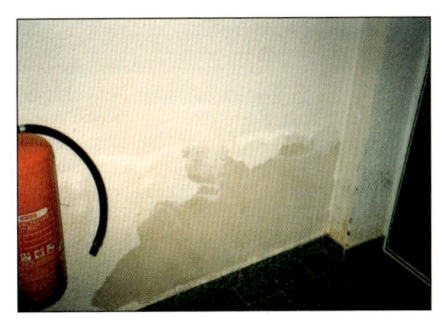

Bild 8: Nässeschaden im Untergeschoss des Wohnhauses

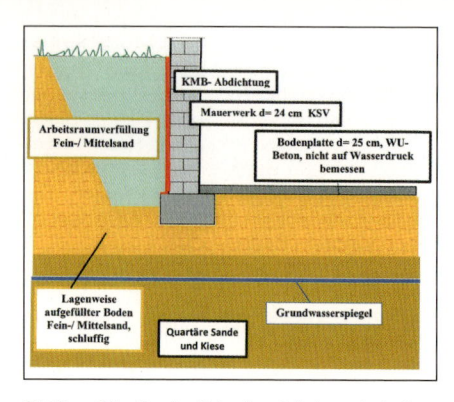

Bild 9: Situation im Schadensfall des unterkellerten Wohnhauses

Bild 10: Stauwasser im ehemaligen Arbeitsraum der Baugrube und Nässeschaden im Untergeschoss

beitsraums am Top mit einem Lehmschlag oder einer Folie staute sich das absickernde Niederschlagswasser hier bis mehrere Dezimeter hoch über das Niveau des Kellerfußbodens (s. Bild 10). Die vorhandene KMB-Abdichtung war mit gemessenen Schichtdicken von 1,5 mm bis 2,0 mm für die vorhandene Wasserdruckbelastung zu schwach.

Die weiteren Prüfungen ergaben, dass der schädliche Aufstau nur an den Außenwänden vorhanden war. Unter der Bodenplatte wurde kein Grundwasser festgestellt. Eine hydraulische Verbindung zwischen aufgestautem Sickerwasser im ehemaligen Arbeitsraum und den Sanden unter der Bodenplatte bestand nicht. Vielmehr konnte festgestellt werden, dass mit den vorhandenen stauenden „Tapeten" auf den Einbaulagen bzw. der Kontur des ehemaligen Arbeitsraums und dem umlaufenden Streifenfundament des Hauses eine wirksame Trennung vorhanden ist.

6 Schlussfolgerungen

Die beiden erläuterten Schadensfälle zeigen die Komplexität der Wasserbeanspruchung erdberührter Bauteile auf. Im Schadensfall 1, der im Grunde der Wassereinwirkungsklasse W1.1-E (Bodenfeuchte bei Bodenplatten) entspricht, wurde der Bemessungsgrundwasserstand in einem Rechtsstreit neu definiert, wodurch die Wassereinwirkungsklasse W2.1-E (mäßige Einwirkung von drückendem Wasser) maßgeblich wurde. Bei formaler Betrachtung würde diese Wassereinwirkungsklasse zu einem auf die Bodenplatte anzusetzenden Wasserdruck führen. Im konkreten Schadensfall hätte das zum notwendigen Abbruch des Gebäudes geführt. Im Beitrag wird jedoch dargelegt, dass der vom Gerichtsgutachter angesetzte, von unten auf die Bodenplatte einwirkende Wasserdruck bodenphysikalisch überhaupt nicht auftreten kann. Im Schadensfall 2, der im Grunde ebenfalls der Wassereinwirkungsklasse W1-E entspricht, kam es aufgrund der nicht erkannten Besonderheiten des Baugrundes und der Verschmutzung des Arbeitsraums an den Bauwerkswänden zu einer Beanspruchung gemäß W2-E. Der Sohlbereich war dagegen durch den unbeabsichtigten Wasseraufstau im ehemaligen Arbeitsraum nicht beeinflusst; hier blieb es bei der geringeren Wassereinwirkungsklasse.

Die Beispiele machen deutlich, dass häufig zwischen der Beanspruchung von Wänden und Bodenplatten zu differenzieren ist. Insbesondere ist vor einer schematischen Anwendung der in der E DIN 18533-1 zur Beschreibung der Wassereinwirkungsklassen angegebenen Situationen zu warnen. Sofern nicht wirklich eindeutige und bewährte Erfahrungen vorliegen, ist die tatsächliche Wasserbeanspruchung projektspezifisch von einem in der Geotechnik erfahrenen Sachverständigen feststellen zu lassen. Wände und Bodenplatte sollten dabei separat betrachtet werden.

Als allgemeine Hinweise, die im konkreten Fall zu überprüfen sind, können die folgenden vier Fälle für die Einwirkungsklassen W1-E und W2-E unterschieden werden. Die betrachteten Situationen gelten ausschließlich für ebenes Gelände mit quasistatischen hydraulischen Verhältnissen. Quellzuflüsse o. ä. unterhalb des Gebäudes werden dabei ausgeschlossen:

Fall 1:
Bodenplatten können bei wenig durchlässigem Boden und tief anstehendem Grundwasser auf Druckwasser beansprucht werden, wenn eine hydraulische Verbindung zwischen durchlässiger Arbeitsraumverfüllung und einer Schüttung (z. B. kapillarbrechende Schicht) unter der Bodenplatte vorhanden ist (s. Bild 11).

Fall 2:
Der im Fall 1 auf die Bodenplatte einwirkende Wasserdruck tritt i. A. nicht auf, wenn das Fundament die hydraulische Verbindung zwischen Arbeitsraumverfüllung und Schüttung unter der Bodenplatte durchtrennt (a. Bild 12).

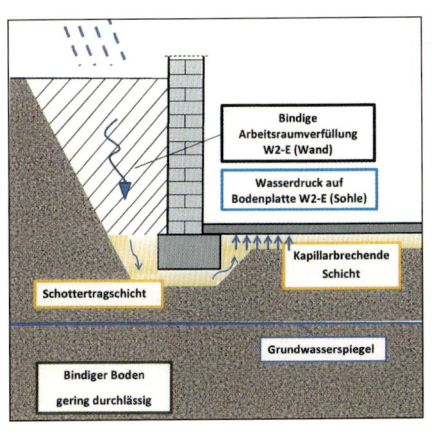

Bild 11: Druckbeanspruchte Bodenplatte (Fall 1)

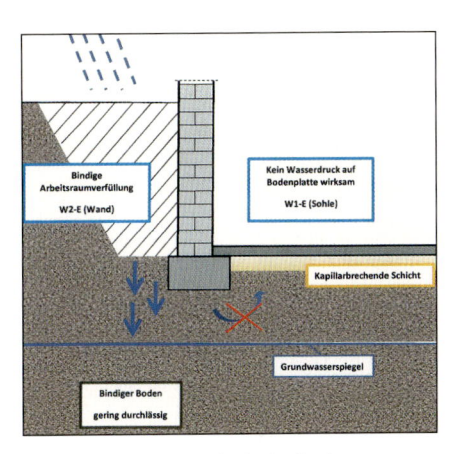

Bild 12: Durchtrennen der hydraulischen Verbindung zwischen Arbeitsraum und Bodenplatte (Fall 2)

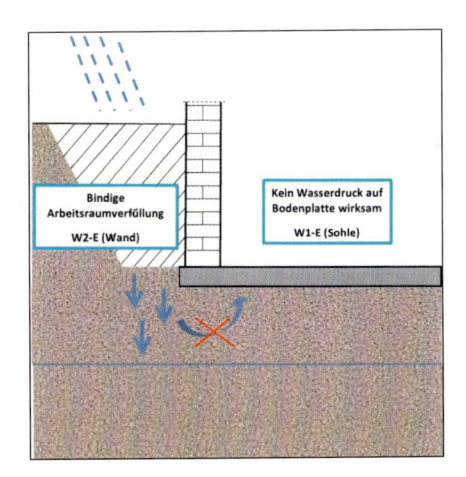

Bild 13: Keine Wasserdruckbeanspruchung bei flächiger Gründung in bindigem Boden (ohne wasserführende horizontale Zwischenlagen)

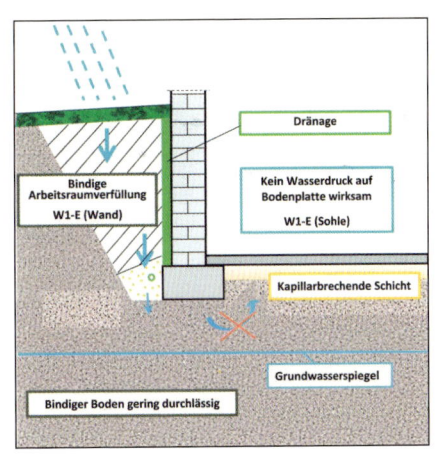

Bild 14: Sickerwasser mit Dränage (Wassereinwirkungsklasse W1.2-E gemäß E DIN 18533)

Wichtig ist in diesem Fall, dass im Fundament keine Rohre oder Öffnungen zur Entwässerung der kapillarbrechenden Schicht angeordnet werden. Die Bereiche unterhalb und seitlich der Bodenplatte müssen strikt hydraulisch getrennt werden.

Fall 3:
Auf die Bodenplatte wirkt ebenfalls kein Wasserdruck, wenn das Bauwerk flächig im bindigen Boden gegründet ist und wenn der bindige Boden keine horizontalen wasserführenden Zwischenlagen aufweist (s. Bild 13).

Fall 4:
Gemäß E DIN 18533-1:2015-12 liegt die Wassereinwirkungsklasse W1-E bei Bodenplatten ferner vor, wenn Stauwasser mit einer funktionstüchtigen Dränung nach DIN 4095 zuverlässig vermieden wird. Es ist zu beachten, dass Grund- und Schichtenwässer dauerhaft nicht dräniert werden dürfen (s. Bild 14).

Prof. Dr.-Ing. Wolfgang Krajewski
Studium des Bauingenieurwesens an der TU Darmstadt; Promotion an der RWTH Aachen University; Tätigkeit als Bauleiter in Baukonzernen sowie als Projektleiter in Ingenieurunternehmen; Geschäftsführer eines Baugrundinstituts in Darmstadt; seit 1996 Professor für Geotechnik an der Hochschule Darmstadt, langjähriger Dekan des Fachbereiches Bauingenieurwesen; von der IHK öffentlich bestellt und vereidigter Sachverständiger für Begutachtungen im Erd- und Grundbau, Fels- und Tunnelbau sowie Bauschäden und dafür auch anerkannt vom Eisenbahnbundesamt.

Sind Dränanlagen nach DIN 4095 noch zeitgemäß oder sogar schadensträchtig?

Prof. Dr.-Ing. habil. Bert Bosseler, Dipl.-Ing. Thomas Brüggemann,
IKT-Institut für Unterirdische Infrastruktur gGmbH, Gelsenkirchen

1 Einleitung

Sind Dränanlagen nach DIN 4095 noch zeitgemäß oder sogar schadensträchtig? Auf diese Frage möchten viele im Vertrauen auf unser Regelwerk sicherlich antworten: Die DIN 4095 [1] ist etabliert und die jetzige Fassung aus dem Jahr 1990 wird auch heute zitiert und zur Bewertung herangezogen, selbstverständlich sollten wir dann annehmen können, dass diese Norm noch zeitgemäß ist, und ebenso selbstverständlich, dass sie auch nicht schadensträchtig ist. Schließlich hätten wir sie sonst ja schon lange überarbeitet.

Diese Argumentation hat allerdings eine Schwäche, sie geht von konstanten Randbedingungen aus, und dies betrifft nicht nur die Bautechnik, sondern auch den Umgang und die Fortleitung des Dränwassers. Gerade der zweite Aspekt hat aber seit 1990 erhebliche Veränderungen erfahren und unterliegt auch künftig weiterem Druck, denn Dränanlagen greifen in den Wasserhaushalt ein und die rechtlichen und technischen Anforderungen an wasserwirtschaftliche Systeme haben sich in den letzten 25 Jahren massiv verschärft, sodass Dränanlagen in diesem Sinne nur sehr selten als zeitgemäß und umso häufiger als schadensträchtig angesehen werden müssen.

2 Erfahrungen aus der Baupraxis

Unabhängig von der Fragestellung, ob Dränanlagen nach DIN 4095 noch zeitgemäß sind, muss darauf hingewiesen werden, dass viele vorhandene Dränanlagen bereits zum Zeitpunkt der Errichtung nicht dem Stand der Technik entsprachen. Schätzungen gehen davon aus, dass beispielsweise in Nordrhein-Westfalen bei ca. 20 bis 40 % aller Grundstücke eine Dränanlage vorhanden ist, die an die öffentliche Kanalisation angeschlossen ist (vgl. [2]). Erfahrungen zeigen, dass viele dieser Anlagen oftmals nicht nach den Vorgaben der Regelwerke geplant, bemessen und ausgeführt wurden, obwohl die DIN 4095 seit Anfang der 70er Jahre die Planung, Bemessung und Ausführung der Dränung des Untergrundes zum Schutz baulicher Anlagen regelt. Außerdem ist davon auszugehen, dass es auch heutzutage aufgrund des Kosten- und Termindrucks nicht selten zu einer nicht normgerechten Ausführung von Dränanlagen kommt.

So werden beispielsweise oftmals sog. „Baudränagen", welche die Baugrube eines Neubaus während der Bauphase wasserfrei halten sollen, unzulässiger Weise nach Fertigstellung zum dauerhaften Schutz des Gebäudes vor Vernässung betrieben. Die oft verwendeten, nicht selbsttragenden gelben Kunststoffrohre sind jedoch keine Dränanlage zum Schutz baulicher Anlagen gem. DIN 4095. Diese Anlagen sind nach Fertigstellung grundsätzlich wieder von der Kanalisation abzuklemmen, da diese die Funktion einer DIN-gerecht geplanten, bemessenen und ausgeführten Gebäudedränage nicht übernehmen können (vgl. [3]).

3 Wasserwirtschaftliche Rahmenbedingungen und Zwänge

Dränanlagen werden in der Regel gebaut, um erdberührte Bauteile bzw. Bauwerkteile vor Wassereinflüssen zu schützen. Sie sammeln und leiten temporär anfallendes, nicht stauendes Sickerwasser ab. Zusammen mit den Maßnahmen zur Bauwerksabdichtung dienen sie dem Schutz baulicher Anlagen vor Vernässungen (vgl. [3]). DIN 4095 [1] regelt die Dränung auf, an und unter erdberührten baulichen Anlagen und dient als Grundlage für Planung, Bemessung und Ausführung. In der DIN 4095 [1] wird unter Abschnitt 3.6 generell zwischen drei Fällen zur Festlegung der Dränmaßnahmen unterschieden. Demnach ist bei erdberührten Bauteilen keine

Dränung erforderlich, wenn nur Bodenfeuchtigkeit in stark durchlässigen Böden auftritt. Darüber hinaus ist keine Dränung anzuordnen, wenn drückendes Wasser, in der Regel in Form von Grundwasser, ansteht oder wenn eine Ableitung des anstehenden Wassers über eine Dränung nicht möglich ist. In diesen beiden Fällen sind entsprechende Abdichtungsmaßnahmen an den erdberührten Bauteilen vorzunehmen. Eine Dränung in Verbindung mit einer Bauwerksabdichtung wird laut DIN 4095 [1] nur dann erforderlich, wenn Stau- und Sickerwasser in schwach durchlässigen Böden vorliegt und das anfallende Wasser über die Dränung abgeleitet werden kann, sodass kein Wasserdruck auf der Abdichtung auftritt.

Bei der Ausführung der Dränanlage ist laut [1] zu beachten, dass die anfallende Abflussspende in der Dränschicht drucklos abgeführt und vom Dränrohr bei einem Aufstau von höchstens 0,2 m bezogen auf die Dränrohrsohle aufgenommen werden. Darüber hinaus ist die Rohrsohle am Hochpunkt mindestens 0,2 m unter Oberfläche Rohbodenplatte anzuordnen.

Bei der Errichtung von Dränanlagen stellt sich grundsätzlich die Frage, ob und inwieweit Menge und Zustand von Oberflächen- und Grundwasser beeinflusst werden. So ist gemäß DIN 4095 [1] zu prüfen, ob das anfallende Dränwasser abgeleitet werden kann und zwar in baulicher und wasserrechtlicher Hinsicht. Werden Dränleitungen an die öffentliche Abwasserkanalisation angeschlossen, so wie in der Vergangenheit durchaus gängige Praxis (vgl. [3]), ist dort mit einem erhöhten Fremdwasseraufkommen zu rechnen. Die Folgen des Fremdwassers machen sich im Kanalnetz vielfältig bemerkbar (vgl. [4]), insbesondere dann, wenn Dränwasser in die Mischkanalisation eingeleitet wird. Fremdwasser in der Kanalisation führt zu einer Beeinträchtigung des Reinigungsprozesses an der Kläranlage, zu einem erhöhten Energiebedarf an Pumpwerken, zu einer hydraulischen Überlastung der Abwasserkanäle und zu einem unerwünschten Entlastungsverhalten an den Abschlagsbauwerken – verbunden mit einem erhöhten Schadstoffeintrag ins Gewässer. Aus diesen Gründen haben die Kommunen und Wasserverbände als Betreiber der öffentlichen Kanalisationsnetze häufig das Ziel, den erhöhten Fremdwasserzufluss dauerhaft zu reduzieren. Zu den technischen Maßnahmen der Fremdwasserreduzierung zählen – neben der Beseitigung von Undichtigkeiten und Regenwasser-Fehlanschlüssen am Kanalnetz – daher gemäß DWA-M 182 (vgl. [5]) folgerichtig auch die Beseitigung von Dränagen, die am Kanalnetz angeschlossen sind. Besonderer Handlungsbedarf seitens der Kommunen und Wasserverbände besteht dann, wenn Überwachungsbehörden abwasserrechtliche Genehmigungen oder Befreiungen von der Abwasserabgabe mit der Einhaltung bestimmter Grenzwerte beim Fremdwasser verknüpfen (vgl. [6]).

Denn aus wasserrechtlicher Sicht bringt die Einleitung von Dränwasser in die Misch- oder sogar Schmutzwasserkanalisation Probleme mit sich. Nach Abwasserverordnung (AbwV, § 3, Abs. 3) [7] besteht nämlich ein Verdünnungsverbot für behandlungspflichtiges Abwasser. Demnach dürfen die als Konzentrationswerte festgelegten Anforderungen an das Einleiten von Abwasser in ein Gewässer nicht entgegen dem Stand der Technik durch Verdünnung erreicht werden.

Aus den o. a. Gründen ist nach aktuellem kommunalen Satzungsrecht die Einleitung von Dränwasser in die öffentliche Kanalisation in der Regel nicht zulässig (vgl. z. B. [8], [9]). Auch die Musterentwässerungssatzungen von NRW und Bayern, welche vielen Städten und Gemeinden als Vorlage für ihre eigenen Entwässerungssatzungen dienen, geben dies direkt oder indirekt vor. In § 7 (2) der Muster-Abwasserbeseitigungssatzung des Städte- und Gemeindebundes Nordrhein-Westfalen (vgl. [10]) wird aufgeführt, dass u. a. Grund-, Drainage- und Kühlwasser und sonstiges Wasser, wie z. B. wild abfließendes Wasser (§ 37 WHG), nicht in die öffentliche Abwasseranlage eingeleitet werden darf. Laut § 14 (1) des Musters für eine gemeindliche Entwässerungssatzung des Bayerischen Staatsministeriums des Innern (vgl. [11]) darf in Schmutzwasserkanäle nur Schmutzwasser, in Regenwasserkanäle nur Niederschlagswasser und in Mischwasserkanäle sowohl Schmutz- als auch Niederschlagswasser eingeleitet werden.

Wird der Anschluss für Dränwasser an den Kanal unter bestimmten Voraussetzungen doch genehmigt (z. B. bindige Böden, fehlende technische Alternativen zum Schutz des Baukörpers), dann sind meist bestimmte bautechnische Anforderungen zu erfüllen, wie z. B. die Errichtung eines Übergabeschachtes mit Hebeanlage oder die Installation von Messeinrichtungen (vgl. [12]). So ist beispielsweise laut Informationsblatt der Stadtwerke Essen [13], das Drainagewasser wegen des hohen Schadens, der bei einem Rückstau entstehen würde, mittels einer automatisch arbeitenden Hebeanlage rückstaufrei in die Grundstücksentwässerungsanlage einzuleiten und anschließend zusammen mit dem Abwasser der Haus- bzw. Grundstücksentwässerung der öffentlichen Kanalisation zuzuführen.

Dies deckt sich auch mit den Vorgaben der DIN 4095 [1], wonach die Ableitung, falls notwendig, durch eine geeignete Vorrichtung gegen Stau aus dem Vorfluter zu sichern ist. Allerdings wird in der DIN 4095 die Rückstauklappe als Beispiel für eine Vorrichtung gegen Rückstau aufgeführt. Diese erscheint jedoch angesichts der veränderten Rahmenbedingungen – Zunahme von Rückstauereignissen infolge eines veränderten Niederschlagsverhaltens – nicht mehr zeitgemäß, denn durch eine Rückstauklappe wird die Dränanlage während eines Rückstauereignisses außer Funktion gesetzt. Um aber auch bei Rückstau einen dauerhaften Betrieb der Anlage sicherzustellen, werden seitens der Kommunen häufig automatisch arbeitende Hebeanlagen vorgeschrieben (s. o.).

Außerdem wird auch häufig eine Gebühr für die Einleitung des Dränwassers in die Kanalisation erhoben, um u. a. die Mehrkosten eines erhöhten Fremdwasseraufkommens zu decken (vgl. [13], [14], [15]). Nicht selten wird sogar ein Gebührensatz erhoben, der dem des Schmutzwassers entspricht. Wird durch die kommunale Fremdwassersanierung, d. h. Abdichtung des öffentlichen Kanalnetzes gegen Grundwassereindrang, auch noch der Grundwasserstand angehoben, können die Kosten für das Dränwasser stark steigen, ebenso wie die Betriebsrisiken für die Anlage selbst.

Darüber hinaus stellt sich die Frage, ob bei der Einleitung des Dränwassers über einen Regen- oder Dränwasserkanal in einen Vorfluter die Gewässersituation nachteilig beeinflusst wird. So ist in einem Oberflächengewässer mit einer veränderten Hydraulik zu rechnen und ggf. sogar mit einer Veränderung des chemischen Zustandes, wenn z. B. stark ockerhaltiges Dränwasser eingeleitet wird, wie entsprechende Beispiele aus der Landwirtschaft belegen ([16], [17]). Dies widerspricht dem Umweltziel der EG-Wasserrahmenrichtlinie (EG-WRRL) 2000/60/EG [18], eine Verschlechterung des Zustandes der Oberflächenwasserkörper zu verhindern. Inwieweit eine nachteilige Veränderung des Oberflächengewässers durch Dränmaßnahmen nach DIN 4095 zu erwarten ist, wurde bisher wissenschaftlich noch nicht näher untersucht.

Gemäß DIN 4095 [1] ist aber auch zu prüfen, ob durch die Dränung eine Beeinträchtigung der Grundwasser- und Untergrundverhältnisse zu erwarten ist. Denn durch das Abfangen von Sickerwasser oder gar durch eine Grundwasserentnahme, kann es zu einer Absenkung des Grundwasserspiegels kommen. Demgegenüber steht jedoch das Wasserhaushaltsgesetz (WHG § 47, Abs. 1, Satz 1) [19], wonach Grundwasser so zu bewirtschaften ist, dass eine Verschlechterung seines mengenmäßigen und seines chemischen Zustandes vermieden wird. Überdies zählt das Entnehmen, Zutagefördern, Zutageleiten oder Ableiten von Grundwasser durch Dränanlagen nach DIN 4095 [1] nicht zu den erlaubnisfreien Benutzungen des Grundwassers nach § 46 WHG. Durch Landesrecht kann jedoch hiervon abgewichen werden, wie z. B. in Nordrhein-Westfalen. Demnach wird die zuständige Behörde laut Landeswassergesetz [20] (LWG NRW, § 32, Abs. 2) ermächtigt, durch ordnungsbehördliche Verordnung oder durch Verwaltungsakt für ein Gebiet Entnahmen von der Erlaubnispflicht auszunehmen, sofern nicht zu besorgen ist, dass durch die Entnahmen der gute mengenmäßige Zustand im Grundwasser verfehlt wird und sich das Grundwasser im guten mengenmäßigen Zustand befindet. Die Einstufung des mengenmäßigen Grundwasserzustandes erfolgt nach Grundwasserverordnung [21] (GrwV, § 4, Abs. 2) durch die zuständige Behörde.

Es wird deutlich, dass bei der Ausnahme von der Erlaubnispflicht im LWG NRW sowohl für die Entnahme von Grundwasser als auch bei der Einzelfallgenehmigung (Erlaubnispflicht) von Dränanlagen in den kommunalen Abwassersatzungen immer der gute mengenmäßige Zustand des Grundwasserkörpers zu berücksichtigen ist. Inwieweit hierfür ein entsprechender Nachweis zu führen ist, liegt im Ermessen der zuständigen Behörden.

4 Bautechnische Rahmenbedingungen

Dränanlagen nach DIN 4095 dienen zur Entwässerung der Bodenbereiche erdberührter Bauteile, um das Entstehen drückenden Wassers zu verhindern. Die Notwendigkeit dieser bautechnischen Anlage steht jedoch seit einiger Zeit vermehrt zur Diskussion, insbesondere vor dem Hintergrund der veränderten wasserwirtschaftlichen Rahmenbedingungen. Zudem werden bei Neubau von Gebäuden heutzutage technische Alternativen angeboten, die Gebäude durch entsprechende Abdichtungsmaßnahmen auch ohne

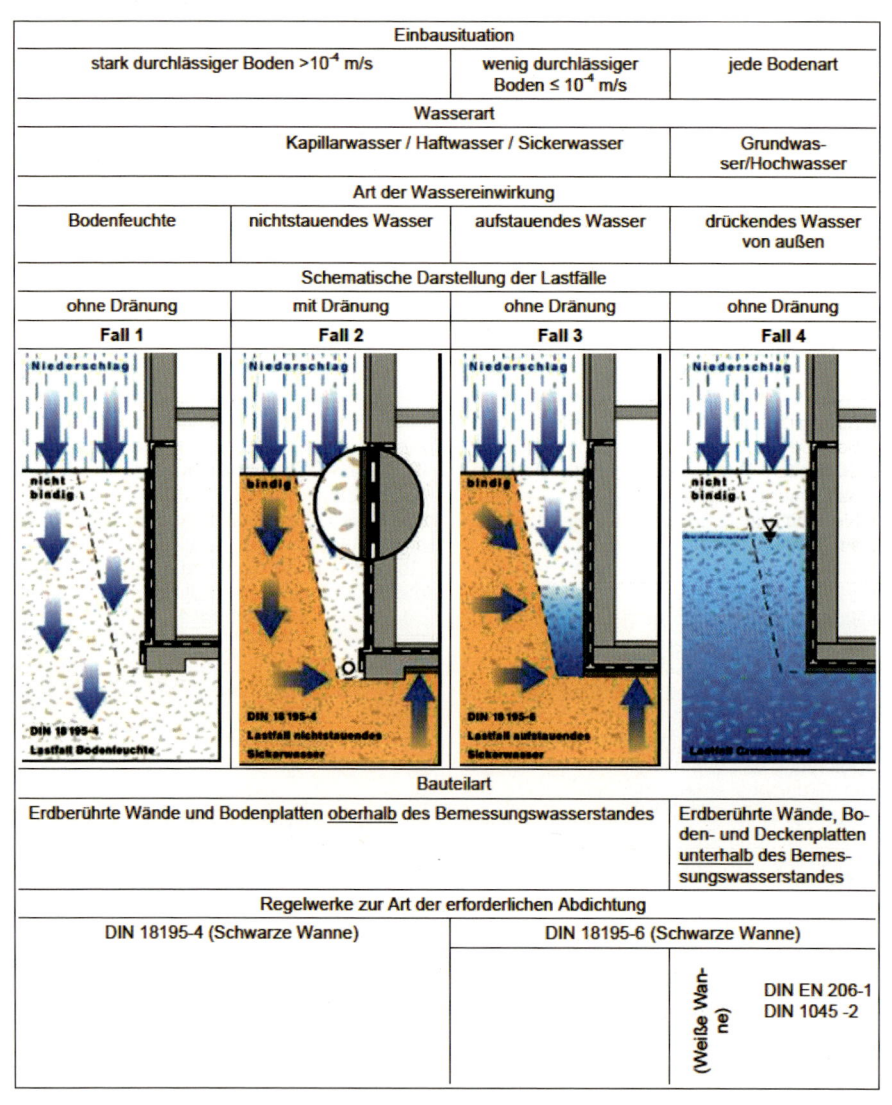

Einbausituation			
stark durchlässiger Boden >10^{-4} m/s		wenig durchlässiger Boden ≤ 10^{-4} m/s	jede Bodenart
Wasserart			
Kapillarwasser / Haftwasser / Sickerwasser			Grundwasser/Hochwasser
Art der Wassereinwirkung			
Bodenfeuchte	nichtstauendes Wasser	aufstauendes Wasser	drückendes Wasser von außen
Schematische Darstellung der Lastfälle			
ohne Dränung	mit Dränung	ohne Dränung	ohne Dränung
Fall 1	Fall 2	Fall 3	Fall 4
DIN 18195-4 Lastfall Bodenfeuchte	DIN 18195-4 Lastfall nichtstauendes Sickerwasser	DIN 18195-6 Lastfall aufstauendes Sickerwasser	Lastfall Grundwasser
Bauteilart			
Erdberührte Wände und Bodenplatten <u>oberhalb</u> des Bemessungswasserstandes			Erdberührte Wände, Boden- und Deckenplatten <u>unterhalb</u> des Bemessungswasserstandes
Regelwerke zur Art der erforderlichen Abdichtung			
DIN 18195-4 (Schwarze Wanne)		DIN 18195-6 (Schwarze Wanne)	
			(Weiße Wanne) DIN EN 206-1 DIN 1045-2

Bild 1: Zuordnung der Abdichtungsarten zur Wasserbeanspruchung und Einbausituation, [DIN 18195-1:2011-12, Tabelle 1, verändert; Bilder Saint Gobain Weber GmbH] zitiert in [3]

eine Dränmaßnahme vor Vernässungen schützen (z. B. durch eine Schwarze Wanne nach DIN 18195-6 [22] oder durch einer Weiße Wanne, s. Bild 1).

Darüber hinaus empfiehlt es sich grundsätzlich, Sickerwasser bereits an der Oberfläche vom Gebäude fern zu halten. In den aktuellen bautechnischen Normentwürfen wird bereits eine Reduzierung der Sickerwassermengen am Gebäude angestrebt. Andererseits besteht aber durch Starkregen und Fremdwassersanierungen ein erhöhtes Risiko für den Anstieg des Grundwasserspiegels. Eine generelle Sickerwasserdränung nach DIN 4095 scheint daher kaum noch zeitgemäß, stattdessen aber die Abdichtung gegen drückendes Grundwasser in Grundwasserrisikogebieten (vgl. Bild 1).

Der aktuelle Entwurf der DIN 18533-1 [23] steht bereits im Einklang mit den wasserwirtschaftlichen Entwicklungen und formuliert als Planungsgrundsatz im Abschnitt 8.2 „Ver-

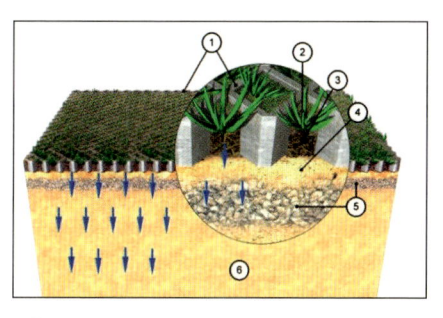

1. Rasengittersteine
2. Bepflanzung
3. Oberboden
4. Sandschicht
5. Kiesschüttung
6. anstehender Boden

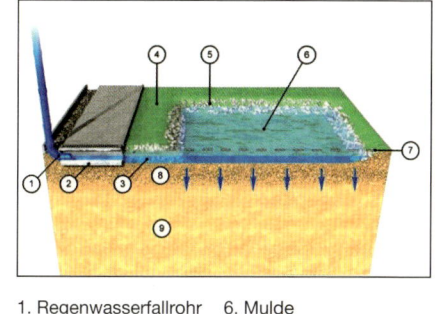

1. Regenwasserfallrohr
2. Rinne
3. oberflächiger Zufluss
4. Rasenfläche
5. Erosionsschutz
6. Mulde
7. Maximalwasserstand
8. versickerungsfähiger Boden
9. anstehender Boden

1. Rasenfläche
2. Mutterboden
3. Ausgleichsschicht
4. bindiger Boden
5. versickerungsfähiger Boden
6. Filterkies
7. Dränrohr

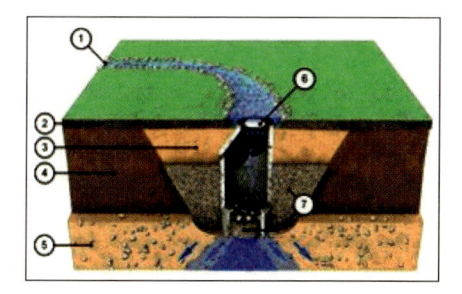

1. oberflächiger Zulauf
2. Oberboden
3. Verfüllung
4. schlecht durchlässige Bodenschicht
5. versickerungsfähige Schicht
6. Schachtabdeckung mit Einlauföffnungen und Schmutzfang
7. Filterkies

Bild 2: Technische Lösungen von Versickerungsarten – Flächenversickerung (oben links), Muldenversickerung (oben rechts), Rohrrigolenversickerung (unten links), Schachtversickerung (unten rechts), Quelle: www.unitracc.de, Prof. Dr.-Ing. Stein & Partner GmbH [24]

meidung unnötig hoher Wassereinwirkung" bereits:

„Das Gelände sollte, z. B. durch Rinnen und Gegengefälleflächen, in Hanglagen z. B. durch zwischengeschaltete Stützmauern und offen entwässerte Gräben, so gestaltet werden, dass Niederschlagswasser (z. B. bei Starkregen) als Oberflächenwasser vom Gebäude weggeleitet wird."

Wird das Niederschlagswasser bereits an der Oberfläche vom Gebäude weggeleitet, entfallen oder reduzieren sich die Sickerwassermengen, sodass auch die Notwendigkeit für die Aufnahme von Sickerwasser durch Dränanlagen entfallen kann. Allerdings ist in diesem Fall dafür zu sorgen, dass das Niederschlagswasser entsprechend weitergeleitet werden kann. § 55 (2) des Wasserhaushaltsgesetzes [19] sieht nämlich vor, dass Niederschlagswasser ortsnah versickert, verrieselt oder über eine Kanalisation ohne Vermischung mit Schmutzwasser in ein Gewässer eingeleitet werden soll, soweit dem weder wasserrechtliche noch sonstige öffentlich-rechtliche Vorschriften noch wasserwirtschaftliche Belange entgegenstehen.

Eine Versickerung des anfallenden Niederschlagswassers ist allerdings nur dann möglich, wenn hierfür ausreichend Fläche zur Verfügung gestellt werden kann und ein durchlässiger Untergrund vorhanden ist. Bei beengten Platzverhältnissen, insbesondere bei kleineren Grundstücken und dichter Bebauung, entfällt häufig aber schon die Möglichkeit der Flächen- und Muldenversickerung (vgl. Bild 2, links und rechts oben) aufgrund des großen Flächenbedarfs dieser beiden technischen Lösungen. Für den Betrieb einer Rohrrigolenversickerung (Bild 2, unten links) ist zwar ein geringerer Flächenbedarf erforderlich, in diesem Fall sind aber bei der Errichtung über eine größere Fläche aufwändige Tiefbauarbeiten durchzuführen, die sich bei dichter Bebauung im Bestand auf dem Grundstück häufig nicht umsetzen lassen.

Bei der Schachtversickerung ist hingegen nur ein geringer Flächenbedarf erforderlich, da eine punktförmige Versickerung des Wassers direkt in den durchlässigen Untergrund erfolgt. Sickerschächte werden jedoch laut [25] aufgrund der fehlenden Reinigungsleistung oftmals nicht genehmigt.

Darüber hinaus erhöht sich ohne Sickerwasserdränung auch das Risiko für Gebäudevernässungen bei Grundwasseranstieg nach öffentlicher Kanalsanierung, denn bisher haben manche Sickerwasserdränmaßnahmen auch zur Grundwasserabsenkung beigetragen, obwohl sie dafür technisch gar nicht vorgesehen sind. Von einer „Umwidmung" der Sickerwasserdränung zu Anlagen zur Grundwasserbewirtschaftung ist in jedem Falle abzuraten, da an eine Anlage zur dauerhaften Grundwasserabsenkung deutlich höhere Anforderungen an die Planung (Dimensionierung), Bemessung und den Bau zu stellen wären. Derzeit existieren zwar noch keine allgemeingültigen technischen Regeln für den Bau solcher Dränanlagen, dennoch können in diesem Zusammenhang die Anforderungen für Horizontalfilterbrunnen gemäß DVGW W 128 [26] eine wichtige Orientierung geben, da auch diese Anlagen zur dauerhaften Grundwasserabsenkung dienen. So sind hier beispielsweise technische Maßnahmen erforderlich, um die vielfältigen Betriebsprobleme der Anlagen in den Griff zu bekommen. Ablagerungen, Inkrustationen infolge Versinterung oder Verockerung sowie Wurzeleinwuchs können die Funktionsfähigkeit dieser wasserführenden Fassungsorgane beeinflussen (vgl. [27], [28], [29]). In diesem Fall besteht bei Dränanlagen an erdberührten Bauteilen die Gefahr, dass sich durch die zugesetzte Dränleitung der Wasserdruck erhöht und in der Folge die Beanspruchung auf das Bauteil zunimmt (vgl. [30]).

Durch entsprechende planerische und bauliche Maßnahmen lässt sich der Alterungsprozess infolge Versinterung und Verockerung verzögern (z. B. durch die Wahl einer bestimmten Schlitzweite der Rohre und Porengröße des Dränfilters oder durch die Verwendung einer bestimmten Kiesschicht) (vgl. [31], [32] und [33]). Darüber hinaus können Ablagerungen und Inkrustationen ggf. durch eine regelmäßige Reinigung und Regenerierung (vgl. [33]) der Dränanlage beseitigt werden, was bei der baulichen Auslegung zu berücksichtigen wäre (z. B. Revisionsöffnungen, Zugangsschächte).

Bei starker Verockerungs- oder Versinterungsneigung ist jedoch generell zu prüfen, ob eine Bauwerksdränung zur dauerhaften Grundwasserabsenkung technisch sinnvoll ist (vgl. [30]).

5 Sind Dränanlagen nach DIN 4095 schadensträchtig?

Aus den veränderten wasserwirtschaftlichen und bautechnischen Rahmenbedingungen leitet sich unmittelbar ab, dass der nicht mehr zeitgemäße Neubau von Dränanlagen nach DIN 4095 aus folgenden Gründen auch sehr schadensträchtig ist:
Nach derzeitiger Rechtslage kann von den Grundstückseigentümern gefordert werden, das Dränwasser vom Hauptkanal abzuklemmen. Dies gilt insbesondere, wenn alternative Entsorgungswege, z. B. Dränsysteme, angeboten werden (vgl. [34]). Da hier aber – anders als bei Abwasser – kein Anschluss- und Benutzungszwang gilt, ist damit zu rechnen, dass selbst bei Alternativangeboten nicht alle Dränanlagen weiterbetrieben werden. Schäden durch Aufstau oder sogar drückendes Wasser sind wahrscheinlich.
Besonders schadensträchtig sind die Dränanlagen, wenn sie de facto bereits Grundwasser absenken, denn dafür sind sie nicht ausgelegt (s. o.). Dieser Fall kann aber künftig häufiger und sogar unbewusst eintreten, sei es durch zeitweisen Grundwasseranstieg im Winter infolge vermehrter Regenfälle oder auch generellen Grundwasseranstieg nach Fremdwassersanierung des öffentlichen Netzes.

6 Ausnahmen bestätigen die Regel: Können Dränanlagen nach DIN 4095 doch noch sinnvoll sein?

Zeitgemäß könnten Dränanlagen nach DIN 4095 dann noch sein, wenn sie in ein autarkes wasserwirtschaftliches System auf dem Grundstück eingebunden werden (dezentrale Konzepte). Dann entstehen aber erhebliche Kosten für das Pumpen und die Versickerung oder das Einleiten an anderer Stelle auf dem Grundstück (z. B. in Rigolen, Sickerschächte, Teiche). Ein dezentrales Konzept kann allerdings auch nur umgesetzt werden, wenn die Randbedingungen dies vor Ort ermöglichen (z. B. Platzverhältnisse, Bodenbeschaffenheit für Versickerung).
Darüber hinaus könnten Dränanlagen auch in ein kommunales Konzept zur Grundwasserbewirtschaftung eingebunden sein. In diesem Fall ist die Vorflut im kommunalen Dränsystem zu berücksichtigen und ein Abgleich mit hydrologischen Berechnungen vorzunehmen (vgl. [35], [36]). In diesem Fall wäre aber mit der Kommune abzustimmen, welcher technischen Lösung hier tatsächlich zugestimmt wird, es handelt sich dann also nicht um eine unabhängige freie Entscheidung des Grundstückseigentümers für eine Lösung im Sinne der DIN 4095.

7 Literatur

[1] DIN 4095: Dränung zum Schutz baulicher Anlagen. Planung, Bemessung und Ausführung. Deutsches Institut für Normung e.V. Berlin. Ausgabe, Juni 1990

[2] Lange, M.: Dränagewasserkonzepte – Konflikt zwischen technischen Möglichkeiten, rechtlicher Machbarkeit und Finanzierung; Kommunal- und Abwasserberatung NRW, 2006

[3] Bosseler, B.; Dyrbusch, A.; et al.: Umgang mit Dränagewasser von privaten Grundstücken – pragmatische Lösungsansätze und Argumentationshilfen. AZ 54-6.05.05/IKT-01/11-Dt. Gefördert durch das Ministerium für Klimaschutz, Umwelt, Landwirtschaft, Natur- und Verbraucherschutz des Landes Nordrhein-Westfalen. IKT – Institut für Unterirdische Infrastruktur, KommunalAgentur NRW GmbH und Bezirksregierung Detmold. Abschlussbericht, November 2012, download: www.ikt.de

[4] Bosseler, B.; Brüggemann, T.; et al.: Kanalabdichtungen – Auswirkungen auf die Reinigungsleistung von Kläranlagen und der Einfluss auf den örtlichen Wasserhaushalt. Umweltforschungsplan des Bundesministeriums für Umwelt, Naturschutz und Reaktorsicherheit. Texte 21/2015. Forschungskennzahl 37 11 26 326. UBA -FB 002056. IKT – Institut für Unterirdische Infrastruktur in Kooperation mit Pirker + Pfeiffer Ingenieure GmbH & Co. KG, Ruhr-Universität Bochum und Universität der Bundeswehr München. Im Auftrag des Umweltbundesamtes. Dessau-Roßlau, März 2015, download: www.umweltbundesamt.de

[5] DWA-M 182: Fremdwasser in Entwässerungssystemen außerhalb von Gebäuden, Merkblatt, Deutsche Vereinigung für Wasserwirtschaft, Abwasser und Abfall e.V. Hennef, April 2012

[6] LUBW: Fremdwasser in kommunalen Kläranlagen – Erkennen, Bewerten und Vermeiden, Langfassung, Landesanstalt für Umwelt, Messungen und Naturschutz Baden-Württemberg, März 2007

[7] Abwasserverordnung (AbwV) in der Fassung der Bekanntmachung vom 17. Juni 2004 (BGBl. I S. 1108, 2625), die zuletzt durch Artikel 1 der Verordnung vom 1. Juni 2016 (BGBl. I S. 1290) geändert worden ist.

[8] Satzung vom 30. November 2015 über die Benutzung der Entwässerungseinrichtungen der Stadt Essen (Entwässerungssatzung), Der Oberbürgermeister, Amt für Ratsangelegenheiten und Repräsentation. Internetinformationen, abgerufen am 20.01.2017 unter https://media.essen.de/media/wwwessende/aemter/15/SR712neu.pdf

[9] Satzung des Kommunalunternehmens Wirtschaftsbetrieb Hagen, Anstalt des öffentlichen Rechts der Stadt Hagen, über die Entwässerung der Grundstücke in der Stadt Hagen – Entwässerungssatzung – vom 19.06.2015. 60. WBH.03. Internetinformationen, abgerufen am 20.01.2017 unter https://www.hagen.de/web/media/files/hagen/m04/m0402/statutes/S60WBH03.pdf

[10] Städte- und Gemeindebund Nordrhein-Westfalen: Muster-Abwasserbeseitigungssatzun (Entwässerungssatzung), Az.: 24.1.1.1-004 qu. Stand: 12.09.2016

[11] Bayerischen Staatsministeriums des Innern: Muster für eine gemeindliche Entwässerungssatzung, Bekanntmachung des Bayerischen Staatsministeriums des Innern vom 6. März 2012 Az.: IB1-1405.12-5

[12] Externbrink, C.: Das Dränagewasserkonzept in Lünen – Einsatzgebiete, Vorgehensweisen, Risiken. Grundstücksentwässerung. Das Magazin. Stadtbetrieb Abwasserbeseitigung Lünen AöR (SAL). Internetinformationen, abgerufen am 20.01.2017 unter http://grundstueckszertifizierung.de/magazin/eintrag/Das-Draenagewasserkonzept-in-Luenen

[13] Informationsblatt – Einleitung von Grundwasser in die öffentliche Kanalisation, Stadtwerke Essen, Mai 2014 Internetinformationen, abgerufen am 20.01.2017 unter https://www.stadtwerke-essen.de/fileadmin/user_upload/PDF/Informationsblatt_zur_Einleitung_von_Grundwasser_in_die_oeffentliche_Kanalisation.pdf

[14] Gebührensatzung zur Entwässerungssatzung der Stadt Ahlen vom 19.12.2007 in der Fassung der 9. Änderungssatzung vom 28.10.2016 Internetinformationen, abgerufen am 24.04.2017 unter https://www.ahlen.de/start/verwaltung/ortsrecht/oeffentliche-einrichtungen/entwaesserungsgebuehr

[15] Satzung des Abwasserbetriebs Troisdorf, AöR über die Erhebung von Kanalanschlussbeiträgen, Abwassergebühren und Kostenersatz für Grundstücksanschlüsse (Abwassergebührensatzung) vom 08. Dezember 2016 Internetinformationen, abgerufen am 24.04.2017 unter https://www.abwasserbetrieb-troisdorf.de/downloads/16-89-3312/Abwassergebührensatzung.pdf

[16] Prange, H.: Verockerung als gewässerökologisches Problem – Lösungsansätze aus Dänemark, Handout zur Diplomarbeit, Internationaler Studiengang für Technische und Angewandte Biologie. Hochschule Bremen, Oktober 2005

[17] Protokoll der 2. Beratung der Projektbegleitenden Arbeitsgruppe zum Vorhaben „Erarbeitung eines Gewässerentwicklungskonzeptes (GEK) für das Einzugsgebiet der Berste". ECOSYSTEM SAXONIA Gesellschaft für Umweltsysteme GmbH. Dresden, 2013

[18] RICHTLINIE 2000/60/EG DES EUROPÄISCHEN PARLAMENTS UND DES RATES vom 23. Oktober 2000 zur Schaffung eines Ordnungsrahmens für Maßnahmen der Gemeinschaft im Bereich der Wasserpolitik (ABl. L 327 vom 22.12.2000, S. 1)

[19] Wasserhaushaltsgesetz (WHG) vom 31. Juli 2009 (BGBl. I S. 2585), das zuletzt durch Artikel 1 des Gesetzes vom 4. August 2016 (BGBl. I S. 1972) geändert worden ist.

[20] Wassergesetz für das Land Nordrhein-Westfalen (Landeswassergesetz – LWG –) in der Fassung der Bekanntmachung vom 25. Juni 1995

[21] Grundwasserverordnung (GrwV) vom 9. November 2010 (BGBl. I S. 1513), die durch Artikel 3 des Gesetzes vom 4. August 2016 (BGBl. I S. 1972) geändert worden ist.

[22] DIN 18195-6: Bauwerksabdichtungen – Teil 6: Abdichtungen gegen von außen drückendes Wasser und aufstauendes Sickerwasser, Bemessung und Ausführung. Deutsches Institut für Normung e.V. Berlin. Ausgabe, Dezember 2011

[23] DIN 18533, Teil 1, 2017-07: Abdichtung von erdberührten Bauteilen – Anforderungen, Planungs- und Ausführungsgrundsätze

[24] Prof. Dr.-Ing. Stein & Partner GmbH: Bürgerinformation zur Grundstücksentwässerung. Wohin mit dem Regenwasser? Internetinformationen, abgerufen am 24.04.2017 unter www.unitracc.de

[25] Aqua-Bautechnik: Versickerungs-Handbuch, Ratgeber für Planung, Bau und Genehmigung von Anlagen zur Versickerung von Regenwa-

sser, Aqua-Bautechnik GmbH, Mai 2007 Internetinformationen, abgerufen am 24.04.2017 unter http://www.aqua-ing.de/Download/Service/Versickerungs-Handbuch.pdf

[26] DVGW-Regelwerk, Arbeitsblatt W128 (Bau und Ausbau von Horizontalfilterbrunnen), Bonn 2008

[27] Muth, W.: Schäden an Dränanlagen; 2., überarbeitete Fassung; Schadenfreies Bauen; Herausgegeben von Günther Zimmermann und Ralf Ruhnau; Band 17; Fraunhofer IRB Verlag, Stuttgart, 2003

[28] Henkel, S. et al.: Untersuchung der Verockerungsneigung von Vertikalfilterbrunnen im Modellversuch. RWTH Aachen, 2011

[29] Informationen zu Verockerungserscheinungen an Dränageschächten in Arnheim. Interview mit Herrn Laurentzen. Gemeente Arnhem. 08.04.2014

[30] Groß, U.; Köhler, U.; et al.: Untersuchungen des hydraulischen und mechanischen Langzeitverhaltens von Vertikaldränagen an erdberührten Bauwerken. Forschungsbericht. Fachhochschule Nordhausen. Nordhausen/Würzburg, Juni 2003

[31] Prinsen; Urlings; van de Winckel: Boven water komen. Definitiestudie grondwateroverlast in bestaand stedelijkgebied. Appelle a/d Ijssel, 2006

[32] Leidraad riolering: B2300: Functioneel ontwerp: grondwater(overlast), maatregelen (2012), B2300.

[33] Houben, G.; Treskatis, C.: Regenerierung und Sanierung von Brunnen. Technische und naturwissenschaftliche Grundlage der Brunnenalterung und möglicher Gegenmaßnahmen, 2., aktualisierte und ergänzte Auflage. Oldenbourg Industrieverlag. München, 2012

[34] Bosseler, B.; Schlüter, M.: Pilotprojekt der Stadt Billerbeck – Dränagewasser von Privatgrundstücken – Umweltgerecht sammeln und ableiten –. Im Auftrag des Ministeriums für Umwelt und Naturschutz, Landwirtschaft und Verbraucherschutz des Landes NRW. IKT – Institut für Unterirdische Infrastruktur. Gelsenkirchen, Juni 2006, download: www.ikt.de

[35] Arbeitshilfe zur integrierter Grundwasserbewirtschaftung, Emschergenossenschaft/Ministerium für Umwelt und Naturschutz, Landwirtschaft und Verbraucherschutz des Landes Nordrhein-Westfalen, November 2006

[36] Disse, M.; Keilholz, P.; Houdayer, M.: Auswirkungen auf die Reinigungsleistung der Kläranlagen und der Einfluss auf den örtlichen Wasserhaushalt. Arbeitsposition 4 – Untersuchung der möglichen Korrelationen. Teilbericht zum Forschungsprojekt. Universität der Bundeswehr München, Institut für Wasserwesen – Wasserwirtschaft und Ressourcenschutz. Neubiberg, März 2013

Prof. Dr.-Ing. Habil. Bert Bosseler
Nach Banklehre, Bauingenieurstudium und Promotion zunächst Tätigkeit im technischen Controlling und als Vorstandsassistent bei den nordrhein-westfälischen Wasserverbänden Emschergenossenschaft und Lippeverband; seit 2000 Wissenschaftlicher Leiter des IKT – Institut für Unterirdische Infrastruktur in Gelsenkirchen, einem An-Institut der Ruhr-Universität Bochum; Seit dem Jahr 2000 ist er Wissenschaftlicher Leiter des IKT; 2010 Habilitation und Lehrbefugnis für das Fachgebiet „Unterirdischer Kanal- und Leitungsbau"; Lehrtätigkeit an den Universitäten in Hannover und Bochum; Mitglied zahlreicher Normungsgremien bei ISO, CEN und DIN, mit dem Schwerpunkt „Wasser" sowie „Smart Community Infrastructure".

Dipl.-Ing. Thomas Brüggemann
Studium des Bauingenieurwesens an der Ruhr-Universität Bochum, Vertiefungsrichtung konstruktiver Ingenieurbau; seit 2001 Mitarbeiter am IKT – Institut für Unterirdische Infrastruktur gGmbH, Gelsenkirchen; 2002–2006 Projektassistent an zahlreichen Forschungsprojekten; seit 2006 Projektleitung diverser Forschungsvorhaben; seit 2008 Leitung der Projektentwicklung Forschung.

Innenraumabdichtungen – Neuerungen DIN 18534

Dipl.-Ing. Gerhard Klingelhöfer, BDB, Mitarbeiter DIN 18534, Sachverständigen- und Ingenieurbüro für Bautechnik, Pohlheim

1 Vorgeschichte zur notwendigen Neufassung der bisherigen DIN 18195-5 „Nassraum-Abdichtungen" und Entwicklung der neuen DIN 18534 „Abdichtung von Innenräumen"

Auch das Bauen unterliegt dem allgemeinen Fortschritt und den ständigen Weiterentwicklungen mit denen die Regelwerke und DIN-Normen Schritt halten müssen. Die Bauverfahren, Bauweisen und Baustoffe werden permanent diesem Fortschritt und den Weiterentwicklungen angepasst und die Baupraxis fordert die konforme Integration bewährter Innovationen in die einschlägigen Regelwerke, um diese möglichst zeitnah regelkonform verwenden und einsetzen zu können. Dabei kann die Bauplanung und die Baupraxis von den vorauseilenden Weiter- und Neuentwicklungen sowie diesbezüglichen Werbeversprechen der Produkthersteller aber auch überfordert werden. Andererseits können sich aus innovativen Weiter- und Neuentwicklungen von Bauprodukten und daraus entstehenden neuen Bauweisen oftmals auch deutliche Vorteile für die Verwender und Bauherren ergeben.

Durch den ständigen Fortschritt und die Weiterentwicklungen im Bauwesen mit denen auch die Regelwerke Schritt halten müssen, zeigte sich bereits vor einigen Jahren, dass die umfangreiche DIN 18195 Teile 1 bis 10 nicht mehr alle gebräuchlichen Bauwerksabdichtungen enthielt und erheblichen Ergänzungs- und Aktualisierungsbedarf hatte. Beispielsweise waren die häufig angewendeten Verbundabdichtungen mit Fliesen und Platten für Innenraumabdichtungen nicht in DIN 18195-5 geregelt und man fand diesbezügliche konkrete Planungs- und Ausführungsregelungen primär im ZDB-Merkblatt „Verbundabdichtungen (AIV-F), sodass hier eine erhebliche „DIN-Regelungslücke" seit vielen Jahren vorliegt. Andererseits werden die, in der DIN 18195-5, geregelten Bahnenabdichtungen mit Bitumen-, Polymerbitumen-, Kunststoff- oder Elastomerbahnen, z. B. im Wohnungsbau eher selten zur Innenraumabdichtung ausgeführt, weil man diese Abdichtungsoberflächen nicht direkt mit Fliesen und Platten belegen kann, sodass man zusätzliche Lastverteilungs- oder Belagsträgerschichten (z. B. feuchtebeständige Estriche, Vormauerungen o. a. Wandbildner) benötigt, die dann im wasserbeanspruchten Bereich liegen und erheblichen Zusatzaufwand bedeuten sowie hygienisch bedenklich sein können.

Werden DIN-Normen oder andere anerkannte Regeln der Technik nicht permanent dem Fortschritt und den Weiterentwicklungen von Bauverfahren, Bauweisen und Baumaterialien angepasst, verlieren sie teilweise oder insgesamt ihre Anerkennung und entfernen sich von der Baupraxis und dem aktuellen Stand der Technik. Aus solchen Regelungslücken können dann für die Planer, Bauausführende und Bauherren erhebliche Schwierigkeiten, Streitigkeiten und Haftungsfälle entstehen. Daher ist eine konforme Integration bewährter Innovationen und aktueller Bauweisen in die Regelwerke wichtig, um diese möglichst zeitnah regelkonform verwenden und einsetzen zu können. Dabei können aber Planer und Baupraktiker auch von den vorauseilenden Weiter- und Neuentwicklungen sowie diesbezüglichen Werbeversprechen der Produkthersteller überfordert werden. Andererseits können sich aus innovativen Weiter- und Neuentwicklungen von Bauprodukten und daraus entstehenden neuen Bauweisen oftmals auch deutliche Vorteile für die Verwender und Bauherren ergeben (z. B. die nun geregelte Anwendbarkeit auf feuchteempfindlichen Untergründen, z. B. Calziumsulfatestrich unter Verbundabdichtungen in Innenräumen nach zukünftiger DIN 18534).

Besonders bei Innenraumabdichtungen wurden in den letzten Jahrzehnten durch die

Produkthersteller viele neue Abdichtungsprodukte entwickelt und erfolgreich im Hochbau als Stand der Technik über mehrere Jahre etabliert, die aber noch nicht den Weg in die einschlägigen DIN-Normen als allgemein anerkannte Regel der Technik (a. a. R. d. T.) gefunden haben. Leider können solche bewährten Innovationen nach dem Stand der Technik oftmals aus vertragsrechtlicher Sicht nur als Sonderkonstruktionen mit speziellen Vereinbarungen geplant und gebaut werden, solange diese nicht in den allgemein anerkannten Regeln der Technik (bspw. DIN-Normen o. ä.) explizit beschrieben und aufgenommen sind. Daraus ergibt sich auch die zwingende Notwendigkeit für die stetige Aktualisierung, Anpassung und Ergänzung von Regelwerken, wie z. B. auch von DIN-Normen, die sich dann nach einer gewissen Zeit als a. a. R. d. T. einführen sollen. Die Vielfalt der neuen Abdichtungsstoffe, neuen Anwendungsbereiche und neuen Abdichtungsbauweisen seit der ehemaligen Neuausgabe der DIN 18195 im Jahre 2000 haben schon seit einigen Jahren immer wieder umfassende Ergänzungen dieses sehr umfänglichen Regelwerkes für die Abdichtungen von Bauwerken erforderlich gemacht.

Aufgrund von diversen Schwierigkeiten bei der Weiterführung und Aktualisierung der Normenreihe DIN 18195, Teile 1 bis 10 und Beiblatt 1, entschied im Juli 2010 das zuständige Lenkungsgremium, dass man eine Neustrukturierung dieser verschiedenen Abdichtungsbereiche vornehmen müsste und zukünftig Bauteil bezogene Einzelnormen in fünf verschiedenen Normen-Arbeitsausschüssen beraten und erarbeiten sollte. Auf Basis dieses Beschlusses des Lenkungsgremiums sind die neuen Normen DIN 18531 bis 18535 seit Mitte 2011 bis Frühjahr 2017 erarbeitet worden und die Entwürfe zur neuen DIN 18534, Teile 1 bis 3 und Teile 4 bis 6, sowie die neue DIN 18195 Begriffe (Terminologie-Norm) als Gelbdrucke im Jahr 2015 und die letzten Teile im Jahr 2016 der Fachöffentlichkeit zur Stellungnahme vorgelegt worden. Nach der viermonatigen Einspruchszeit wurden die vielen Einsprüche gesammelt, beraten und soweit angenommen in die Normenentwürfe zur späteren Veröffentlichung als Weißdruck (voraussichtlich ab Aug. 2017) eingearbeitet.

2 Von der alten DIN 18195-5 zur neuen DIN 18534 „Abdichtung von Innenräumen" Teil 1 bis 4

Insbesondere die DIN 18195-5 hinkte, beispielsweise in Bezug auf die Aufnahme der Verbundabdichtungen mit Fliesen und Platten für die Innenraumabdichtungen, dem aktuellen Baumarktgeschehen und den Bauherrenwünschen, weit hinterher. Die in der DIN 18195-5 geregelten bahnenförmigen Innenraumabdichtungen, die Definition des „Nassraumes" sowie die in Teil 2 genormten Abdichtungsstoffe waren zum Teil unbefriedigend für die Baupraxis. Die zwischenzeitlich weit verbreiteten flüssig zu verarbeitenden Verbundabdichtungen mit Fliesen und Platten in Feucht- oder Nassräumen konnten bislang nur nach den Angaben im diesbezüglichen ZDB-Merkblatt „Verbundabdichtungen" sowie nach der Aufnahme in die Bauregelliste A, Teil 2, laufende Nr. 1.10 und 2.50 im bauaufsichtlich geregelten Bereich mit allgemeinen bauaufsichtlichen Prüfzeugnis (abP) und im nicht bauaufsichtlich geregelten Bereich auch ohne abP nach den Herstellervorschriften verwendet werden, sowie nach dem europäischen Regelwerk ETAG 022-1 bis 3.

Die bisherige Gliederungsstruktur der DIN 18195 machte es auch schwer, solche innovativen Abdichtungssysteme aufzunehmen, ohne dabei gleich mehrere, mit geltende Normenteile anpassen und ergänzen zu müssen. Aus diesen Gründen entschied sich das Lenkungsgremium „Koordinierung Bauwerksabdichtungen" zur neuen einheitlichen Normenstruktur der DIN 18531 bis 18535, wobei jede Einzelnorm dann mit einem eigenen Arbeitsausschuss die notwendigen Normenteile des spezifischen Bauteil- und Anwendungsbereichs erarbeitet hat, ohne dabei immer die anderen Abdichtungsbereiche mit berücksichtigen zu müssen, wie vorher bei der alten DIN 18195. So konnte dann in den letzten sechs Jahren in vielen DIN-Arbeitsausschusssitzungen die neue DIN 18534 in sechs Teilen beraten und zu Papier gebracht werden, wobei die vielen unterschiedlichen Beiträge, Erhebungsbögen für die Aufnahme neuer Stoffe und die verschiedenen Interessen der Ausschussmitglieder und deren Verbandsinteressen nicht immer einfach unter „einen Hut zu bringen" waren. In eigener Erfahrung konnte der Verfasser feststellen, dass man in solchen Normengremien mitgearbeitet haben sollte, um zu erkennen wie schwierig es ist, eindeutig und unmissverständlich Normentexte zu formulieren, auf Einsprüche einzugehen und die ständige Gratwanderung zwischen zu viel und zu wenig Regelungen zu meistern. Außerdem sollten ja auch alle Bestandsangaben aus der alten DIN 18195-5 soweit möglich übernommen werden, um letztlich der Planung und Baupraxis ein anwendbares, anerkanntes Regelwerk zur Verfügung zu stellen. Daher sollte jeder Verwender von Normen und Regelwerken diese nur mit kritischem Sachverstand anwenden.

3 Übersicht zur neuen DIN 18534 „Abdichtung von Innenräumen" Teil 1 bis 4 und Teil 5 und 6

Die zukünftige DIN 18534 „Abdichtung von Innenräumen" gliedert sich in sechs Normenteile (Stand 05-2017):
– DIN 18534-1: Anforderungen, Planungs- und Ausführungsgrundsätze
(26 Seiten) Dok. 07-2017
– DIN 18534-2: Abdichtung mit bahnenförmigen Stoffen
(26 Seiten) Dok. 07-2017
– DIN 18534-3: Abdichtung mit flüssig zu verarbeitenden Stoffen im Verbund mit Fliesen und Platten (AIV-F)
(17 Seiten) Dok. 07-2017
– DIN 18534-4: Abdichtung mit Gussasphalt oder Asphaltmastix
(12 Seiten) Dok. 07-2017
– DIN 18534-5: Abdichtung mit bahnenförmigen Abdichtungsstoffen im Verbund mit Fliesen und Platten (AIV-B)
(12 Seiten) Dok. 08-2017
– DIN 18534-6: Abdichtung mit plattenförmigen Abdichtungsstoffen im Verbund mit Fliesen und Platten (AIV-P)
(10 Seiten) Dok. 08-2017

3.1 Inhaltsbeschreibung zur DIN 18534-1

Der Teil 1 der DIN 18534 regelt die Anforderungen an Abdichtungen für Innenräume, deren Planung und Ausführungsgrundsätze. Dabei werden auch drei verschiedene Abdichtungsbauweisen unterschieden, wobei es eine obenliegende Verbundabdichtung auf der Lastverteilungsschicht (z. B. Estrich, Putz oder Trockenbau) unter Fliesen und Platten gibt, eine tieferliegende Bahnen-Abdichtung auf dem Konstruktionsuntergrund mit darüber liegender Dämm- und Lastverteilungsschicht und eine Kombination aus beiden vorgenannten Abdichtungsbauweisen gibt (wie im Folgenden noch erläutert wird, s. u.).

Die Auswahl der Abdichtung erfolgt grundsätzlich nach der Einwirkungsklasse des Wassers auf die Abdichtung gemäß untenstehender Tabelle 1 in DIN 18534-1. Die Wassereinwirkungsklassen gehen von W0-I bis W3-I (wobei der Buchstabe „I" für die Innenraumabdichtung als Zuordnung für diese Anwendung steht). Die bisherige Klassifizierung aus der Bauregelliste (s. o.) und dem ZDB-Merkblatt für Verbundabdichtungen von A, B und C sowie A0 und B0 konnte hier nicht übernommen werden und ist auch nicht einfach übertragbar, weil es sich in DIN 18534 nur um Innenraumabdichtungen handelt und die Norm auch andere Kriterien definiert. Die Unterscheidungen der Bauregelliste für die Innenbereiche A und C (öffentlich geregelter Bereich) sowie A0 (nicht öffentlich geregelter Privat-Bereich) werden in der DIN 18534 so nicht vorgenommen und sind auch abdichtungstechnisch nicht begründet. Zukünftig sind nach DIN 18534 grundsätzlich nur noch geregelte bzw. geprüfte Bauprodukte für Innenraumabdichtungen mit qualifizierten Verwendbarkeitsnachweis verwendbar (z. B. mit abP, CE-Kennzeichnung/ETA oder nach DIN SPEC 20000-202).

Neben der Wassereinwirkungsklasse (W0-I bis W3-I) ist die jeweilige Abdichtungsbauart auch nach der Rissklasse des Untergrundes (siehe DIN 18534-1, Tabelle 2) und der zugeordneten Rissüberbrückungsfähigkeit des jeweiligen Abdichtungsstoffes (siehe „Stoff"-Teile 2 bis 6) sowie nach der jeweils erforderlichen Zuverlässigkeit der Abdichtung zu wählen (siehe informativen Anhang B), dementsprechend zu planen und auszuführen.

Außerdem enthält der Teil 1 der DIN 18534 noch alle allgemeinen Anforderungen an die Abdichtung selbst, den Untergrund, die Übergänge, Anschlüsse und Durchdringungen sowie Bewegungsfugen. Neu sind hier die Anforderungen an Abdichtungen über Dämmstoff-Untergründen, Lastverteilungsschichten und Nutzschichten. Es wird auch auf bauliche Erfordernisse zur Untergrundbeschaffenheit, Gefälle (ggf. auch kein Gefälle zulässig), Entwässerung, Installation und Fugen/Risse im Teil 1 eingegangen. Es folgt Grundsätzliches zu den hier genormten Abdichtungsstoffen, Bauarten und Systemen sowie Planungs- und Baugrundsätze für Innenraumabdichtungen, wie auch Angaben zur Ausführung und Instandhaltung.

Der informative **Anhang A** zeigt einige beispielhafte Schaubilder zur Zuordnung von Wassereinwirkungsklassen zu Bauteilflächen in Bädern und Nassräumen. Der weitere informative **Anhang B** enthält Kriterien für die Wahl von Abdichtungsbauarten auch im Hinblick auf die Beurteilung der jeweiligen Zuverlässigkeit der Abdichtungen.

Im Abschnitt 8 „Planungs- und Baugrundsätze" enthält DIN 18534-1 drei verschiedene Abdichtungsbauweisen (a–c siehe Bild 2 in der Norm), die je nach baulichen Erfordernissen und notwendigem Schutz vor Wassereinwirkungen zu wählen sind (s. Tab. 1):

a) Die bahnenförmige Abdichtungsschicht nach DIN 18534-2 liegt unter dem Fußbodenaufbau bzw. unterhalb der Lastverteilungsschicht an der Wand direkt auf dem Untergrund des Bauwerks (z. B. Decke/Bodenplatte oder Wandbildner) oder auf einer geeigneten Dämmschicht. Vorteile sind die hohe Rissüberbrückung (bis R3-I), die hohen Beanspruchbarkeiten und die hohe Zuverlässigkeit dieser bahnenförmigen Abdichtungen nach DIN 18534-2. Nachteile sind, dass man auf diesen Abdichtungsbahnen keine Fliesen, Platten oder Putze im direkten Haftverbund aufbringen kann, sodass man zusätzliche Lastverteiler- oder Trägerschichten für die Beläge benötigt (d. h. größerer Aufwand und höhere Kosten) und dass der wasserseitig darüber liegende Fußboden- oder Wandaufbau permanent durchfeuchten kann, infolgedessen sich ggf. unhygienische oder schädigende Zustände dort einstellen können.

b) Die Verbundabdichtungsschicht nach DIN 18534-3, 5 oder 6 liegt oberseitig auf dem Fußbodenaufbau bzw. Putz- oder Wandfläche des Bauteils (z. B. Decke/Bodenplatte oder Wandbildner) und wird direkt im Haftverbund mit Fliesen- oder Plattenbelägen abgedeckt. Vorteile sind wirtschaftlichere, moderne Bauweisen, keine Durchfeuchtung des Boden- oder Wandaufbaus, hygienischere Zustände und häufigere Anwendung als bei a). Nachteile sind die geringe Rissüberbrückung (bis R1-I), geringere Beanspruchbarkeiten, eingeschränkte Haftzugfestigkeiten an der Oberfläche, erhöhtes Ausführungsrisiko bei Detailabdichtungen und begrenzte Zuverlässigkeit dieser Verbundabdichtungen nach DIN 18534-3, 5 und 6. Als alleinige Abdichtung von Innenräumen in Bauwerken mit sehr hohem Schutzbedürfnis des Bauwerks oder/und der angrenzenden Räume o. ä. ist die Bauweise b) eher nicht zu empfehlen.

c) Die Kombination aus untenliegender bahnenförmiger Abdichtungsschicht nach DIN 18534-2 (s. o. a)) und auf dem Wand- oder Fußbodenaufbau obenliegender Verbundabdichtung (s. o. b)) vereinigt die Vorteile der beiden v. g. Bauweisen und minimiert deren Nachteile bis auf den höheren Aufwand und höhere Kosten bei der Herstellung. Der Zugewinn an Zuverlässigkeit und Risikominimierung für das Bauwerk ist aber nicht zu unterschätzen und sollte erforderlichenfalls mit dem Bauherrn, z. B. bei der Bedarfsermittlung nach DIN 18025, eingehend diskutiert und die Besprechungsergebnisse dokumentiert werden (bspw. zur späteren Abwehr einer Haftung).

Abdichtungen mit Gussasphalt und Asphaltmastix nach DIN 18534-4 stellen hier eher eine „Zwitter"-Bauweise dar, die man auch „fast" dieser Kombinationsbauweise zuordnen könnte und die aber nur auf Bodenflächen anwendbar sind. Bei hohem Schutzniveau und hohen Wassereinwirkungen ist aus DIN 18534-4 nur die Bauart mit durchgehender Polymerbitumen-Schweißbahn und heiß aufgebrachten Gussasphalt zu empfehlen.

Je nach zulässiger Rissüberbrückungsfähigkeit der einzelnen Abdichtungsbauarten werden diese in den sog. Stoff-Teilen 2 bis 6 der DIN 18534 den einzelnen Rissklassen nach u. g. Tabelle 2 zugeordnet, sodass der Planer damit die jeweils geeignete Abdichtungsbauart für den vorhandenen oder geplanten Untergrund wählen kann.

Ohne dass hier auf alle Details der DIN 18534-1 eingegangen werden könnte, wird beispielhaft eine neue Regelung hier dargestellt, die angibt, dass bei Innenraumabdichtungen auch unter Wannen (z. B. Bade- oder Duschwannen) die Abdichtung im Allgemeinen durchzuführen ist (d. h. wannenartig im gesamten Raum) und davon nur abgewichen werden darf, wenn spezielle Wannenranddichtsysteme eine dauerhaft wasserdichte Verbindung zwischen Abdichtungsoberfläche und Wannenbauteil ergeben. Elastische Dichtstofffugen am Wannenrand reichen dafür nicht aus, vgl. dazu auch IVD-Merkblätter Nr. 3-1 und 3-2 (im kosten-

Tabelle 1: Wassereinwirkungsklassen und Anwendungsbeispiele [Quelle: E DIN 18534-1]

Wasserein-wirkungs-klasse	Wassereinwirkung	Anwendungsbeispiele[a, b]
W0-I	gering	Flächen mit nicht häufiger Einwirkung aus Spritzwasser	– Bereiche von Wandflächen über Waschbecken in Bädern und Spülbecken in häuslichen Küchen – Bereiche von Bodenflächen im häuslichen Bereich ohne Ablauf z. B. in Küchen, Hauswirtschaftsräumen, Gäste WCs
W1-I	mäßig	Flächen mit häufiger Einwirkung aus Spritzwasser oder nicht Einwirkung aus Brauchwasser, ohne Intensivierung durch anstauendes Wasser	– Wandflächen über Badewannen und in Duschen in Bädern – Bodenflächen im häuslichen Bereich mit Ablauf – Bodenflächen in Bädern ohne/mit Ablauf ohne hohe Wassereinwirkung aus dem Duschbereich
W2-I	hoch	Flächen mit häufiger Einwirkung aus Spritzwasser und/oder Brauchwasser, vor allem auf dem Boden zeitweise durch anstauendes Wasser intensiviert	– Wandflächen von Duschen in Sportstätten/Gewerbestätten[c] – Bodenflächen mit Abläufen und/oder Rinnen – Bodenflächen in Räumen mit bodengleichen Duschen – Wand- und Bodenflächen von Sportstätten/Gewerbestätten[c]
W3-I	sehr hoch	Flächen mit sehr häufiger oder lang anhaltender Einwirkung aus Spritz- und/oder Brauchwasser und/oder Wasser aus intensiven Reinigungsverfahren, durch anstauendes Wasser intensiviert	– Flächen im Bereich von Umgängen von Schwimmbecken – Flächen von Duschen u. Duschanlagen in Sportstätten/Gewerbestätten – Flächen in Gewerbestätten[c] (gewerbliche Küchen, Wäschereien, Brauereien etc.)

a Es kann zweckmäßig sein, auch angrenzende, nicht aufgrund ausreichender räumlicher Entfernung oder nicht durch bauliche Maßnahmen (z. B. Abtrennungen) geschützte Bereiche, der jeweils höheren Beanspruchungsklasse zuzuordnen.
b Je nach Einwirkung können die Anwendungsfälle auch anderen Wassereinwirkungsklassen zugeordnet werden.
c Abdichtungsflächen ggf. mit zusätzlicher chemischer Einwirkungen nach 5.4.

freien Download des IVD unter: www.abdichten.de).
Im Weiteren enthält die DIN 18534-1 auch einige beispielhafte Skizzen für Abdichtungsdetails (wie auch die Teile 2 bis 6). In den sog. Stoff-Teilen der DIN 18534, Teile 2 bis 6 (s. o.), sind dann den o. g. Wassereinwirkungsklassen und Rissklassen die jeweiligen Abdichtungsbauarten im Einzelnen zugeordnet und die stoffspezifischen Anforderungen für die Planung und Ausführung der gewählten Abdichtungsbauart beschrieben.

Die Teile 1 bis 4 der DIN 18534 dienen dem Ersatz der bisherigen Regelungen in DIN 18195-1, 2, 3, 5 und 8 bis 10 und der Neuaufnahme der flüssig zu verarbeitenden Abdichtungen im Verbund mit Fliesen und Platten. Die weiteren Teile 5 und 6 regeln neue Abdichtungsbauarten mit bahnenförmigen oder plattenförmigen Verbundabdichtungen für die es bisher keine qualifizierten Regelwerke gab (außer der kurzen Nennung dieser spez. Bauarten im BEB-Arbeitsblatt).

Tabelle 2: Rissklassen typischer Abdichtungsuntergründe [Quelle: E DIN 18534-1]

Rissklasse	Maximale Rissbreitenänderung/Rissneubildung nach Aufbringen der Abdichtung	Beispiel Abdichtungsuntergrund, ggf. inkl. Arbeitsfugen, ohne statischen Nachweis der Rissbreitenbeschränkung
R1-I	bis ca. 0,2 mm	Stahlbeton, Mauerwerk, Estrich, Putz, kraftschlüssig geschlossene Fugen von Gips- und Gipsfaserplatten[a]
R2-I	bis ca. 0,5 mm	kraftschlüssig geschlossene Fugen von plattenförmigen Bekleidungen, Fugen von großformatigem Mauerwerk und erddruckbelastetes Mauerwerk (jeweils ohne Putz)
R3-I	bis ca. 1,0 mm zusätzlich Rissversatz bis ca. 0,5 mm	Aufstandsfugen von Mauerwerk, Materialübergänge

a Andere plattenförmige Bekleidungen nach Herstellerangabe

3.2 Abdichtungsstoffe spezifische Teile 2 bis 4 der DIN 18534

3.2.1 Teil 2 DIN 18534 „Abdichtungen mit bahnenförmigen Abdichtungsstoffen"

Der Teil 2 von DIN 18534 hat die bereits gewohnten bahnenförmigen Abdichtungsstoffe der DIN 18195-5 (und DIN 18195-2 „Stoffe") übernommen (z. B. Bitumen- oder Polymerbitumenbahnen, Kunststoffbahnen und Elastomerbahnen) und es wurden auch noch einige aktuelle Weiterentwicklungen der v. g. Abdichtungsbahnen, z. B. mit Selbstklebeschicht und mit hochliegender Trägerlage u. a., in Abstimmung mit der ebenfalls aktualisierten DIN SPEC 20000-202, neu aufgenommen. Außerdem sind hier die Anwendungsbereiche für Bahnabdichtungen bis W3-I und bis R3-I sowie die Ausführungen, Details (z. B. Klemmschienen, Los- und Festflanschkonstruktionen aus ehem. DIN 18195-9) u. v. a. m. für die jeweiligen Bauarten mit den Dichtungsbahnen beschrieben.

3.2.2 Teil 3 DIN 18534 „Abdichtungen mit flüssig zu verarbeitenden Abdichtungsstoffen im Verbund mit Fliesen und Platten (AIV-F)"

Der Teil 3 von DIN 18534 regelt erstmals, die aus dem ZDB-Merkblatt für Verbundabdichtungen (Ausgabe 2012) seit vielen Jahren bekannten, flüssig zu verarbeitenden Verbundabdichtungssysteme (AIV-F) mit Nutz- und Schutzschicht aus Fliesen und Platten. Im Einzelnen wurden hier folgende flüssig zu verarbeitenden Abdichtungsstoffe (aus Stoffen nach DIN EN 14891) mit folgenden Mindesttrockenschichtdicken (t_{min}) aufgenommen:

a) Polymerdispersionen (**DM**) $t_{min} \geq 0,5$ mm (zwei Aufträge in Kontrastfarben zur opt. Schichtdickenkontrolle)
b) Rissüberbrückende mineralische Dichtungsschlämmen (**CM**) $t_{min} \geq 2,0$ mm
c) Reaktionsharze (**RM**) $t_{min} \geq 1,0$ mm

Diese geregelten o. g. Verbundabdichtungssysteme (AIV-F) benötigen jeweils ein gültiges abP (nach PG-AIV-F) oder eine europäische CE-Kennzeichnung/ETA nach ETAG 022 für das jeweilige Abdichtungssystem. Vorsicht, bei CE-Kennzeichnung nach ETAG 022, weil diese nur für warme Innenräume mit häuslicher Nutzung gelten, gemäß Anwendungsbereich der ETAG 022, also nicht für öffentliche oder gewerbliche Innenraumabdichtungen.

Die DIN 18534-3 enthält neben Planungs-, Ausführungs- und Detailangaben erstmals auch Angaben zur Sicherstellung und Prüfung der ausgeführten Schichtdicken (Nassschichtdicken und Mindesttrockenschichtdicken) und Regelungen für eine Bestätigungsprüfung der Mindesttrockenschichtdicke in begründeten Zweifelsfällen (siehe auch zukünftiges Beiblatt 2 zu DIN 18195 „Hinweise zur Kontrolle und Prüfung der Schichtendicken von flüssig verarbeiteten Abdichtungsstoffen"). In der sehr hohen Wassereinwirkungsklasse W3-I ist die Ausführung der AIV-F zu dokumentieren.

Als Flanschbreiten für adhäsive Klebeanschlüsse an Einbauteile oder Abläufe wurden

50 mm als Mindestbreite, sowie eine reduz. Anschlussbreite von 30 mm bei Verwendung von Dichtmanschetten und Dichtkleber bis W2-I, festgelegt.

3.2.3 Teil 4 DIN 18534 „Abdichtungen mit Gussasphalt und Asphaltmastix"

Der Teil 4 von DIN 18534 regelt die bereits in der bisherigen DIN 18195-5 enthaltenen Abdichtungen für Bodenflächen mit Gussasphalt und Asphaltmastix in folgenden vier verschiedenen Bauarten:

a) Abdichtung aus Gussasphalt, nur für W0-I und bis R2-I, Schichtdicke 25–40 mm (AS).
b) Abdichtung aus Asphaltmastix, nur für W0-I, R1-I ohne Trennlage, bis R2-I mit Trennlage, Schichtdicke i. M. 10 mm.
c) Abdichtung aus Asphaltmastix + Gussasphalt, bis W1-I, R1-I ohne Trennlage, bis R2-I mit Trennlage, Schichtdicken Asphaltmastix 10 mm i. M. + Gussasphalt > 25 mm.
d) Abdichtung aus Gussasphalt und Polymerbitumenschweißbahn, bis W3-I und bis R3-I, Schichtdicke Gussasphalt > 25 mm.

Für die Abdichtung von Anschlüssen, Übergängen oder Details sind spez. Polymerbitumenschweißbahnen nach DIN 18534, Teil 2 (z. B. mit hochliegender Trägerlage) oder ausreichend hitzebeständige Flüssigkunststoffe (s. Herstellerangaben) zu verwenden. Der Teil 4 enthält auch die diesbezüglichen Planungs-, Ausführungs- und Detailangaben. Ein Vorteil dieser Abdichtungen mit Gussasphalt liegt auch darin, dass die Gussasphaltschicht gleichzeitig Estrich oder auch direkte Nutzschicht sein kann (z. B. auch als geschliffener Gussasphalt-Terrazzo). Leider dürfen die Gussasphaltabdichtungen (a + b) nur in der geringen Wassereinwirkungsklasse W0-I (bis R2-I) und mit zusätzlicher Asphaltmastixschicht (c) bis W1-I (bis R1-I bzw. auf Trennlage bis R2-I) eingesetzt werden. Nur in Kombination des Gussasphalts mit vollflächiger Polymerbitumenschweißbahnschicht (d) ist eine Anwendung bis zur sehr hohen Wassereinwirkungsklasse W3-I (bis R3-I) geregelt.

3.3 Erstes Fazit zu den Abdichtungen nach DIN 18534, Teile 1 bis 4:

Die nun geregelten Abdichtungen nach DIN 18534, Teile 1 bis 4, übernehmen anerkannte und bewährte Abdichtungsregelungen aus der bisherigen DIN 18195-5 sowie aus dem bewährten und anerkannten ZDB Merkblatt Verbundabdichtungen (AIV-F), sodass man auf Grund der langjährigen positiven Erfahrungen in der Planung und Baupraxis diese Regelungen der neuen DIN 18534-1 bis 4 im Allgemeinen als anerkannte Regeln der Technik nach der Veröffentlichung dieser Norm einstufen kann (Weißdruck-Veröffentlichung voraussichtlich ab August 2017). Mit der Veröffentlichung der Weißdrucke von DIN 18534 erfolgt auch der Ersatz und die sofortige Rücknahme der bisherigen DIN 18195-5 und den mit geltenden Teilen der alten DIN 18195 (ohne Übergangsfrist).

3.4 Abdichtungsstoffe spezifische Teile 5 und 6 der DIN 18534 (neue Stoffe)

3.4.1 Teil 5 DIN 18534 „Abdichtungen mit bahnenförmigen Abdichtungsstoffen im Verbund mit Fliesen und Platten (AIV-B)"

Der neue Teil 5 der DIN 18534 beschreibt erstmals profilierte oder beidseitig vlieskaschierte Kunststoffbahnen als Verbundabdichtungen mit Fliesen und Platten (AIV-B) normativ. Für die hier geregelten Abdichtungsbauarten ist als Verwendbarkeitsnachweis ein abP nach PG-AIV-B oder eine ETA/CE-Kennzeichnung nach ETAG 022-2 erforderlich. Die Mindestdicke der Kunststoffdichtungsschicht beträgt > 0,2 mm (PE-Bahn). Der Anwendungsbereich von AIV-B ist auf die Wassereinwirkungsklassen bis W2-I (hohe Wassereinwirkung) und bis Rissklasse R1-I (max. 0,2 mm Rissweitenänderung) eingeschränkt. Aufgrund der geringeren Oberflächenhaftzugfestigkeiten (lt. abP mind. 0,2 N/mm²) u. a. ist der Einsatz in mechanisch hoch belasteten Bereichen (z. B. bei rollenden oder dynamischen Lasten) oder bei höheren Punktlasten nach dieser Norm für AIV-B nicht vorgesehen. Die AIV-B sind vollflächig auf dem Untergrund zu verkleben und im Verbund mit systemkonformen Flex-Fliesenkleber (s. abP oder CE-Kennz.) mit Fliesen oder Platten zu belegen.

Des Weiteren dürfen AIV-B nicht unmittelbar auf Holz- oder Holzwerkstoff als Abdichtungsuntergrund aufgebracht werden (z. B. wg. größeren Quell- und Schwindrissbildungen bei Holz oder Holzwerkstoffen).

Hinweis:
Bereichsweise lose Verlegungen von AIV-B (z. B. über Rohrleitungen) oder der Einsatz von (systemfremden) Dränmatten oder anderen Belägen auf AIV-B (als die in DIN 18534-6 angegebenen Fliesen und Platten) sind nicht in DIN 18534 Teil 5 geregelt und widersprechen i. A. den geprüften Anwendungsbedingungen nach abP oder ETA/CE-Kennzeichnung – es handelt sich dann um ungeregelte Sonderkonstruktionen.

3.4.2 Teil 6 DIN 18534 „Abdichtungen mit plattenförmigen Abdichtungsstoffen im Verbund mit Fliesen und Platten (AIV-P)"

Der neue Teil 6 der DIN 18534 beschreibt erstmals plattenförmige Verbundabdichtungen auf EPS- oder XPS-Hartschaumplatten im Verbund mit Fliesen und Platten (AIV-P) normativ. Für die hier geregelten Abdichtungsbauarten ist als Verwendbarkeitsnachweis ein abP nach PG-AIV-P oder eine ETA/ CE-Kennzeichnung nach ETAG 022-3 erforderlich. Nach umfangreichen und kontroversen Diskussionen im Arbeitsausschuss der DIN 18534 wurde nach Anträgen von Systemanbietern und Vorlage von Erhebungsbögen für AIV-P-Systeme mit mindestens fünfjähriger positiver Praxisbewährung auch die Regelung von plattenförmigen Verbundabdichtungen zuletzt beraten und dann als Normen-Entwurf E DIN 18534-6:2016-11 veröffentlicht, sowie im Arbeitsausschuss DIN 18534 zu einem veröffentlichungsfähigen Manuskript im Frühjahr 2017 abschließend bearbeitet.

Geregelt werden nun drei grundsätzlich unterschiedliche Abdichtungsbauarten für AIV-P:
a) werkseitig mit bahnenförmigem Abdichtungsstoff, Dichtungsschichtdicke mindestens 0,15 mm, beschichtete Hartschaumträgerplatten aus EPS oder XPS, Gesamtdicke mindestens 5 mm;
b) werkseitig mit flüssig zu verarbeitendem Abdichtungsstoff (z. B. rissüberbrückende mineralische Dichtungsschlämme MDS Dicke $\geq$ 1,3 mm oder Reaktionsharze Dicke $\geq$ 1,0 mm), beschichtete Hartschaumträgerplatten aus EPS, Gesamtdicke mindestens 10 mm;
c) wasserundurchlässige XPS-Hartschaumträgerplatten nach DIN EN 13164 mit einer Rohdichte von $\geq$ 30 kg/m³ nach DIN EN 1602 (mit einer werkseitigen Beschichtung ohne abdichtende Funktion), Gesamtdicke mindestens 10 mm bei W0-I und W1-I oder mind. 25 mm bei W2-I, wobei das Kernmaterial der XPS-Platten die Dichtungsschicht bildet.

Unter Verwendung dieser Stoffe zusammengesetzten Abdichtungssysteme benötigen entweder eine ETA auf der Basis der ETAG 022-3 (CE-Kennzeichnung) oder ein abP nach PG-AIV-P.

Der Anwendungsbereich von AIV-P ist auf die Wassereinwirkungsklassen bis W2-I (hohe Wassereinwirkung) und bis Rissklasse R1-I (max. 0,2 mm Rissweitenänderung) eingeschränkt. Aufgrund der geringeren Oberflächenhaftzugfestigkeiten (lt. abP mind. 0,2 N/mm²) und eventuellen Plattenverformungen ist der Einsatz in mechanisch hoch belasteten Bereichen (z. B. bei rollenden oder dynamischen Lasten) oder bei höheren Punktlasten für AIV-P nach dieser Norm nicht vorgesehen. Die AIV-P sind vollflächig auf den Untergrund zu verkleben und im Verbund mit systemkonformen Flex-Fliesenkleber (s. abP oder ETA/CE-Kennz.) mit Fliesen oder Platten zu belegen. Des Weiteren dürfen AIV-P nicht unmittelbar auf Holz- oder Holzwerkstoff als Abdichtungsuntergrund aufgebracht werden (z. B. wg. größeren Quell + Schwindrissbildungen bei Holz oder Holzwerkstoffen). Die Naht/ Stoßabdichtungen über den Plattenfugen erfolgt im Allgemeinen mit Dichtbändern, die mit Dichtkleber aufgeklebt werden (Mindestklebebreite > 50 mm/Seite), wobei die wasserundurchlässigen XPS-Platten bis W1-I auch nur mit Dichtkleber im Stumpfstoß der Fugen abgedichtet werden können.

Hinweis:
Andere Anwendungen von AIV-P, z. B. als Trockenbauplatten auf Ständerwerk oder als Trockenputz auf punktförmigen Klebebatzen oder mit anderen Belägen (als die in DIN 18534-6 angegebenen Fliesen und Platten) sind nicht in DIN 18534-6 geregelt und widersprechen i. A. den geprüften Anwendungsbedingungen nach abP oder ETA/CE-Kennzeichnung – es handelt sich dann um ungeregelte Sonderkonstruktionen.

3.4.3 Allgemeiner Überblick über Vor- und Nachteile von „Abdichtungen mit bahnen- oder plattenförmigen Abdichtungsstoffen im Verbund mit Fliesen und Platten (AIV-P)"

Vorteile bahnen- und plattenförmiger Verbundabdichtungen:
+ Werksseitig vorgefertigte Abdichtungsbahnen mit gleich bleibender Materialdicke und definierten Produkteigenschaften
+ Keine verarbeitungstechnischen Minderschichtdicken zu erwarten
+ Wirtschaftliche Herstellung der Abdichtung in nur einem Arbeitsgang möglich
+ Undichtheiten in der Abdichtungsfläche eigentlich nur im Bereich von Stößen, Durchdringungen und Anschlüssen zu erwarten
+ Verlegung des Belages kurzzeitig nach Abdichtungserstellung ohne zusätzliche Lastverteilerschicht möglich
+ Oberflächennahe Abdichtung verhindert unhygienische, ggf. schadensträchtige Estrich- u. Aufbau-Durchfeuchtungen
+ Bei ausreichender Schichtdicke auch als Dampfbremse (je nach s_d-Wert) einsetzbar
+ Ggf. elastische Entkopplung vom Untergrund mit spez. Systemen möglich

Mögliche Nachteile bahnen- und plattenförmiger Verbundabdichtungen:
– Wasserdichte Stöße, Anschlüsse und Nahtverbindungen meist nur mit Spezialdichtklebern möglich und trotzdem ergeben sich dabei noch diverse Ausführungsprobleme in der Baupraxis
– Stoßüberlappungen können zu Unebenheiten im Belag und zu partiellen Wasseranstau in der Kleberschicht führen.
– Eventuelle Ausführungsprobleme bei komplexer Bauteilgeometrie
– Schadensfreier Belag ist oftmals nur bei weitgehend vollflächiger Verklebung mit dem Untergrund möglich.
– Geringe Oberflächenzugfestigkeiten der AIV-Systeme (0,2 N/mm²) führen zu Anwendungseinschränkungen bei hoher Belastung bzw. hohen statischen oder mechanischen Beanspruchungen.
– Nur geringe Rissüberbrückung geprüft ≤ 0,4 mm (laut abP's) bzw. zu erwarten
– Eventuelle Blasen- und Hohlraumbildung beim Aufbringen von AIV-B möglich
– Ggf. spätere Blasenbildung oder Ablösungen der AIV-Bahnen vom Untergrund wegen eingeschränkter Wasserdampfdiffusion oder rückseitiger Durchfeuchtung aus dem Untergrund möglich
– Bislang keine genormten Abdichtungssystems nach alter DIN 18195 (2011)
– Bislang kein Abdichtungssystem nach v. g. „ZDB-Merkblatt Verbundabdichtungen" (2012)
– Entkopplungsfunktion bislang ohne Regelwerke u. Prüfungen
– Bislang nur als Sonderkonstruktion (außerhalb der a. a. R. d. T.) einsetzbar. Diese AIV-B/P werden jetzt erst in DIN 18534 Teile 5 und 6 national geregelt (aber vor ein paar Jahren bereits in ETAG 022-2 und 022-3 geregelt).
– Bei wärmedämmenden AIV-XPS-Platten mit geringem s_d-Wert kann es unter sehr ungünstigen bauphysikalischen Verhältnissen (z. B. auf Außenbauteilen aus Holz) zu internen Auffeuchtungen kommen [17], die vorsorglich in der Planung nach DIN 4108 mit bauphysikalischen Simulationsprogrammen (z. B. WUFI o. ä.) untersucht werden sollten.

Hinweise für schalltechnische Entkopplungswirkungen (AIV-B u. AIV-P)
+ AIV-Entkopplungsmatten/platten können schalltechnische Verbesserungen des Trittschallschutzes erreichen, je nach örtlichen Bedingungen.
– Praxisversuche haben aber gezeigt, dass die hohen Laborwerte von über 10 dB Trittschallpegel-Minderung sich in der Baupraxis oftmals auf wenige Dezibel reduzieren können, je nach vorhandenem Untergrundaufbau/Estrich.
– Unbedingt baupraktische Versuche im Vorfeld durchführen, wenn nennenswerte Trittschallminderungen erreicht werden sollen (insbesondere beim Bauen im Bestand).

Fazit:
Labormesswerte bzw. Prospektangaben über Trittschallpegel-Minderungen mit AIV-Entkopplungsmatten sind baupraktisch erfahrungsgemäß häufig nicht vollständig erreichbar!
(Quelle: Div. Vorträge bei Fliesen-SV-Tage 2009 in Fulda u. a.)

3.5 Zweites Fazit zu Abdichtungen nach DIN 18534-5 und 6:

Die neu geregelten bahnen- oder plattenförmigen Verbundabdichtungen nach DIN 18534, Teile 5 und 6, stellen „neue" Abdichtungsbauarten für die Abdichtung von Innenräumen dar, die bislang so nicht normativ oder in anderen Fachregeln ausführlich geregelt waren (lediglich im BEB-Merkblatt waren sie kurz beschrieben). Auch wenn die Hersteller von AIV-B+P-Systemen langjährige positive Erfahrungen und zigtausend Quadratmeter verlegter AIV-Bahnen-/Platten-Abdichtungen angeben, bleiben für den Sachverständigen hier einige Fragezeichen offen, die durch die neuen Normenteile 5 und 6 nicht abschließend und zweifelsfrei geklärt werden konnten und die im DIN-Arbeitsausschuss auch häufig kontrovers diskutiert und nicht alle einstimmig beschlossen wurden. So mag es der zukünftigen Anwendung und den baupraktischen Erfahrungen mit AIV-B/P obliegen, ob die neuen Teile 5 und 6 der DIN 18534 sich zukünftig als anerkannte Regeln der Technik einführen oder nicht. Andererseits bieten die jetzigen Regelungen die Möglichkeit des Praxiseinsatzes unter normativen Bedingungen, sodass die Systeme eingesetzt und damit weitere Erfahrungen gesammelt werden können. Bei Veröffentlichung der Normenteile DIN 18534-5 und DIN 18534-6 ist wohl erstmal von einem geregelten Stand der Technik auszugehen, der seine allgemeine Anerkennung noch durch einige Jahre baupraktischer Bewährungszeit erlangen muss.

4 Zuverlässigkeit von Innenraumabdichtungen

Im informativen Anhang B der DIN 18534-1 sind verschiedene Kriterien für die Wahl von Abdichtungsbauarten aufgelistet, die in der Planung von Innenraumabdichtungen beachtet werden sollten, z. B. Eigenschaften der jeweiligen Abdichtungsbauart (Widerstandsreserven, Lagenanzahl, Dicke, Redundanz, Schutz, Zugänglichkeit, Überprüfung der Ausführung, Wartungserfordernisse), Verhalten bei lokalen Undichtheiten, eventuelle Unterläufigkeiten, Abschottungen und Leckagefolgen für das Bauwerk, Möglichkeiten zur Leckortung bzw. Erkennung von Undichtheiten, Anforderungen an die Ausführung und Ausführbarkeit bei den zu erwartenden Baustellenbedingungen, Art und Größe der planmäßigen und unplanmäßigen Einwirkungen, eventuelle Überschreitungen von Einwirkungen, Bauwerksanforderungen bezügl. Wartung und Reparaturen, Anforderungen aus der jeweiligen Raumnutzung und des erforderlichen Schutzniveaus, Aufwand für evtl. Schadensbeseitigungen usw. Dieser informative Anhang ist zukünftig bei den neuen Abdichtungsnormen DIN 18532 bis DIN 18535 gleichlautend enthalten und soll in weiterer Zukunft auch bei DIN 18531 bei der nächsten Überarbeitung angefügt werden (derzeit sind derartige Kriterien noch im Text der aktuellen DIN 18531 an versch. Stellen vorhanden). Planer von Abdichtungen sollten zukünftig diese Kriterien zur Wahl einer Abdichtungsbauart kennen und berücksichtigen, um spätere Vorwürfe wegen eventueller Versäumnisse bei der Nichtbeachtung zu vermeiden. Es handelt sich aber bei diesen informativen Kriterien nicht um eine verbindliche Checkliste, die obligatorisch abzuarbeiten und zu dokumentieren ist. Was die Rechtsprechung zukünftig aus diesen Kriterien machen wird, muss man noch abwarten, aber erfahrungsgemäß können sie auch dort in Zukunft Beachtung finden.

5 Zusammenfassung und Ausblick

Zusammenfassend beinhaltet die neue DIN 18534 sowohl die bisher gewohnten Regeln für Abdichtungen in Innenräumen der noch gültigen DIN 18195-5 (2011) und des aktuellen ZDB-Merkblatt Verbundabdichtungen, wie auch die neu aufgenommen Abdichtungsstoffe und Systeme (z. B. die Verbundabdichtungen AIV-F, -B u. -P). Damit wurde ein wesentlicher Schritt zur Aktualisierung und Regelung von bundesweit praktizierten Abdichtungen für Innenräume in dieser Norm vollzogen.
Die verwendeten Begriffe sind in der neuen DIN 18195 „Begriffe" als Terminologie-Norm für alle fünf neuen Abdichtungsnormen geregelt und werden mit den neuen Normen DIN 18531 bis 18535, voraussichtlich ab August 2017, im Weißdruck veröffentlicht. Darin wird auch der Begriff des „Nassraumes" nicht mehr durch die Notwendigkeit eines Bodenablaufes definiert, sondern vielmehr von der zu erwartenden Wassereinwirkung und der geplanten Raumnutzung abhängig gemacht, wobei weiterhin ein Raum mit Bodenablauf ein abzudichtender Nassraum bzw. Feuchtraum bleibt.

Bezüglich der Zuordnung als „a. R. d. T." wird auf das obenstehende erste und zweite Fazit zur DIN 18534 verwiesen, wonach die Teile 1 bis 4 ab der Veröffentlichung als a. a. R. d. T. einzustufen sind (wg. der bewährten Übernahmen) und die neuen Teile 5 und 6 vorerst lediglich als geregelter Stand der Technik anzusehen sind (wg. neuer Bauarten/Stoffe).

Die neuen Abdichtungsnormen sind umfangreicher geworden und enthalten nun mehr Planungsinformationen und verschiedenste Abdichtungsbauarten und Stoffe. Die sachkundigen Planer und die fachkundigen Ausführenden haben jetzt mehr Möglichkeiten normativ geregelte Abdichtungen von Innenräumen sicher zu planen und dauerhaft wasserdicht auszuführen. Wie in vielen anderen Bereichen des Bauwesens führt diese Vielfältigkeit, Komplexität und der Anspruch an die Zuverlässigkeit von Abdichtungsmaßnahmen aber auch zu hohen fachlichen Ansprüchen an die Baubeteiligten, die zukünftig vermehrt durch Fachausbildungen und Weiterbildungen zu unterstützen sind.

Mit der Veröffentlichung der Weißdrucke DIN 18534, Teile 1 bis 4, erfolgt der Ersatz für die bisherige DIN 18195-5 und deren notwendigen Ergänzungen. Mit den neuen Teilen der DIN 18534-5 und 6 werden neue Abdichtungsbauarten mit bahnen- oder plattenförmigen Verbundabdichtungen aktuell geregelt, für die es bisher keine allgemeinen, qualifizierten Fachregeln gab. Mit der Veröffentlichung der neuen DIN 18531 bis 18535 und DIN 18195 „Begriffe" mit Beiblatt 2 wird die bisherige DIN 18195 Teile 1 bis 10 und deren Beiblatt (Beispiel-Bilder) zurückgezogen.

Derzeit ist die Veröffentlichung der neuen Normenreihe für Abdichtungen DIN 18531 – 18535 und DIN 18195 „Begriffe" mit Beiblatt 2 ab August 2017 vorgesehen, wobei die DIN 18534, Teile 5 und 6 erst später mit etwas zeitlichem Abstand veröffentlicht werden sollen (weil sie nicht als originärer Ersatz der alten DIN 18195 dienen).

6 Regelwerke und Fachinformationen

[1] DIN 18195, Teile 1 – 10 und Beiblatt 1 „Bauwerksabdichtungen" (zuletzt im Dez. 2011 aktualisiert)

[2] DIN SPEC 20000-202 Anwendung von Bauprodukten in Bauwerken – Anwendungsnorm für Abdichtungsbahnen nach Europäischen Produktnormen zur Verwendung von Bauwerksabdichtungen (Ausgabe 2016)

[3] E DIN 18534:2015+2016 „Abdichtungen von Innenräumen" (Teile 1 – 6 Entwürfe und div. Manuskripte/Dok.)

[4] DIN EN 14891:2017 „Flüssig zu verarbeitende wasserundurchlässige Produkte im Verbund mit keramischen Fliesen und Plattenbelägen – Anforderungen, Prüfverfahren, Bewertung und Überprüfung der Leistungsbeständigkeit, Klassifizierung und Kennzeichnung"

[5] Prüfgrundsätze für Abdichtungen im Verbund mit Fliesen und Platten (flüssig, bahnen- u. plattenförmig) PG-AIV (F, B, P) des DIBt Berlin

[6] ETAG 022-1, -2, -3 „Flüssig zu verarbeitende, bahnen- u. plattenförmige Verbundabdichtungen"

[7] E DIN 18195:2015 „Abdichtung von Bauwerken – Begriffe" (und div. Manuskripte/Dok.)

[8] E Beiblatt 2 zu DIN 18195:2015 „Hinweise zur Kontrolle und Prüfung der Schichtendicken von flüssig zu verarbeitender Abdichtungsstoffe" (und div. Manuskripte/Dok.)

[9] ZDB-Merkblatt „Verbundabdichtungen" (AIV-F), ZDB Berlin, Ausgabe Aug. 2012

[10] BEB-Arbeitsblatt „Abdichtungsstoffe im Verbund mit Bodenbelägen" (Ausg. 2010)

[11] IVD-Merkblatt Nr. 3-1 „Konstruktive Ausführung und Abdichtung von Fugen in Sanitär und Feuchträumen", Ausgabe Nov. 2014

[12] IVD-Merkblatt Nr. 3-2 „Abdichtung von Wannen und Duschwannen in Verbindung mit flexiblen Zargenbändern/Wannenrand-Dichtbändern" Ausgabe Nov. 2014

[13] GIPS-Merkblatt Nr. 5 Bäder und Feuchträume im Holz- und Trockenbau

[14] Tagungsbände Aachener Bausachverständigentage 2010 und 2015, Vorträge zu Innenraumabdichtungen

[15] Praxis-Handbuch Fliesen, E.-U. Niemer, G. Klingelhöfer, J. Schütz, Rudolf Müller Verlag

[16] Forschungsbericht „Schadenfreie niveaugleiche Türschwellen", AIBAU Aachen 2010

[17] DIAA-Tegernseer Baufachtage 2017 Tagungsband „Innenbauteile – Abdichtung durch Bauplatten – Feuchtetechnisches Verhalten bei feuchteempfindlichen Untergründen" von Prof. Dr.-Ing. M. Homann, Münster

[18] Fachvorträge zu „Entkopplungsbahnen und deren schalltechnischen Verhalten" bei den Fliesen-Sachverständigentage in Fulda 2009, Fachverband Fliesen+Naturstein im ZDB Berlin
[19] Fachbuchreihe Schadensfreies Bauen – Band 8, Schäden an Abdichtungen in Innenräumen, Erich Cziesielski und Michael Bonk, IRB-Verlag
[20] Fachbuchreihe Schadensfreies Bauen – Band 25, Schäden an Belägen und Bekleidungen aus Keramik, Natur- und Betonwerkstein, H.-G. Marx u. a., IRB-Verlag
[21] Fachbuchreihe Schadensfreies Bauen – Band 38, Wasserschäden G. Zimmermann u. a., IRB-Verlag
[22] Bäder – Planung, Ausführung, Nutzung, Dieter Ansorge, IRB-Verlag
u.v.a.m.

Dipl.-Ing. Gerhard Klingelhöfer, BDB

Studium des Bauingenieurwesens, beratender Ingenieur der Ingenieurkammer Hessen und öffentlich bestellt und vereidigter Sachverständiger für Schäden an Gebäuden; seit 1993 eigenes Ingenieur- und Sachverständigenbüro für Bautechnik in Pohlheim mit den Schwerpunkten: Tragwerksplanung, Bauphysik, Bauwerksabdichtung, Sanierungsplanungen und Gutachten; Lehrbeauftragter an der Technischen Hochschule Mittelhessen in Gießen; Fachbuchautor zum Fliesenhandbuch und Fachreferent; Seminarorganisator des BDB-Bildungswerkes BG Gießen-Wetzlar und Vorstandsmitglied in der BDB Bezirksgruppe Gießen; Mitglied in diversen Prüfungskommissionen für ö. b. u. v. Sachverständige der Ing.-Kammer Hessen und Rheinland-Pfalz; Vorsitzender der Sachverständigen-Prüfungskommission für die Zertifizierung von Sachverständigen für Schäden an Gebäuden nach DIN EN ISO/IEC 17024 bei EIPOSCERT GmbH Dresden; Ombudsmann des Tiefengeothermieprojekts Südpfalz der Deutschen Erdwärme GmbH.

DIN 18532 – Abdichtung befahrbarer Verkehrsflächen aus Beton, Änderungen und Neuregelungen

Dipl.-Ing. Christian Herold, Sachverständiger für die Abdichtung von Bauwerken,
Obmann des Normenausschusses DIN 18532, Mitarbeiter im Arbeitsausschuss DIN 18535, Berlin

1 Allgemeines

DIN 18532 [1] ist im Mai 2016 als Entwurf zur Information und zur Stellungnahme durch die Fachöffentlichkeit erschienen. Nach Beratung der eingegangenen Stellungnahmen im Normenausschuss ist die Norm im November 2016 zur Veröffentlichung verabschiedet worden.

Die Norm soll zusammen mit den anderen neuen Abdichtungsnormen DIN 18531 [2] (Abdichtung von Dächern), DIN 18533 [3] (Abdichtung von erdberührten Bauteilen), DIN 18534 [4] (Abdichtung von Innenräumen) und DIN 18535 [5] (Abdichtung von Behältern und Becken) im zweiten Quartal 2017 veröffentlicht werden (s. Bild 1). Gleichzeitig wird die bestehende Abdichtungsnormenreihe DIN 18195-1 bis 10 [6] zurückgezogen. Unter derselben Normennummer wird eine allen Abdichtungsnormen zugeordnete Norm für abdichtungstechnische Begriffe, DIN 18195 „Abdichtung von Bauwerken – Begriffe" [7], erscheinen.

2 Die wichtigsten Änderungen und Neuregelungen im Überblick

– DIN 18532 ersetzt die Regelungen von DIN 18195 Teil 5, Abdichtungen gegen nicht drückendes Wasser auf Deckenflächen für „hohe Beanspruchungen".
– Der Anwendungsbereich bezieht sich auf alle Arten abzudichtender Verkehrsflächen. Dazu gehören auch Brückenbauwerke, die nicht den Regelungen des Bundesverkehrsministeriums für Bundesfernstraßen unterliegen.
– Die Regelungen der Norm wurden an den aktuellen Stand der Technik angepasst. Die bisherigen Abdichtungsbauarten aus DIN 18195-5 haben weiterhin Bestand. Weitere Abdichtungsbauarten wurden hinzugefügt.

Die Norm erfasst alle für diesen Abdichtungsbereich gebräuchlichen Abdichtungsbauarten und stellt somit eine neue, umfassende Planungsgrundlage für die

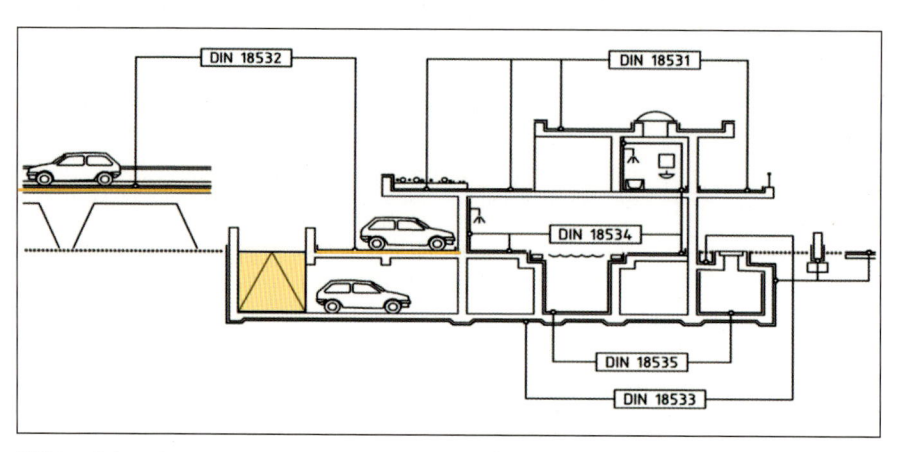

Bild 1: Geltungsbereich von DIN 18532 sowie die der anderen Normen für die Abdichtung von Bauwerken

Abdichtung befahrbarer Verkehrsflächen dar.
- Die Norm ist nach einem für alle Abdichtungsnormen gleichartigen Gliederungsprinzip aufgebaut: Der Teil 1 beinhaltet Regelungen, die für alle in den weiteren Teilen der Norm geregelten Abdichtungsbauarten gleichermaßen gelten. In den Teilen 2 bis 6 werden die spezifischen stoff- und bauartbezogenen Einzelheiten geregelt. Die jeweiligen bauartspezifischen Teile der Norm gelten daher immer in Verbindung mit dem übergeordneten Teil 1.
- Es wird auf die mitgeltenden Regelungen der DIN EN 1992-1-1/NA [8] und des Deutschen Ausschuss für Stahlbeton (DAfStb) für den Schutz von Betonbauteilen gegen die Einwirkung von Chloriden hingewiesen. In der Norm wird auch die Anwendung einer Beschichtung mit bestimmten Oberflächenschutzsystemen nach RL-SIB [9] geregelt. Sie darf unter bestimmten Bedingungen als alternative Maßnahme zu einer Abdichtung angewendet werden. Insbesondere wird die Schnittstelle zwischen den Regelungen für die Abdichtung des Bauwerks nach DIN 18532 und den Regelungen des DAfStb für den Schutz des Betonbauteils beschrieben. Bei der Planung der Abdichtung sind beide Regelwerke zu beachten.
- Die Norm enthält einen Anhang A zur Anordnung und Ausbildung von Einbauteilen.
- Die Norm enthält einen nicht normativen Anhang B, in dem Kriterien zusammengestellt sind, die für die Wahl einer Abdichtungsbauart unter dem Gesichtspunkt der Zuverlässigkeit maßgebend sein können.
- In der Norm werden Nutzungsklassen (N_i-V), Rissklassen (R_i-V) und Rissüberbrückungsklassen ($RÜ_i$-V) definiert. Die Abdichtungsbauarten sind diesen Klassen zugeordnet.
- Die Regelungen zur Sicherstellung der Mindestschichtdicke von Abdichtungsschichten aus flüssig zu verarbeitenden Abdichtungsstoffen wurden überarbeitet und präziser gefasst. Zur Durchführung der hierzu erforderlichen Kontrollen und Prüfungen wird auf ein nicht normatives Beiblatt zur DIN 18195 [10] mit dem Titel „Hinweise zur Kontrolle und Prüfung der Schichtdicken von flüssig verarbeiteten Abdichtungsstoffen" verwiesen.
- Die Norm enthält, wie alle anderen Abdichtungsnormen auch Regelungen und Hinweise zur Instandhaltung der Abdichtung.

3 Inhalte, Änderungen und Neuregelungen im Einzelnen

Die DIN 18532 besteht aus sechs Teilen:
- Teil 1: Anforderungen, Planungs- und Ausführungsgrundsätze
- Teil 2: Abdichtung mit einer Lage Polymerbitumenbahn und einer Lage Gussasphalt
- Teil 3: Abdichtung mit zwei Lagen Polymerbitumenbahnen
- Teil 4: Abdichtung mit einer Lage Kunststoff- oder Elastomerbahn
- Teil 5: Abdichtung mit einer Lage Polymerbitumenbahn und einer Lage Kunststoff- oder Elastomerbahn
- Teil 6: Abdichtung mit flüssig zu verarbeitenden Abdichtungsstoffen

Die Teile 2 bis 6 gelten zusammen mit dem übergeordneten Teil 1.

3.1 DIN 18532, Teil 1 Anforderungen, Planungs- und Ausführungsgrundsätze

3.1.1 Abgrenzung zwischen Bauwerksschutz und Bauteilschutz (Einleitung)

Die besondere Beanspruchung von befahrbaren Betonbauteilen durch die Einwirkung von chloridhaltigem Wasser macht die Unterscheidung zwischen <u>Bauwerksschutz</u> und <u>Bauteilschutz</u> als Schutzziele notwendig. Wie alle Abdichtungen so dient auch die Abdichtung von Verkehrsflächen nach DIN 18532 primär der Sicherstellung der Nutzbarkeit der unterhalb der abgedichteten Bauteile liegenden Bereiche eines Bauwerks. Sie erfüllt damit auch den bauaufsichtlich in der MBO [11] § 13 geforderten Schutz baulicher Anlagen vor Wasser und Feuchtigkeit. Die Abdichtung dient der Sicherstellung der Nutzung des Bauwerks und damit dem <u>Bauwerksschutz</u>.

Zugleich ist es aber auch notwendig, die befahrenen Betonbauteile selbst vor den schädlichen Einwirkungen durch Chloride auf den Beton und die Stahlbewehrung zu schützen, um ihre Standsicherheit dauerhaft zu erhalten. Zur Sicherstellung des auch bauaufsichtlich in MBO § 12 geforderten <u>Bauteilschutzes</u>, sind zusätzliche Schutzmaßnahmen erforderlich. Hierfür gibt es mit DIN EN 1992-1-1/NA sowie der Schutz- und Instandhaltungsrichtlinie RL SIB und dem Heft 600 [12] des DAfStb ein eigenständiges Regelwerk. Danach kann der Bauteilschutz entweder allein durch betontechnologische und

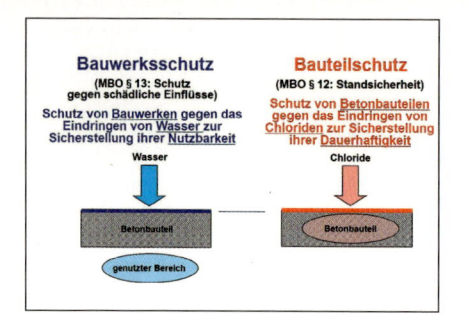

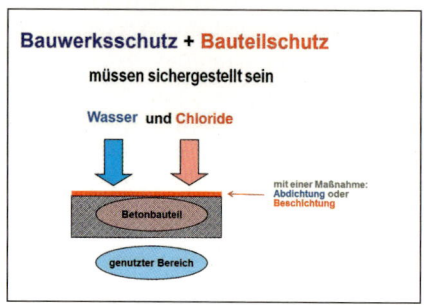

Bilder 2 und 3: Bauwerksschutz und Bauteilschutz mit einer Maßnahme

konstruktive Maßnahmen oder auch in Verbindung mit einer Beschichtung mit einem Oberflächenschutzsystem nach RL SIB oder einer Abdichtung nach DIN 18532 erfolgen.
Bei der Planung der Abdichtung einer befahrbaren Betonfläche müssen beide Schutzziele erfüllt werden. Es müssen sowohl die Anforderungen der DN 18532 an die Abdichtung als auch die Anforderungen der Regelungen für den Schutz des Betonbauteils eingehalten werden und das mit einer Maßnahme (s. Bilder 2 und 3).
In DIN 18532 wird die Schnittstelle zwischen beiden Geltungsbereichen widerspruchsfrei beschrieben. Die für beide Schutzziele bestehenden Regelungen müssen eingehalten werden, wenn mit einer Maßnahme sowohl der Bauteil- als auch der Bauwerksschutz erreicht werden soll.
Der Bauteilschutz nach DIN EN 1992-1-1/NA und den Regelungen des DAfStb wird erreicht durch verschiedene Maßnahmen, die einzeln oder in Kombination miteinander zu planen und anzuwenden sind. Bei der Planung einer Abdichtung, die zugleich auch den Bauteilschutz sicherstellen soll, sind auch diese Regelungen zu berücksichtigen.
Umgekehrt müssen auch bei der Planung der Maßnahmen für den Bauteilschutz die Regelungen für den Bauwerksschutz nach DIN 18532 berücksichtigt werden. Beide Maßnahmen sind also aufeinander abzustimmen. Die folgenden Punkte sind dabei zu beachten:

Betontechnologie
Die Regelungen des Bauteilschutzes sehen bestimmte betontechnologische und konstruktive Maßnahmen (Bewehrung, Betonüberdeckung, ...) vor, um den Beton von sich aus ausreichend widerstandsfähig gegen Chloride zu machen. Diese Maßnahmen sind allein oder in Kombination mit einer Beschichtung nach RL SIB oder einer Abdichtung nach DIN 18532 in abgestufter Weise anzuwenden. Bei der Planung einer Abdichtung sind daher auch die entsprechenden Anforderungen an das Betonbauteil einzuhalten.

Beschichtung
Mit einer Beschichtung mit den Oberflächenschutzsystemen OS 8, OS 10 oder OS 11 nach RL SIB und den darauf abgestimmten Anforderungen an das Betonbauteil ist ein ausreichender Bauteilschutz erreichbar. Wenn diese Maßnahme auch den Bauwerksschutz erfüllen soll, dürfen die Beschichtungen nur auf den Verkehrsflächen angewendet werden, auf denen es nach DIN 18532 auch zulässig ist (s. Teil 6). Für den Aufbau und die Ausführung von OS-Systemen gelten die Regelungen der RL SIB.

Abdichtung
Auch mit einer Abdichtung nach DIN 18532 und den darauf abgestimmter Anforderungen an das Betonbauteil ist ein ausreichender Bauteilschutz erreichbar. Die Anforderungen an die Abdichtungsbauarten und die Zuordnung zu bestimmten Nutzungsklassen und Arten von Verkehrsflächen nach DIN 18532 sind dabei einzuhalten.

Instandhaltung
Eine weitere Voraussetzung für den Bauteilschutz ist die Instandhaltung, die in einer auf die jeweiligen Schutzmaßnahmen abgestimmten Häufigkeit und Art zu planen und auszuführen ist. In DIN 18532 ist die Instandhaltung für alle Abdichtungsbauarten gere-

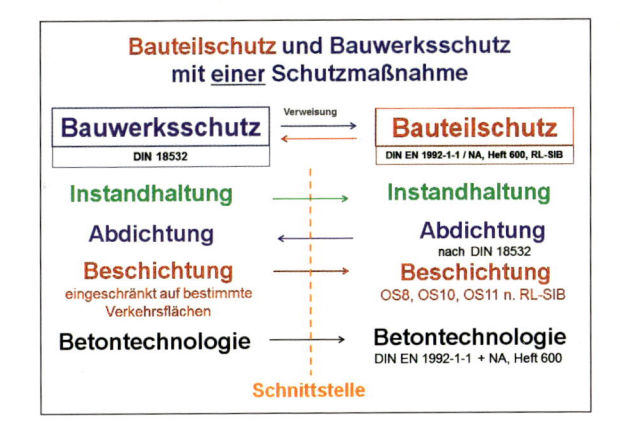

Bild 4: Definition der Schnittstelle zwischen den Regelungen für den Bauteilschutz und Bauwerksschutz, erforderliche Maßnahmen

gelt. Für die Oberflächenschutzsysteme gelten die Regelungen der RL SIB und des Heft 600 des DAfStb.

Mit DIN 18532 gibt es erstmals verlässliche aufeinander abgestimmte planerischen Grundlagen für die Erfüllung der Schutzziele Bauwerksschutz und Bauteilschutz mit einer Maßnahme. Um Oberflächenschutzsysteme auch weiterhin in diesem Bereich anwenden zu können, war es notwendig, dass, dem Stand der Technik folgend, unter bestimmten Bedingungen der Bauwerksschutz nach DIN 18532 auch mit einer Beschichtung aus Oberflächenschutzsystem erfolgen darf (s. DIN 18532-6).

3.1.2 Anwendungsbereich (Abschnitt 1)

Die Norm gilt für die Abdichtung folgender Verkehrsflächen:
– Fußgänger- und Radwegbrücken,
– Zwischendecks, Freidecks, Zufahrtsrampen und Spindeln von Parkhäusern,
– Parkdächer,
– Hofkellerdecken und Durchfahrten,
– Fahrbahntafeln von Straßenbrücken, für die nicht die Regelungen der ZTV-ING gelten.

Die Norm gilt nicht für die Abdichtung von erdberührten Bodenplatten. Bei Bodenfeuchte und nicht drückendem Wasser ist bei befahrbaren Bodenplatten nach DIN 18533 keine Abdichtung erforderlich. Bei drückendem Wasser ist die Bodenplatten nach DIN 18533 für die Wassereinwirkungsklasse W2-E von der Unterseite her abzudichten. Allerdings sind Betonbodenplatten gegen Chlorideinwirkungen nach den Regeln des DAfStb durch entsprechende zusätzliche Maßnahmen von oben zu schützen (s. Bild 5).

Ausgenommen sind weiterhin Eisenbahnbrücken und Ingenieurbauwerke des Schienenfahrwegs, Brücken- und Ingenieurbauwerke, für die die Regelungen der ZTV-ING gelten, Trog- und Tunnelsohlen sowie wasserundurchlässige Betonbauteile und Konstruktionen nach der DAfStb-Richtlinie für wasserundurchlässige Bauwerke aus Beton.

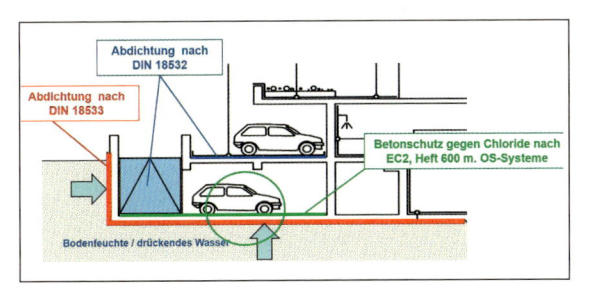

Bild 5: Abdichtung von Bodenplatten nach DIN 18533

Tabelle 1: Nutzungsklassen nach DIN 18532

Nutzungs-klasse	Nutzungsmerkmale mit zugeordneter Verkehrsbelastung sowie Neigung der Verkehrsfläche	Arten der Verkehrsfläche[a] und Art der Einwirkungen aus Verkehr[b]
N1-V[c]	gering belastete Verkehrsflächen für Fuß- und/oder Radverkehr unabhängig von der Neigung	— Fußgänger- und Radwegbrücken
N2-V[c]	mäßig belastete Verkehrsflächen für vorwiegend ruhenden Verkehr mit leichten Fahrzeugen bis 30 kN Gesamtgewicht (PKW); maximale Neigung bis 4 %, bei Neigung größer 4 % Zuordnung zu N3-V	— Zwischendecks von Parkhäusern für PKW-Verkehr — Freidecks von Parkhäusern für PKW-Verkehr — Parkdächer für PKW-Verkehr — Bodenplatten[d] von Parkhäusern für PKW-Verkehr — Hofkellerdecken und Durchfahrten für PKW-Verkehr
N3-V	hoch belastete Verkehrsflächen für vorwiegend ruhenden Verkehr mit Fahrzeugen bis 160 kN Gesamtgewicht (leichte LKW), Bereichsweise auch mit schweren Fahrzeugen > 160 kN (schwere LKW); unabhängig von der Neigung	— Zwischendecks von Parkhäusern für PKW- und leichten LKW-Verkehr — Freidecks von Parkhäusern für PKW- und leichten LKW-Verkehr — Parkdächer für PKW- und leichten LKW-Verkehr — Bodenplatten[d] von Parkhäusern für PKW- und leichten LKW-Verkehr — Zufahrtsrampen und Spindeln von Parkhäusern für PKW- und leichten LKW-Verkehr — Anlieferzonen und Feuerwehrzufahrten in Parkhäusern auch für schweren LKW-Verkehr — Hofkellerdecken und Durchfahrten auch für schweren LKW-Verkehr
N4-V	sehr hoch belastete Verkehrsflächen für nicht vorwiegend ruhenden Verkehr mit Fahrzeugen auch > 160 KN Gesamtgewicht; unabhängig von der Neigung	— Fahrbahntafeln von Brücken für Fahrzeuge aller Art[e]

[a] und vergleichbare Flächen
[b] Bei wärmegedämmten Fahrbahnkonstruktionen mit der Bauweise 2a (Umkehrdachaufbau) ist die Begrenzung der Verkehrslast in der jeweiligen allgemeinen bauaufsichtlichen Zulassung für den Dämmstoff zu beachten.
[c] Flächen von N1-V und N2-V, die auch mit Reinigungs- oder Räumfahrzeugen befahren werden, sind N3-V zuzuordnen.
[d] Bei Bodenplatten, soweit diese erdseitig nur der Einwirkung von Bodenfeuchte ausgesetzt sind (DIN 18533-1, W1.1-E).
[e] Straßenbrücken für die nicht die Regelungen der ZTV-ING gelten.

3.1.3 Begriffe

Es gelten die abdichtungstechnischen Begriffe, nach DIN 18195 (neu).

3.1.4 Einwirkungen aus Verkehr: Nutzungsklassen (Abschnitt 5.3)

Für die verschiedenen Arten von Verkehrsflächen werden in Abschnitt 5.3 Nutzungsklassen definiert (s. Tab. 1).

3.1.5 Einwirkungen aus Rissen in der Betonunterlage

3.1.5.1 Rissklassen, Rissüberbrückungsklassen (Abschnitt 5.4)

Je nach den statischen und bemessungstechnischen Gegebenheiten können Risse im Betonuntergrund auftreten. Es werden Rissklassen definiert, die den Bemessungskriterien bezüglich der Rissbreitenbeschränkung für diese Bauteile entsprechen:

R0–V: keine oder keine neu entstehenden Risse oder keine Bewegungen bereits vorhandener Risse

R1-V: rechnerische Rissbreite 0,3 mm mit Rissbewegungen aus Temperaturänderung und/oder Verkehrsbelastung

Die Abdichtungsschicht muss mindestens Risse der Rissklasse R1-V bei $-20\,°C$ dauerhaft überbrücken können. Das entspricht der Rissüberbrückungsklasse RÜ1-V.

3.1.6 Stoffe (Abschnitt 7)

Es werden die Stoffe für die verschiedenen Schichten der Abdichtung und des weiteren Fahrbahnaufbaus genannt und die zugehörigen Verarbeitungsverfahren beschrieben:
- Grundierungen, Versiegelungen Kratzspachtelungen,
- Klebemassen, Deckaufstrichmittel, Klebstoffe,
- **Abdichtungsstoffe** und ihre Verarbeitung: Polymerbitumen-Schweißbahnen, Polymerbitumen-Dichtungsbahnen, kaltselbstklebende Polymerbitumenbahnen, Kunststoffbahnen, Elastomerbahnen, Flüssigkunststoffe, Gussasphalt,
- Stoffe für Schutzlagen und Schutzschichten, Trenn- und Gleitlagen
- Stoffe für Dampfsperren
- Stoffe für Wärmedämmschichten,
- Stoffe für Lastverteilungsschichten,
- Stoffe für Nutzschichten,
- Hilfsstoffe.

Die Anforderungen an die Stoffeigenschaften werden bauartspezifisch in den Teilen 2 bis 6 der Norm festgelegt. Bezüglich der stofflichen Anforderungen an die verwendbaren Oberflächenschutzsysteme wird auf die RL SIB verwiesen.

3.1.7 Planungs- und Baugrundsätze (Abschnitt 8)

Es werden die Planungs- und Baugrundsätze, die für alle Abdichtungsbauarten gelten, festgelegt.

3.1.7.1 Bauweisen (Abschnitt 8.1)

Unterschieden werden nach der Lage der Abdichtungsschicht und weiterer Schichten im Fahrbahnaufbau vier Bauweisen:

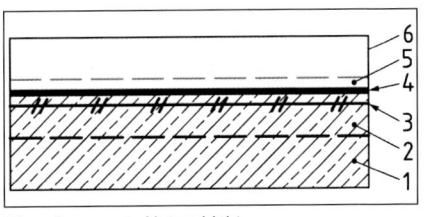

(6) ggf. separate Nutzschicht
(5) Schutzschicht, Nutzschicht
(4) Abdichtungsschicht
(3) Untergrundbehandlung
(2) ggf. Flächenausgleich
(1) Konstruktionsbeton

Bild 6: Bauweise **1a** – Abdichtungsschicht auf dem Konstruktionsbeton unter der Nutzschicht

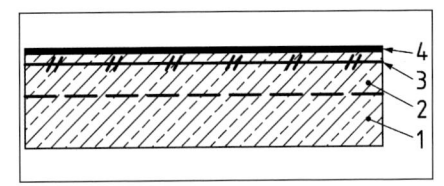

(4) Abdichtungsschicht
(3) Untergrundbehandlung
(2) ggf. Flächenausgleich
(1) Konstruktionsbeton

Bild 7: Bauweise **1b** – Abdichtungsschicht auf dem Konstruktionsbeton, direkt genutzt

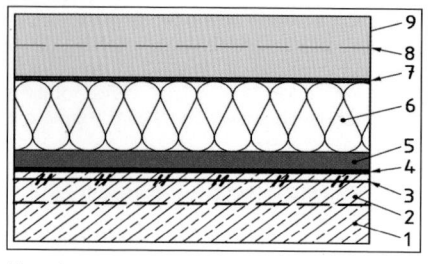

(9) ggf. separate Nutzschicht
(8) Lastverteilungsschicht, Nutzschicht
(7) ggf. Schutzlage
(6) Wärmedämmschicht
(5) Schutzschicht, ggf. Ausgleichsschicht
(4) Abdichtungsschicht
(3) Untergrundbehandlung
(2) ggf. Flächenausgleich
(1) Konstruktionsbeton

Bild 8: Bauweise **2a** – Abdichtungsschicht auf dem Konstruktionsbeton unter der Wärmedämmschicht

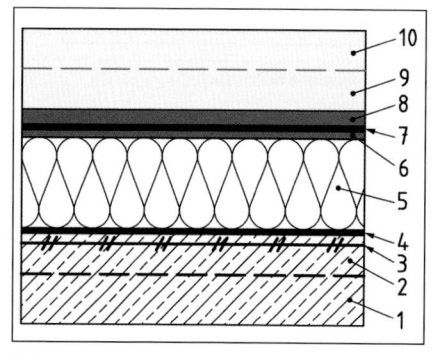

(10) Nutzschicht
(9) Lastverteilungsschicht
(8) Schutzschicht
(7) Abdichtungsschicht
(6) ggf. Ausgleichsschicht
(5) Wärmedämmschicht
(4) Dampfsperre
(3) Untergrundbehandlung
(2) ggf. Flächenausgleich
(1) Konstruktionsbeton

Bild 9: Bauweise **2b** – Abdichtungsschicht auf der Wärmedämmschicht unter der Lastverteilungsschicht

3.1.7.2 Wahl der Abdichtungsbauart (Abschnitte 8.3.2, 8.3.3)

Alle in der Norm geregelten Abdichtungsbauarten sind grundsätzlich für die Verwendung geeignet. Sie sind jedoch nicht alle gleichwertig, da sie stoffliche und funktionelle Unterschiede aufweisen, die Auswirkungen auf ihre Zuverlässigkeit während der Nutzungsdauer haben können. Auf diese Zusammenhänge wird in der Norm in besonderer Weise eingegangen. Es ist somit eine wichtige Aufgabe der Planung, die für den jeweiligen Anwendungszweck optimal geeignete Abdichtungsbauart entsprechend den erforderlichen Zuverlässigkeitskriterien zu wählen.

In dem nicht normativen Anhang A „Kriterien für die Auswahl der Abdichtungsbauart", werden dazu Kriterien genannt, die bei der Wahl der Abdichtungsbauart unter dem Gesichtspunkt der für den jeweiligen Anwendungszweck erforderlichen Zuverlässigkeit berücksichtigt werden sollten.

3.1.7.3 Betonuntergrund (Abschnitt 8.4.1)

Der Betonuntergrund, auf den die Abdichtungsschicht vollflächig haftend aufgebracht wird, muss so beschaffen sein, dass ein fester und dauerhafter Verbund entsteht. Er ist durch mechanisch abtragende Verfahren so vorzubereiten, dass eine ausreichende Ebenheit und Oberflächenfestigkeit besteht und die zulässige Rautiefe nicht überschritten wird. Je nach Abdichtungsbauart sind weitere Maßnahmen zur Behandlung des vorbereiteten Untergrundes mit einer Grundierung, Versiegelung oder Haftbrücke erforderlich.

3.1.7.4 Unterlaufsicherheit der Abdichtung (Abschnitt 8.4.6)

Wenn sichergestellt werden soll, dass sich bei einer möglichen Fehlstelle in der Abdichtungsschicht eingedrungenes chloridhaltiges Wasser nicht auf der Betonoberfläche ausbreiten kann, muss die Abdichtung unterlaufsicher verlegt sein. Hierfür werden entsprechende Kriterien und Anforderungen angegeben.

3.1.7.5 Ausbildung von Details (Abschnitt 8.4.9)

Die Ausbildung der Abdichtung an Details wie Anschlüsse an aufgehende Bauteile, Anschlüsse an Einbauteile, Durchdringungen, sowie die Abdichtung von Bewegungsfugen wird für die verschiedenen Bauweisen in 24 beispielhaften, nicht normativen Skizzen, die

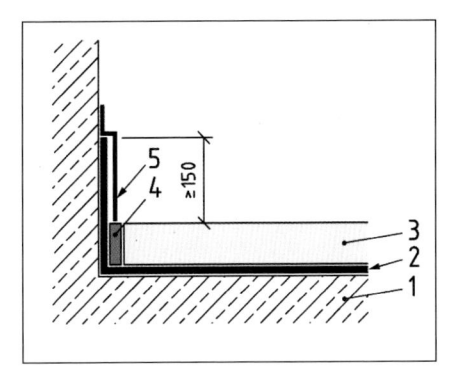

(5) Schutzabdeckung
(4) Randfuge mit elastischer Verfüllung
(3) Belag (Nutzschicht/Lastverteilungsschicht)
(2) Abdichtungsschicht
(1) Konstruktionsbeton

Bild 10: Starrer Anschluss bei Bauweise 1

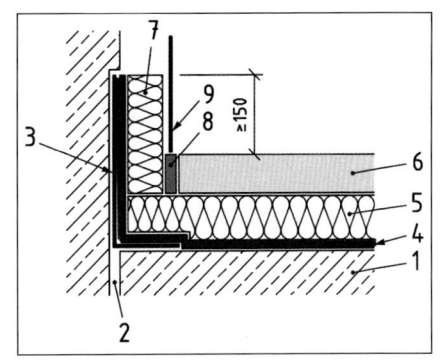

(9) Wandbekleidung
(8) Randfuge mit elastischer Verfüllung
(7) Wärmedämmschicht
(6) Belag (Nutzschicht/Lastverteilungsschicht)
(5) Wärmedämmschicht
(4) Abdichtungsschicht
(3) Hilfskonstruktion
(2) Bewegungsfuge
(1) Konstruktionsbeton

Bild 11: Beweglicher Wandanschluss bei Bauweise 2a

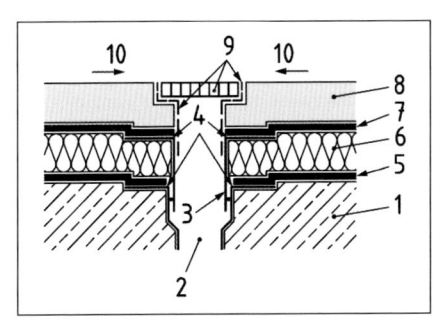

(10) ggf. erforderliches Gefälle
(9) Aufstockelement m. Rostabdeckung
(8) Belag (Nutzschicht/Lastverteilungsschicht)
(7) Abdichtungsschicht
(6) Wärmedämmschicht
(5) Dampfsperre
(4) Anschlussflansch
(3) Ablauf zweiteilig, Aufstockelement
(2) Ablauf zweiteilig, Grundelement
(1) Konstruktionsbeton

Bild 12: Anschluss an Bodenablauf bei Bauweise 2b

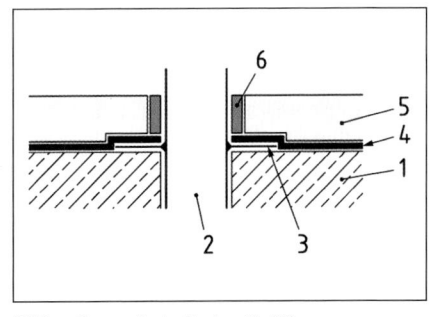

(6) Randfuge mit elastischer Verfüllung
(5) Belag (Nutzschicht)
(4) Abdichtungsschicht
(3) Anschlussflansch
(2) Durchdringungsbauteil
(1) Konstruktionsbeton

Bild 13: Anschluss an Durchdringung mit Flansch bei Bauweise 1a

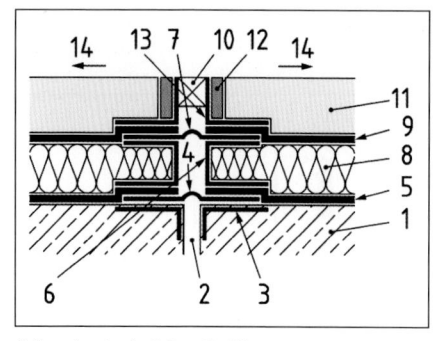

(14) ggf. erforderliches Gefälle
(13) Fugenstützkonstruktion (Losflansch)
(12) Randfuge mit elastischer Verfüllung
(11) Belag (Nutzschicht/Lastverteilungsschicht)
(10) elastischer Fugenverschluss
(9) Abdichtungsschicht
(8) Wärmedämmschicht
(7) Bewegungsfugenband in Abdichtungsebene
(6) Stützkonstruktion/Los-und Festflansch
(5) Dampfsperre
(4) Bewegungsfugenband (in Dampfsperrebene)
(3) Los-/Festflanschkonstruktion
(2) Bewegungsfuge
(1) Konstruktionsbeton

Bild 14: Abdichtung einer Bewegungsfuge bei Bauweise 2b

die prinzipielle Lage der einzelnen Schichten zeigen, dargestellt. Die Maße und textlichen Angaben hierzu sind normative Regelungen. Bauartspezifische Einzelheiten sind in den Teilen 2 ff. geregelt (s. Bilder 10, 11, 12, 13, 14).

3.1.7.6 Weitere Schichten der Fahrbahnkonstruktion (Abschnitt 8.5)

Die weiteren Schichten der Fahrbahnkonstruktion sind: Wärmedämmschicht, Lastverteilungsschicht und Nutzschicht. Hierzu werden aber nur die Dinge geregelt, die im Hinblick auf die Funktion der Abdichtung notwendig sind. Die Dimensionierung der Schichten ist in der Norm nicht geregelt. Sie unterliegt eigenständigen Regelungen.

3.1.7.7 Aufnahme und Weiterleitung von Schubkräften (Abschnitt 8.6)

Schubkräften aus dem Verkehr müssen bis in die tragenden Bauteile weitergeleitet werden. Dies kann durch den Haftverbund der einzelnen Schichten des Fahrbahnaufbaus untereinander und mit der Unterlage erfolgen. Zur Übertragung von Schubkräften kann auch die Abdichtungsschicht herangezogen werden, wenn ihre Eignung hierfür sichergestellt ist. Bauartspezifische Einzelheiten sind in den Teilen 2 ff. geregelt.

Können Schubkräfte auf diese Weise nicht sicher und dauerhaft übertragen werden, sind hierzu zusätzliche konstruktive Maßnahmen (z. B. Verankerungen, Schubnocken, seitliche Abstützung der Belagsschichten) erforderlich.

3.1.7.8 Entwässerung (Abschnitt 8.7)

Wasser auf der Abdichtungsschicht ist so abzuführen, dass es nur zu einem geringfügigen, zeitlich begrenzten Aufstau auf der Abdichtungsschicht kommen kann. Durch stehendes Wasser auf der Abdichtungsschicht darf es zu keinen Schäden in den darüber angeordneten Schichten des Fahrbahnaufbaus kommen. Das planerische Gefälle in der Abdichtungsebene sollte dazu mindestens 2,5 % betragen. Ein geringeres Gefälle ist bei Einhaltung besonderer konstruktiver Maßnahmen möglich.

Eine Pfützenbildung auf der Nutzschicht sollte je nach Nutzungserfordernissen minimiert oder verhindert werden. Dazu sollte auch die Nutzungsebene mit einem Gefälle versehen werden, wenn nicht das Wasser durch Belagsfugen (z. B. aufgeständerte Platten) auf die Abdichtungsebenen geleitet wird.

Beide wasserführenden Schichten sind an die Entwässerungseinrichtung anzuschließen.

3.1.8 Ausführungsgrundsätze (Abschnitt 9)

Es werden die für alle Bauarten geltenden Erfordernisse für die Ausführung der Abdichtung auf der Baustelle geregelt. Sie beziehen sich auf die Maßnahmen zur Vorbereitung und Behandlung des Betonuntergrundes und die Ausführung der Abdichtungsschicht und ihres Schutzes. Bauartspezifische Einzelheiten sind in den Teilen 2 ff. geregelt.

3.1.9 Instandhaltung (Abschnitt 10)

Wie alle technischen Konstruktionen bedarf auch die Abdichtung von befahrbaren Betonbauteilen der Instandhaltung im Rahmen der hierfür geltenden Begriffe und Verfahrensweisen nach DIN 31051 [13]. Hierfür gibt es, wie auch in den anderen Abdichtungsnormen, einen eigenen Abschnitt. Bei befahrbaren Verkehrsflächen mit einer Ab-

dichtung können die hierfür erforderlichen Maßnahmen relativ einfach vorgenommen werden, da die Flächen in der Regel gut zugänglich sind.
Die Maßnahmen im Rahmen der Inspektion, Wartung und Instandhaltung sind zusammen mit der Abdichtung zu planen und in einem objektspezifischen Instandhaltungsplan festzulegen. Notwendige Wartungsarbeiten sind mindestens einmal jährlich im zeitlichen Zusammenhang mit einer Inspektion auszuführen. Bauartspezifische Einzelheiten sind in den Teilen 2 ff. geregelt.

3.2 DIN 18532, Teil 2 – Abdichtung mit einer Lage Polymerbitumen-Schweißbahn und einer Lage Gussasphalt

Im Teil 2 wird die Abdichtungsbauart mit einer Abdichtungsschicht aus einer Lage Polymerbitumen-Schweißbahn nach DIN EN 14695 [14] in Verbindung mit DIN V 20000-203 [15] mit hochliegender Trägereinlage und einer Lage Gussasphalt (AS) nach DIN EN 13813 [16] oder Gussasphalt (MA) nach DIN EN 13108-6 [17] geregelt. Sie sind im vollflächigen Verbund untereinander und mit dem Untergrund zu verarbeiten. Diese Bauart basiert auf den Regelungen der ZTV-ING 7.1 [18] des Bundesverkehrsministeriums. Sie ist der Rissüberbrückungsklasse RÜ1-V zugeordnet.
Diese Abdichtungsbauart darf nach Tabelle 2 in allen Nutzungsklassen eingesetzt werden. Je nach Nutzungsklasse sind alle oder auch nur bestimmte Abdichtungsbauweisen möglich.

3.3 DIN 18532, Teil 3 – Abdichtung mit zwei Lagen Polymerbitumenbahnen

Im Teil 3 wird die Abdichtungsbauart mit einer Abdichtungsschicht aus zwei Lagen Polymerbitumenbahnen geregelt. Die Abdichtungslagen dürfen bestehen aus: Polymerbitumen-Schweißbahnen mit hochliegender Trägereinlage nach DIN EN 14695 in Verbindung mit DIN V 20000-203, Polymerbitumen-Schweißbahnen, Polymerbitumen-Dichtungsbahnen, kaltselbstklebende Polymerbitumenbahnen nach DIN EN 13969 [19] in Verbindung mit DIN SPEC 20000-202 [20] oder DIN EN 13707 [21] in Verbindung mit DIN SPEC 20000-201 [22]. Sie dürfen nur in den angegebenen Kombinationen verwendet werden. Sie sind im vollflächigen Verbund untereinander und mit dem Untergrund zu verarbeiten.
Diese Bauart basiert auf den Regelungen der ZTV-ING 7.2 [23] des Bundesverkehrsministeriums.
Besteht die Abdichtungsschicht aus einer Kombination unter Verwendung einer Polymerbitumen-Schweißbahn nach DIN EN 14695 ist die Bauart der Rissüberbrückungsklasse RÜ1-V zugeordnet. Für die Kombination aus anderen Polymerbitumenbahnen ist dazu die Rissüberbrückungsfähigkeit für das zweilagige Abdichtungssystem nach DIN EN 14224 [24] bei −20 °C nachzuweisen (s. Bild 16).
Diese Abdichtungsbauart darf nach Tabelle 3 in allen Nutzungsklassen eingesetzt werden. Je nach Nutzungsklasse sind alle oder auch nur bestimmte Abdichtungsbauweisen möglich.

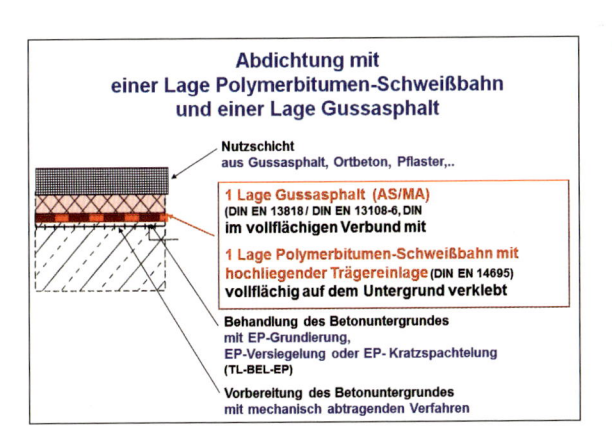

Bild 15: Aufbau der Abdichtungsbauart nach DIN 18532-2

Tabelle 2: Zuordnung der Abdichtungsbauart nach DIN 18532-2 zu Nutzungsklassen, Verkehrsflächen und Abdichtungsbauweisen

Nutzungs-klasse	Verkehrsfläche	Abdichtungsbauweise			
		1a	1b	2a	2b
N1-V	Fußgängerbrücken und Radwegbrücken	x	–		
N2-V	Zwischendecks von Parkhäusern für PKW-Verkehr	x	x	x	x
	Freidecks von Parkhäusern für PKW-Verkehr	x	–		
	Parkdächer für PKW-Verkehr			x	x
	Hofkellerdecken und Durchfahrten für PKW-Verkehr	x	–	x	x
N3-V	Zwischendecks von Parkhäusern für PKW- und leichten LKW- Verkehr	x	x	–	x
	Freidecks von Parkhäusern für PKW- und leichten LKW- Verkehr	x	–		
	Parkdächer für PKW- und leichten LKW- Verkehr			–	x
	Zufahrtsrampen und Spindeln von Parkhäusern für PKW- und leichtem LKW- Verkehr	x	–	–	x
	Anlieferzonen und Feuerwehrzufahrten in Parkhäusern auch für schweren LKW- Verkehr	x	–	–	x
	Hofkellerdecken und Durchfahrten auch für schweren LKW- Verkehr	x	–	–	x
N4-V	Fahrbahntafeln von Brücken für Fahrzeuge aller Art[a]	x	–		
x	Bauweise zulässig				
–	Bauweise nicht zulässig				
	Bauweise per Definition nicht vorgesehen				

[a] Straßenbrücken, für die nicht die Regelungen der ZTV-ING gelten.

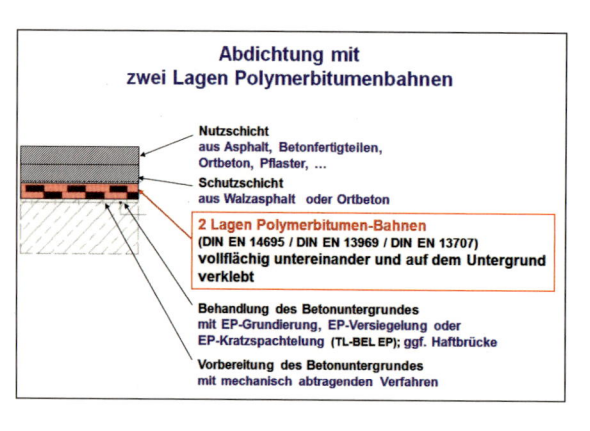

Bild 16: Aufbau der Abdichtungsbauart nach DIN 18532-3

Abdichtung mit zwei Lagen Polymerbitumenbahnen

- Nutzschicht aus Asphalt, Betonfertigteilen, Ortbeton, Pflaster, ...
- Schutzschicht aus Walzasphalt oder Ortbeton
- **2 Lagen Polymerbitumen-Bahnen** (DIN EN 14695 / DIN EN 13969 / DIN EN 13707) **vollflächig untereinander und auf dem Untergrund verklebt**
- Behandlung des Betonuntergrundes mit EP-Grundierung, EP-Versiegelung oder EP-Kratzspachtelung (TL-BEL EP); ggf. Haftbrücke
- Vorbereitung des Betonuntergrundes mit mechanisch abtragenden Verfahren

Tabelle 3: Zuordnung der Abdichtungsbauart nach DIN 18532-3 zu Nutzungsklassen, Verkehrsflächen und Abdichtungsbauweisen

Nutzungs-klasse	Verkehrsfläche	Abdichtungsbauweise			
		1a	1b	2a	2b
N1-V	Fußgänger- und Radwegbrücken	x	–		
N2-V	Zwischendecks von Parkhäusern für PKW-Verkehr	x	–	x	x
	Freidecks von Parkhäusern für PKW-Verkehr	x	–		
	Parkdächer für PKW-Verkehr			x	x
	Hofkellerdecken und Durchfahrten für PKW-Verkehr	x	–	x	x
N3-V	Zwischendecks von Parkhäusern für PKW- und leichten LKW- Verkehr	x	–	–	x
	Freidecks von Parkhäusern für PKW- und leichten LKW- Verkehr	x	–		
	Parkdächer für PKW- und leichten LKW-Verkehr			–	x
	Zufahrtsrampen und Spindeln von Parkhäusern für PKW- und leichten LKW-Verkehr	x	–	–	x
	Anlieferzonen und Feuerwehrzufahrten in Parkhäusern auch für schweren LKW-Verkehr	x	–	–	x
	Hofkellerdecken, Durchfahrten auch für schweren LKW-Verkehr	x	–	–	x
N4-V	Fahrbahntafeln von Brücken Fahrzeuge aller Art[a]	x	–		
x	Bauweise zulässig				
–	Bauweise nicht zulässig				
	Bauweise per Definition nicht vorgesehen				

[a] Straßenbrücken, die nicht im Zuge von Bundesfernstraßen liegen.

3.4 DIN 18532, Teil 4 – Abdichtung mit einer Lage Kunststoff- oder Elastomerbahn

Im Teil 4 ist die Abdichtungsbauart mit einer Abdichtungsschicht aus einer Lage Kunststoff- oder einer Lage Elastomerbahn nach DIN EN 13967 in Verbindung mit DIN SPEC 20000-202 geregelt. Sie dürfen in loser Verlegung, teilflächiger oder vollflächiger Verklebung auf dem Untergrund verarbeitet werden.
Bei lose verlegter Abdichtungsbahn ist die Bauart der Rissüberbrückungsklasse RÜ1-V zugeordnet. Für die Abdichtung mit einer vollflächig oder teilflächig verklebten Kunststoff- oder Elastomerbahn ist dazu die Rissüberbrückungsfähigkeit für das Abdichtungssystem nach DIN EN 14224 bei –20 °C nachzuweisen (s. Bild 17).

Diese Abdichtungsbauart darf nach Tabelle 4 in den Nutzungsklassen N1-V, N2-V und N3-V angewendet werden. Je nach Nutzungsklasse sind die Abdichtungsbauweisen 1a, 2a oder 2b möglich.

Bild 17: Aufbau der Abdichtungsbauart nach DIN 18532-4

Abdichtung mit einer Lage Kunststoff- oder Elastomerbahn

Nutzschicht
aus Gussasphalt, Ortbeton, Pflaster,..

Schutzschicht
aus Ortbeton oder Asphalt

eine Lage Kunststoff- oder Elastomerbahn (DIN EN 13967)
vollflächig / teilflächig verklebt oder lose auf dem Untergrund verlegt

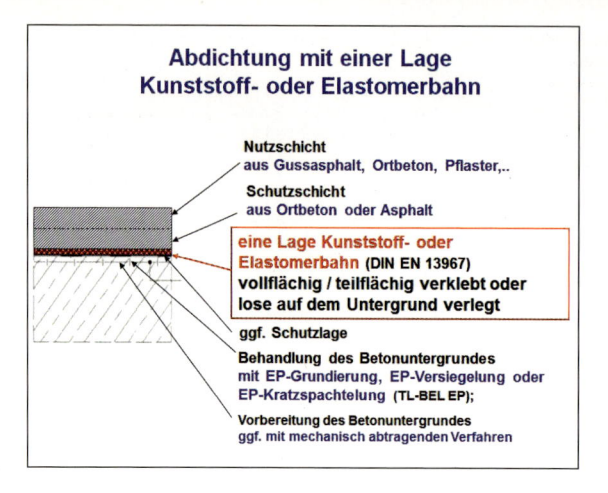

ggf. Schutzlage

Behandlung des Betonuntergrundes mit EP-Grundierung, EP-Versiegelung oder EP-Kratzspachtelung (TL-BEL EP);

Vorbereitung des Betonuntergrundes ggf. mit mechanisch abtragenden Verfahren

Tabelle 4: Zuordnung der Abdichtungsbauart nach DIN 18532-4 zu Nutzungsklassen, Verkehrsflächen und Abdichtungsbauweisen

Nutzungsklasse	Verkehrsfläche	Abdichtungsbauweise			
		1a	1b	2a	2b
N1-V	Fußgänger- und Radwegbrücken	x	–		
N2-V	Zwischendecks von Parkhäusern für PKW-Verkehr	x	–	x	x
	Freidecks von Parkhäusern für PKW-Verkehr	x	–		
	Parkdächer für PKW-Verkehr			x	x
	Hofkellerdecken und Durchfahrten für PKW-Verkehr	x	–	x	x
N3-V	Zwischendecks von Parkhäusern für PKW- und leichten LKW-Verkehr	x	–	–	x
	Freidecks von Parkhäusern für PKW- und leichten LKW-Verkehr	x	–		
	Parkdächer für PKW- und leichten LKW-Verkehr			–	x
	Zufahrtsrampen und Spindeln von Parkhäusern für PKW- und leichten LKW-Verkehr	x	–	–	x
	Anlieferzonen und Feuerwehrzufahrten in Parkhäusern auch für schweren LKW-Verkehr	x	–	–	x
	Hofkellerdecken und Durchfahrten auch für schweren LKW-Verkehr	x	–	–	x
N4-V	Fahrbahntafeln von Brücken für Fahrzeuge aller Art[a]	–	–		
x	Bauweise zulässig				
–	Bauweise nicht zulässig				
	Bauweise per Definition nicht vorgesehen				

[a] Straßenbrücken, für die nicht Regelungen der ZTV-ING gelten.

3.5 DIN 18532, Teil 5 – Abdichtungen mit einer Lage Polymerbitumenbahn und einer Lage Kunststoff- oder Elastomerbahn

Im Teil 5 ist eine zweilagige Abdichtungsbauart aus stofflich unterschiedlichen Bahnen geregelt. Als untere Lage der Abdichtungsschicht dürfen Polymerbitumen-Schweißbahnen mit Glasgewebeeinlage nach DIN EN 14695 in Verbindung mit DIN V 20000-203 oder Polymerbitumen-Schweißbahnen oder Polymerbitumen-Dichtungsbahnen mit Glasgewebe oder Polyestervlieseinlage nach DIN EN 13969 in Verbindung mit DIN SPEC 20000-202 oder DIN 13707 in Verbindung mit DIN SPEC 20000-201 verwendet werden. Als obere Lage dürfen ECB-Bahnen, bitumenverträglich mit Einlage, PVC-P-Bahnen, bitumenverträglich homogen oder mit Einlage oder Verstärkung oder EPDM-Bahnen, bitumenverträglich mit Verstärkung nach DIN EN 13956 in Verbindung mit DIN SPEC 20000-201 verwendet werden. Die Bahnen sind im vollflächigen Verbund untereinander und mit dem Untergrund zu verarbeiten (s. Bild 18).

Diese Bauart ist der Rissüberbrückungsklasse RÜ1-V zugeordnet.

Diese Abdichtungsbauart darf nach Tabelle 5 in den Nutzungsklassen N1-V, N2-V und N3-V angewendet werden. Je nach Nutzungsklasse sind die Abdichtungsbauweisen 1a, 2a und 2b möglich (s. Tab. 5).

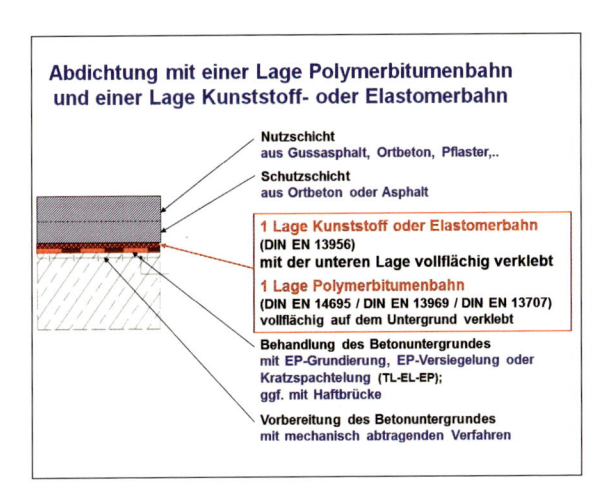

Bild 18: Aufbau der Abdichtungsbauart nach DIN 18532-5

Tabelle 5: Zuordnung der Abdichtungsbauart nach DIN 18532-5 zu Nutzungsklassen, Verkehrsflächen und Abdichtungsbauweisen

Nutzungsklasse	Verkehrsfläche	Abdichtungsbauweise			
		1a	1b	2a	2b
N1-V	Fußgängerbrücken und Radwegbrücken	x	–		
N2-V	Zwischendecks von Parkhäusern für PKW-Verkehr	x	–	x	x
	Freidecks von Parkhäusern für PKW-Verkehr	x	–		
	Parkdächer für PKW-Verkehr			x	x
	Hofkellerdecken und Durchfahrten für PKW-Verkehr	x	–	x	x
N3-V	Zwischendecks von Parkhäusern für PKW- und leichten LKW- Verkehr	x	–	–	x
	Freidecks von Parkhäusern für PKW- und leichten LKW- Verkehr	x	–		
	Parkdächer für PKW- und leichtem LKW- Verkehr			–	x
	Zufahrtsrampen und Spindeln von Parkhäusern für PKW- und leichtem LKW- Verkehr	x	–	–	x
	Anlieferzonen und Feuerwehrzufahrten in Parkhäusern auch für schweren LKW- Verkehr	x	–	–	x
	Hofkellerdecken und Durchfahrten auch für schweren LKW- Verkehr	x	–	–	x
N4-V	Fahrbahntafeln von Brücken für Fahrzeuge aller Art[a]	–	–		

x	Bauweise zulässig
–	Bauweise nicht zulässig
	Bauweise per Definition nicht vorgesehen

[a] Straßenbrücken, für die nicht die Regelungen der ZTV-ING gelten.

3.6 DIN 18532, Teil 6 – Abdichtung mit flüssig zu verarbeitenden Abdichtungsstoffen

Im Teil 6 werden verschiedenen Varianten der Abdichtungsbauart mit flüssig zu verarbeitenden Abdichtungsstoffen geregelt. Das sind Flüssigkunststoffe mit einem abP für ein Abdichtungssystem nach Bauregelliste A, Teil 2, lfd. Nr. 2.38 auf Grundlage der TL-BEL-B Teil 3 oder einer europäischen technischen Zulassung/Bewertung (ETA) für ein Abdichtungssystem nach ETAG 033 [25] oder ETAG 005 [26]. Sie werden im vollflächigen Verbund mit dem Untergrund im Verbund mit einer zweiten Lage aus Gussasphalt (MA) nach DIN EN 13813 oder (AS) nach DIN EN 13108-6 verarbeitet (s. Bild 19).

Diese Varianten dieser Bauart darf nach Tabelle 6 in den Nutzungsklassen N1-V, N2-V, N3-V und N4-V angewendet werden. Je nach Nutzungsklasse sind die Abdichtungsbauweisen 1a, 2a und 2b möglich.

Weiterhin wird im Anwendungsbereich dieses Normenteils Teil 6 folgende zusätzliche Regelungen getroffen:
Dem Stand der Technik folgend darf unter bestimmten Bedingungen auf befahrbaren Flächen alternativ zu einer Abdichtung auch eine direkt befahrbare Beschichtung mit den Oberflächenschutzsystemen OS 8, OS 10 oder OS 11 nach der DAfStb-Richtlinie für Schutz- und Instandsetzung von Betonbauteilen (RL SIB) zum Schutz darunterliegender Bereiche des Bauwerks gegen das Eindringen von Wasser verwendet werden. Die Beschichtung ist in erster Linie eine Maßnahme zum Schutz des Betons. Sie hat aber in bestimmten Anwendungsfällen auch eine ausreichend abdichtende Wirkung gegen das Eindringen von Wasser in darunter liegende Bereiche.

Bild 19: Aufbau der Abdichtungsbauart nach DIN 18532-6

Abdichtung mit flüssig zu verarbeitenden Abdichtungsstoffen

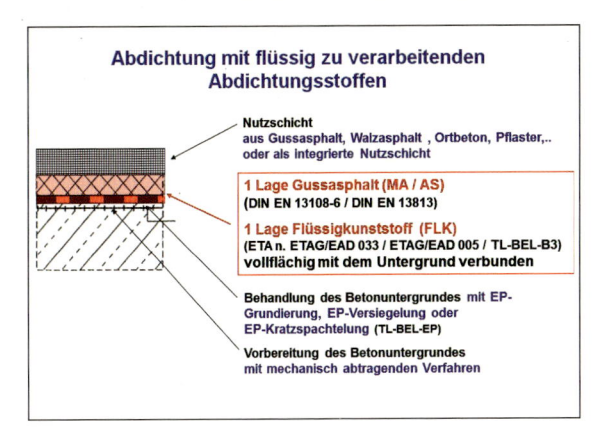

Nutzschicht
aus Gussasphalt, Walzasphalt, Ortbeton, Pflaster,..
oder als integrierte Nutzschicht

1 Lage Gussasphalt (MA / AS)
(DIN EN 13108-6 / DIN EN 13813)

1 Lage Flüssigkunststoff (FLK)
(ETA n. ETAG/EAD 033 / ETAG/EAD 005 / TL-BEL-B3)
vollflächig mit dem Untergrund verbunden

Behandlung des Betonuntergrundes mit EP-Grundierung, EP-Versiegelung oder EP-Kratzspachtelung (TL-BEL-EP)

Vorbereitung des Betonuntergrundes
mit mechanisch abtragenden Verfahren

Tabelle 6: Zuordnung der verschiedenen Varianten der Abdichtungsbauart nach DIN 18532-6 zu Nutzungsklassen, Verkehrsflächen und Abdichtungsbauweisen

Nutzungs-klasse	Verkehrsfläche	Abdichtungsbauweise - Nutzschicht			
		1a	1b	2a	2b
N1-V	Fußgänger- und Radwegbrücken	FLK+MA - MA	–		
N2-V	Zwischendecks von Parkhäusern für PKW-Verkehr	FLK+AS - AS/NS	FLK+AS	FLK - DA	–
	Freidecks von Parkhäusern für PKW-Verkehr	FLK+AS - AS/NS	–		
	Parkdächer für PKW-Verkehr			FLK - DA	–
	Hofkellerdecken und Durchfahrten für PKW-Verkehr	FLK+AS - AS/NS	–	FLK - DA	–
N3-V	Zwischendecks von Parkhäusern für PKW- und leichten LKW-Verkehr	FLK+AS - AS/NS	–	–	–
	Freidecks von Parkhäusern für PKW-Verkehr und leichten LKW-Verkehr	FLK+AS - AS/NS	–		
	Parkdächer für PKW- und leichten LKW-Verkehr			–	–
	Zufahrtsrampen und Spindeln von Parkhäuser für PKW- und leichten LKW-Verkehr	FLK+AS - AS	–	–	–
	Anlieferzonen und Feuerwehrzufahrten in Parkhäusern auch für schweren LKW-Verkehr	FLK+AS - AS	–	–	–
	Hofkellerdecken und Durchfahrten auch für schweren LKW-Verkehr	FLK+AS - AS	–	–	–
N4-V	Fahrbahntafeln von Brücken für Fahrzeuge aller Art[a]	FLK+MA – MA/AC/SMA	–		
–	Bauweise nicht zulässig				
	Bauweise per Definition nicht vorgesehen				

[a] Straßenbrücken, für die nicht die Regelungen der ZTV-ING gelten.

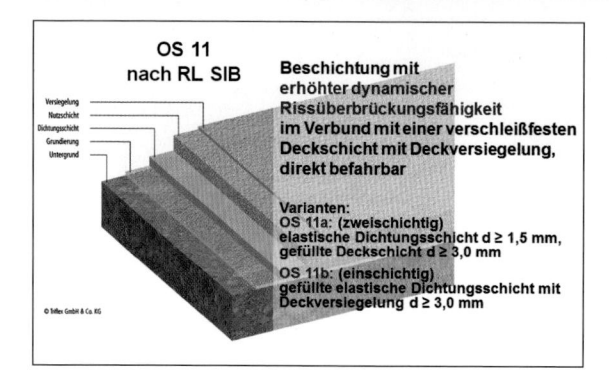

Bild 20: Aufbau und Ausführung einer Beschichtung: z. B. mit OS 11 nach RL SIB, direkt befahrbar, anwendbar auf bestimmten, Verkehrsflächen nach DIN 18532-6

OS 11 nach RL SIB — Beschichtung mit erhöhter dynamischer Rissüberbrückungsfähigkeit im Verbund mit einer verschleißfesten Deckschicht mit Deckversiegelung, direkt befahrbar

Verlegehilfe / Nutzschicht / Dichtungsschicht / Grundierung / Untergrund

Varianten:
OS 11a: (zweischichtig) elastische Dichtungsschicht d ≥ 1,5 mm, gefüllte Deckschicht d ≥ 3,0 mm
OS 11b: (einschichtig) gefüllte elastische Dichtungsschicht mit Deckversiegelung d ≥ 3,0 mm

© Triflex GmbH & Co. KG

Somit kann bei Anwendung dieser Oberflächenschutzsysteme unter den Randbedingungen der DIN 18532-6 nicht nur der Bauteilschutz gegen Chloride nach den Regelungen der DIN EN 1992-2-2/NA und des DAfStb sondern auch die Anforderungen an den Bauwerks Schutz nach DIN 18532 erfüllt werden (s. Bild 20).

Bei Planung und Ausführung von OS-Systemen sind, wie unter 3.1.1 ausführlich dargestellt, auch die Regelungen der RL SIB und des Heft 600 des DAfStb für den Schutz des Betons zu beachten.

Es wird besonders darauf hingewiesen, dass bei diesen Systemen ggf. infolge von Verschleiß und Rissbildung temporäre Wassereintritte in das Betonbauteil nicht ausgeschlossen werden können. Um diese zeitlich eng zu begrenzen und einen Durchtritt in darunterliegende Bereiche möglichst zu vermeiden, sind auch die besonderen Bestimmungen der RL SIB und des Heft 600 zu den erforderlichen Instandhaltungsmaßnahmen zu beachten.

Das bedeutet, dass die Inspektion solchermaßen beschichteter Flächen mindestens einmal jährlich vorzunehmen ist und ggf. entsprechende Wartungs- oder Instandsetzungsmaßnahmen durchzuführen sind. Die Wartung und Instandsetzung bezieht sich vornehmlich auf die Behebung von Verschleißerscheinungen, Reparatur von Ablösungen und ggf. Überdeckung von Rissen mit sogenannten Rissbandagen.

Beschichtungen mit Oberflächenschutzsystemen dürfen im Rahmen der Abdichtungsnorm daher auch nur auf solchen Verkehrsflächen eingesetzt werden, unter denen sich Bereiche mit nicht so hohen Nutzungsanforderungen befinden und bei denen ein temporärer und mengenmäßig begrenzter Wassereintritt in das Betonbauteil und ggf. ein Durchtritt in darunterliegende Bereiche tolerabel ist und nicht zu größeren Nutzungsausfällen führt.

Die Zuordnung einer Beschichtung mit Oberflächenschutzsystemen zu Nutzungsklassen und Verkehrsflächen, auf denen sie nach DIN 18532-6 auch als Maßnahme für den Bauwerksschutz angewendet werden dürfen, ist der Tabelle 7 zu entnehmen.

Die Anwendung des starren, nicht rissüberbrückungsfähigen und hoch verschleißfesten OS 8 ist dabei nur auf nicht frei bewitterten Verkehrsflächen über nicht genutzten Bereichen und auf Bauteilen die als rissefrei gelten oder bei denen nach Aufbringen der Beschichtung keine Rissbreitenänderungen vorhandener Risse mehr zu erwarten sind.

Durch diese Regelung wird erstmals die normativ abgesicherte Anwendung von Oberflächenschutzsystemen als Alternative zu einer Abdichtung ermöglicht, mit der auch der Schutz des Bauwerks gegen das Eindringen von Wasser geplant und ausgeführt werden kann. Dies entspricht der langjährigen und bewährten Ausführungspraxis insbesondere bei Parkhäusern und damit dem Stand der Technik auf diesem Gebiet. Damit kann die Planung und Ausführung mit Oberflächenschutzsystemen auf einer regelungstechnisch gesicherten Grundlage erfolgen.

Der Planer muss den Bauherrn über diese Voraussetzungen und Bedingungen aufklären, wenn anstelle einer Abdichtung eine Beschichtung mit einem Oberflächenschutzsystem angewendet werden soll.

Tabelle 7: Zuordnung von Beschichtungen mit OS-Systemen nach RL-SIB zu Nutzungsklassen, Verkehrsflächen und Abdichtungsbauweisen.

Nutzungs-klasse	Verkehrsfläche	Abdichtungsbauweise			
		1a	1b	2a	2b
N1-V	Fußgänger- und Radwegbrücken	–	OS 10 OS 11a^d		
N2-V	Zwischendecks von Parkhäusern für PKW-Verkehr	–	OS 8^b OS 10 OS 11a/b^d	–	–
	Freidecks von Parkhäusern für PKW-Verkehr	–	OS 10 OS 11a		
	Parkdächer für PKW-Verkehr			–	–
	Hofkellerdecken und Durchfahrten für PKW-Verkehr	–	OS 10 OS 11a	–	–
N3-V	Zwischendecks von Parkhäusern für PKW- und leichten LKW-Verkehr	–	OS 8^b OS 10 OS 11a/b^d	–	–
	Freidecks von Parkhäusern für PKW-Verkehr und leichten LKW-Verkehr	–	OS 10		
	Parkdächer für PKW- und leichten LKW-Verkehr			–	–
	Zufahrtsrampen und Spindeln von Parkhäusern für PKW- und leichten LKW-Verkehr	–	OS 8^b OS 10^c	–	–
	Anlieferzonen und Feuerwehrzufahrten in Parkhäusern auch für schweren LKW-Verkehr	–	OS 8^b	–	–
	Hofkellerdecken und Durchfahrten auch für schweren LKW-Verkehr	–	–	–	–
N4-V	Fahrbahntafeln von Brücken für Fahrzeuge aller Art^a	–	–		
–	Bauweise nicht zulässig				
	Bauweise per Definition nicht vorgesehen				

^{a} Straßenbrücken, für die nicht die Regelungen der ZTV-ING gelten.
^{b} Nicht frei bewittert; nur auf Verkehrsflächen über nicht genutzten Bereichen und nur für Bauteile die als rissefrei gelten oder bei denen nach Aufbringen der Beschichtung keine Rissbreitenänderungen vorhandener Risse zu erwarten sind.
^{c} Nur bei PKW-Verkehr.
^{d} In stark beanspruchten Kurvenbereichen sind ggf. zusätzliche Maßnahmen erforderlich.

4 Ausblick

Um die im Zusammenhang mit dem Teil 6 der DIN 18532 angesprochenen Regelungen zur Aufnahme von Oberflächenschutzsystemen in die Norm wurde sehr intensiv im Normenausschuss gerungen. Sie hat jedoch nach Änderungen der ursprünglichen Entwurfsfassung im Zuge des Einspruchsverfahrens in der hier vorgestellten Form eine breite Mehrheit im Ausschuss gefunden. Damit ist sichergestellt, dass der Stand der Technik auf diesem Gebiet von der Norm erfasst wird und die Planung und Ausführung des Bauwerksschutzes mit Oberflächenschutzsystemen zukünftig auf einer normativ gesicherten Grundlage erfolgen kann.

Eine erste Überarbeitung der DIN 18532 wird zur Integration der europäischen Produktnorm EN 17048 [27] für „Kunststoff- und Elastomerbahnen für die Abdichtung von Betonbrücken und anderen Verkehrsflächen aus Beton" erforderlich, wenn diese als DIN EN 17048 verabschiedet ist.

Literatur

[1] Entwurf DIN 18532 Teile 1 bis 6: Mai 2016, Weißdruck im Juli 2017 erschienen; Abdichtung von befahrbaren Verkehrsflächen aus Beton
Teil 1: Anforderungen, Planungs- und Ausführungsgrundsätze
Teil 2: Abdichtung mit einer Lage Polymerbitumenbahn und einer Lage Gussasphalt
Teil 3: Abdichtung mit zwei Lagen Polymerbitumenbahnen
Teil 4: Abdichtung mit einer Lage Kunststoff- oder Elastomerbahn
Teil 5: Abdichtung mit einer Lage Polymerbitumenbahn und einer Lage Kunststoff- oder Elastomerbahn
Teil 6: Abdichtung mit flüssig zu verarbeitenden Abdichtungsstoffen

[2] Entwurf DIN 18531 Teile 1 bis 5: Juni 2016, Weißdruck im Juli 2017 erschienen; Abdichtung von Dächern sowie von Balkonen, Loggien und Laubengängen
Teil 1: Nicht genutzte und genutzte Dächer – Anforderungen, Planungs- und Ausführungsgrundsätze
Teil 2: Nicht genutzte und genutzte Dächer – Stoffe
Teil 3: Nicht genutzte und genutzte Dächer – Auswahl, Ausführung, Details
Teil 4: Nicht genutzte und genutzte Dächer – Instandhaltung
Teil 5: Balkone, Loggien und Laubengänge

[3] Entwurf DIN 18533 Teile 1 bis 3: Dezember 2015, Weißdruck im Juli 2017 erschienen; Abdichtung von erdberührten Bauteilen
Teil 1: Anforderungen, Planungs- und Ausführungsgrundsätze
Teil 2: Abdichtung mit bahnenförmigen Abdichtungsstoffen
Teil 3: Abdichtung mit flüssig zu verarbeitenden Abdichtungsstoffen

[4] Entwurf DIN 18534 Teile 1 bis 4: Juli 2015, Weißdruck im Juli 2017 erschienen; Abdichtung von Innenräumen
Teil 1: Anforderungen, Planungs- und Ausführungsgrundsätze
Teil 2: Abdichtung mit bahnenförmigen Abdichtungsstoffen
Teil 3: Abdichtung mit flüssig zu verarbeitenden Abdichtungsstoffen im Verbund mit Fliesen und Platten (AIV-F)
Teil 4: Abdichtung mit Gussasphalt oder Asphaltmastix

[5] Entwurf DIN 18535 Teile 1 bis 3: Juni 2015, Weißdruck im Juli 2017 erschienen; Abdichtung von Behältern und Becken
Teil 1: Anforderungen, Planungs- und Ausführungsgrundsätze
Teil 2: Abdichtung mit bahnenförmigen Abdichtungsstoffen
Teil 3: Abdichtung mit flüssig zu verarbeitenden Abdichtungsstoffen

[6] DIN 18195 Teile 1 bis 10: 2009 bis 2011, Zurückziehung für 2017 vorgesehen; Bauwerksabdichtungen

[7] Entwurf DIN 18195: Juni 2015, Veröffentlichung für Juli 2017 vorgesehen; Abdichtung von Bauwerken – Begriffe

[8] DIN EN 1992-1-1, Eurocode 2:2011-01, Bemessung und Konstruktion von Stahlbeton- und Spannbetontragwerken – Teil 1-1: Allgemeine Bemessungsregeln und Regeln für den Hochbau; DIN EN 1992-1-1/NA:2013-04, Nationaler Anhang – National festgelegte Parameter für Eurocode 2

[9] RL SIB, DAfStb-Richtlinie – Schutz und Instandsetzung von Betonbauteilen (Instandsetzungs-Richtlinie), Oktober 2001

[10] Entwurf DIN 18195, Beiblatt 1: Oktober 2015, Veröffentlichung für Juli 2017 vorgesehen; Abdichtung von Bauwerken – Hinweise zur Kontrolle und Prüfung der Schichtdicken von flüssig verarbeiteten Abdichtungsstoffen

[11] Musterbauordnung – MBO – Fassung November 2013, geändert am 21.9.2012

[12] Deutscher Ausschuss für Stahlbeton Heft 600 Erläuterungen zu DIN EN 1992-1-1 und DIN EN 1992-1-1/NA

[13] DIN 31051:2012-09 Grundlagen der Instandhaltung

[14] DIN EN 14695:2010-05, Abdichtungsbahnen – Bitumenbahnen mit Trägereinlage für Abdichtungen von Betonbrücken und andere Verkehrsflächen aus Beton – Definitionen und Eigenschaften

[15] DIN V 20000-203:2010-05, Anwendung von Bauprodukten in Bauwerken – Teil 203: Anwendungsnorm für Abdichtungsbahnen nach europäischen Produktnormen zur Verwendung für Abdichtungen von Betonbrücken und anderen Verkehrsbauwerken aus Beton
[16] DIN EN 13813:2003-01, Estrichmörtel, Estrichmassen und Estriche – Estrichmörtel und Estrichmassen – Eigenschaften und Anforderungen
[17] DIN EN 13108-6:2016-12, Asphaltmischgut – Mischgutanforderungen – Teil 6: Gussasphalt
[18] ZTV-ING Teil 7:2003-01, Zusätzliche Technische Vertragsbedingungen und Richtlinien für Ingenieurbauten, Teil 7 Brückenbeläge, Abschnitt 1 Brückenbeläge auf Beton mit einer Dichtungsschicht aus einer Bitumen-Schweißbahn
[19] DIN EN 13969:2007-03, Abdichtungsbahnen – Bitumenbahnen für die Bauwerksabdichtung gegen Bodenfeuchte und Wasser – Definitionen und Eigenschaften
[20] DIN SPEC 20000-202:20016-03, Anwendung von Bauprodukten in Bauwerken – Teil 202: Anwendungsnorm für Abdichtungsbahnen nach Europäischen Produktnormen zur Verwendung in Bauwerksabdichtungen
[21] DIN EN 13707:2013-12, Abdichtungsbahnen – Bitumenbahnen mit Trägereinlage für Dachabdichtungen – Definitionen und Eigenschaften
[22] DIN SPEC 20000-201:2015-08, Anwendung von Bauprodukten in Bauwerken – Teil 201: Anwendungsnorm für Abdichtungsbahnen nach Europäischen Produktnormen zur Verwendung in Dachabdichtungen
[23] ZTV-ING Teil 7:2003-01, Zusätzliche Technische Vertragsbedingungen und Richtlinien für Ingenieurbauten, Teil 7 Brückenbeläge, Abschnitt 2 Brückenbeläge auf Beton mit einer Dichtungsschicht aus zweilagig aufgebrachten Bitumendichtungsbahnen
[24] DIN EN 14224:2010-11, Abdichtungsbahnen – Abdichtungssysteme für Betonbrücken und andere Verkehrsflächen aus Beton – Bestimmung der Rissüberbrückungsfähigkeit
[25] ETAG 005, European Technical Approval Guideline 005/Leitlinie für die europäische technische Zulassung für flüssig aufzubringende Dachabdichtungen
[26] ETAG 033, European Technical Approval Guideline 033/Leitlinie für die Europäische Technische Zulassung für Bausätze für flüssig aufzubringende Brückenabdichtungen
[27] prEN 17048:2016-10, Abdichtungsbahnen – Kunststoff- und Elastomerbahnen für Abdichtungen von Betonbrücken und anderen Verkehrsflächen aus Beton – Definitionen und Eigenschaften

Baudirektor Dipl.-Ing. Christian Herold

1969 – 1975 Studium des Bauingenieurwesens in Berlin; 1975 – 1977 praktische Tätigkeit als Tragwerksplaner bei der Hochtief AG in Berlin; 1977 – 1993 wissenschaftliche Tätigkeit bei der Bundesanstalt für Materialforschung und -prüfung (BAM) in Berlin im Bereich Bauwerks- und Dachabdichtungen; Mitarbeit in nationalen und europäischen Normungsgremien sowie bei EOTA und UEATC; 1993 – 2014 Referatsleiter im Deutschen Institut für Bautechnik (DIBt) u. a. in den Bereichen Deponieabdichtungen sowie Bauwerks- und Dachabdichtungen, Erteilung nationaler und europäischer Zulassungen, Bearbeitung bauaufsichtlicher Regelungen, Mitarbeit in nationalen und europäischen Normungsgremien (DIN, CEN) und in den Gremien der Organisation für europäische technische Zulassungen (EOTA); Veröffentlichungen und Vorträge auf diesen Gebieten; Obmann des DIN AA „Abdichtungen von befahrbaren Flächen aus Beton", DIN 18532; seit 2014 selbstständiger Sachverständiger für die Abdichtungen von Bauwerken; Mitarbeit in den DIN AA „Abdichtung von Dächern (DIN 18531), DIN AA „Abdichtung von erdberührten Bauteilen" (DIN 18533), DIN AA „Abdichtung von Innenräumen" (DIN 18534), DIN AA „Abdichtung von Behältern und Becken" (DIN 18535).

DIN 18535 – Abdichtung von Behältern und Becken, Änderungen und Neuregelungen

Dipl.-Ing. Christian Herold, Sachverständiger für die Abdichtung von Bauwerken,
Obmann des Normenausschusses DIN 18532, Mitarbeiter im Arbeitsausschuss DIN 18535, Berlin

1 Allgemeines

DIN 18535 [1] wurde im Juni 2015 als Entwurf zur Information und zur Stellungnahme durch die Fachöffentlichkeit veröffentlicht. Nach Beratung der eingegangenen Stellungnahmen im Normenausschuss ist die Norm im Februar 2016 zur Veröffentlichung verabschiedet worden.
Die Norm soll zusammen mit den anderen neuen Abdichtungsnormen DIN 18531 [2] (Abdichtung von Dächern), DIN 18532 [3] (Abdichtung von befahrbaren Verkehrsflächen), DIN 18533 [4] (Abdichtung von erdberührten Bauteilen) und DIN 18534 [5] (Abdichtung von Innenräumen) im zweiten Quartal 2017 erscheinen.
Gleichzeitig wird die bestehende Abdichtungsnormenreihe DIN 18195-1 bis 10 [6] zurückgezogen.
Unter derselben Normennummer wird eine allen Abdichtungsnormen zugeordnete Norm für abdichtungstechnische Begriffe, DIN 18195 „Abdichtung von Bauwerken – Begriffe" [7], erscheinen.

2 Die wichtigsten Änderungen und Neuregelungen im Überblick

– DIN 18535 ersetzt die Regelungen für die Abdichtung gegen von innen drückendes Wasser von DIN 18195 Teil 7. Die Neufassung der Norm wurde an den aktuellen Stand der Technik angepasst. Die bisherigen Abdichtungsbauarten aus DIN 18195-7 haben darin weiterhin Bestand. Neue Bauarten sind nicht hinzugekommen.
– Die Norm hat einen höheren Detaillierungsgrad und stellt umfangreichere Anforderungen an die Planung und Ausführung der Abdichtung.
– Die Norm ist nach einem für alle Abdichtungsnormen gleichartigen Gliederungsprinzip aufgebaut: Der Teil 1 beinhaltet Regelungen, die für alle in den weiteren Teilen der Norm geregelten Abdichtungsbauarten

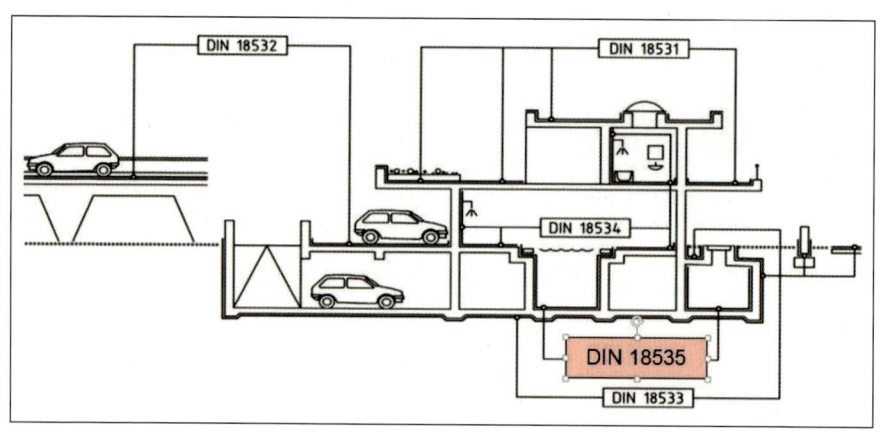

Bild 1: Geltungsbereiche der Normen für die Abdichtung von Bauwerken

gleichermaßen gelten. In den Teilen 2 und 3 werden die spezifischen stoff- und bauartbezogenen Einzelheiten geregelt. Der jeweilige bauartspezifische Teil der Norm gilt daher immer in Verbindung mit dem übergeordneten Teil 1.

- Der Anwendungsbereich der Norm wurde differenziert und präzisiert. Er bezieht sich auf freiaufgestellte, innenliegende und erdeingebaute Behälter und Becken.
- Die Norm enthält einen nicht normativen Anhang A, in dem Kriterien zusammengestellt sind, die für die Wahl einer Abdichtungsbauart unter dem Gesichtspunkt der Zuverlässigkeit auch maßgebend sein können.
- Es werden Wassereinwirkungsklassen (W_i-B), Rissklassen (R_i-B) und Standortsituationen (S_i-B) definiert. Ihnen sind die Abdichtungsbauarten zugeordnet.
- Die Regelungen zur Sicherstellung der Mindestschichtdicke von einer Abdichtungsschicht aus flüssig zu verarbeitenden Abdichtungsstoffen wurden überarbeitet und präziser gefasst. Zur Durchführung der hierzu erforderlichen Kontrollen und Prüfungen wird auf ein nicht normatives Beiblatt zur DIN 18195 mit dem Titel „Hinweise zur Kontrolle und Prüfung der Schichtdicken von flüssig verarbeiteten Abdichtungsstoffen" verwiesen.
- Die Norm enthält, wie alle neuen Abdichtungsnormen, Regelungen und Hinweise zur Instandhaltung der Abdichtung.

3 Inhalte, Änderungen und Neuerungen im Einzelnen

Die DIN 18535 besteht aus drei Teilen:
- Teil 1: Anforderungen, Planungs- und Ausführungsgrundsätze
- Teil 2: Abdichtung mit bahnenförmigen Abdichtungsstoffen
- Teil 3 Abdichtung mit flüssig zu verarbeitenden Abdichtungsstoffen

Der Teil 1 gilt immer zusammen mit jeweils einem der anderen Teile.

3.1 DIN 18535, Teil 1 – Anforderungen, Planungs- und Ausführungsgrundsätze

3.1.1 Anwendungsbereich (Abschnitt 1)

Die Norm gilt für die Planung und Ausführung der Abdichtung von Behältern und Becken aus massiven Baustoffen mit bahnenförmigen und flüssig aufzubringenden Abdichtungsstoffen gegen von der Behälterinnenseite einwirkendes Füllwasser.

Hierbei handelt es sich um die Abdichtung zum Beispiel von Trinkwasserbehältern, Wasserspeicherbecken, Schwimmbecken, Regenrückhaltebecken sowie deren Zulauf- und Ablaufbauwerke. Die Behälter und Becken können innenliegend, frei aufgestellt oder erdeingebaut sein. Im weiteren Normentext wird für Behälter und Becken einheitlich der Begriff Behälter verwendet.

Nicht zum Anwendungsbereich der Norm gehört die Abdichtung gegen von der Unter- oder Rückseite von erdeingebauten Behältern einwirkende Feuchte oder Wasser (siehe hierzu DIN 18533), die Abdichtung gegen wassergefährdende Flüssigkeiten nach Wasserhaushaltsgesetz (WHG), sowie wasserundurchlässige Bauteile, z. B. Konstruktionen und Bauteile nach DAfStb-Richtlinie für wasserundurchlässige Bauwerke aus Beton.

3.1.2 Begriffe (Abschnitt 3)

Es gelten die abdichtungstechnischen Begriffe nach DIN 18195 (neu).

3.1.3 Anforderungen (Abschnitt 4)

In Abschnitt 4 werden die grundsätzlichen Anforderungen an die Funktion der Abdichtung gestellt. Sie beziehen sich auf die Dichtheit, die Beständigkeit, die Verträglichkeit, die Rissüberbrückungseigenschaften, die Dauerhaftigkeit der Abdichtung.

Weiterhin werden Kriterien angegeben, nach denen die Auswahl einer geeigneten Abdichtungsbauart bei der Planung zu erfolgen hat. Neu eingeführt wurde, wie bei allen Abdichtungsnormen dieser Reihe, das Kriterium Zuverlässigkeit bei der Wahl der Abdichtungsbauart.

Weitere Anforderungen werden an den Untergrund, an Übergänge, An- und Abschlüsse der Abdichtung gestellt.

Die Umsetzung dieser Anforderungen erfolgt durch die Planung der Abdichtung nach den Regelungen in Abschnitt 8 (Planungs- und Baugrundsätze) und die bauartspezifischen Reglungen in den Teilen 2 und 3.

3.1.4 Einwirkungen (Abschnitt 5)

Die für die Planung maßgebenden Einwirkungen sind: Wassereinwirkung, Einwirkung durch Risse im Abdichtungsuntergrund, thermische Einwirkung, mechanische Einwirkung, chemische Einwirkung und Einwirkung durch Befüllen und Entleeren des Behälters.

Bei der Wassereinwirkung werden je nach maximaler Füllhöhe des Behälters drei Klassen W1-B bis W3-B unterschieden:
W1-B: ≤ 5 m Füllhöhe
W2-B: ≤ 10 m Füllhöhe
W3-B: > 10 m Füllhöhe
Dabei wird von einer Wassertemperatur von maximal 32 °C ausgegangen.
Bei der Einwirkung durch Risse im Untergrund werden drei Rissklassen unterschieden:
R0-B: keine Rissbreitenänderung bzw. Neurissbildung
R1-B: neu entstehende Risse oder Rissbreitenänderung bis maximal 0,2 mm
R2-B: neu entstehende Risse oder Rissbreitenänderung bis maximal 0,5 mm
R3-B: neu entstehende Risse oder Rissbreitenänderung bis maximal 1,0 mm, und Rissversatz bis 0,5 mm

3.1.5 Standort des Behälters (Abschnitt 6)
Weiterhin ist der Standort des Behälters zu beachten. Es werden zwei Standortsituationen unterschieden:

S1-B: Behälter im Außenbereich, der nicht mit einem Bauwerk verbunden ist
Die Behälterabdichtung ist hier lediglich eine Maßnahme zur Verhinderung des Auslaufens von Füllwasser.
S2-B: Behälter im Außenbereich, der an ein Bauwerk angrenzt und mit diesem verbunden ist, sowie Behälter im Innenbereich
Die Behälterabdichtung ist hier auch eine Maßnahme der Abdichtung der angrenzenden Bereiche des Bauwerks gegen das Eindringen von Füllwasser. Hierfür sind Abdichtungsbauarten mit höherer Zuverlässigkeit erforderlich.

3.1.6 Bauliche Erfordernisse (Abschnitt 7)
Als Voraussetzung für die sachgerechte Planung und Ausführung der Abdichtung sind bestimmte bauliche Erfordernisse einzuhalten. Entsprechende Anforderungen in Abschnitt 6 beziehen sich auf die Untergrundbeschaffenheit, die Begrenzung der Rissweiten im Untergrund und die Maßgenauigkeit.
Bewegungsfugen im Behälter sind in der Regel nicht vorhanden. Ihre Abdichtung ist daher in der Norm nicht behandelt. Sollte das doch einmal der Fall sein, so sind für ihre Abdichtung Sonderkonstruktionen erforderlich.

3.1.7 Planungs- und Baugrundsätze (Abschnitt 8)
Die Abdichtungsbauarten mit Stoffen nach den Teilen 2 und 3 werden in Tabelle 4 den Wassereinwirkungsklassen **Wx-B**, den Rissklassen **Rx-B** und den Standortsituationen **Sx-B** zugeordnet. Die stoffspezifische Planung und Ausführung erfolgt nach den Regelungen in den Teilen 2 und 3.

3.1.8 Auswahl der Abdichtungsbauart (Abschnitte 8.1.3, 8.1.4)
Die folgenden Abdichtungsbauarten werden in der Norm geregelt. Die planerischen und ausführungstechnischen Einzelheiten ergeben sich aus den Teilen 2 und 3.

Tabelle 1: Abdichtungsbauarten für Behälter

Abdichtungsbauarten mit bahnenförmigen Abdichtungsstoffen **DIN 18535 Teil 2**
Bitumen- und Polymerbitumenbahnen
Kunststoff- oder Elastomerbahnen
Kombination aus Polymerbitumenschweißbahn und Kunststoff- oder Elastomerbahn
Abdichtungsbauarten mit flüssig zu verarbeitenden Abdichtungsstoffen **DIN 18535 Teil 3**
nicht rissüberbrückende mineralische Dichtungsschlämmen (MDS)
rissüberbrückende mineralische Dichtungsschlämmen (MDS)
Flüssigkunststoffe (FLK)
Abdichtungsbauarten mit flüssig zu verarbeitenden Abdichtungsstoffen im Verbund mit Fliesen und Platten (AIV-F) **DIN 18535 Teil 3**
polymermodifizierte Zementmörtel (CM)
Reaktionsharze (RM)

Alle in der Norm geregelten Abdichtungsbauarten sind grundsätzlich für die Verwendung in diesem Anwendungsbereich geeignet. Sie sind jedoch nicht alle gleichwertig, da sie stoffliche und funktionelle Unterschiede aufweisen, die auch Auswirkungen auf ihre Zuverlässigkeit während der Nutzungsdauer haben können. Auf diese Zusammen-

hänge wird in der Norm in besonderer Weise eingegangen. Es ist somit eine wichtige Aufgabe der Planung, die für den jeweiligen Anwendungszweck optimal geeignete Abdichtungsbauarten auch nach diesen Kriterien zu wählen.
In einem nicht normativen Anhang A „Kriterien für die Auswahl der Abdichtungsbauart", werden dazu Kriterien genannt, die bei der Wahl der Abdichtungsbauart unter dem Gesichtspunkt der für den jeweiligen Anwendungszweck erforderlichen Zuverlässigkeit berücksichtigt werden sollten.

3.1.9 Schutz der Abdichtung (Abschnitt 8.4)
Die Abdichtung ist vor Beschädigung zu schützen, es sei denn, dass die Art der Beckennutzung (einschließlich Reinigung) und die mechanische Widerstandsfähigkeit der Abdichtung einen solchen Schutz nicht erforderlich machen. Es sind beispielhaft Stoffe für Schutzlagen und Schutzschichten angegeben.

3.1.10 Detailausbildung (Abschnitt 8.5)
In Abschnitt 8.5 wird Grundsätzliches zu Anschlüssen von Beckenabdichtungen an aufgehende Bauteile und an Beckenköpfe, zum Übergang zur Abdichtung des Beckenumganges nach DIN 18534 sowie zu Anschlüssen an Einbauteilen und Durchdringungen gesagt und skizziert. Genaueres ist in den stoffspezifischen Teilen 2 und 3 geregelt.

3.1.11 Instandhaltung (Abschnitt 10)
In Abschnitt 10 sind Angaben zur Instandhaltung der Abdichtung von Behältern gemacht. Bei der Standortklasse S2-B ist hierfür vom Planer ein Instandhaltungsplan zu erstellen.

3.2 DIN 18535, Teil 2 – Abdichtung mit bahnenförmigen Abdichtungsstoffen

3.2.1 Abschnitte 3 bis 6
Zu Begriffen, Anforderungen, Einwirkungen und baulichen Erfordernissen wird auf die entsprechenden Abschnitte im Teil 1 verwiesen.

3.2.2 Planungs- und Baugrundsätze (Abschnitt 7)
Es werden Abdichtungsbauarten mit ein- und zweilagigen Abdichtungsschichten aus Bitumen- und Polymerbitumenbahnen nach DIN EN 13969 sowie Kunststoff- oder Elastomerbahnen nach DIN EN 13967 geregelt. Für die Stoffeigenschaften gelten die Anforderungen der deutschen Anwendungsnorm DIN SPEC 20000-202.
Es werden die folgenden Abdichtungsbauarten geregelt. Sie sind entsprechend ihrer Eigenschaften den Wassereinwirkungsklassen, Rissklassen und Standortklassen zugeordnet (s. Tab. 2).
Weiterhin werden Angaben zu den Verarbeitungsverfahren für die Bahnen und zur Fügetechnik bei Kunststoffbahnen gemacht.
Für die Planung von Details wie Durchdringungen, An- und Abschlüsse sowie die Ausbildung der Abdichtung an Kehlen, Kanten und in Ecken, die für die dauerhafte Funktion einer Behälterabdichtung von herausragender Bedeutung sind, werden in Abschnitt 7.6 ausführliche Angaben gemacht, die über das bisher in DIN 18195 Geregelte hinausgehen. Sie beziehen sich auch auf konstruktive und maßtechnische Regelungen für die zu verwendenden Einbauteile wie Los- und Festflanschkonstruktionen, Schellen, Klemmschienen und Klemmprofile.

Tabelle 2: Zuordnung der Abdichtungsbauarten

Abdichtungsbauart mit bahnenförmigen Abdichtungsstoffen	Wassereinwirkungsklasse	Rissklasse	Standort
aus zwei Lagen Bitumen- und Polymerbitumenbahnen nach DIN EN 13969	W1-B bis W3-B	R0-B bis R3-B	S1-B, S2-B
aus einer Lage Kunststoff- oder Elastomerbahnen nach DIN EN 13967 (Dicke ≥ 1,5/2,0 mm)	W1-B bis W2-B		
	W1-B bis W3-B		
aus zwei Lagen mit einer Polymerbitumenschweißbahn nach DIN EN 13969 und einer Kunststoff- oder Elastomerbahn nach DIN EN 13967 (Dicke ≥ 1,5 mm)	W1-B bis W3-B		

3.3 DIN 18535, Teil 3 – Abdichtung mit flüssig zu verarbeitenden Abdichtungsstoffen

3.3.1 Abschnitte 3 bis 6
Zu Begriffen, Anforderungen, Einwirkungen und baulichen Erfordernissen wird auf die entsprechenden Abschnitte im Teil 1 verwiesen.

3.3.2 Planungs- und Baugrundsätze (Abschnitt 7)
Es werden Abdichtungsbauarten mit rissüberbrückenden und nicht rissüberbrückenden mineralischen Dichtungsschlämmen (MDS), mit Flüssigkunststoffen (FLK) und mit flüssig zu verarbeitenden Abdichtungsstoffen im Verbund mit Fliesen und Platten (AIV-F) geregelt. Sie sind entsprechend ihren Eigenschaften den Wassereinwirkungsklassen, Rissklassen und Standortklassen zugeordnet (s. Tab. 3).

Die mit einem abP geregelten Abdichtungssysteme bestehen aus verschiedenen aufeinander abgestimmten Komponenten (z. B. Abdichtungsstoff, Verstärkungseinlage, Dichtband, Verlegemörtel, Fliesenklebstoff/Mörtel), deren Funktion auch im eingebauten Zustand mit dem abP nachgewiesen ist.

Die Mindesttrockenschichtdicke der Abdichtungsschicht bei MDS, FLK, AIV-F auf der Basis von Kunststoff-Mörtel-Kombinationen (CM) beträgt 2,0 mm, bei AIV-F auf der Basis von Reaktionsharzen (RM) 1,0 mm.

Die Detailausbildung bei Durchdringungen, Anschlüssen und Fugen sind bauart- und stoffspezifisch geregelt.

3.3.3 Sicherstellung der Mindesttrockenschichtdicke (Abschnitt 8)
Neu sind im Abschnitt 8.2 Regelungen zur Sicherstellung der Mindesttrockenschichtdicke der Abdichtungsschicht durch Kontrollen und Prüfungen bei der Verarbeitung und – in begründeten Fällen – durch eine Bestätigungsprüfung, welche an der erhärteten Abdichtungsschicht gemacht wird. Damit die geforderte Mindesttrockenschichtdicke der Abdichtungsschicht auch an jeder Stelle erreicht wird, ist ein Schichtdickenzuschlag vorzunehmen mit dem verarbeitungs- und untergrundbedingte Dickenschwankungen berücksichtigt werden. Wenn dieser nicht genauer durch den Stoffhersteller angegeben wird, sollte er mindestens 25 % der Mindesttrockenschichtdicke betragen.

Unter Berücksichtigung des Materialschrumpfes durch Trocknung oder Reaktion ist eine entsprechende Verbrauchsmenge je Flächeneinheit zu verarbeiten. Dies ist durch die Kontrolle der Verarbeitungsmenge und die Messung der Nassschichtdicke bei der Verarbeitung sicherzustellen. Zu möglichen Prüfverfahren wird auf das Beiblatt zu DIN 18195 (neu) hingewiesen. Die Kontrollen und Messergebnisse sind zu protokollieren.

In Ausnahmefällen kann es erforderlich sein, dass der Nachweis der Mindesttrockenschichtdicke durch eine Prüfung der Trockenschichtdicke an der ausgeführten Abdichtungsschicht erbracht werden muss. Die hierbei anzuwendenden Bewertungsverfahren sind in der Norm beschrieben. Zu Prüfmethoden für die Messung der Trockenschichtdicke wird auch hier auf das Beiblatt zu DIN 18195 (neu) verwiesen.

Tabelle 3: Zuordnung der Abdichtungsbauarten

Abdichtungsbauart	Wassereinwirkungsklasse	Rissklasse	Standort
mit flüssig zu verarbeitenden Abdichtungsstoffen			
aus nicht rissüberbrückenden mineralischen Dichtungsschlämmen (MDS) mit abP nach PG-MDS	W1-B bis W3-B	R0-B	S1-B
aus rissüberbrückenden mineralischen Dichtungsschlämmen (MDS) abP nach PG-MDS	W1-B, W2-B	R0-B, R1-B	S1-B, S2-B
aus Flüssigkunststoffe (FLK) mit einem abP nach PG-FLK	W1-B, W2-B	R0-B bis R3-B	S1-B, S2-B
mit flüssig zu verarbeitenden Abdichtungsstoffen im Verbund mit Fliesen und Platten (AIV-F)			
aus polymermodifizierte Zementmörtel (CM) oder Reaktionsharzen (RM) nach DIN EN 14891:2013-07, mindestens Klasse RM-O1P oder CM-O1P	W1-B	R0-B, R1-B	S1-B
aus mit polymermodifizierte Zementmörtel (CM) oder Reaktionsharzen (RM) mit einem abP nach PG-AIV-F	W1-B, W2-B	R0-B, R1-B	S1-B, S2-B

Literatur

[1] Entwurf DIN 18535 Teile 1 bis 3: Juni 2015, Weißdruck im Juli 2017 erschienen; Abdichtung von Behältern und Becken
Teil 1: Anforderungen, Planungs- und Ausführungsgrundsätze
Teil 2: Abdichtung mit bahnenförmigen Abdichtungsstoffen
Teil 3: Abdichtung mit flüssig zu verarbeitenden Abdichtungsstoffen

[2] Entwurf DIN 18531 Teile 1 bis 5: Juni 2016, Weißdruck im Juli 2017 erschienen; Abdichtung von Dächern sowie von Balkonen, Loggien und Laubengängen
Teil 1: Nicht genutzte und genutzte Dächer – Anforderungen, Planungs- und Ausführungsgrundsätze
Teil 2: Nicht genutzte und genutzte Dächer – Stoffe
Teil 3: Nicht genutzte und genutzte Dächer – Auswahl, Ausführung, Details
Teil 4: Nicht genutzte und genutzte Dächer – Instandhaltung
Teil 5: Balkone, Loggien und Laubengänge

[3] Entwurf DIN 18532 Teile 1 bis 6: Mai 2016, Weißdruck im Juli 2017 erschienen; Abdichtung von befahrbaren Verkehrsflächen aus Beton
Teil 1: Anforderungen, Planungs- und Ausführungsgrundsätze
Teil 2: Abdichtung mit einer Lage Polymerbitumenbahn und einer Lage Gussasphalt
Teil 3: Abdichtung mit zwei Lagen Polymerbitumenbahnen
Teil 4: Abdichtung mit einer Lage Kunststoff- oder Elastomerbahn
Teil 5: Abdichtung mit einer Lage Polymerbitumenbahn und einer Lage Kunststoff- oder Elastomerbahn
Teil 6: Abdichtung mit flüssig zu verarbeitenden Abdichtungsstoffen

[4] Entwurf DIN 18533 Teile 1 bis 3: Dezember 2015, Weißdruck im Juli 2017 erschienen; Abdichtung von erdberührten Bauteilen
Teil 1: Anforderungen, Planungs- und Ausführungsgrundsätze
Teil 2: Abdichtung mit bahnenförmigen Abdichtungsstoffen
Teil 3: Abdichtung mit flüssig zu verarbeitenden Abdichtungsstoffen

[5] Entwurf DIN 18534 Teile 1 bis 4: Juli 2015, Weißdruck im Juli 2017 erschienen; Abdichtung von Innenräumen
Teil 1: Anforderungen, Planungs- und Ausführungsgrundsätze
Teil 2: Abdichtung mit bahnenförmigen Abdichtungsstoffen
Teil 3: Abdichtung mit flüssig zu verarbeitenden Abdichtungsstoffen im Verbund mit Fliesen und Platten (AIV-F)
Teil 4: Abdichtung mit Gussasphalt oder Asphaltmastix

[6] DIN18195 Teile 1 bis 10 : 2009 bis 2011, Zurückziehung für 2017 vorgesehen; Bauwerksabdichtungen

[7] Entwurf DIN 18195: Juni 2015, Weißdruck im Juli 2017 erschienen; Abdichtung von Bauwerken – Begriffe

Baudirektor Dipl.-Ing. Christian Herold

1969–1975 Studium des Bauingenieurwesens in Berlin; 1975–1977 praktische Tätigkeit als Tragwerksplaner bei der Hochtief AG in Berlin; 1977–1993 wissenschaftliche Tätigkeit bei der Bundesanstalt für Materialforschung und -prüfung (BAM) in Berlin im Bereich Bauwerks- und Dachabdichtungen; Mitarbeit in nationalen und europäischen Normungsgremien sowie bei EOTA und UEATC; 1993–2014 Referatsleiter im Deutschen Institut für Bautechnik (DIBt) u. a. in den Bereichen Deponieabdichtungen sowie Bauwerks- und Dachabdichtungen, Erteilung nationaler und europäischer Zulassungen, Bearbeitung bauaufsichtlicher Regelungen, Mitarbeit in nationalen und europäischen Normungsgremien (DIN, CEN) und in den Gremien der Organisation für europäische technische Zulassungen (EOTA); Veröffentlichungen und Vorträge auf diesen Gebieten; Obmann des DIN AA „Abdichtungen von befahrbaren Flächen aus Beton", DIN 18532; seit 2014 selbstständiger Sachverständiger für die Abdichtungen von Bauwerken; Mitarbeit in den DIN AA „Abdichtung von Dächern (DIN18531), DIN AA "Abdichtung von erdberührten Bauteilen" (DIN 18533), DIN AA „Abdichtung von Innenräumen" (DIN 18534), DIN AA „Abdichtung von Behältern und Becken" (DIN 18535).

WU-Konstruktionen mit außenliegenden Frischbetonverbundsystemen

Dr.-Ing. Hans-Jürgen Krause, Dr.-Ing. Michael Horstmann,
Kempen Krause Ingenieure GmbH, Aachen

1 Historische Entwicklung der WU-Konstruktionen

Bei wasserundurchlässigen Baukonstruktionen aus Stahlbeton erfüllt die tragende Betonkonstruktion über die Betonkonstruktion selbst, die Fugenkonstruktion und ggf. planmäßige Injektionsmaßnahmen auch gleichzeitig die Abdichtungsfunktion. Der häufig als Synonym für WU-Konstruktionen verwendete Begriff „Weiße Wanne" beschreibt dabei das ursprüngliche Verständnis der Betonkonstruktion als Behälterbauwerk, das von innen wasserbeansprucht wird (s. Bild 1, links). Die Wasserundurchlässigkeit des Behälters nach außen wurde durch Begrenzung der Rissbreiten auf geringe Werte (w_{cal} ~ 0,1–0,2 mm in Abhängigkeit des Druckgefälles) zur Aktivierung der Selbstheilung der Risse oder durch nachträgliche Rissverpressung sichergestellt. Kurzfristige Wasserdurchtritte in Rissen vor der Verpressung oder Rissheilung waren Teil der Bauweise. Der konstruktive Aufwand des planenden Ingenieurs beschränkte sich bei diesen Konstruktionen in der Regel auf einen zweiseitigen Rissbegrenzungsnachweis, während die konstruktive Ausbildung z. B. der Fugenabdichtungen in der Regel durch die Baufirma erfolgte.

Demgegenüber dienen WU-Konstruktionen nach heutigem Verständnis mehrheitlich dazu, in von außen wasserbeanspruchten und erdberührten Bauwerksteilen hochwertige Raumnutzungen sicherzustellen (Bild 1, rechts). Seit Erscheinen der WU-Richtlinie des DAfStb [1] und der Begleitliteratur [2–4] werden an die Beschaffenheit von WU-Konstruktionen in technischer und juristischer Sicht zunehmend schärfere Anforderungen formuliert. Wasserdurchtritte und Dunkelfärbungen sind bei hochwertig genutzten WU-Konstruktion nicht zulässig. Formal unterscheiden sich die Anforderungen an die Nutzungsfähigkeit der erdberührten WU-Konstruktion nicht mehr von den Anforderungen an oberirdische Konstruktionen. Demzufolge sind heutige WU-Konstruktionen

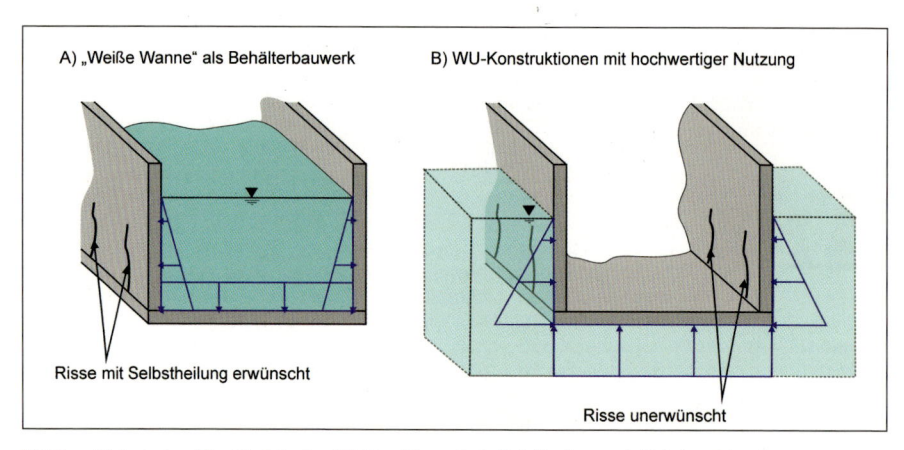

Bild 1: Historisches Verständnis der „Weißen Wanne" als Behälterbauwerk (links) und heutiges Verständnis von WU-Konstruktionen mit vielfach hochwertiger Nutzung (rechts)

Hochleistungsbauwerke, die neben einer Abdichtungskonzeption als geschlossenes System durch den planenden Ingenieur eine qualitätsvolle Ausführung durch qualifizierte Baufirmen erfordern.

2 WU-Konstruktionen – einfach und sicher?

2.1 *Nutzungs- und Beanspruchungsklassen*

Nutzungs- und Beanspruchungsklassen sind in der WU-Richtlinie [1,2] geregelt und stellen für die Auslegung einer WU-Konstruktion die wesentlichen Leiteinwirkungen dar.

Die WU-Richtlinie [1,2] unterscheidet bei der Zuordnung zu den Beanspruchungsklassen, ob am Bauwerk flüssiges Wasser – unabhängig vom Wasserdruck – ansteht (Beanspruchungsklasse 1: drückendes Wasser oder nicht drückendes Wasser oder zeitweise aufstauendes Sickerwasser) oder nur kapillar gebundenes Wasser in Form von Bodenfeuchte oder an senkrechten Bauteilen herabsickerndes Wasser (Beanspruchungsklasse 2) berücksichtigt werden muss (Bild 2). Nach Erfahrung der Autoren wird in den Fällen, in denen offenkundig kein drückendes Wasser ansteht, bei einem Großteil der Baugrundgutachten der Lastfall „zeitweise aufstauendes Sickerwasser" ausgewiesen, der gleichermaßen die Beanspruchungsklasse 1 für die WU-Konstruktion auslöst, sogar wenn eine kapillarbrechende Schicht unterhalb von Bodenplatten genügend Speichervermögen zur Verfügung stellen kann (Bild 2 c)). Diese Einschätzung führt dazu, dass ein signifikanter Anteil der ausgeführten WU-Konstruktionen tatsächlich nicht druckwasserbeansprucht wird.

Bezüglich der Nutzungsklassen differenziert die WU-Richtlinie [1,2] zwischen der höherwertigen Nutzungsklasse A, bei der kein Wasserdurchtritt und keine Feuchtstellen an den innenseitigen Bauteiloberflächen zulässig sind (z. B. Wohnnutzung), sowie der Nutzungsklasse B, bei der feuchte Flecken und temporäre Wasserdurchtritte durch Risse an den Bauteilinnenflächen zulässig sind (z. B. Parkgaragen oder einfache Behälterbauwerke). Die WU-Richtlinie weist explizit darauf hin, dass zur Sicherstellung der Anforderungen der Nutzungsklasse A hinsichtlich eines trockenen Raumklimas und zur Vermeidung von Tauwasser weiterführende Maßnahmen erforderlich sein können. In [3] wird daher die Nutzungsklasse A weiterge-

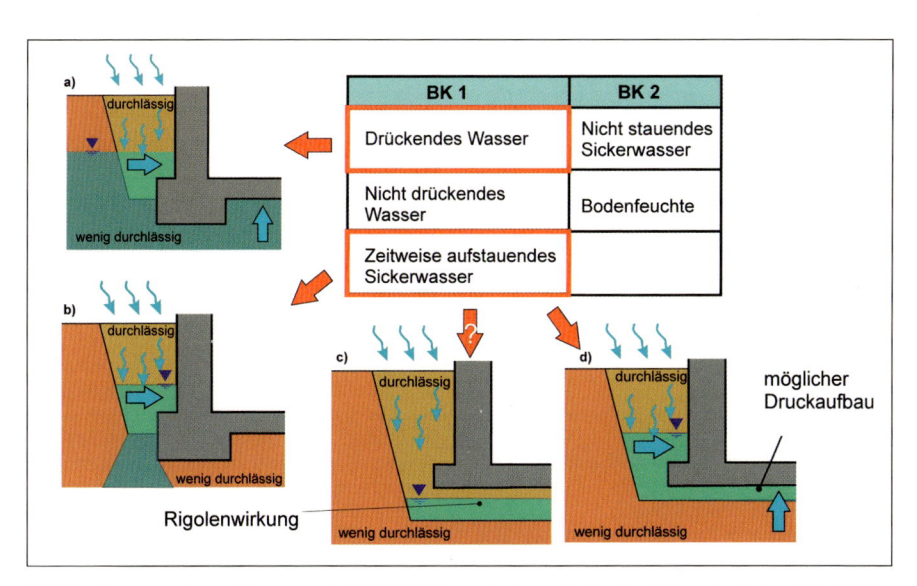

Bild 2: Beanspruchungsklassen nach WU-Richtlinie und schematische Darstellung typischer Fälle (Bilder in Anlehnung an [6])

1 Unterklasse	2 Raumnutzung	3 Raumklima (i. d. R.)	4 Beispiele (informativ)	5 Maßnahmen [2] (informativ)
1 A***	anspruchsvoll	warm, sehr geringe Luftfeuchte, geringe Schwankungsbreite der Klimawerte	Archive, Bibliotheken, Technikräume mit feuchteempfindlichen Geräten (Labor, EDV usw.), Lager für stark feuchte- oder temperaturempfindliche Güter	Wärmedämmung nach EnEV [3], Heizung, Zwangslüftung, Klimaanlage (Luftentfeuchtung)
2 A**	normal	warm, geringe Luftfeuchte, mäßige Schwankungsbreite der Klimawerte	Räume für dauerhaften Aufenthalt von Menschen, wie Versammlungs-, Büro-, Wohn-, Aufenthalts- oder Umkleideräume, Verkaufsstätten; Lager für feuchteempfindliche Güter; Technikzentralen	Wärmedämmung nach EnEV [3], Heizung, Zwangslüftung, ggf. Klimaanlage
3 A*	einfach	warm bis kühl, natürliche Luftfeuchte, große Schwankungsbreite der Klimawerte	Räume für zeitweiligen Aufenthalt von wenigen Menschen; ausgebaute Kellerräume, wie Hobbyräume, Werkstätten, Waschküche im Einfamilienhaus, Wäschetrockenraum; Abstellräume	Wärmedämmung nach EnEV [3], ggf. ohne Heizung, natürliche Lüftung (Fenster, Lichtschächte, ggf. nutzerunabhängig)
4 A⁰ [1]	untergeordnet	keine Anforderungen	einfache Technikräume (z. B. Hausanschlussraum)	-

[1] entspricht der WU-Richtlinie [R1], 5.3 (2), u. U. ist eine Einordnung in Nutzungsklasse B möglich
[2] Baukonstruktive Anforderungen an die Zugänglichkeit der umschließenden Bauteile sind immer zu beachten.
[3] EnEV: Energieeinsparverordnung [R37]

Bild 3: Differenziertere Aufteilung der Nutzungsklassen in [3] (Bild Quelle: Sika)

hend differenziert und in die Nutzungsklassen A^0, A^*–A^{***} unterteilt (Bild 3).
Die mit steigender Klassifizierung erforderlichen, weiterführenden Maßnahmen betreffen EnEV-konforme Dämmung, Heizungs- und Klimatechnik. Bei normaler Raumnutzung ist die zweithöchste Klasse A^{**} anzunehmen, die bereits deutliche Maßnahmen hinsichtlich der Bauphysik und TGA auslöst.

2.2 Entwurf von WU-Konstruktionen

Auf Basis dieser Leiteinwirkungen sind WU-Konstruktionen gemäß der als anerkannte Regel der Technik geltenden WU-Richtlinie zu planen und auszuführen. Die WU-Richtlinie regelt in Kapitel 4 (s. a. Bild 4) die Aufgaben der Planung sowie die erforderlichen Planungsschritte:
– Wahl eines geeigneten Betons,
– Einhaltung von Mindestbauteilabmessungen,
– Wahl eines geeigneten Entwurfsgrundsatzes,
– Planung sämtlicher Fugen und Durchdringungen,
– Planung von Bauablauf, Betonierabschnitten,
– Planung von (abgedichteten) Arbeits-/Sollrissfugen,
– Dokumentation der Planung.
Eine der zentralen Planungsleistungen in Kapitel 4 der WU-Richtlinie ist nach Auffassung der Autoren die Dokumentation der WU-Planung (s. Ende des Schaubilds in Bild 4), der

eine intensive Beratung des Bauherrn vorangegangen ist.
Die WU-Richtlinie sieht in Abschnitt 7(4) drei Entwurfsgrundsätze vor, die das Herzstück einer jeden WU-Konstruktion bilden:
a) Vermeidung nicht abgedichteter (Trenn-)Risse
b) Rissbreitenbegrenzung (unter Ausnutzung der Selbstheilung)
c) Risse zulassen und planmäßig abdichten
Der vorliegende Beitrag beschäftigt sich mit hochwertig genutzten WU-Konstruktionen, für die bei Nutzungsklasse A und Beanspruchungsklasse 1 ausschließlich die Entwurfsgrundsätze 7(4) a) und 7(4) c) gemäß der WU-Richtlinie eingesetzt werden dürfen (s. Bild 4). In der Praxis wird nach Erfahrung der Autoren für diese Randbedingungen immer noch oft der nicht zulässige Entwurfsgrundsatz 7(4) b) angewendet.
Bei Entwurfsgrundsatz 7(4) a) soll durch konstruktive, betontechnologische und ausführungstechnische Maßnahmen erreicht werden, dass wasserführende (Trenn-)Risse in den Betonbauteilen vermieden werden. Dieses Ziel stellt im Hinblick auf die „gerissene Bauweise" Stahlbeton scheinbar einen Widerspruch dar und macht daher den Entwurfsgrundsatz besonders anspruchsvoll in der Planung und Ausführung. Der Grundsatz attestiert aber keinesfalls die Zusicherung der Rissfreiheit. Wesentlich besser steuerbar in der Planung als die im hohen Maße von der Witterung zum Herstellzeitpunkt abhängigen

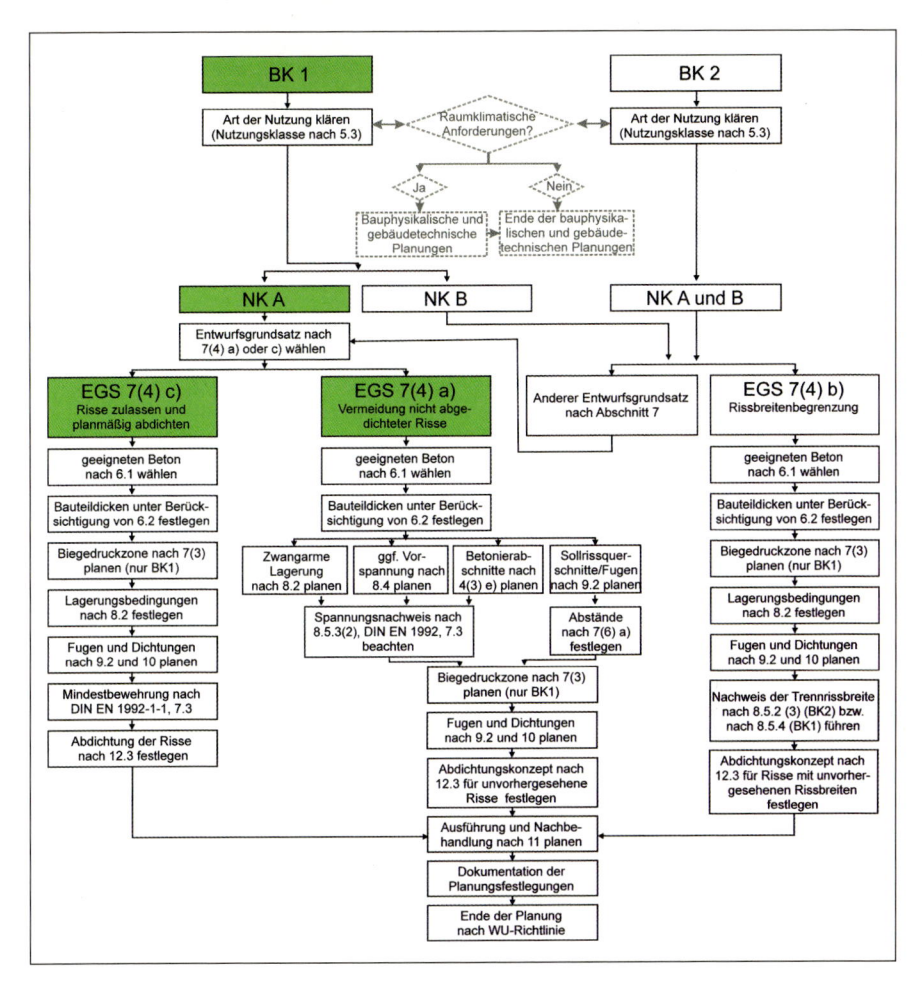

Bild 4: Ablaufschema für die Planung von wasserundurchlässigen Bauwerken, nach Heft 555 des DAfStb [2]

betontechnologischen Maßnahmen sind die konstruktiven Maßnahmen wie z. B. Dehnfugenteilungen zur Begrenzung der Plattenabschnittslängen, Reibungsreduzierungen auf der Bodenplattenunterseite und Weichummantelung unvermeidbarer Sümpfe und Unterfahrten.

Bei Entwurfsgrundsatz 7(4) c) hingegen wird die werkstoffimmanente Rissbildung bewusst zugelassen und mit dem Ziel gesteuert, dass sich Zwangsspannungen in wenigen breiten Rissen abbauen, die gut nachträglich verpressbar sind. Es ist zu beachten, dass die Verpressung der Risse bei diesem Entwurfsgrundsatz ggf. mehrfach erforderlich wird. Zwangreduzierende Maßnahmen wirken sich auch bei diesem Grundsatz günstig auf die Entwicklung der Rissbildung aus.

2.3 Grenzen der Entwurfsgrundsätze bei Nutzungsklasse A und Beanspruchungsklasse 1

Der Entwurfsgrundsatz 7(4) a) ist bei wenig tragfähigem Baugrund in Kombination mit NK A und BK 1 nur mit Einschränkungen geeignet, da infolge der Fugenteilungen nicht

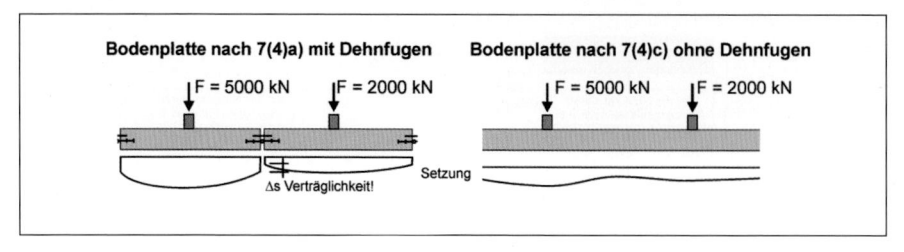

Bild 5: Grenzen des Entwurfsgrundsatzes 7(4) a) bei wenig tragfähigem Baugrund in Kombination von NK A/BK 1

die volle Bodenplattensteifigkeit zur gleichmäßigen Einleitung der Bauwerkslasten in den Untergrund zur Verfügung steht (Bild 5). Die Herstellung der Verformungsverträglichkeit zwischen den Plattenabschnitten ist durch die Tragfähigkeit üblicher Verdornungen begrenzt. Bei Entwurfsgrundsatz 7(4) c) steht hingegen die volle Plattensteifigkeit zur großflächigen Lasteinleitung in den Baugrund zur Verfügung. Der Entwurfsgrundsatz 7(4) a) ist weiterhin bei Sondergründungen risikobehaftet, da die Rückstellkräfte aus z. B. seitlich gebetteten Pfahlgründungen nur grob genähert ermittelbar sind. Auch hier bietet Entwurfsgrundsatz 7(4) c) Vorteile.

2.4 Zugänglichkeit für nachträgliche Dichtmaßnahmen bei unerwarteten oder zu breiten Rissen

Für alle Entwurfsgrundsätze weist die WU-Richtlinie in Kapitel 7(5) darauf hin, dass wasserführende Trennrisse unerwartet oder mit zu großer Rissbreite entstehen können. Für diese Risse sind planmäßige, nachträgliche Dichtmaßnahmen nach Kapitel 12 vorzusehen. Selbst bei umfänglicher Planung und qualitätsvoller Ausführung verbleibt somit für die Nutzung ein Restrisiko, dass Risse entstehen, welche die Anforderungen der Nutzungsklasse nicht erfüllen. Die WU-Richtlinie würdigt insofern die aufgrund vielfältiger bautechnischer Einflüsse schwer zu kontrollierende Rissneigung des Werkstoffs Stahlbeton insbesondere in Bezug auf den sogenannten späten Zwang. Somit stellt ein Riss im juristischen Sinne keinen Mangel dar, wenn dieser nachträglich abgedichtet werden kann. Für die nachträgliche Abdichtung dieser Risse, die vorwiegend vom Gebäudeinneren durch Verpressmaßnahmen nach Kapitel 12.3 der Richtlinie erfolgt, müssen die Innenflächen der WU-Konstruktion mit verhältnismäßigem Aufwand zugänglich sein. Während im Rohbauzustand die Zugänglichkeit zur Verpressung früher Risse nahezu ohne Aufwand gegeben ist, stellen späte Risse in der Nutzungsphase zum einen eine Gefährdung hochwertiger Boden- und Wandaufbauten dar und sind zum anderen nur mit ungleich größerem Aufwand abzudichten. Die Verhältnismäßigkeit als juristischer Gradmesser wird z. B. an den Kosten für zu entfernende oder zu ersetzende Wand- und Bodenaufbauten sowie an Nutzungsausfällen orientiert. Insofern ist aus Sicht der Autoren eine vollumfängliche dokumentierte Aufklärung des Bauherrn über die Risiken der Bauweise und eine Abstimmung verträglicher Aufbauten unumgänglich. Um die Risiken aus der späten Rissbildung zu verringern, sind aus Sicht der Autoren Kompensationsmaßnahmen zu empfehlen, die dann – selbst beim Ausbau in herkömmlicher Bauweise – eventuelle Sanierungsmaßnahmen unwahrscheinlicher werden lassen.

3 Lösung Frischbetonverbundsysteme?

3.1 Allgemeines und Funktionsweise

In den letzten 10 bis 15 Jahren ist ein Trend zu stetig hochwertigeren Nutzungen von WU-Konstruktionen zu Wohnzwecken oder Archivnutzungen bis hin zu hochempfindlichen Laboren zu beobachten. Gleichzeitig sind WU-Konstruktionen zunehmend Gegenstand juristischer Verfahren und werden häufiger durch Sachverständige überprüft. Seit Einführung auf dem deutschen Markt vor etwa einem Jahrzehnt werden daher zunehmend Frischbetonverbundsysteme (gängiges Synonym: Frischbetonverbundfolien, nachfolgend in diesem Text mit FBV abgekürzt) als zusätzliche Abdichtungen und zur

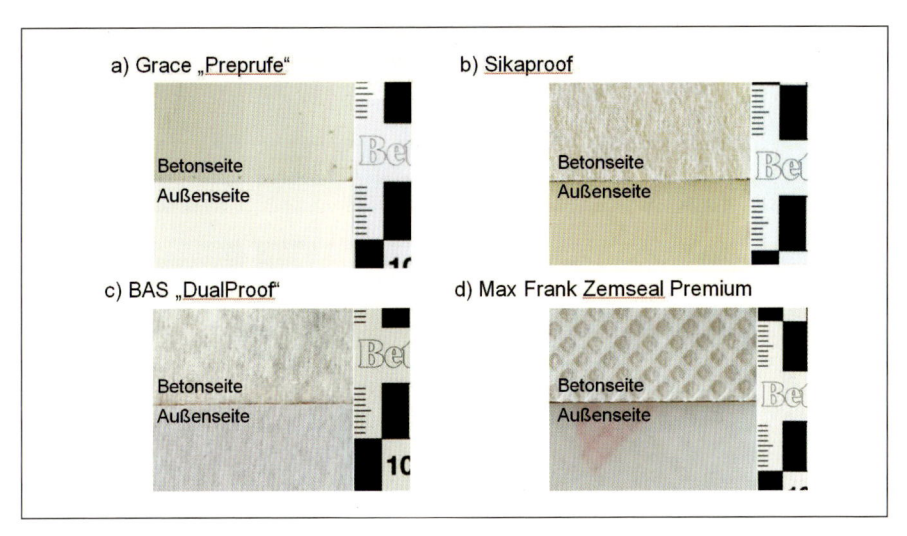

Bild 6: Auswahl der am Markt erhältlichen FBV

Kompensation unerwünschter Rissbildungen von WU-Konstruktionen meist durch spezielle Abdichtungsfirmen eingesetzt.
Im Frühjahr 2016 wurde durch den DBV und den DAfStb gemeinschaftlich ein Fachkolloquium zur Anwendung von FBV ausgerichtet, um den Sachstand aus Sicht der Hersteller, Hochschulen, Planer und Bauunternehmen zu diskutieren [5]. Aufgrund der hohen Resonanz auf dieses Kolloquium wurde vom DBV ein Arbeitskreis „Frischbetonverbundfolie" (HABA-FBV) eingerichtet und ein Forschungsprojekt „Bauwerksabdichtung mit Frischbetonverbundfolien – Grundlagen zur Erstellung eines Regelwerks für eine innovative Bauart" beantragt. Im Forschungsprojekt sollen einheitliche Regeln und Prüfgrundsätze für Frischbetonverbundsysteme erarbeitet werden. Bisher basieren die allgemeinen bauaufsichtlichen Prüfzeugnisse der Hersteller auf unterschiedlichen Anforderungen, Prüfgrundsätzen und Prüfungsumfängen, um die Leistungsfähigkeit der Systeme zu beschreiben. Unter Frischbetonverbundsystemen werden mehrschichtige Kunststoffabdichtungsbahnen auf FPO/HDPE- oder PVC-Basis verstanden, die über eine Verbundschicht (Klebeschicht), eine Gitter-/Noppenstruktur oder ein Vlies ggf. mit einem zusätzlichen Dichtstoff einen nicht hinterläufigen Verbund zum Frischbeton eingehen sollen. Eine Auswahl der am deutschen Markt erhältlichen Systeme ist in Bild 6 dargestellt.

Die Bahnen weisen eine hohe Rissüberbrückungsfähigkeit auf und werden mit Rollenbreiten von 1–2 m geliefert bzw. verlegt. Von besonderer Bedeutung ist aus Sicht der Autoren, dass die Längs- und Querstöße unter Berücksichtigung der Witterung zu verkleben sind, um aus den Bahnen eine flächige, fehlstellenfreie Abdichtung zu erzeugen. Im Sinne dieses Systemgedankens sind auch Eckausbildungen sowie sämtliche Durchdringungen wie z. B. Blitzerder, Rohrdurchführungen usw. abzudichten (Bild 7).
Die FBV sind auf ebenen Sauberkeitsschichten ohne stehende Feuchte und ohne scharfkantige Oberflächenstrukturen auszulegen (s. a. Bild 8). Im Bereich von Arbeitsfugen ist zu vermeiden, dass die Betonschlempe des frisch betonierten Abschnitts auf die FBV des folgenden Abschnitts gelangt und dort erhärtet, da ansonsten an dieser Stelle der hinterlaufsichere Verbund des Folgeabschnitts nicht sicherzustellen ist. Nach aktuellen Forschungsergebnissen der Technischen Hochschule Nürnberg ist eine Nassreinigung der mit Betonschlempe und Erdreich beschmutzten Bahnenbereiche unbedingt erforderlich, um die Verbundwirkung sicherzustellen. Ebenso können Beschädigungen durch Bewehrungsarbeiten und im Bereich von Bewehrungsschwei-

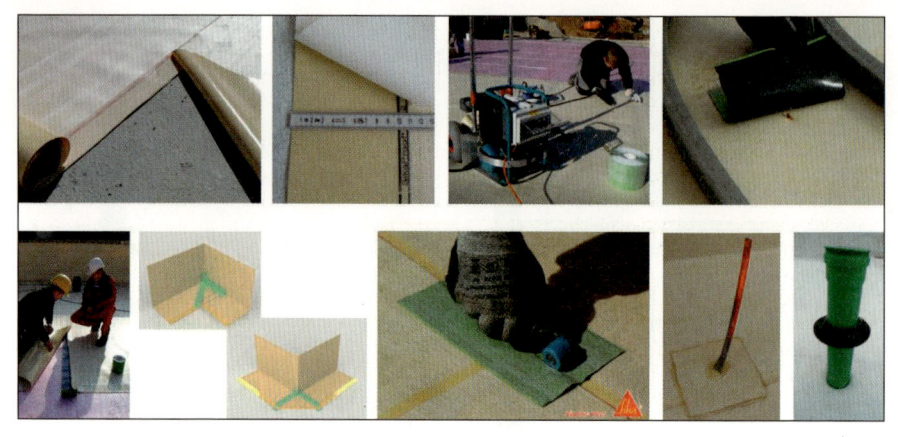

Bild 7: Beispielhafte Systemdetails von FBV: Längs-, Quer- und T-Stöße, Eckausbildungen, Durchdringungen und Reparatur von Fehlstellen (Quellen: Sika, BAS)

ßungen der FBV durch herabtropfendes Schweißgut entstehen, die im Rahmen einer Qualitätskontrolle auszubessern sind (s. Bild 7).

Frischbetonverbundsysteme stellen zusammenfassend extrem hohe Anforderungen an die Ausführungsqualität sowie die Prozessabläufe auf der Baustelle. Sie sind als Abdichtungssystem mit den Komponenten Untergrundvorbereitung, Stoß-, Eck- und Durchdringungsausbildung zu verstehen. Nur bei einwandfreier Ausführung können die FBV eine abdichtende Funktion zusätzlich zur WU-Konstruktion übernehmen. Daher sind Frischbetonverbundsysteme nach Auffassung der Autoren nur von qualifizierten Spezialunternehmen mit besonders geschultem Fachpersonal zu verlegen, während derzeit diese Arbeiten zunehmend von Baufirmen mit nur geringen Erfahrungswerten in der Technologie übernommen werden.

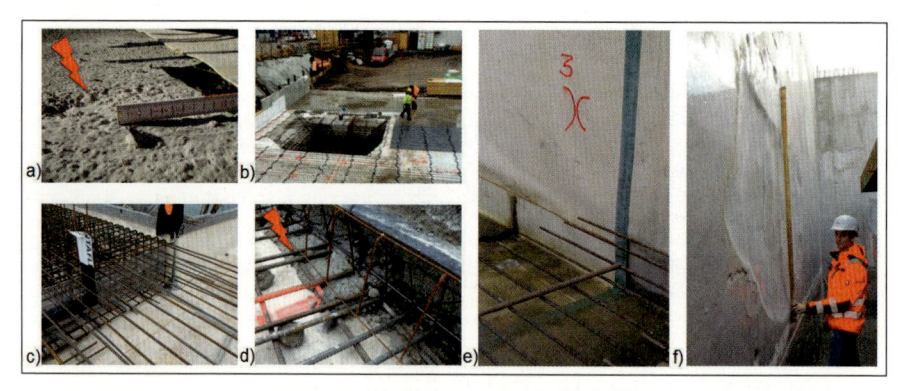

Bild 8: Anforderungen an Ebenheit und Trockenheit des Untergrundes a) + b); Verschmutzungs- und Beschädigungsfreiheit der FBV nach dem Bewehren c) und im Bereich von Arbeitsfugen d); Vermoosung e) und von Beton hinterlaufene FBV bei nicht fachgerechter Ausführung (Quellen: Sika: a) und d), BAS: b), Paust: f))

3.2 Anwendung von Frischbetonverbundsystemen bei WU-Konstruktionen nach WU-Richtlinie

Die WU-Richtlinie sieht in den Kapiteln 5.1, 6.3, 9.2 bei allen Entwurfsgrundsätzen streifenförmige Abdichtungen für Arbeits- und Sollrissfugen nach Kapitel 10 vor (s. Bild 9), während der trennrissfreie Betonbauteilquerschnitt die flächige Wasserundurchlässigkeit sicherstellt. Streifenförmige Abdichtungen im Sinne der Richtlinie können neben normativ geregelten Fugenbändern und den in der WU-Richtlinie geregelten, unbeschichteten Fugenbleche auch Bauprodukte sein, deren Verwendbarkeit durch allgemeine bauaufsichtliche Prüfzeugnisse nachzuweisen ist, z. B. beschichtete Fugenbleche, Kombiarbeitsbänder, Verpressschläuche usw. Hierzu gehören nach Kapitel 10.1(4) auch außenliegende streifenförmige Dichtungen mit Stoffen gemäß DIN 18195-2.

Für die Abdichtung unerwarteter oder zu breiter Trennrisse sieht Abschnitt 12 des Heftes 555 entweder Verpressmaßnahmen oder nachträgliche, wasserseitige Dichtmaßnahmen vor und verweist für diese auf das Kapitel 10, Fugenabdichtungen. Folglich sind flächige Frischbetonverbundsysteme in der WU-Richtlinie als Abdichtungsart nicht vorgesehen, während streifenförmige Frischbetonverbunddichtungsbahnen zulässig sind (Bild 9). Auch in der überarbeiteten und vorraussichtlich bis Ende 2017 erscheinenden WU-Richtlinie werden flächige Frischbetonverbundsysteme nicht berücksichtigt sein. Bestenfalls sind in der Überarbeitung des zugehörigen Heftes 555 auf Grundlage der Arbeiten des HABA-FBV und des begleitenden Forschungsprojektes Hinweise zum Einsatz von Frischbetonverbundsystemen bei WU-Konstruktionen zu erwarten.

3.3 Bauordnungsrechtliche Regelungssituation von FBV

Die bauordnungsrechtliche Verwendbarkeit von FBV wird durch allgemeine bauaufsichtliche Prüfzeugnisse nachgewiesen. Gegenstand der Herstellerprüfzeugnisse sind mehrheitlich die Anwendungsbestimmungen für Abdichtungsbahnen als Bauart für Bauwerksabdichtungen nach BRL A, Teil 3 lfd. Nr. 1.2. Die Bahnenabdichtungen entsprechen der harmonisierten europäischen Norm DIN EN 13967 (BRL B, Teil 1, lfd. Nr. 1.10.2), welche die Eigenschaften und von Kunststoff- und Elastomerbahnen für Bauwerksabdichtungen

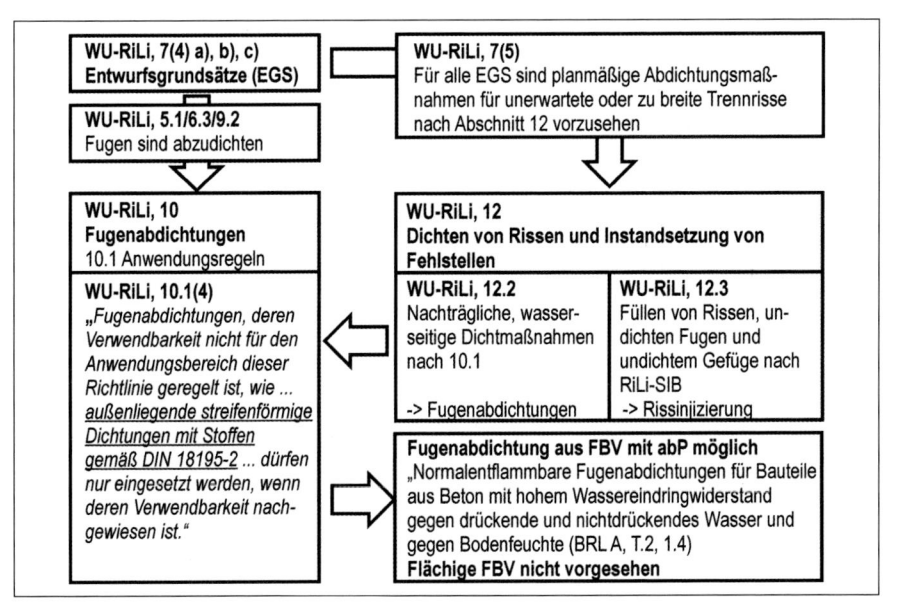

Bild 9: Streifenförmige Abdichtungsmaßnahmen nach WU-RiLi im Vergleich zu FBV

regelt. In der zugehörigen deutschen Anwendungsnorm DIN SPEC 20000-202, Abschnitt 5.3 werden die Anforderungen für die Verwendung von Abdichtungsbahnen nach DIN EN 13967 in Bauwerksabdichtungen nach DIN 18195 formuliert. Dies betrifft z. B. Anforderungen an eine Mindestdicke und Mindestreißfestigkeit der Folien. Die Prüfzeugnisse der FBV regeln u. a. Abweichungen von diesen Anforderungen, den Einbau als Verbundbahn, die zulässige Wassersäulenhöhe (je nach Hersteller 6–20 m) und Ausführungsbestimmungen. Sie enthalten ferner Eigenschaftsangaben aus zusätzlichen Prüfungen z. B. zur Dichtheit der Stöße.

Zwar stellen die Prüfzeugnisse einen Bezug zur Stoffnorm DIN 18195-2 her, jedoch sind die FBV keine normenkonformen Abdichtungen im Sinne von DIN 18195-6, da die dortigen Anforderungen an eine lose Verlegung, Schottung oder die Anordnung von Schutzschichten nicht eingehalten werden. Auch in der Nachfolgenorm DIN 18533 werden Frischbetonverbundsysteme nicht geregelt.

Eine alleinige Abdichtung eines Bauwerks mit Frischbetonverbundsystemen ist daher zivilrechtlich nicht zu empfehlen und von den Herstellern in der Regel auch nicht vorgesehen.

3.4 Bewertung der Anwendung von Frischbetonverbundsystemen bei WU-Konstruktionen

Die WU-Richtlinie sieht nur streifenförmige, nachträgliche Abdichtungen vor (Bild 9). Einige Marktteilnehmer argumentieren, dass es sich bei der flächig verlegten Folie im Grunde um eine Aneinanderreihung von nachträglichen, streifenförmigen Abdichtungen handele. Diese Argumentation setzt nach Auffassung der Autoren zwingend voraus, dass die als potenzielle Schwachstellen der flächigen Abdichtung zu identifizierenden Stöße und Durchdringungsabdichtungen die gleiche Dichtheit wie die Bahnen selbst erreichen und damit ein flächiges, dichtes System erzeugt wird, dass einer definierten Wasserdrucksäule standhält. Eine geringere Anforderungen an diese Fügestellen kann bei nicht parallel zu und innerhalb der Bahnen verlaufenden Rissen, d. h. bei Rissen, die diese Fügestellen kreuzen, zu Durchfeuchtungen führen. Weiterhin wird vielfach argumentiert, dass sich der Begriff „nachträglich" nicht zwangsweise auf den Applikationszeitpunkt, sondern auf den Zeitpunkt der Abdichtungswirkung bezieht.

Es ist zu erwarten, dass diese Semantik durch die Arbeit des HABA-FBV und das begleitende Forschungsprojekt aufgelöst wird. Es bestand jedoch Einigkeit zwischen den Teilnehmern des letztjährigen Berliner Fachkolloquiums sowie im HABA-DBV darüber, dass Frischbetonverbundsysteme WU-Konstruktionen nicht ersetzen, sondern bestenfalls ergänzen können. Aus Sicht der Autoren muss die <u>WU-Konstruktion in allen Bestandteilen gemäß der WU-Richtlinie</u> ausgebildet werden. Für Konstruktionen mit Beanspruchungsklasse 1 und Nutzungsklasse A sind die Entwurfsgrundsätze 7(4) a) oder 7(4) c) vollumfänglich zu planen und auszuführen. Hierzu gehört auch die Planung der nachträglichen Abdichtung nach Kapitel 12 in Form von Rissverpressmaßnahmen für frühe Risse, die eine Zugänglichkeit der Konstruktion erfordern. Aus Sicht der Autoren hebt ein <u>Frischbetonverbundsystem als zusätzliche Dichtmaßnahme</u> unter der Voraussetzung einer einwandfreien Ausführung das Zielniveau der Abdichtungsaufgabe deutlich an. Dies gilt insbesondere für spät oder unerwartet auftretende Risse während der Nutzungsphase, die z. B. eine Durchfeuchtung hervorrufen und den Austausch des Bodenaufbaus erforderlich machen können. Die funktionsfähige Flächenabdichtung aus Frischbetonverbundsystem macht für die späten Risse die Verpressung mit hoher Wahrscheinlichkeit entbehrlich, sodass vor dem Hintergrund des reduzierten Risikos das Kriterium der verhältnismäßigen Zugänglichkeit neu bewertbar ist.

Aus Sicht der Autoren sind die Mehrkosten für Frischbetonverbundsysteme wirtschaftlich darstellbar, wenn eine Kombination mit dem Entwurfsgrundsatz 7(4) c) erfolgt. Eine Kombination mit Entwurfsgrundsatz 7(4) a) ist dann sinnvoll, wenn ein besonders hohes Sicherheitsniveau erreicht werden soll. Auch eine Abdichtung von Teilbereichen einer 7(4) a)-Konstruktion, in denen eine Zugänglichkeit nicht dauerhaft oder nur unter hohem Aufwand sichergestellt werden kann (z. B. hochinstallierte TGA-Bereiche, die dauerhaft im Betrieb zu halten sind und daher für Verpressmaßnahmen nicht demontierbar sind), kann sinnvoll sein.

4 Zusammenfassung und Ausblick

WU-Konstruktionen sind vor dem Hintergrund der heutigen Anforderungen eine bewährte Hochleistungsbauweise. Für die Planung und Ausführung stellt die WU-Richtlinie [1,2] des DAfStb als gleichermaßen bewährtes Regelwerk die Rechtsgrundlage dar. Nach dem heutigen Rechts- und Bauherrenverständnis werden die gleichen Nutzungsanforderungen wie an oberirdische Bauwerksteile gestellt. Diese Konstruktionen erfordern eine sorgfältige Planung und Ausführung, eine ausführliche Bauherreninformation und die Dokumentation der Planungsleistungen und Ausführungsarbeiten. Richtlinienkonforme WU-Konstruktionen sind kostenintensiv in der Planung und der Bauausführung, lassen dann aber ein Höchstmaß an Sicherheit erwarten. Durch die Bestellung von „WU-Beton" und einen Rissbreitennachweis kann dieses Ziel nicht erreicht werden. Frischbetonverbundsysteme drängen zunehmend als Ergänzung zu WU-Konstruktionen auf den Markt. Mit diesen Verbundsystemen lassen sich keine Normabdichtungen nach DIN 18195-5/-6 erzeugen. Sie sind als Systembauweise aufzufassen und bedürfen einer besonderen Sorgfalt in der Ausführung, die nur durch Fachunternehmen sichergestellt werden kann. Als zusätzliche Abdichtungsmaßnahme stellen die FBV eine sinnvolle Ergänzung zu einer vollständig geplanten und ausgeführten WU-Konstruktion dar. Durch die Ergänzung von FBV wird ein besseres Zielniveau als bei WU-Konstruktionen allein erreicht und das Risiko gesenkt, dass bei spät auftretenden Rissen eine Durchfeuchtung des Bodenaufbaus erfolgt und zur Abdichtung dieser Risse eine nachträgliche Zugänglichkeit hergestellt werden muss. Aufgrund der Risikoverminderung durch die Frischbetonverbundsysteme werden vielfach geforderte hochwertige Nutzungen und Ausbauten in WU-Konstruktionen erst sicher ermöglicht.

5 Literatur

[1] DAfStb-Richtlinie: Wasserundurchlässige Bauwerke aus Beton (WU-Richtlinie), Ausgabe November 2003 + Berichtigung März 2006, Beuth Verlag, 2007
[2] Deutscher Ausschuss für Stahlbeton: Erläuterungen zur DAfStb-Richtlinie Wasserundurchlässige Bauwerke aus Beton, Heft 555, Beuth Verlag, 2006
[3] DBV-Merkblatt: „Hochwertige Nutzung von Untergeschossen", 2010
[4] DBV-Merkblatt: „WU-Dächer", 2013
[5] DBV-Heft 37: „Frischbetonverbundfolie", Deutscher Beton- und Bautechnikvereins (DBV) zum Fachkolloquium „Frischbetonverbundfolie" des DBV/DAfStb am 26.04.2106 in Berlin
[6] Oswald, R.: Gebäudeabdichtung im Mauerwerksbau. Mauerwerkstage 2013, Wienerberger

Dr.-Ing. Hans-Jürgen Krause
Studium des Bauingenieurwesens und 1993 Promotion am Institut für Massivbau an der RWTH Aachen University; seit 2000 staatlich anerkannter Sachverständiger für Schall- und Wärmeschutz; seit 2001 zertifizierter SiGe-Koordinator gemäß BaustellV; seit 2007 Zertifizierung als Sachkundiger Planer für Betoninstandsetzung und seit 2011 als Tragwerksplaner in der Denkmalpflege; Prüfingenieur für Baustatik sowie Staatlich anerkannter Sachverständiger für die Prüfung der Standsicherheit (Massivbau); Mitglied in den Ausschüssen des DBV und der IK Bau zum Thema WU-Konstruktionen und Frischbetonverbundsysteme; Geschäftsführender Gesellschafter der Kempen Krause Ingenieure GmbH; Vortragstätigkeit.

Tiefgaragen: Sind Abdichtungen mit Schutzestrich zuverlässiger als Oberflächenschutzsysteme?

Prof. Dr.-Ing. Michael Raupach, Institut für Bauforschung der RWTH Aachen University

1 Vorwort

Für den Schutz der befahrenen Oberflächen von Parkbauten sind i. d. R. besondere Maßnahmen erforderlich, da auch in feinste Risse mit Breiten von ca. 0,1 mm chloridhaltiges Wasser in den Beton eindringen und Korrosion der Bewehrung auslösen kann.

Mit dem Erscheinen der neuen DIN 1045 im Juli 2001 änderten sich unter anderem die Regelungen für die Sicherstellung der Dauerhaftigkeit von Betonbauwerken. Es wurden differenzierte Expositionsklassen eingeführt und bei Chloridangriff die Anforderungen bezüglich Betondeckung, Betonqualität und eventuell erforderlicher zusätzlicher Schutzmaßnahmen wie z. B. rissüberbrückende Oberflächenschutzsysteme wesentlich verschärft.

In diesem Beitrag wird darauf eingegangen, welche Ausführungsvarianten nach dem aktuellen Stand der Regelwerke für den Schutz von Parkbauten zur Verfügung stehen. Anschließend wird speziell auf Oberflächenschutzsysteme und Abdichtungen mit Schutzestrich eingegangen. Dabei werden jeweils die Vor- und Nachteile der Varianten näher beleuchtet.

2 Einleitung

Mit Hinblick auf zahlreiche aufgetretene Schäden an Stahlbetonbauwerken wurden die Anforderungen hinsichtlich der Dauerhaftigkeit in den neuen europäischen Regelwerken für Stahlbeton nach und nach verschärft. Genauere Angaben hinsichtlich der Konsequenzen für Parkhäuser enthalten die Erläuterungen zu den neuen Regelwerken, die als Hefte 525, 526 und 600 des DAfStb erschienen sind [1–3]. Des Weiteren ist ein DBV-Merkblatt für Parkhäuser und Tiefgaragen [4] erarbeitet worden, das ebenfalls diese Thematik behandelt und Lösungsvorschläge gibt.

3 Zur Problematik der Dauerhaftigkeit bei Parkhäusern

Hintergrund für die verschärften Anforderungen an Maßnahmen zur Sicherstellung der Dauerhaftigkeit von Parkbauten sind Schäden, die überwiegend auf chloridinduzierte Bewehrungskorrosion zurückzuführen sind. Die Chloride stammen dabei nicht nur aus im Winterdienst direkt aufgestreuten Tausalzen, sondern ebenso aus Tausalzen, die von Fahrzeugen in die Parkhäuser und Tiefgaragen eingeschleppt werden und dort beim Fahren und insbesondere auch beim Parken abtropfen und sich auf dem Beton ansammeln bzw. in die Fußbereiche von Stützen und Wänden eingesogen werden. Wenn ein gewisser Chloridgehalt aus den Tausalzen bis zur Bewehrung vorgedrungen ist, löst er dort Korrosion aus, die zu Rissen, Abplatzungen und statischen Problemen führen kann. Die folgenden Bilder 1–3 zeigen typische Schäden, die häufig unter anderem durch unzureichende Entwässerungssysteme unterstützt werden.

Aus diesen Schadensbildern ergibt sich, dass es in der Regel nicht ausreicht, nur die Anforderungen an Betondeckung und Betonqualität einzuhalten.

Das Merkblatt des DBV für Parkhäuser und Tiefgaragen [4] behandelt diese Problematik ausführlicher. Tabelle 1 zeigt den aktuellen Entwurf der Tabelle für die Ausführungsvarianten für die dritte überarbeitete Auflage. Es sei darauf hingewiesen, dass diese von der Version des Merkblattes aus dem Jahr 2010 in einigen wesentlichen Punkten abweicht. Tabelle 1 zeigt drei Ausführungsvarianten (A-C) mit jeweils zwei Untervarianten. Letztere sind jeweils einem oder mehreren Entwurfsgrundsätzen zugeordnet:

a) Vermeidung von Rissen,
b) Rissverteilung in viele schmale Risse und
c) Planmäßige Risse in definierten Bereichen (wenige breite Risse).

Bild 1: Abgefahrenes Oberflächenschutzsystem auf einem Parkdeck während des Winterdienstes

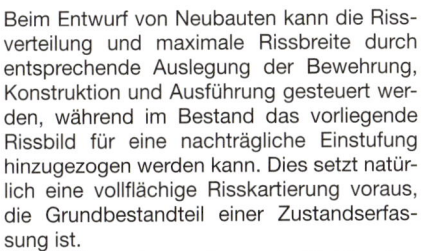

Bild 2: Abplatzungen und Wasserdurchtritte auf den Deckenuntersichten im Bereich von Trennrissen

Beim Entwurf von Neubauten kann die Rissverteilung und maximale Rissbreite durch entsprechende Auslegung der Bewehrung, Konstruktion und Ausführung gesteuert werden, während im Bestand das vorliegende Rissbild für eine nachträgliche Einstufung hinzugezogen werden kann. Dies setzt natürlich eine vollflächige Risskartierung voraus, die Grundbestandteil einer Zustandserfassung ist.

Oberflächenschutzsysteme als flächige Beschichtungen werden als Varianten B1 („starre" Beschichtung OS 8 mit Rissbehandlung) und B2 (rissüberbrückende Beschichtung OS 11 und OS 10) zugeordnet. Beim rissüberbrückenden OS 11 wird vorausgesetzt, dass keine breiten Risse mit zu starken Rissbewegungen vorliegen.

Die empfohlenen Varianten für Abdichtungen mit Schutzschichten sind als Varianten C1 und C2 enthalten.

Bezüglich der erforderlichen Inspektionsintervalle gilt im aktuellen Entwurf der Tabelle 1, dass grundsätzlich bei jeder Variante regelmäßige Inspektionen erforderlich sind. Die Intervalle betragen je nach Erfordernis mindestens alle 1 bis 2 Jahre (s. Tab. 1).

4 Oberflächenschutzsysteme für Parkbauten

Die Oberflächenschutzsysteme für Parkhäuser sind in der Richtlinie "Schutz und Instandsetzung von Betonbauteilen" des DAfStb [5] und DIN V 18026 geregelt. In der Instandsetzungsrichtlinie des DAfStb [5] wird zwischen frei bewitterten und über-

Bild 3: Aufnahme eines Bewehrungsstabes, der im Alter von ca. 10 Jahren aus dem Bereich eines Trennrisses in einem Zwischendeck entnommen und gebeizt wurde

dachten befahrenen Flächen unterschieden. Für frei bewitterte befahrene Flächen ist die Regellösung das System OS 11a als sogenanntes Zweischichtsystem mit Schwimm- und Deckschicht geeignet. Für überdachte Flächen gilt generell Folgendes:

– Werden keine Rissbewegungen erwartet, was nur in Ausnahmefällen vorkommt, oder liegen nur lokal einzelne Risse vor (wie z. B. beim Entwurfsgrundsatz c), die z. B. mit dauerhaften rissüberbrückenden Bandagen abgedichtet sind, so kann das System OS 8 gemäß der ersten Fassung der Richtlinie [5] verwendet werden (s. Ergänzungsblatt zur Rili-SIB 12/2005). Dabei ist auf eine ausreichende Schichtdicke zu achten.

– Werden mehrere größere Risse mit Bewegungen bis 0,3 mm erwartet (wie z. B. bei Entwurfsgrundsatz b), so ist ein System OS 11 zu verwenden. Je nach Verkehrsbe-

Tabelle 1: Ausführungsvarianten für den Schutz von Parkbauten – Aktueller Entwurf für das neue DBV-Merkblatt „Parkhäuser und Tiefgaragen" [4]

1		Variante A		Variante B		Variante C	
2	Beschreibung	ohne flächige Beschichtung oder ohne Abdichtung (jedoch mit besonderer Maßnahme bei Rissen)		mit Oberflächenschutzsystem als flächige Beschichtung		mit flächiger, rissüberbrückender Abdichtung und Schutzschicht	
3	Untervariante	A1	A2	B1	B2	C1	C2
		rissvermeidende Bauweise	lokaler Schutz der Risse[b] (z. B. rissüberbrückende Bandage)	vollflächig starr beschichtet: (OS 8) mit begleitender Rissbehandlung[b] (z. B. rissüberbrückende Bandage)	vollflächig rissüberbrückend beschichtet: OS 10 mit Nutzschicht oder OS 11	OS 10 oder unterlaufsichere bahnenförmige Abdichtung, jeweils mit Dichtungs-/Schutzschicht aus Gussasphalt	unterlaufsichere zweilagige bahnenförmige Abdichtung mit Schutzschicht
4	Entwurfsgrundsatz	a	c	c	b	alle	alle
5	Expositions- und Feuchtigkeitsklasse	XD3, XC4, WA (ggf. XF2 oder XF4)		XD1, XC3, WF (ggf. XF1)		XC3, WF (ggf. XF1)	
6	Mindestbetondeckung c_{min}	Betonstahl 40 mm Spannstahl 50 mm		Betonstahl 40 mm Spannstahl 50 mm		Betonstahl 20 mm Spannstahl 30 mm	
7	Inspektionsintervalle[a]			jährlich in den ersten 5 Jahren, danach mindestens:			
		alle 2 Jahre	jährlich	jährlich	jährlich	alle 2 Jahre	alle 2 Jahre

[a] für alle Varianten Instandhaltungsplan im Sinne der DAfStb-Richtlinie „Schutz und Instandsetzung von Betonbauteilen" erforderlich
[b] Planung und Ausführung des dauerhaften lokalen Schutzes von Rissen nach DAfStb-Richtlinie „Schutz und Instandsetzung von Betonbauteilen"

anspruchung reicht dabei das Einschicht- oder Zweischichtsystem aus.
- Bei starker mechanischer Beanspruchung wie z. B. auf Rampen sind Sonderlösungen mit erhöhten Schichtdicken erforderlich.

Die schärfste und im Wesentlichen die Dauerhaftigkeit beschränkende Beanspruchung einer befahrbaren Beschichtung in einem Parkbau ist die Verschleißbeanspruchung durch den Fahr- und Parkbetrieb. Einflüsse aus der Umwelt hingegen sind bei befahrbaren Beschichtungen lediglich bei Freidecks relevant. Eine witterungsbedingte Versprödung ist nur in Ausnahmefällen Ursache einer nicht mehr gegebenen Gebrauchstauglichkeit einer befahrbaren Beschichtung.

5 Abdichtungen mit Schutzestrich

Die Varianten C1 und C2 stellen Abdichtungen mit Schutzschichten dar. Diese sollen zukünftig in DIN 18532 „Abdichtungen von befahrenen Verkehrsflächen aus Beton" geregelt werden, die die entsprechenden Teile der Normenreihe DIN 18195 „Bauwerksabdichtungen" ablösen soll. Im Sinne dieser Norm sollen Abdichtungen ein ungewolltes Durchdringen von Wasser und Feuchte durch Bauteile verhindern und die bestimmungsgemäße Nutzung angrenzender Bauwerksbereiche sicherstellen. Sie bestehen aus bahnenförmigen oder flüssig aufzubringenden Stoffen.

DIN 18532 enthält im aktuellen Entwurf unter anderem Nutzungsklassen, Rissklassen und Klassen für Bauweisen. Bezüglich der Dauerhaftigkeit werden keine Angaben gemacht, es wird jedoch grundsätzlich eine Instandhaltung der Abdichtung (Inspektion, Wartung, Instandsetzung, etc.) gefordert.

Schutzschichten können grundsätzlich aus Gussasphalt oder anderen geeigneten Stoffen mit entsprechender mechanischer Widerstandsfähigkeit bestehen. Grundsätzlich weisen Schutzschichten den Nachteil auf, dass sie eine Inspektion der darunterliegenden Abdichtung erschweren bzw. verhindern. Insbesondere bei Gussasphaltlösungen sind i. d. R. auch keine Potenzialfeldmessungen zur vollflächigen Suche nach Bereichen mit hoher Korrosionswahrscheinlichkeit möglich.

Eine besondere Gefährdung für Abdichtungen mit Schutzestrich sind Unterläufigkeiten.

Diese können insbesondere bei älteren Parkbauten mit schlechter Betonqualität an Arbeits- bzw. Dehnfugen, Rissen oder ungeeigneten Randanschlüssen der Abdichtung oder dem Schutzestrich auftreten und sind schwer zu detektieren. Für Diagnose und Instandsetzung sind in solchen Fällen häufig hohe Aufwendungen erforderlich.

Aus diesem Grunde ist für Planung und Ausführung von Abdichtungen mit Schutzestrich eine besondere Sorgfalt geboten. Bei der Auswahl des Abdichtungssystems müssen sämtliche Randbedingungen (Qualität des vorhandenen Betons, Fugen- und Rissbewegungen etc.) und Einwirkungen (Wasser, Feuchtigkeit, Befahrungsintensität etc.) berücksichtigt werden. Abdichtungen können für den Schutz der Oberseiten von Bodenplatten bei Parkhäusern und Tiefgaragen mit Wasserdruck von unten i. d. R. nicht empfohlen werden.

6 Schutzestriche mit Zulassung

Neben den o. g. Schutzsystemen werden seit einigen Jahren auch zementgebundene polymermodifizierte Schutzestriche mit allgemeiner bauaufsichtlicher Zulassung verwendet. Dabei handelt es sich um Verbundestriche mit einer Dicke von ca. 15 bis 20 mm, die für die Verwendung in Parkbauten geeignet sind.

Es ist jedoch zu berücksichtigen, dass diese Estriche gemäß Zulassungen nur auf ungerissenen Flächen verwendet werden dürfen, weil sie keine Rissüberbrückungsfähigkeit aufweisen, d. h. bei Rissöffnungen im Betonuntergrund durchreißen. Bei vorliegenden Rissen müssen diese durch einen Sachkundigen Planer bewertet und durch eine Rissbehandlung planmäßig und dauerhaft geschlossen werden.

Wie bei allen Schutzsystemen ist auch bei Schutzestrichen zu beachten, dass Details wie Arbeits- und Dehnfugen oder Randanschlüsse sorgfältig geplant und ausgeführt werden, da sie in der Praxis immer wieder Ausgangspunkte für Undichtigkeiten sind.

7 Zusammenfassung

Da Parkbauten naturgemäß einer Chloridexposition ausgesetzt sind und i. d. R. Risse mit gewissen Bewegungen aufweisen, sind i. d. R. besondere Schutzmaßnahmen wie z. B. Oberflächenschutzsysteme oder Abdichtungen erforderlich.

Der aktuelle Entwurf des DBV-Merkblattes enthält eine Systematik mit insgesamt 6 Ausführungsvarianten für geeignete Schutzsysteme (s. Tabelle 1), die vom Entwurfsgrundsatz bezüglich der Rissbildung abhängen.

Bei der Auswahl der Schutzsysteme muss der Planer die zu erwartende Dauerhaftigkeit unter den gegebenen Nutzungsbedingungen berücksichtigen und mit den Vorstellungen des Bauherrn abstimmen.

Die Oberflächenschutzsysteme OS 8 und OS 11 sind für Parkbauten konzipiert und bieten den Vorteil, dass sie einfach inspiziert und gewartet werden können. Während das starre OS 8 einen hohen mechanischen Verschleißwiderstand aufweist, ist das weichere, rissüberbrückende OS 11 naturgemäß weniger dauerhaft, wobei die Frequentierung der Flächen zu berücksichtigen ist.

Bei Abdichtungen mit Schutzestrich hängt die Dauerhaftigkeit von der Art der Abdichtung und Schutzschicht und der Qualität der Detaillösungen (Ränder, Arbeits- und Dehnfugen, Wasserableitung, etc.) ab. Bei diesen Systemen besteht die Gefahr unerkannter Unterläufigkeiten. Insbesondere bei Gussasphalt sind des Weiteren auch keine Potentialmessungen möglich.

Die Ausführungen zeigen, dass es keine Einheitslösungen gibt und jedes Schutzsystem Vor- und Nachteile hat, sodass letztlich unter Berücksichtigung aller Randbedingungen des Bauwerkes und der vom Bauherrn gewünschten Dauerhaftigkeit von sachkundigen Planern geeignete Lösungen zu erarbeiten sind.

8 Literatur

[1] Deutscher Ausschuss für Stahlbeton: Erläuterungen zu DIN 1045-1. Berlin: Beuth.– In: Schriftenreihe des Deutschen Ausschusses für Stahlbeton (2010), Nr. 525, überarbeitete Ausgabe 2010

[2] Deutscher Ausschuss für Stahlbeton: Erläuterungen zu den Normen DIN EN 206-1, DIN 1045-2, DIN 1045-3, DIN 1045-4 und DIN 4226. Berlin: Beuth – In: Schriftenreihe des Deutschen Ausschusses für Stahlbeton (2003), Nr. 526, überarbeitete Ausgabe in Vorbereitung

[3] Deutscher Ausschuss für Stahlbeton: Erläuterungen zu den Normen DIN EN 1992-1-1 und DIN EN 1992-1-1/NA (Eurocode 2). Berlin: Beuth – In: Schriftenreihe des Deutschen Aus-

schusses für Stahlbeton (2012), Nr. 600, überarbeitete Ausgabe in Vorbereitung

[4] Deutscher Beton-Verein; DBV: Merkblatt Parkhäuser und Tiefgaragen. Deutscher Beton-Verein, Fassung 2010, zweite überarbeitete Auflage, dritte überarbeitete Auflage in Vorbereitung

[5] Deutscher Ausschuss für Stahlbeton ; DAfStb-Instandsetzungs-Richtlinie: Schutz und Instandsetzung von Betonbauteilen. Teil 1: Allgemeine Regelungen und Planungsgrundsätze. Teil 2: Bauprodukte und Anwendung. Teil 3: Anforderungen an die Betriebe und Überwachung der Ausführung. Teil 4: Prüfverfahren. Ausgabe Oktober 2001. Berlin: Deutscher Ausschuss für Stahlbeton

Prof. Dr.-Ing. Michael Raupach
Studium des Bauingenieurwesens an der RWTH Aachen University; wissenschaftlicher Mitarbeiter am Institut für Bauforschung der RWTH Aachen University (ibac) und Promotion über das Thema zur chloridinduzierten Makroelementkorrosion von Stahl in Beton; in den 90er-Jahren Geschäftsführer bzw. Inhaber von Ingenieurbüros; zurzeit Mitarbeiter des Ingenieurbüros Raupach-Bruns-Wolff; seit 2000 Universitätsprofessor an die RWTH Aachen University am Institut für Bauforschung – Lehr- und Forschungsgebiet Baustoffkunde, Bauwerkserhaltung und Instandsetzung; Leiter des Instituts für Bauforschung der RWTH Aachen University; Obmann für den Arbeitsbereich „Korrosion im Betonbau" der European Federation of Corrosion (EFC) sowie Vorsitzender des NABau-Arbeitsausschusses „Schutz und Instandsetzung von Betonbauteilen" im DIN.

Das aktuelle Thema:
Sind Regelwerke als Planungsinstrumente zur Beurteilung geeignet?
Diskussion am Beispiel Beton
1. Beitrag: Einleitung

Prof. Dipl.-Ing. Matthias Zöller, ö. b. u. v. Sachverständiger, AIBau, Aachen

Die Bedeutung und die Anwendung von Regelwerken kann auf drei Phasen des Baugeschehens aufgeteilt werden: die erste zum Zeitpunkt der Planung und vor Ausführung, die zweite zur Bewertung des neu Gebauten, die dritte bei der Beschäftigung mit einem älteren Baubestand, der Phase der Instandsetzung oder Modernisierung. Die drei Phasen erfordern jeweils eigene Blicke auf Regelwerke, die sich stark voneinander unterscheiden.
Dieser einleitende Beitrag erläutert die Betrachtungsansätze als Grundlage für die nachfolgenden drei Beiträge:
Der Beitrag von Herrn Ebeling befasst sich mit der Planung und Ausführung von neuen Stahlbetonkonstruktionen am Beispiel der Neuerungen in der 2017 neu erscheinenden WU-Richtlinie.
Zwei der Beiträge setzen sich mit dem bereits Vorhandenen auseinander.
Der Beitrag von Dr. Warkus geht auf die Frage ein, inwieweit z. B. Sicherheitsbeiwerte abgemindert werden können, ohne die Zuverlässigkeit und Sicherheit abzumindern. In der Planung sind Sicherheitszuschläge für in einem festgesetzten Rahmen mögliche Abweichungen (z. B. Toleranzen für unvermeidliche Rissbildungen, Verdrehungen, Äste in Hölzern oder für Abweichungen des Zuschlagstoffs von einer festgesetzten Sieblinie) und damit für mögliche Schwächungen eines Bauteils anzunehmen. Haben sich die Toleranzen am gebauten Objekt nicht realisiert, können im Nachgang die nicht notwendigen Sicherheitszuschläge herausgenommen werden, ohne dadurch die Sicherheit zu mindern.
Der Beitrag von Dr. Günter befasst sich nicht mit neuen Bauteilen, er behandelt die Analyse bereits älterer Konstruktionen und den daraus zu ziehenden Schlüssen. Darauf aufbauend sind oft von bisherigen Standards abweichende Instandsetzungskonzepte möglich und erforderlich, um historischen Gebäuden gerecht zu werden und sogar dauerhaftere Lösungen zuzulassen.
Diese Einleitung gliedert sich in zwei Teile. Zunächst wird anhand von Beispielen aufgezeigt, dass bereits jetzt Regelwerke zwischen dem Zeitpunkt der Planung und Ausführung und dem der Bewertung des Vorhandenen unterscheiden, obwohl sie nur als Hilfestellung für den Werkerfolg und damit nur für den Zeitpunkt vor der Ausführung verfasst wurden. Im zweiten Teil werden Rückschlüsse aus den Beispielen gezogen. Darauf und auf den Grundsätzen des Werkvertragsrechts aufbauend werden grundsätzliche Überlegungen dargestellt, ob und in welchem Umfang Regelwerke, die sich ausschließlich als Hilfestellung für Planung und Ausführung verstehen, bei der Bewertung des bereits Erstellten herangezogen werden können.

1 Fallbeispiele

1.1 Gefällegebung Flachdachabdichtungen

Flachdachabdichtungen müssen bzw. sollten (nach DIN 18531 in Abhängigkeit der Qualitätsklasse sowie nach der Flachdachrichtlinie 2016) mit einem Gefälle von 2 % geplant werden. Bei Unterschreitung dieser Planungsanforderung ist nach DIN 18531 ein höherer Abdichtungsaufwand entsprechend der Anwendungsklasse K2 erforderlich.
Die Vorteile von ausgeführten Gefällegebungen liegen in der Verringerung der Einwirkung auf die Abdichtung. Pfützenfreie Oberflächen

Bild 1: Eine über vier Jahre offene Naht einer Dachbahn hat wegen der starken Dachneigung nicht zu Wasserschäden geführt.

Bild 2: Stehendes Wasser im Belagsaufbau kann zu Geruchsbelästigungen und unerwünscht starkem Pflanzenbewuchs führen.

vermindern die Folgen von kleinen Fehlstellen. Durch Gefällegebung entwässerte Oberflächen von Dachabdichtungen lassen Belagsschichten besser trocknen und vermindern dadurch unerwünscht starkes Pflanzenwachstum (verhindern kann eine Gefällegebung dies jedoch nicht). Aber schon während der Bauausführung kann Gefälle vorteilhaft sein, da Regenfälle nicht zu längeren Arbeitsunterbrechungen für das Entfernen von auf der Dachfläche stehendem Wasser führen.

Dem kann entgegengehalten werden, dass Dachabdichtungen unabhängig von einer Gefällegebung dicht sein müssen, dass gefällegebende Schichten und die Verarbeitung von Abdichtungen auf Untergründen mit Kehlen und Graten höhere Kosten erzeugen, dass der Aufwand an den Rändern sowie an Durchdringungen aufgrund der unterschiedlichen Höhenlagen der Abdichtung größer ist und dass gegebenenfalls sogar Geschosshöhen zu vergrößern sind. Bestimmte Bauweisen von Belagsschichten, z. B. Intensivbegrünungen, benötigen auf der Abdichtung stehendes Wasser. Nicht selten wird wegen des größeren Aufwands und den damit verbundenen höheren Kosten auf eine Gefällegebung der Abdichtungsschichten verzichtet, ohne dass dies tatsächlich zu einer Einschränkung der Dauerhaftigkeit des Dachs führt.

Die meisten Regelwerke fordern in der Planungsphase ein Gefälle von 2 %, weisen aber darauf hin, dass die ausgeführte Abdichtung aufgrund von Durchbiegungen, Unebenheiten etc. dieses Planmaß unterschreiten kann und sich auch ein Gegengefälle bilden kann. Die in den Regelwerken geforderte Gefällegebung von 2 % stellt damit nicht sicher, dass das ausgeführte Dach auch tatsächlich diese Neigung aufweist. Sowohl die Abdichtungsnorm für Flachdachabdichtungen DIN 18531, als auch die Flachdachrichtlinie 2016 weisen darauf hin, dass für eine pfützenfreie Oberfläche eine deutlich höhere Neigung von 5 % zu planen ist. Das gilt für beide Qualitätsklassen der DIN 18531. Daher beschränken sich die Unterschiede der Anwendungsklassen beim ausgeführten Dach auf die Stoffqualität. Bei der Gefällegebung besteht nur eine gewisse Wahrscheinlichkeit, dass auf einer Dachabdichtung bei einem geplanten Gefälle von 2 % weniger größere Pfützen verbleiben als bei nicht geplantem Gefälle. Pfützenbildungen sind deswegen (in beiden Qualitätsklassen der DIN 18531) nicht grundsätzlich zu beanstanden, sondern in Verbindung mit der Abdichtungstechnik eine Frage der Zuverlässigkeit. Diese hängt aber im Wesentlichen von anderen Kriterien als der Gefällegebung ab!

Wenn die Regelwerke nicht differenziert beschreiben, welche Maßnahmen bei Unterschreitung der 2 %-Neigung erforderlich werden, kommt es auf die Funktionalität an. Dabei ist interessant, dass die Vorgängernorm für Abdichtungen genutzter Dächer, DIN 18195-5[1], mit einer kleinen Ausnahme kein 2 %-Gefälle fordert, sondern die Gefällegebung funktional zur ausreichenden Entwässerung beschreibt. Dazu schlägt die Norm vor, Abläufe an Tiefpunkte zu setzen; genauso dienen kürzere Fließstrecken auf Deckenflächen einer rascheren Entwässerung.

Nicht normativ angesprochen sind Maßnahmen zur Vermeidung von großen und tiefen Pfützen bei einer Unterschreitung des 2 % Gefälles im Planungsstadium. In Abhängigkeit der zulässigen Deckendurchbiegungen, Stützenabständen, unvermeidbaren Ebenheitstoleranzen etc. kann ein Mindestgefälle von z. B. 0,7 % erforderlich werden, um größere Gegengefällestrecken und damit große sowie tiefe (z. B. 10 cm) Wasseransammlungen zu vermeiden.

Die neuen Abdichtungsregeln differenzieren bei der Anforderung an Gefällegebungen damit zwischen dem Planungszustand und der Bewertung des Ausgeführten.

Der Nutzer muss sich aber schon fragen, warum der Gefällegebung in Fachkreisen eine so große Bedeutung beigemessen wird, wenn doch Pfützen auch bei einem geplanten Gefälle im üblichen Maß unvermeidlich sind und Abdichtungen ohnehin dicht sein müssen.

1.2 Schichtdicken flüssig zu verarbeitender Abdichtungen

Nach DIN 18533-3[2] sind bei Planung und Ausführungen für eine ausreichende Schichtdicke d zu den geforderten Mindestschichtdicken d_{min} Zuschläge d_z für Unebenheiten des Untergrunds (d_u) und für die Verarbeitung (d_v) zu addieren: $d = d_{min} + d_u + d_v$. Dabei handelt es sich um Sicherheitszuschläge, da selbst bei sorgfältiger Ausführung und Überwachung nicht garantiert werden kann, dass an allen Stellen die geforderte Schichtdicke eingehalten wird. Die Anforderung soll sicherstellen, dass Fehlstellen in der Abdichtungsschicht bei zu erwartenden Unebenheiten, nachträglichen Rissaufweitungen und sonstigen Einwirkungen, die die Durchgängigkeit der Abdichtungsschicht gefährden könnten, mit einem ausreichenden Sicherheitsgrad vermieden werden.

Die Schichtdicken für Planung und Ausführung werden ohne Kommastellen angegeben. Bei der Messung der Schichtdicken, also bei der Prüfung des bereits Ausgeführten, sind auch die Stellen nach dem Komma zu berücksichtigen. Bei der Schichtdickenprüfung von Abdichtungen, an denen bereits Erddruck durch Verfüllen des Arbeitsraums eingewirkt hat, dürfen die Werte der Mindestanforderung um ca. ¼ reduziert werden. Es ist daher Sache der Bewertung, im konkreten Einzelfall die dauerhafte Gebrauchstauglichkeit, nicht nur bei Abweichungen, sondern insgesamt auch unter Berücksichtigung anderer Rahmenbedingungen, einzuschätzen.

1.3 Festigkeit Holz

DIN 4074[3] lässt je nach Sortierklasse Risse, Feuchte, Verdrehung, Äste, Baumkanten u. a. in jeweils bestimmten Grenzen zu. Holz weist sehr unterschiedliche Festigkeiten auf, die von den tatsächlichen Beschaffenheiten abhängen. So sind z. B. in Kanthölzern und Balken nach der „Standard"-Sortierklasse S 10TS „Holz mit normaler Tragfähigkeit" Risstiefen bis zur Hälfte des Querschnitts zulässig. Risse mit einer Länge von bis zu ¼ der Schnittholzlänge bei max. 1 Meter bleiben unberücksichtigt. Bei großen Kantholzquerschnitten mit einer Breite von über 12 cm sind Risse ohne zahlenmäßige Begrenzung zulässig (s. Bilder 3 und 4).

Bei bestehenden, auch älteren Hölzern können geringere Abweichungen als die jeweils nach Sortierklasse zulässigen vorhanden sein. Die tatsächliche Tragfähigkeit ist dann wegen der geringeren Festigkeitseinschränkungen als die der normativ angenommenen höher. Da bei frisch verbautem Konstruktionsvollholz die zulässige Materialfeuchte etwa doppelt so hoch ist wie die üblicherweise spätere Ausgleichsfeuchte, kann bereits aus diesem Grund die Biegezugfestigkeit tatsächlich um den Faktor 2 höher sein als der rechnerische Wert.

Bei der Bewertung der tatsächlichen Tragfä-

---

[1] DIN 18195-5:2011-12 Bauwerksabdichtungen, Abdichtungen gegen nichtdrückendes Wasser auf Deckenflächen und in Nassräumen; Bemessung und Ausführung

[2] DIN 18533-3:2017-07 Abdichtung von erdberührten Bauteilen – Teil 3: Abdichtung mit flüssig zu verarbeitenden Abdichtungsstoffen

[3] DIN 4074:2012-06 Sortierung von Holz nach der Tragfähigkeit – Teil 1: Nadelschnittholz

Bild 3: Rissbildung in Konstruktionsvollholz

Bild 4: Historischer Dachstuhl im Altenberger Dom

higkeiten im Bestand ist eine Prognose für die weitere Tragfähigkeit auf Grundlage einer Analyse des Vorhandenen erforderlich und darf sich nicht ausschließlich an den häufig ungünstigeren normativen Werten orientieren. Letzteres verbietet sich schon deshalb, weil genauso gut das Gegenteil vorliegen kann, nämlich dass die Tragfähigkeit tatsächlich geringer ist aufgrund größerer Abweichungen als die, die in die Rechenwerte eingeflossen sind.

1.4 Wasserundurchlässigkeit von Beton

Bei der Ursachensuche von Wasserschäden in einem Untergeschoss wurde auch die Güte des Betons der Bodenplatte geprüft, ob diese aus wasserundurchlässigem Beton hergestellt wurde – auf die anderen Parameter einer wasserundurchlässigen Stahlbetonkonstruktion kam es hier nicht an.

Zur Prüfung wurde eine Probe in einer Tiefe von 9 cm von der Oberseite der insgesamt 30 cm dicken Stahlbetonbodenplatte entnommen. Die Druckprüfung zur Feststellung der Wasserundurchlässigkeit (bei 5 bar Druck über 72 h) ergab, dass die Wassereindringtiefe in den Beton unter 5 cm lag und damit die Kriterien erfüllt sind. Da aber an einer Stelle die Probe von Wasser vollständig durchdrungen wurde, kam das Prüflabor zum Ergebnis, dass der Beton nicht die Qualität aufweise, die ein wasserundurchlässiger Beton haben muss.

Dabei war die Probenentnahme von der Oberseite der Bodenplatte nicht repräsentativ für die Betonqualität des gesamten Bauteils, da
– sich aus dem Bautagebuch ergeben hat, dass die Oberseite durch warmes Sommerwetter ohne Nachbehandlung zu schnell abgetrocknet ist,
– sich die trocknungsbedingten Schwindrisse auf den oberen Bereich der Platte beschränken,
– der Kristallisationsgrad vom Feuchtigkeitsangebot abhängt, der Beton an der Einwirkungsseite im unteren Bereich der Bodenplatte und im Kern deswegen besser kristallisiert und ein dichteres Gefüge aufweist.

Der Beton hatte daher nicht – *keine WU-Qualität*! (s. Bilder 5 und 6)

Das Modell zu den Feuchtebedingungen in einem wasserundurchlässigen Bauteil, das in der WU-Richtlinie[4] dargestellt ist, beruht auf Modelluntersuchungen der TU München[5].

---

4 DAfStb Richtlinie Wasserundurchlässige Bauwerke aus Beton (WU-Richtlinie), Ausgabe November 2003 (erhältlich seit Mai 2004), Deutscher Ausschuss für Stahlbeton im Deutschen Institut für Normung e.V., Berlin; Erläuterungen zur DAfStb-Richtlinie; Schriftenreihe Heft 555, 1. Auflage Juli 2006

5 Schießl, Peter; Beddoe, Robin: Wassertransport in WU-Beton – kein Problem! Aachener Bausachverständigentage 2004. Vieweg+Teubner, Wiesbaden 2004

Bild 5: Proben von Betonbodenplatten können nur von oben entnommen werden, die Wassereinwirkung erfolgt aber von unten …

Bild 6: … daher sind Risse, die von oben nur wenige Zentimeter in die Bodenplatte reichen, bedeutungslos.

Bei ungünstigen Rahmenbedingungen, insbesondere bei raschem Abtrocknen, ist der Kristallisationsgrad geringer – bei diesen Versuchsreihen konnte Wasser bis zu 8 cm eindringen, während an den Proben, die regelgerecht nachbehandelt wurden, die Eindringtiefe sich auf 4 cm beschränkte. Das WU Modell steht hinsichtlich der Eindringtiefe von Wasser damit auf der sicheren Seite. Bei der Bewertung von Vorhandenem ist es aber nur eingeschränkt anwendbar. In Grenzfällen ist die tatsächliche Wassereindringtiefe zu prüfen. Wobei der Beton nicht an der Oberfläche von der der Einwirkung abgewandten Seite, sondern von der ihr zugewandten Seite oder zumindest aus dem Kernbereich zu entnehmen ist. Dort kommt es nämlich auf die Betoneigenschaften an, weil dort der Einwirkungen stattfinden und dort der Kristallisationsgrad maßgeblich für die Wasserundurchlässigkeit ist.

1.5 Risse in einer Bodenplatte

An der Bodenplatte einer Industriehalle bildeten sich deutliche Risse (s. Bild 7). Für die Errichtung des Gebäudes stand ein Zeitraum von nur drei Monaten zur Verfügung. Im dadurch bedingten Stress auf der Baustelle wurde die statisch nicht notwendige, sondern nur zur Verminderung der Rissbreite vorgesehene Bewehrung nicht eingebaut. Während der Bauzeit erfolgte bereits die Montage der Produktionsanlagen, deswegen wurden die zur Nachbehandlung aufgebrachten Folien bereits einen Tag nach dem Betonieren entfernt. Das verstärkte die Schwindverkürzung.

Muss die fehlende Bewehrung nachträglich eingesetzt werden, kann die Nachbehandlung nachgeholt werden? Nein, selbstverständlich nicht, es war auch nicht erforderlich, sie abzubrechen und neu herzustellen, da die nicht eingebaute Bewehrung nicht zur Tragfähigkeit beiträgt, sondern ausschließlich gegen breite Rissbildungen durch frühe Schwindvorgänge gedacht war. Die wenigen breiten Risse konnten mit geringem Aufwand verschlossen werden.

Welche Bedeutung haben bei solchen Bewertungen dann entsprechende Regelangaben? Bei schadensfreien Abdichtungen ist

Bild 7: Riss in der Bodenplatte ohne rissbreitenvermindernde Bewehrung.

abzuwägen, ob Abweichungen von Regelwerken über die vorgesehene Nutzungsdauer doch noch zu Schäden führen können oder ob unter den tatsächlichen Umständen eine vergleichbare Eignung gegeben ist.

2 Schlussfolgerungen

2.1 Zweck von bautechnischen Regeln

Bautechnische Regeln werden für die Planung und Ausführung verfasst. Nicht bauordnungsrechtlich relevante Regeln sind nicht bedingungslos anzuwenden. Sie dürfen angewendet werden, solange sie dem Werkerfolg nicht entgegenstehen. Wenn dieser auch anders erzielbar ist, ist die Nichtbeachtung einer Regel kein Fehler[6]. Dazu ist zu erläutern, dass Fehler der objektivierte Teil einer Mangelbewertung sind. Bei Verstößen gegen ausdrückliche Vereinbarungen (vertragsindividuelle Komponente) oder gegen die Beschaffenheitsvorstellung des Bestellers (subjektive Komponente) kann nach BGB § 633 trotz Fehlerfreiheit ein Mangel vorliegen[7]. Um diese Aspekte geht es hier aber nicht.

Regelwerken lässt sich nicht immer entnehmen, welchen Stellenwert sie für die konkrete Aufgabe als Ganzes und für die Bestimmungen im Einzelnen haben. In den Regeln werden Anforderungen für die Planung und Ausführung beschrieben. Die Bewertung des bereits Errichteten ist regelmäßig nicht Regelungsgegenstand (mit Ausnahmen, z. B. die Merkblätter der WTA Wissenschaftlich-Technische Arbeitsgemeinschaft für Bauwerkserhaltung und Denkmalpflege e. V, München).

In Bewertungsfällen ist die Einschätzung der Regelbedeutung noch schwieriger als vor und während der Ausführung. Im Gegensatz zu öffentlich-rechtlichen Regeln, die bedingungslos zu beachten sind, sind private technische Regeln (ohne gesonderte Vereinbarung) nicht als „Selbstläufer" zu betrachten.

Viele Regeln fordern Maßnahmen gegen Schäden am jungen Bauteil, die durch einmalig ablaufende oder abklingende Vorgänge verursacht werden könnten. Sind diese abgeschlossen, besteht kein objektives Interesse mehr an der Einhaltung der Regeln. Entweder ist kein Schaden eingetreten oder dieser kann – oft lokal begrenzt – beseitigt werden, ohne das Bauteil abzubrechen und neu errichten zu müssen.

Regelwerke orientieren sich nicht an einer konkreten Anwendungssituation, sondern an allgemein zu erwartenden Einwirkungen. Berücksichtigung finden dabei:
– übliche Baustellenbedingungen,
– in der Anfangsphase einmalig und abklingend einwirkende Vorgänge
– sowie spätere, während der Nutzung wiederkehrende Einflüsse.

Werden z. B. geforderte Schichtdicken eingehalten, kann mit einer gewissen Wahrscheinlichkeit vom zu erwartenden Werkerfolg ausgegangen werden.

Regelvorgaben sollen Unwägbarkeiten ausräumen, die den Werkerfolg gefährden könnten. Allerdings garantiert diese Vorgehensweise nicht den Werkerfolg. Manchmal muss mehr als das Geforderte gemacht werden, manchmal genügt aber auch weniger.

Anerkannte Regeln der Technik (a. R. d. T.) sollen den Mindeststandard beschreiben, um die Gebrauchstauglichkeit mit einem ausreichenden Zuverlässigkeitsgrad für die vorgesehene Nutzungsdauer unter üblichen Instandhaltungen zu erzielen (ständige Rechtsprechung z. B. zur DIN 4109:1989 und Anforderungen aus der Bauproduktenverordnung). Konsequenz: Regelwerke, die sich als a. R. d. T. etablieren sollen, müssen helfen, den Werkerfolg zu erzielen (Planung- und Ausführungsphase), ohne für den Werkerfolg unnötige Maßnahmen zu fordern.

Regelwerke sollen deswegen technisch richtig sein. Sie müssen nicht demokratischen Grundsätzen folgen, da demokratisch erstellte Regeln gesellschaftlich-juristischen Dogmen folgen, aber nicht unbedingt naturwissenschaftliche Standards einhalten. Bei der Ausarbeitung von Regeln in Gremien dient das demokratische Element dem Findungsprozess der Richtigkeit von Regeln. Abstimmungen können einerseits helfen, Erkennt-

---

6 Zöller, M.: Pro und Kontra – Das aktuelle Thema: „Anerkannte Regeln der Technik" an der Schnittstelle zwischen Recht und Technik, 3. Beitrag: Versuch einer Definition an der Schnittstelle zwischen Recht und Technik. Aachener Bausachverständigentage 2016. Springer, Berlin 2016

7 Boldt, A., Zöller, M.: Anerkannte Regeln der Technik – Inhalt eines unbestimmten Rechtsbegriffs. Heft 8 in der Reihe Baurechtliche und -technische Themensammlung. Bundesanzeiger Verlag, Köln und Fraunhofer IRB Verlag Stuttgart, 2017

nisse über die Richtigkeit zu gewinnen, anderseits können sie zu Fehler führen, wenn von Einzelnen vertretene Interessen überwiegen.

2.2 Regelwerke als Diagnosehilfe

Ist das Werk bereits hergestellt, steht es über Diagnoseverfahren mit seinen konkreten Eigenschaften als Informationsquelle zur Verfügung. Die in Regelwerken verankerten Sicherheitsfaktoren für Ungewissheiten bei der Herstellung lassen sich durch Analyse des Vorhandenen ausräumen oder zumindest verkleinern.

Wenn bei Holztragwerken Risse, Drehwuchs, die dauerhafte Nutzungsfeuchte und andere, bei Hölzern häufig vorkommende und die Tragfähigkeit vermindernde Unregelmäßigkeiten quantitativ festgestellt und bewertet werden, können Sicherheitsfaktoren angepasst werden.

In Bezug zur Materialfeuchte von 12 Masse-% schwanken bei Nadelholz die Festigkeiten zwischen einer „zulässigen Materialfeuchte" von 18 Masse-% (15 % ± 3 %, d. h. Maximalwert) und einer häufig vorkommenden Ausgleichsfeuchte im Dauerzustand von ca. 8 Masse-% erheblich. Im Einbauzustand liegt die Druckfestigkeit bei 60 %, die bei der späteren Abtrocknung auf ca. 130 % steigt (unter Bezugnahme der Festigkeit bei 12-Masse-%). Die Biegefestigkeit steigt von 70 % auf ca. 115 % und die Zugfestigkeit von ca. 85 % auf ca. 105 %. Einige Quellen gehen von noch größeren Bandbreiten aus, die Druckfestigkeit erreiche bei 20 Masse-% nur die halbe Größe gegenüber der späteren Ausgleichsfeuchte bei 10 %.

Gleiches gilt für andere Tragwerke, bei denen Sicherheitsfaktoren für die Bemessung vor der Herstellung einfließen. Die Festigkeit von Natursteinen kann erheblich in Abhängigkeit des Steinbruchs, der Lage des Rohblocks im Steinbruch, der Schichtung, des Verwitterungsgrads, der Art der Gewinnung und anderer Faktoren schwanken. Daher sind bei der Bewertung von historischen Konstruktionen für die Planung gedachte, allgemeine Materialkenndaten wenig gut brauchbar.

Regelmäßig können Sicherheitsbeiwerte für Tragwerke in der Planungsphase bei der späteren Beurteilung des bereits Gebauten vermindert werden, sobald durch eine Analyse des Vorhandenen festgestellt wird, dass Sicherheitszuschläge der vorhandenen Konstruktion gegenüber der in der Planung angenommenen Abweichungen nicht ausgenutzt werden.

Regelwerke sind daher bei der Diagnose mit einer gewissen Vorsicht zu verwenden, sie gelten nicht uneingeschränkt.

Beispielsweise können bei Beton tatsächliche Materialkenndaten oft mit geringem Aufwand geprüft werden. Nicht selten werden Stahlbetonkonstruktionen nicht nach den Kriterien für wasserundurchlässige Betonbauwerke errichtet. Stellt sich aber später heraus, dass der Beton gleichmäßig verarbeitet wurde, das Gefüge dicht ist, die kapillare Eindringtiefe weniger als 5 cm beträgt, wasserführende Trennrisse nicht vorhanden sind, wurde auch ohne Berücksichtigung der Planungs- und Ausführungsgrundsätze der WU-Richtlinie eine wasserundurchlässige Konstruktion erreicht. Dies gilt umso mehr für Stahlbetonbauteile, die bereits länger durch Druckwasser beansprucht sind, aber auf der der Einwirkung abgewandten Seite kein Wasser austritt.

2.3 Beispiel Anwendbarkeit von DIN Normen im Bewertungsfall

Die abgelöste Norm für Bauwerksabdichtungen DIN 18195[8] und die Folgenorm DIN 18533[9] fordern bei Übergängen von flüssig zu verarbeitenden Abdichtungssystemen (in der Regel handelt es sich dabei um kunststoffmodifizierte Bitumendickbeschichtungen) auf wasserundurchlässige Bodenplatten, dass die Abdichtung an der Stirnfläche der Bodenplatte 10 cm bei einer geringen Einwirkung durch nicht drückendes Sickerwasser bzw. 15 cm bei einer Einwirkung durch drückendes Wasser überlappend aufgearbeitet wird. Nur bei Druckwasser müssen sogar mehrere Maßnahmen bei der Untergrundvorbereitung und der Verarbeitung der Abdichtung beachtet werden, die die Nichtunterläufigkeit des Übergangs sicherstellen und damit vermeiden, dass Druckwasser durch einen Spalt zwischen Beton und Abdichtung nach innen eindringen kann.

Nicht erwähnt werden Übergänge von flüssigen Abdichtungen auf andere Arten von was-

---

[8] DIN 18195-9:2010-05 Bauwerksabdichtungen, Durchdringungen, Übergänge, An- und Abschlüsse

[9] DIN 18533-3:2017-07 Abdichtung von erdberührten Bauteilen — Teil 3: Abdichtung mit flüssig zu verarbeitenden Abdichtungsstoffen

serundurchlässigen Stahlbetonbauteilen, etwa der Übergang einer abgedichteten Mauerwerkswand auf eine im unteren Bereich einer Außenwand als wasserundurchlässige Stahlbetonkonstruktion ausgeführte Betonwand oder bei weit auskragenden Fundamentplatten der Übergang der Abdichtung auf die Oberseite der wasserundurchlässigen Stahlbetonbodenplatte.

Die Anforderung, dass der Übergang der Abdichtung auf die wasserundurchlässige Stahlbetonbodenplatte auf der Stirnfläche erfolgen muss, gründet in der Überlegung, dass die Oberseite von gegenüber der Wandoberfläche vorspringenden Bodenplatten regelmäßig nicht die erforderlichen Übergangsbreiten von 10 bzw. 15 cm aufweisen. Mit der normativen Festlegung soll verhindert werden, dass im Übergangsbereich zwischen flüssig zu verarbeitender Abdichtung und dem Stahlbetonuntergrund die Kante zwischen Oberseite der Bodenplatte und deren Stirnfläche liegt, die eine Schwachstelle darstellen kann. Die Übergangsfläche soll durchgängig ohne Kante ausgeführt werden, sodass aus Zuverlässigkeitsüberlegungen die Norm den Übergang auf der senkrechten Stirnfläche der Bodenplatte fordert, an der dies möglich ist. Eine weitere Begründung liegt darin, dass die Stirnflächen von Bodenplatten geschalt werden, während auf den Oberseiten die Gefahr von Inhomogenitäten und Schmutzablagerungen größer sind.

Wenn aber die Bodenplatte so weit übersteht, dass die notwendige Mindestkontaktfläche eine durchgehende Ebene auf der Oberseite der Bodenplatte bildet, kann bei Beachtung der erforderlichen Untergrundvorbehandlung und den sonstigen Maßnahmen zur Sicherstellung eines nicht unterläufigen Haftverbunds der Übergang der Abdichtung auf den wasserundurchlässigen Stahlbetonuntergrund auch auf der Oberseite ausgeführt werden. Genauso können die Übergänge auch auf andere wasserundurchlässige Bauteile hergestellt werden. Die Kante zwischen senkrechter und waagerechter Fläche der Bodenplatte stellt ebenfalls keine Schwächung dar, da diese Kante auch zwischen der senkrechten Fläche bei einer Überlappung von 15 cm und der Oberseite der Bodenplatte liegt, die genauso wasserdicht sein muss. Auch hier gibt es keinen physikalischen Grund, warum die Übergangsfläche bei einem druckwasserdichten Anschluss auf der Stirnfläche der Bodenplatte liegen muss.

Wenn die Abdichtung in der geforderten Breite von 10 cm für die Wassereinwirkungsklasse Bodenfeuchte bzw. nicht drückendes Sickerwasser und 15 cm für die Wassereinwirkungsklasse drückendes Wasser vollflächig und nicht wasserunterläufig am Untergrund anhaftet, kann von der normativen Festlegung, dass die Abdichtung immer an der senkrechten Stirnfläche der Bodenplatte anzuordnen ist, unter technischen Aspekten (vorbehaltlich einer juristischen Prüfung) abgewichen werden.

Wenn die Übergänge waagerecht angeordnet sind und auch nicht drückendes Wasser die Abdichtung hinterlaufen könnte, müssen die Maßnahmen für den nicht wasserunterläufigen Haftverbund auch bei der geringen Wassereinwirkung durch Bodenfeuchte und nicht drückendes Sickerwasser ergriffen werden.

2.4 Technische Regeln sind nicht gleichzusetzen mit Rechtsnormen

Regelwerke werden verfasst, um zu helfen, und nicht, um zu bestrafen. Sachverständige dürfen bei Bewertungen Sachverhalte nicht juristisch bewerten, indem sie unterstellen, dass technische Regeln als Selbstzweck, von sich aus, einzuhalten sind und Abweichungen per se zu bestrafen sind. Sie sollen technische Zusammenhänge aufklären und in konkreten Fällen erläutern, worauf ein Schaden beruht oder prognostizieren, ob die Sache unter den konkreten Bedingungen gebrauchstauglich ist. Dabei ist sorgfältig zu prüfen, ob einmalige Vorgänge abgeklungen sind oder welche restlichen Einwirkungen zum Zeitpunkt der Bewertung noch bestehen. Diese sind in eine Prognosebetrachtung einzubeziehen.

Für die Bewertung gilt daher, sich mit dem konkreten Einzelfall zu beschäftigen und nicht, die normative Festlegung mit einer unter dogmatischen Gesichtspunkten festgesetzten Rechtsregel zu verwechseln. Die technische Bewertung sollte sich nur mit technischen Sachverhalten auseinandersetzen und nicht mit dem im Hintergrund mitschwingenden Rechtsanspruch, dass Regelwerke einzuhalten sind.

Rechtliche Aspekte können gegenüber einer technischen Bewertung zu einem anderen Ergebnis führen. Wenn es z. B. ein objektives Interesse des Bestellers gibt, zusätzlich der Einwand des Unternehmers des unverhältnismäßig hohen Aufwands in Bezug zum zusätzlichen Werkerfolg ungerechtfertigt ist oder wenn andere rechtliche Aspekte für die uneingeschränkte Einhaltung von Regelwerken spricht, etwa die ausdrücklich vertragliche Vereinbarung, können nachzuerfüllende Mängel vorliegen. Dabei handelt es sich aber um Entscheidungen, die nicht auf einem Sachverständigenbeweis beruhen und deswegen regelmäßig nicht von Sachverständigen geklärt werden sollen, sondern einer juristischen Würdigung unterliegen.

Sachverständige sollen sich daher im Bewertungsfall von Regelwerken freimachen. Gerichtlich oder privat tätige Sachverständige sollen sich als Beweismittel auf die Klärung von technischen Zusammenhänge beschränken. Regelwerke sind in vielen Fällen begründet und können als Orientierung und Argumentationshilfe genutzt werden, sie dürfen aber nicht als unabänderliche und von sich aus zwingend einzuhaltende Rechtsregel betrachtet werden. Das steht der anschließenden rechtlichen Würdigung nicht entgegen, die von Sachverständigen nicht vorgenommen werden soll. Dieser Gedanke führt so weit, dass der hier beschriebene Umgang mit technischen Regelwerken sogar auf solche anzuwenden ist, die bauaufsichtlich eingeführt sind. Wenn eine rechtlich bindende Regel „von Amts wegen" einzuhalten ist, nicht aber aus technischen Gründen, ist das eine rechtliche Würdigung, aber keine technische. Um Missverständnissen vorzubeugen: Die Bewertungsansätze dürfen nicht dazu verleiten, in der Planungs- und Ausführungsphase von vornherein sparen oder gar pfuschen zu wollen. Wer dies tut, erhöht das Schadensrisiko. Wenn Fehler zu Schäden führen, sind Unternehmer regelmäßig (verschuldensunabhängig) in der Pflicht, diese zu beseitigen. Bei Planern führen (verschuldete) Fehler regelmäßig zum Anspruch auf Schadenersatz.

2.5 „Sonderlösung": rechtliche Auslegung als „besonderes Risiko"?

Der Begriff „Sonderlösung" in DIN-Normen beschreibt Bauweisen oder –arten, die nicht (abschließend) in der jeweiligen Norm geregelt sind. So werden z. B. die Anforderungen an die als Sonderlösung bezeichneten niveaugleichen Schwellen angesprochen, aber nicht kochbuchartig bis ins Detail vorgegeben. Dabei sind diese Schwellen inzwischen aus Gründen der Barrierefreiheit üblich. „Sonderlösung" meint nicht, dass nur die in der Norm enthaltenen Regeln für sich in Anspruch nehmen können, anerkannte Regel der Technik zu sein. Der Begriff ist deswegen nicht von vorneherein mit „erhöhtem Risiko" gleichzusetzen!

2.6 Punktlandung möglich? – Nein: Handlungsempfehlung

Unterschreitet der Anwender eine Regelanforderung, wird die Zuverlässigkeit des Bauteils infrage gestellt. Plant oder führt er aus Sicherheits- und Zuverlässigkeitsüberlegungen mehr aus, als in einem Regelwerk gefordert wird oder sich aus der konkreten Situation ergibt (was i. d. R. auch teurer ist), setzt er sich dem Vorwurf aus, unnötig Geld ausgegeben und damit einen finanziellen Schaden verursacht zu haben.

Wie kann dem Risiko, es auf jeden Fall „falsch zu machen", entgegnet werden? Im Beitrag[10] wurde auf die Variantenbildung in Gerichtsgutachten abgestellt. Für die Planung gilt nichts anderes. Planer sollten Entscheidungen nicht selbst treffen, sondern den Auftraggeber über Varianten in die Lage versetzen, die für ihn richtige Entscheidung im Bewusstsein der Konsequenzen zu treffen.

Das kann aber nicht alle Kleinigkeiten des Bauens betreffen, weil dann nichts mehr geht. Auch wollen sich Auftraggeber nicht mit allen Details herumschlagen. Dafür vertrauen sie doch ihrem Planer und ihrem Bauleiter, in ihrem Sinne die richtigen Entscheidungen zu treffen.

Verträge im Baubereich sind nur zum Teil inhaltlich festlegbar, in weiten Bereichen aber nicht, da es sich um Entwicklungsverträge handelt. Beauftragt ein Bauherr einen Architekten, ist es dessen Kernaufgabe, das Gebäude zu entwerfen und Details zu entwickeln. Beauftragt ein Bauherr einen Unternehmer, stehen zum Zeitpunkt des Vertragsabschlusses nicht alle Details fest. Davon ausgenommen können industriell vorgefertigte Gebäude oder Bauteile sein. Für individuelle Einzelanfertigungen lassen sich zwar unter Einsatz elektronischer Unterstützung die Planungsabläufe verbessern, die Grundprobleme aber niemals vollständig beseitigen. Das gilt noch mehr bei Maßnahmen im Gebäudebestand, da zu Beginn der Bauarbeiten trotz sorgfältiger Voruntersuchungen niemals der im Verborgenen liegende tat-

---

10 IBR 2016, 501; Zöller, M.: Bodenaustausch „vergessen" – Gebäude abbrechen? Zur Variantenbildung in Gerichtsgutachten

sächliche Zustand 100-prozentig erkannt werden kann.
Bauschaffende sind nicht alleine am Wortlaut von Regelwerken zu messen. Bei der späteren Bewertung ist ihnen in Grenzen des Vertrags, innerhalb der anerkannten Regel der Technik und in Grenzen des Bauüblichen ein angemessener Spielraum zuzugestehen, im Interesse ihres Kunden gehandelt zu haben. Das gilt nicht nur, weil sie Werkverträge mit dem Charakter von Entwicklungsverträgen haben, sondern insbesondere wegen deren Pflicht, sich kritisch mit Regeln auseinander zu setzen.

Prof. Dipl.-Ing. Matthias Zöller
Honorarprofessor für Bauschadensfragen am Karlsruher Institut für Technologie (Universität Karlsruhe), Architekt und ö. b. u. v. Sachverständiger für Schäden an Gebäuden; am Aachener Institut für Bauschadensforschung und angewandte Bauphysik (AIB$_{AU}$ gGmbH) forscht er systematisch an den Ursachen von Bauschäden und formuliert Empfehlungen zu deren Vermeidung; Übernahme der Leitung der Aachener Bausachverständigentage nach dem Tod von Prof. Dr. Rainer Oswald; Referent im Masterstudiengang Altbauinstandsetzung an der Universität in Karlsruhe; Mitarbeit in Fachgremien, die sich mit Regelwerken der Abdichtungstechniken beschäftigen; Autor von Fachveröffentlichungen, u. a. die regelmäßig erscheinenden Bausachverständigenberichte in der Zeitschrift „IBR Immobilien- & Baurecht".

Das aktuelle Thema:
Sind Regelwerke als Planungsinstrumente zur Beurteilung geeignet?
Diskussion am Beispiel Beton
2. Beitrag: Neuerungen in der WU-Richtlinie 2017

Dipl.-Ing. Karsten Ebeling, ö. b. u. v. Sachverständiger für Betontechnologie und Betonbau der IngKN, Ingenieur- und Sachverständigen-Büro ISVB Dipl.-Ing. K. Ebeling, Burgdorf

1 Einleitung

Seit vielen Jahrzehnten werden in der Baupraxis wasserundurchlässige Bauwerke aus Beton, kurz Weiße Wannen, erfolgreich eingesetzt. Allgemeingültige Regeln der Bemessung für Betonbauwerke sind in der DIN EN 1992-1-1 [1] zusammen mit dem nationalen Anhang NA geregelt.
Da in der Vergangenheit WU-Konstruktionen als Weiße Wannen fälschlicherweise mit Bezug auf die Abdichtungsnorm DIN 18195 [4] nur aufgrund des „Fehlens" eines speziellen, eigenständigen Regelwerks gelegentlich als „ungeregelte" Bauweise angesehen wurden, ist durch den Deutschen Ausschusses für Stahlbeton (DAfStb) im Mai 2004 die Richtlinie „Wasserundurchlässige Bauwerke aus Beton" [9] erschienen, in der weitergehende Anforderungen an die Gebrauchstauglichkeit festgelegt sind.
Ergänzend dazu finden sich bei hochwertigen Nutzungen zusätzliche Erläuterungen für bauphysikalische und raumklimatische Anforderungen im Merkblatt „Hochwertige Nutzung von Untergeschossen" des Deutschen Beton- und Bautechnik-Vereins. E.V. [14], welches im Januar 2009 erschienen ist.
Ergänzt werden vorstehende Regelwerke durch vorliegende Fachliteratur. Hierzu gehört unter anderem das Fachbuch „Weiße Wannen – einfach und sicher" [18], in dem eine umfassende Darstellung der Thematik Weißer Wannen mit Erläuterungen zu vorhandenen Regelwerken, Rechenbeispielen und Erfahrungen aus langjähriger Ausführungs-, Beratungs- und Sachverständigentätigkeit zusammengefasst sind.

2 Anlass und Motivation zur Überarbeitung der WU-Richtlinie

Die WU-Richtlinie des DAfStb ist mittlerweile 13 Jahre gültig. Innerhalb dieser Zeit sind Regelwerke für den Stahlbeton mehrfach geändert und sowohl europäisch als auch national angepasst worden. Zudem haben sich neue Fragestellungen für Baumaßnahmen mit vorgesehener hochwertiger Nutzung ergeben. Diese Punkte sind Anlass und Notwendigkeit für die derzeitige Überarbeitung der bestehenden WU-Richtlinie. Hierzu hat der Unterausschuss zur Überarbeitung der WU-Richtlinie (UA WU) im Jahr 2015 seine Arbeit begonnen und seither die Inhalte in 6 Sitzungen beraten. Im Herbst 2016 wurden die Beratungen im Unterausschuss des DAfStb für das Erscheinen des Gelbdrucks abgeschlossen und im Rahmen eines Gelbdruckverfahrens mit Stand 13.10.2016 zur Diskussion gestellt.
Dieser Beratungsstand ist an entsprechende Fachkreise sowie Mitgliedsunternehmen verteilt worden mit dem Ziel, etwaige Vorschläge und Kommentare über Verbände sowie Interessengemeinschaften möglichst zu bündeln und als abgestimmte Stellungnahmen an den Unterausschuss (UA WU) für weitere Beratungen abzugeben. Zum vorgelegten Gelbdruck sind ungefähr 200 Stellungnahmen eingegangen, die im Unterausschuss (UA WU) Ende Februar 2017 beraten wurden.

3 Weiße Wannen – Was ist das eigentlich?

Trotz des Vorliegens der WU-Richtlinie seit nunmehr 13 Jahren sind die Bauaufgabe und die Leistungsfähigkeit Weißer Wannen offenbar

nicht allen Baubeteiligten ausreichend bekannt. Daher werden einzelne Kernaussagen zu dieser Thematik nachstehend nochmals genannt:
- Wasserundurchlässige Betonkonstruktionen können die lastabtragende und in Kombination mit planmäßig aufeinander abgestimmten Fugenabdichtungssystemen bzw. Rissabdichtung/Rissselbstheilung auch die abdichtende Funktion übernehmen.
- Ungerissene WU-Betonkonstruktionen erfüllen bei Beanspruchungen infolge Druckwasser hohe Dichtheitsanforderungen. Dafür sind maßgebende Stellschrauben zu beachten, die unter anderem Anforderungen an die Bauteildicke, die Betonqualität, die Fugenabdichtungen und an Einbauteile beinhalten.
- Durch ungerissene WU-Bauteile erfolgen kein Kapillartransport und keine Wasserdampfdiffusion und dieses unabhängig vom hydrostatischen Druck und vom Schichtenaufbau der Bauteile. Grundlage der WU-Richtlinie ist dafür das sogenannte Arbeitsmodell, in dem die einzelnen Bereiche in Druckwasserbereich, Kapillarbereich, Kernbereich und Austrocknungsbereich unterschieden und mit zugeordneter Betonqualität und Bereichsdicken festgelegt sind. Die Praxistauglichkeit der Anwendung von Weißen Wannen mit hochwertiger Nutzung ist auch im Band 80 der Bauforschung für die Praxis [21] dokumentiert, der die Ergebnisse von Untersuchungen an 16 ausführten und mehrere Jahre mit Druckwasser beanspruchten Bauobjekten enthält. Das Bild 1 zeigt das Arbeitsmodell [11].
- Für eine vorgesehene Nutzungsqualität ist das Erreichen der Wasserundurchlässigkeit wesentlich von dem Beherrschen der Trennrisse abhängig. Dieses erfordert die Anwendung unterschiedlicher Entwurfsgrundsätze und Konstruktionsprinzipien in Abhängigkeit von der gewünschten Nutzungsanforderung. Neben trennrissfreier Konstruktion (Entwurfsgrundsatz a)) stehen als Entwurfsgrundsätze Konstruktionen mit vielen kleinen Trennrissbreiten mit dem Ziel einer Selbstheilung (Entwurfsgrundsatz b)) sowie Konstruktionen mit wenigen breiteren Trennrissen in Kombination mit zusätzlicher planmäßiger Abdichtung (Entwurfsgrundsatz c)) zur Verfügung.
- Bei hochwertigen Nutzungen (Nutzungsklasse NK-A) sind planerische und ausführungstechnische Maßnahmen erforderlich, um einen Wasserdurchtritt durch Risse und Fugen – auch temporär – zu verhindern. Trennrisse, die nicht abgedichtet sind, führen bei Druckwasserbeanspruchung zumindest temporär zu einem Wasserdurchtritt.

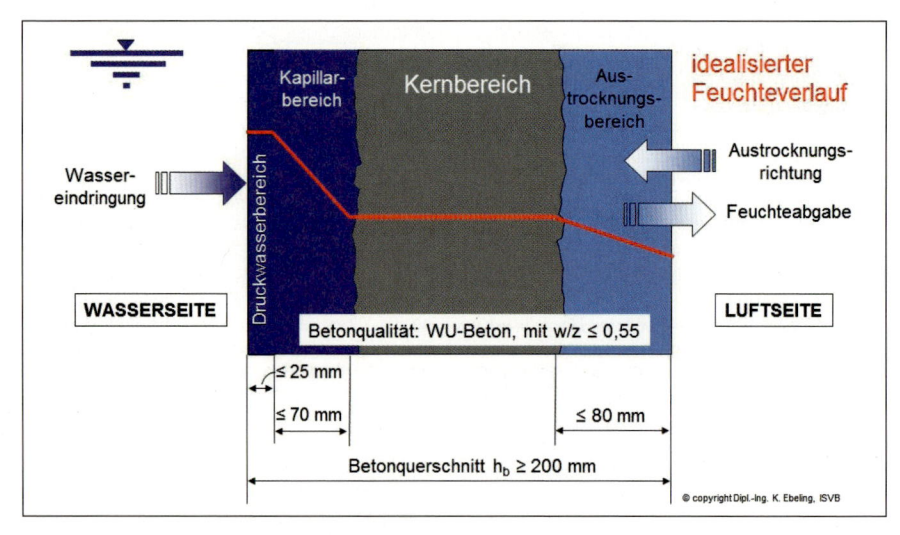

Bild 1: Arbeitsmodell für Feuchtebedingungen in einem Betonbauteil-Querschnitt unter einseitiger Druckwasserbeaufschlagung (in Anlehnung an [11])

4 Kurz-Überblick zur Überarbeitung der WU-Richtlinie

Im Rahmen der Aktualisierung der WU-Richtlinie soll die Lesbarkeit und Verständlichkeit durch Anpassungen im Aufbau und im Inhalt verbessert werden. Nachfolgend werden einige Beispiele zum derzeitigen Beratungsstand im Gelbdruck genannt.
Ein wesentliches Ziel der Überarbeitung ist es, die Aufgaben der Planung noch klarer herauszustellen und zu beschreiben. Zur Verbesserung der Planungs-Qualität sollen Pflichten zur Kommunikation, zur Dokumentation sowie hinsichtlich Prüfungen präzisiert werden.
Vorgesehen ist weiterhin eine inhaltliche Gliederung in 12 Kapitel. Während die Kapitelordnung für die Abschnitte 1 bis 5 und 8 bis 12 beibehalten wird, sind „lediglich" Anpassungen bzw. Umstellungen der Kapitelüberschriften 6 und 7 vorgesehen. Zudem ist geplant, die WU-Richtlinie durch einen informativen Anhang A mit einer Checkliste für Zuständigkeiten als Orientierungshilfe zu ergänzen. Die inhaltliche Neugliederung der 12 Abschnitte in der WU-Richtlinie ergibt sich nach bisherigem Beratungsstand [10]:

0   Vorbemerkungen
1   Anwendungsbereich
2   Verweisungen
3   Begriffe
4   Aufgaben der Planung
5   Festlegungen
6   Entwurf
7   Anforderungen an Beton, Bauteildicke und Fugen
8   Berechnung und Bemessung
9   Bewehrungs- und Konstruktionsregeln
10 Fugenabdichtungen
11 Ausführung
12 Dichten von Rissen und Instandsetzung von Fehlstellen
A   Anhang A (informativ)

Auch wenn die vorstehende Gliederung im Vergleich zur bestehenden WU-Richtlinie keine größeren Unterschiede erkennen lässt, so sind die Inhalte aller Abschnitte überarbeitet und durch neue sowie angepasste Aussagen ersetzt, angepasst bzw. ergänzt worden.

5 Inhaltliche Anmerkungen zur Überarbeitung der WU-Richtlinie

5.1 Beanspruchungsklassen

Eine aussagekräftige Baugrunduntersuchung mit Ausweisung der zutreffenden Beanspruchungsklasse (BK1 = Druckwasser, BK2 = Feuchte) einschließlich der Angabe des maßgebenden Bemessungswasserstandes (BWS) und der Untersuchung hinsichtlich eines etwaigen chemischen Angriffs ausgedrückt über die Expositionsklassen (XA1, XA2, XA3) bleiben weiterhin elementare Weichenstellung für Weiße Wanne-Konstruktionen.
In der Normenreihe der hautförmigen Abdichtungen DIN 18531 bis DIN 18535, die zurzeit als Entwürfe veröffentlicht sind, werden in E DIN 18533:12-2015 [5] für die Abdichtung von erdberührten Bauteilen insgesamt sechs sogenannte „Wassereinwirkungsklassen W1-E bis W4-E unterschieden.
In der neuen WU-Richtlinie ist nach bisherigem Bearbeitungsstand vorgesehen, die Unterscheidung auf „lediglich" zwei Beanspruchungsklassen hinsichtlich Druckwasser (zeitweise oder ständig) und Feuchte (aus Bodenfeuchte bzw. aus an der Wand frei ablaufendem Wasser) zu begrenzen und auf Abstimmungen bzw. auf Übernahme der normativen Vielfalt in der Normenreihe für hautförmige Abdichtungen zu verzichten. Die Tabelle 1 zeigt den Autorenvorschlag für eine ungefähre Zuordnung der Wassereinwirkungsklassen gemäß [5] und der Beanspruchungsklassen gemäß [10].

5.2 Nutzungsklassen

Auch die Festlegung der vorgesehenen Nutzung des Bauwerks oder des Bauwerksteils über die jeweils zutreffende Nutzungsklasse (NK-A oder NK-B) in Kombination mit einem geeigneten Entwurfsgrundsatz und Anforderungen an rechnerische Rissbreiten bleiben für die Weichenstellung Weißer Wanne-Konstruktionen unverzichtbar. Vorgesehen ist hierbei, eine Anmerkung aufzunehmen, dass bei hochwertiger Nutzung ergänzende Empfehlungen und Unterklassifizierung mit Aussagen zu weiterführenden Maßnahmen (z. B. Heizung, Lüftung, Wärmedämmung) im DBV-Merkblatt „Hochwertige Nutzung von Untergeschossen – Bauphysik und Raumklima" [14] enthalten sind. Die Tabelle 2 veranschaulicht die Nutzungsklassen.

Tabelle 1: Autorenvorschlag für eine ungefähre Zuordnung von Wassereinwirkungsklassen gemäß [5] und Beanspruchungsklassen nach [9], [10]

Beanspruchungsklassen nach [9], [10]		Ungefähre Zuordnung (Autorenvorschlag) für Wassereinwirkungen nach [5]		
Klasse	Beschreibung nach [9], [10]	Klasse	Unterklasse	Beschreibung nach [5]
BK1 Druckwasser	ständig oder zeitweise drückendes Wasser	W2-E drückendes Wasser	W2.1-E	mäßiger Einwirkung (Wassereinwirkung $\leq$ 3 m)
			W2.2-E	hoher Einwirkung (Wassereinwirkung > 3 m)
		W3-E „nichtdrückendes" Wasser	-	Wassereinwirkung auf erdberührte geneigte Decken mit Abdichtung
BK2 Feuchte	an der Wand frei ablaufendes Wasser oder Bodenfeuchte (kapillar im Boden gebundenes Wasser)	W1-E Bodenfeuchte und nichtdrückendes Wasser	W1.1-E	bei Bodenplatten und erdberührten Wänden (Abdichtungsebene $\geq$ 50 cm oberhalb BWS)
			W1.2-E	bei Bodenplatten mit Dränung und erdberührten Wänden

© copyright Dipl.-Ing. K. Ebeling, ISVB

Tabelle 2: Nutzungsklassen nach [9], [10], [18]

Klasse	Beschreibung	Unterklasse	Beschreibung
NK-A Nutzungsklasse A	Feuchtestellen auf der luftseitigen Bauteiloberfläche als Folge von Wasserdurchtritt unzulässig	$NK\text{-}A_a$	anspruchsvoll
		$NK\text{-}A_n$	normal
		$NK\text{-}A_e$	einfach
		$NK\text{-}A_u$	untergeordnet
	zusätzliche Maßnahmen für trockenes Raumklima, keine Tauwasserbildung	raumklimatische Maßnahmen (Heizung, Lüftung)	
		bauphysikalische Maßnahmen (z.B. Wärmeschutz)	
NK-B Nutzungsklasse B	Feuchtestellen auf der luftseitigen Bauteiloberfläche als Folge von Wasserdurchtritt zulässig. Feuchtestellen mit Dunkelverfärbungen, ggf. auch Wasserperlen zulässig, unzulässig Wasserdurchtritte, die zum Ablaufen von Wassertropfen oder zu Pfützen führen		
„freie" Klasse	Von NK-A bzw. NK-B abweichende Anforderungen im Bauvertrag regeln		

© copyright Dipl.-Ing. K. Ebeling, ISVB

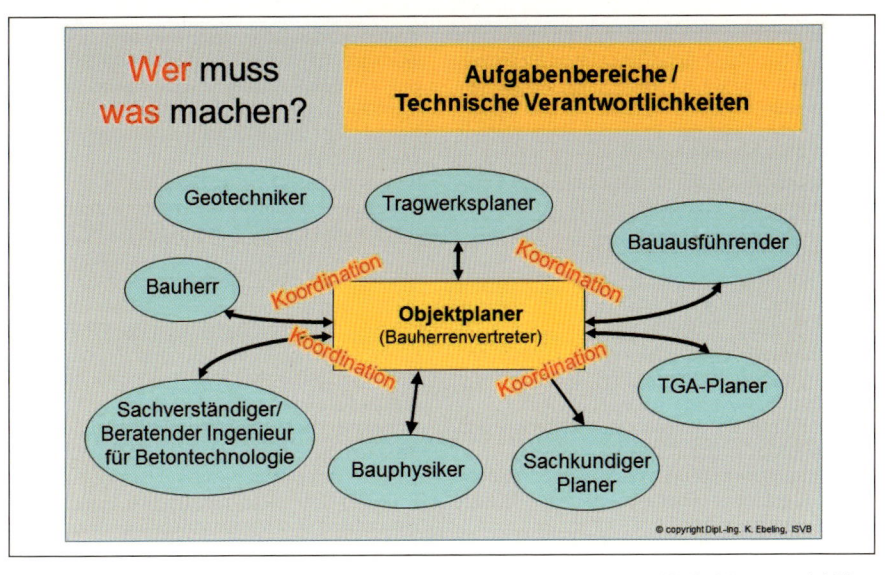

Bild 2: Aufgabenbereiche, Technische Verantwortlichkeiten für die Bauaufgabe Weiße Wanne nach [18]

5.3 Koordination der Bauaufgabe Weißer Wannen

Die besondere Bedeutung der Koordination für die Bauaufgabe Weißer Wannen durch den Objektplaner soll nach dem bisherigen Beratungsstand betont und durch orientierende Benennungen von technischen Verantwortlichkeiten in Analogie zu bereits vorhandenen Checklisten für die Abstimmung von Zuständigkeiten in DBV-Merkblättern „Begrenzung der Rissbildung im Stahlbeton- und Spannbetonbau" [15] und „Hochwertige Nutzung von Räumen in Untergeschossen" [14] ergänzend erläutert werden. Das Bild 2 verdeutlicht die Beteiligten bei der Bauaufgabe Weißer Wannen.

5.4 Mindestumfang der Planungsleistung

Der Mindestumfang der Planungsleistung wird dabei durch eine stichwortartige Zusammenstellung von Aufgaben und Maßnahmen beschrieben, die einzeln und in ihrem Zusammenwirken im Hinblick auf die Wasserundurchlässigkeit zu berücksichtigen und festzulegen sind:
– Bedarfsplanung
– Beanspruchungsklasse ggfs. mit chemischer Wasseranalyse
– Nutzungsklassen und Nutzungsbeginn
– bauteilbezogener Entwurfsgrundsatz
– mögliche Nutzungseinschränkungen durch temporär wasserführende Risse oder Selbstheilung des Betons
– Betoneigenschaften
– Bauteilabmessungen
– geschlossenes Fugenabdichtungssystem
– statische Bemessung
– Bewehrungskonstruktion
– Einbauteile und Durchdringungen
– Bauablauf und Betontakte mit Arbeitsfugen einschließlich zugehöriger Qualitätssicherungsmaßnahmen

Der Begriff der Bedarfsplanung ist für das Bauen seit einiger Zeit neu belebt worden. Wie aus der Aufzählung der vorstehenden planerischen Mindestanforderungen zu ersehen, ist vorgesehen, den Begriff „Bedarfsplanung" in die Aktualisierung der WU-Richtlinie aufzunehmen. Allgemeine Aussagen zu Bedarfsplanungen sind in der Norm DIN 18205 „Bedarfsplanung im Bauwesen" [3] enthalten. Zweck dieser Norm ist es unter anderem, einen Anhalt für folgende Punkte zu geben:
– Anleitung für alle Beteiligten
– Diskussion der Inhalte
– Protokollierung der Gespräche
– Auswahl eines Architekten als Objektplaner

In ihrem informativen Anhang stellt die Norm DIN 18205 insgesamt 5 Checklisten für einzelne Prozessschritte zur Verfügung, die bei der Erarbeitung des Bedarfsplanes für den Bedarf und für die Ziele der Planung einer Weißen Wanne genutzt werden können und in dem nachfolgende Inhalte in tabellarischer Form stichpunktartig behandelt sind [3]:

– **Checkliste 1:** Projektkontext klären
 (Projekt erfassen, Bedarfsträger verstehen, Bedarfsplanung vorbereiten)
– **Checkliste 2:** Projektziele festlegen
 (funktionale, technische, soziokulturelle, gestalterische, ökonomische, zeitliche und ökologische Ziele)
– **Checkliste 3:** Informationen erfassen und auswerten
 (Fakten sammeln und analysieren, qualitative quantitative Bedarfsangaben erfassen und analysieren)
– **Checkliste 4:** Bedarfsplan erstellen
 (Ziele, Vorgaben, qualitative und quantitative Bedarfsanforderungen)
– **Checkliste 5:** Bedarfsdeckung untersuchen und festlegen
 (Rahmenbedingungen, Umsetzungsmöglichkeiten, Kosten, Finanzierung, Termine)

Besonderer Wert wird unter anderem auf die Beschreibung der drei Entwurfsgrundsätze a), b) und c) sowie der damit verbundenen Nachweise unter Berücksichtigung der vorgesehenen Nutzung gelegt. Insbesondere soll noch weiter verdeutlicht werden, dass der Entwurfsgrundsatz b) „Festlegung von Trennrissbreiten" aufgrund der vorgesehenen Nutzung nicht für jede vorgesehene Nutzung anwendbar ist. Die Tabelle 3 veranschaulicht die Entwurfsgrundsätze.

Aussagen zu „Weißen Dächern" sind in der bisherigen WU-Richtlinie nicht enthalten. In den zugehörigen Erläuterungen zur WU-Richtlinie im DAfStb-Heft 555 wird lediglich darauf hingewiesen, dass die Inhalte der WU-Richtlinie sinngemäß auch auf WU-Dächer übertragbar sind. In der Aktualisierung der WU-Richtlinie ist vorgesehen, Regelungen für wasserundurchlässige Dächer aus Beton zu integrieren. Hierzu gehören unter anderem auch Empfehlungen für die Mindestgesamtdicken.

Ein weiterer Punkt der Überarbeitung beinhaltet die Verdeutlichung von Zwangsbeanspruchungen und deren planerische Einflussnahme durch konstruktive, betontechnische und ausführungstechnische Maßnahmen.

Zudem wird überlegt, neuere Erkenntnisse zum Thema „Selbstheilung von Beton" zu berücksichtigen [20] und die bisherigen Anforderungen für die Festlegung der Rechenwerte der Trennrissbreiten zur Begrenzung des Wasserdurchtritts durch Selbstheilung der Risse durch die zusätzliche Anforderung einer maximalen Druckhöhe zu erweitern.

Für die Anwendung von Elementwänden (Dreifachwänden) wird überlegt, die bisherigen Regelungen zur Kontrolle der Rauheit in der laufenden Produktion im Herstellerwerk

Tabelle 3: Entwurfsgrundsätze nach [9], [10]

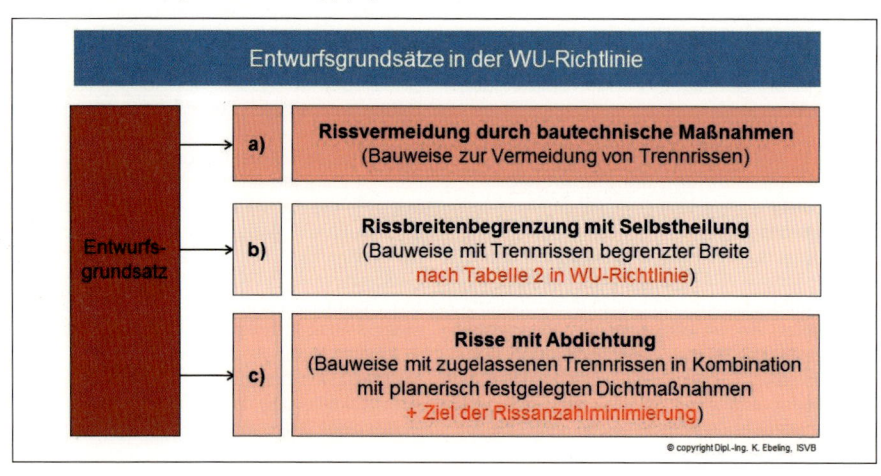

Entwurfsgrundsätze in der WU-Richtlinie		
Entwurfsgrundsatz	a)	**Rissvermeidung durch bautechnische Maßnahmen** (Bauweise zur Vermeidung von Trennrissen)
	b)	**Rissbreitenbegrenzung mit Selbstheilung** (Bauweise mit Trennrissen begrenzter Breite nach Tabelle 2 in WU-Richtlinie)
	c)	**Risse mit Abdichtung** (Bauweise mit zugelassenen Trennrissen in Kombination mit planerisch festgelegten Dichtmaßnahmen + Ziel der Rissanzahlminimierung)

© copyright Dipl.-Ing. K. Ebeling, ISVB

Tabelle 4: Zusammenstellung der Klassen für Planung und Leistungsbeschreibung für Weiße Wannen (Vorschlag nach [18])

Merkmal	Klassenart	Kurzbezeichnung
Wasserbeanspruchung	Klassen der Beanspruchung (BK)	BK1-sdW, BK1-zdW ; BK2-Bf, BK2-faW (Bezeichnungen in Anlehnung an GELB-DRUCK WU-RiLi, 13.10.2016)
Höhe des maximalen Wasserstandes	Bemessungswasserstand	BWS (einschl. Wasseranalyse nach DIN 4030)
Nutzungsart	Klassen der Nutzungsart (NK)	NK-Aa , NK-An , NK-Ae , NK-Au, NK-B, NK-F
Art des Entwurfes	Klassen der Entwurfsgrundsätze (E)	E-RV, E-RB, E-RS, E-RA
zulässige Rissbreite	Klassen der Rissbreiten (RW)	RW0, RW10, RW15, RW20, RW25, RW30, RW35, RW40
Einwirkung (Last, Zwang)	Klassen der Einwirkung (EK)	EK-BZ, EK-FZ, EK-SZ, EK-T, EK-A, EK-F, EK-S, EK-V
Umgebungsbedingung	Klassen der Exposition (X...)	X0, XC, XD, XS, XF, XA, XM
Umgebungsbedingung	Klassen der Alkalireaktion (W...)	W0, WF, WA, WS
Betonfestigkeit	Klassen der Betonfestigkeit (C../..)	C25/30, C30/37, C35/45
Festigkeitseigenschaft	Druck-, Zugfestigkeit, E-Modul	f_{ck} ; $f_{ck,cube}$; f_{cd} ; f_{ctm} ; $f_{ctk;0,05}$; $f_{ctk;0,95}$, E_{cm}
Dichtheit von Beton	Klassen für die Qualität der Dichtheit von Beton	WU1-Beton, WU2-Beton, WU3-Beton, FD-Beton, FDE-Beton, GU-Beton
Bauteilausführung	Klassen der Bauweise (BW)	BW-OB, BW-EW, BW-FTW, BW-ED, BW-FTD
Fugenabdichtung	Klassen der Fugenabdichtung (FUG)	FUG-N (-F, -FS, -A, -FM, -FMS, -AM, -FA, -FAE, -A, -AA, -D, -DA) FUG-R (-UB) FUG-P (-BB, - DR, -SS, -IS, -AS, -KD, -QP, -FB)
Schalungsanker	Klassen der Schalungsanker (SA)	SA-MS, SA-GS, SA-MS/HR
Abstandhalter	Klassen der Abstandhalter (AB)	AB-A, AB-F, AB-T, AB-V Typ (-A, -B1, -B2, -C1, -C2, -D1, -D2)
Einbauteil	Klassen der Einbauteile (EBT)	EBT-RD, EBT-KD, EBT-FT, EBT-ELT
Überwachung bei der Ausführung	Überwachungsklassen bei der Ausführung (ÜK)	(ÜK1), ÜK2, ÜK3

und bei Annahme auf der Baustelle durch praxisorientierte Festlegungen anzupassen.

6 Ausblick und weitere Vorgehensweise zur Überarbeitung der WU-Richtlinie

Im Rahmen der Einspruchssitzung am 22.02.2017 sind die eingegangenen Stellungnahmen zum Gelbdruck der WU-Richtlinie abschließend beraten worden.

Als nächster Schritt ist vorgesehen, die Entscheidungen zu den Einsprüchen in eine vorläufige „Schlussfassung" einzuarbeiten und diese zur Information an den Unterausschuss und die externen Einsprecher zu versenden.

Eine bereinigte Schlussfassung soll dann an verschiedene technische Ausschüsse und an den Vorstand im Deutschen Ausschuss für Stahlbeton (DAfStb) versendet werden.

Ebenso ist eine Notifizierung in Brüssel angedacht.

Aufgrund der verschiedenen Prozessschritte kann mit einer Veröffentlichung der WU-Richtlinie voraussichtlich zum Jahresende 2017 gerechnet werden.

Der vorstehende Kurz-Überblick dient daher ausschließlich zur Information bisheriger Überlegungen und stellt nur ein Zwischenergebnis dar.

Bis zum Abschluss der Arbeit des UA WU im DAfStb und der Veröffentlichung einer aktualisierten WU-Richtlinie erfolgen Planung, Ausführung und Überwachung nach der DAfStb-Richtlinie, Ausgabe 11/2003 [9].

Nach Vorliegen einer abgestimmten WU-Richtlinie im Unterausschuss (UA WU) ist vorgesehen, die Änderungen der aktualisierten WU-Richtlinie in den zugehörigen Erläuterungen im DAfStb-Heft 555 als 2. Auflage zu erarbeiten und anschließend zu veröffentlichen.

7 Autoren-Vorschlag zur Klassifizierung von Weißen Wannen mit Qualitätsmerkmalen

Nach bisherigem Beratungsstand werden in der neuen WU-Richtlinie umfangreiche Anforderungen an eine Dokumentation der Planung gestellt.

Einen Vorschlag für die Zusammenstellung zur Klassifizierung von Weißen Wannen mit Qualitätsmerkmalen aus [18] enthält die Tabelle 4. In Spalte 1 ist das Merkmal der jeweiligen Klasse angegeben; die Spalte 2 definiert die zugehörige Klassenart; in Spalte 3 sind die Kurzbezeichnungen mit entsprechenden Untereinteilungen innerhalb der jeweiligen Klasse aufgeführt.

Die Checkliste aus [18] kann für Bauschaffende für Leistungsbeschreibungen und in Abstimmungen bei der Planung hilfreich sein und kann für jeweilige Bauvorhaben durch geeignete Ergänzungen angepasst werden. Die Checkliste ist als Download im Internet verfügbar unter www.isvb.de (Menüpunkt Betonberatung, Button Planungshilfen für Weiße Wannen). Detaillierte Erläuterungen zu den Klassifizierungen enthält das Fachbuch „Weiße Wannen – einfach und sicher" [18] (s. Tab. 4).

8 Regelwerke und Literatur

[1] DIN EN 1992-1-1 Eurocode 2: Bemessung und Konstruktion von Stahlbeton- und Spannbetontragwerken.
Teil 1-1: Allgemeine Bemessungsregeln und Regeln für den Hochbau. 01/2011 einschließlich Änderung A1:2015-03

[2] DIN EN 1992-1-1/NA, Nationaler Anhang zur DIN EN 1992-1-1. 04/2013 einschl. Berichtigung BER-1:2012-06; Änderung A1:2015-12

[3] DIN 18205 Bedarfsplanung im Bauwesen. 11/2016

[4] DIN 18195 Bauwerksabdichtung

[5] DIN 18533 Abdichtung von erdberührten Bauteilen. Entwurf 12/2015

[6] DIN EN 13670: Ausführung von Tragwerken aus Beton. 03/2013

[7] DIN EN 206-1: Beton – Teil 1: Festlegung, Eigenschaften, Herstellung und Konformität, 01/2017

[8] DIN 1045 Tragwerke aus Beton, Stahlbeton und Spannbeton:
Teil 2: Anwendungsregeln zur DIN EN 206-1, 08/2008
Teil 3: Bauausführung, 03/2012

[9] Wasserundurchlässige Bauwerke aus Beton (WU-Richtlinie), Richtlinie des Deutschen Ausschusses für Stahlbeton (DAfStb). 11/2003

[10] Beratungsstand/Entwurf Wasserundurchlässige Bauwerke aus Beton (WU-Richtlinie), Richtlinie des Deutschen Ausschusses für Stahlbeton (DAfStb). Gelbdruck 13.10.2016

[11] DAfStb Heft 555: Erläuterungen zur DAfStb-Richtlinie Wasserundurchlässige Bauwerke aus Beton, Beuth Verlag, Berlin, 1. Auflage, 2006

[12] Antworten des DAfStb auf Fragen zur Auslegung der WU-Richtlinie, Stand 06.03.2006

[13] Positionspapier des DAfStb zur DAfStb-Richtlinie Wasserundurchlässige Bauwerke aus Beton – Feuchtetransport durch WU-Konstruktionen, 10.07.2006
[14] DBV-Merkblatt: Hochwertige Nutzung von Untergeschossen – Bauphysik und Raumklima. Deutscher Beton- und Bautechnik-Verein E.V. 01/2009
[15] DBV-Merkblatt: Begrenzung der Rissbildung im Stahlbeton- und Spannbetonbau. Deutscher Beton- und Bautechnik-Verein E.V. 05/2016
[16] Ebeling, K.: Weiße Wannen – Aktuelle Entwicklungen. Tagungsunterlage zur Seminarreihe der Qualitätsgemeinschaft Doppelwand Bayern. 02/2017
[17] Kohls, A.: Abdichtung von erdberührten Bauteilen – Neuerungen DIN 18533. Kurzfassung der 43. Aachener Bausachverständigentage 2017
[18] Lohmeyer, G.; Ebeling, K.: Weiße Wannen – einfach und sicher. Verlag Bau+Technik (VBT), 10. Auflage, 2013
[19] Lohmeyer, G.; Ebeling, K. Parkdecks – Hinweise und Empfehlungen zur Gebrauchstauglichkeit und Dauerhaftigkeit für Parkdecks aus Beton. Verlag Bau+Technik (VBT) Düsseldorf, 2. Auflage, 2014
[20] Meichsner, H.; Röhling, S.: Die Selbstdichtung von Trennrissen – ein Risiko in der WU-Richtlinie, BauSV. 05/2015
[21] Oswald, R.; Wilmes, K.; Kottje, J.: Weiße Wannen – hochwertig genutzt. Bauforschung für die Praxis Band 80. Fraunhofer IRB-Verlag, 2007
[22]

Dipl.-Ing. Karsten Ebeling
Studium an der Universität Hannover mit Schwerpunkt Konstruktiver Ingenieurbau; 1986-1989 Tätigkeit in einem Ingenieurbüro für Tragwerksplanung; 1990-2003 Beratungsingenieur für zementgebundene Baustoffe in der Bauberatung Zement Hannover im Bundesverband der Deutschen Zementindustrie (BDZ), davon 1998–2003 Leiter der Bauberatung Zement Hannover; seit 2003 ö. b. u. v. Sachverständiger für Betontechnologie und Betonbau sowie Beratender Ingenieur der Ingenieurkammer Niedersachsen (IngKN); 2003–2015 Geschäftsführender Partner der Ingenieur- und Sachverständigen-Partnerschaft ISVP Lohmeyer + Ebeling; seit 2016 Inhaber der Ingenieur- und Sachverständigenbüros ISVB Dipl.-Ing. K. Ebeling; besondere Themenschwerpunkte: Weiße Wannen, Parkdecks, Betonböden im Industriebau, Sichtbeton, Anwendung der Betonregelwerke; Zusätzliche Tätigkeit als Referent für verschiedenen Institutionen und Unternehmen bezogene Weiterbildung zu Themen des Betonbaues, Autor zahlreicher Fachveröffentlichungen.

Das aktuelle Thema:
Sind Regelwerke als Planungsinstrumente zur Beurteilung geeignet?
Diskussion am Beispiel Beton
3. Beitrag: Bewertung von Betonbauwerken – Wann gelten die Regelwerksanforderungen?

Dr.-Ing. Jürgen Warkus, Ingenieurbüro Grobecker GmbH, Köln

1 Allgemeines

Bei der Erstellung von Stahlbetonbauwerken ist eine Vielzahl von technischen Regeln zu beachten. Hintergrund ist die Gewährleistung einer ausreichenden Standsicherheit, um Gefährdungen für Personen und Sachwerte zu vermeiden (Grenzzustand der Tragfähigkeit), und die Sicherstellung einer ausreichenden Nutzbarkeit (Grenzzustand der Gebrauchstauglichkeit) für den geplanten Nutzungszeitraum von zumeist 50 Jahren (Dauerhaftigkeit) [1-5]. Dazu sind in den Regelwerken zur Neuerstellung explizit Anforderungen an die Baumaterialien, die Planung und die Bauausführung enthalten, welche eine ausreichende Tragfähigkeit sicherstellen und alterungsbedingte Schäden im vorgesehenen Zeitraum bei der zu erwartenden Exposition verhindern sollen. Für stark exponierte Bauwerke existieren zusätzliche Regelwerke, die weitere, beispielsweise betontechnologische oder konstruktive Anforderungen an ein Bauwerk stellen. Beispielhaft sei hier für Parkanlagen auf das zugehörige DBV-Merkblatt [6] oder auch für Infrastrukturbauwerke auf die ZTV-ING verwiesen [7].
Zusätzlich existieren Richtlinien, die auf die Bewertung, den Erhalt oder die Instandsetzung vorhandener Bauwerke abzielen [8, 9]. Häufig erfolgen in der baulichen Praxis jedoch Bewertungen von Schadensfällen auf Basis der Anforderungen an neu zu erstellende Bauwerke. Nachfolgend sollen die Unterschiede zwischen beiden Bewertungsgrundlagen dargelegt werden.

2 Grundlagen – Anforderungen an neue Stahlbetonbauwerke

Die Vorgehensweisen bei der Festlegung der technischen Anforderungen unterscheiden sich grundsätzlich bei Fragen der Standsicherheit und der Dauerhaftigkeit. Im Falle der Standsicherheit existieren statische Annahmen und mechanische Rechenmodelle, mit deren Hilfe bei einer bekannten Belastung des Bauwerkes und einer geforderten Sicherheit die notwendigen Bauteilquerschnitte berechnet werden können. Ferner sind für die Baustoffeigenschaften, zumeist E-Modul und Festigkeit, Rechenwerte vorhanden, die im Rahmen des Teilsicherheitskonzeptes auch die bekannten Streuungen aus der Herstellung berücksichtigen.
Neben diesen statisch relevanten Anforderungen an die Bauwerke existieren konstruktive Vorgaben, die eine ausreichende Dauerhaftigkeit der Bauteile sicherstellen sollen. Hinter diesen Anforderungen stehen jedoch keine quantitativen Rechenmodelle, sondern lediglich ein qualitatives Verständnis über die möglichen Schädigungsprozesse und Erfahrungen. Sie beziehen sich häufig auf die Eigenschaften und die Dicke der Betondeckung.
Da der überwiegende Großteil der Schäden an älteren Stahlbetonbauwerken auf Korrosionsangriffe auf die Bewehrung zurückzuführen ist, wird dieser Schadensmechanismus im Folgenden schwerpunktmäßig behandelt. Ausgelöst wird der Angriff auf die Bewehrung, die normalweise durch die Alkalität des Betons vor Korrosion geschützt ist, auf zwei Wegen. Eindringendes Chlorid

kann nach Überschreiten eines kritischen Grenzwertes korrosionsauslösend wirken. Bei dem zweiten Mechanismus handelt es sich um das Eindringen von Kohlendioxid in den Beton, das zu einem Verlust der Alkalität führt. Beiden Mechanismen ist gemein, dass zunächst Stoffe durch die Betondeckung bis zum Stahl diffundieren müssen und es während dieser Phase nicht zu Bauteilschädigungen, die mit Einschränkungen der Standsicherheit oder Gebrauchstauglichkeit einhergehen, kommt („Einleitungsphase", vgl. Bild 1). Erst wenn die Bewehrung depassiviert wird und anfängt zu korrodieren, kommt es zu nicht immer von außen erkennbaren Schäden mit Verlusten der Gebrauchstauglichkeit (Rissbildung, Abplatzungen) und der Standsicherheit (Querschnittsminderung). Diese zweite Phase ist die eigentliche Zerstörungsphase. Viele andere Schädigungsprozesse lassen sich analog in diese zwei Phasen einteilen.

Die Sicherung einer ausreichenden Dauerhaftigkeit berücksichtigt in den gegenwärtig vorhandenen Regelwerken ausschließlich die Einleitungsphase und wird durch auf zwei unterschiedliche Ziele gerichtete Forderungen realisiert. Durch betontechnologische Anforderungen, wie beispielsweise an den Zementgehalt oder an den Wasser-Bindemittel-Wert, soll zunächst ein ausreichend hoher **Diffusionswiderstand** in der Betondeckung erreicht werden. Zusätzlich gelten Mindestanforderungen an die Dicke der Betondeckung und somit an die **Länge** des Diffusionsweges.

Beide Mindestanforderungen variieren mit der Art der Exposition und der Feuchtebeaufschlagung und werden in Expositionsklassen zusammengefasst [1, 3]. Die Schutzmaßnahmen gegen andere Schädigungsmechanismen folgen zumeist der gleichen Systematik. So sind auch bei einem anzunehmenden chemischen Angriff, beispielsweise durch Säuren, eine Mindestbetondeckung und Anforderungen an die Betonqualität zu erfüllen. Die in den Regeln verankerten, zu den Expositionen zugehörigen Kombinationen aus den Größen Qualität und Dicke der Betondeckung sind nach gegenwärtiger Auffassung geeignet, über einen Zeitraum von 50 Jahren die Schadensfreiheit sicherzustellen. Bei der Festlegung dieser Anforderungen an neu zu erstellende Stahlbetonbauwerke sind jedoch folgende Punkte zu beachten:

1. Die Festlegung der Anforderungen erfolgt auf Basis von Erfahrungswerten. Es existieren keine „Berechnungsmodelle" für die Größen.
2. Bei den meisten Gefährdungen wird nur die Entstehungs- oder Einleitungsphase der Schädigungsprozesse berücksichtigt.
3. Im Gegensatz zu den statisch relevanten Materialeigenschaften (Festigkeit, E-Modul) sind die für die Dauerhaftigkeit relevanten Materialeigenschaften, wie Dichtheit und Diffusionseigenschaften des Betons, nicht bekannt. Auch können diese Eigenschaften nicht bei der Erstellung des Bauwerkes geordert werden, da einerseits keine normativen Regeln in umsetzbarer Form vorhanden sind und darüber hinaus diese Eigenschaften im Vergleich zu den statisch relevanten Größen deutlich stärker streuen sowie von der Verarbeitung und weiteren Faktoren abhängig sind.
4. Bei einer Korrosionsgefährdung für die Bewehrung durch Chloride ist der kriti-

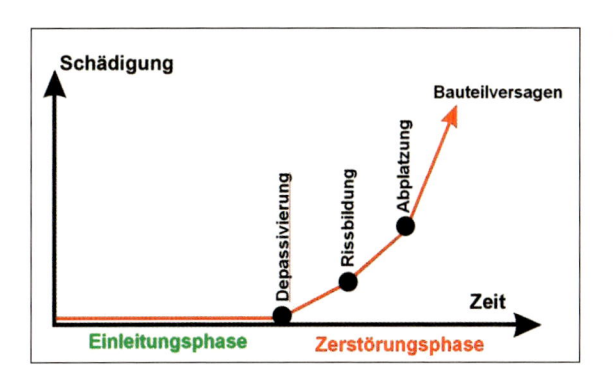

Bild 1: Zeitliche Abfolge der Schädigung [10]

sche, korrosionsauslösende Grenzwert der Chloridkonzentration an der Stahloberfläche kein fester Wert. Sondern es existiert nur ein Zahlenwert (0,5 M.-% bez. Zement), bei dessen Überschreitung die Möglichkeit zur Bewehrungskorrosion besteht, sie aber nicht zwangsweise auftritt. So sind an Bauwerken auch schon deutlich erhöhte Chloridkonzentration festgestellt worden, ohne dass es zu Schäden gekommen ist [11]. Folglich ist auch die Zeitdauer der Einleitungsphase a priori nur ungenau vorhersagbar, sodass die rein deskriptiven Anforderungen der Regelwerke sehr konservativ gewählt wurden.
5. Der Fortschritt der Karbonatisierung hängt von Faktoren ab, die bei der Eingruppierung in die Expositionsklassen nicht berücksichtigt werden können. So spielt die Betonfeuchte eine erhebliche Rolle, da das Wasser in den Betonporen das Eindringen des Kohlendioxids verlangsamt. In der Praxis ist die Karbonatisierungstiefe an der „Wetterseite" deshalb zumeist geringer. Eine einheitliche Modellierung des Zeitverlaufs existiert somit nicht. Die genaue Karbonatisierungsgeschwindigkeit kann nur in-situ am Bauwerk ermittelt werden.
6. Bei chemischen, lösenden Angriffen wird bei der Einteilung in die Expositionsklassen nur sehr grob differenziert (geringer, mittlerer oder schwerer Angriff). Eine besondere Berücksichtigung der Konzentrationen und Arten der angreifenden Stoffe, wie sie beispielsweise im Umfeld von chemischen Anlagen wünschenswert wäre, findet nicht statt.

Die konservativ gewählten betontechnologischen und konstruktiven Anforderungen an Neubauten haben zur Folge, dass bei einer individuellen Bewertung von real existierenden Bauwerken häufig Reserven aktiviert werden können, die es erlauben, den Zustand besser zu bewerten.

3 Bewertung von Bestandsbauwerken

3.1 Allgemeines

Bei der Bewertung im Bestand können maßgebliche Größen individuell durch den Einsatz zerstörender oder zerstörungsfreier Methoden genauer bestimmt werden. Diese Festlegungen betreffen sowohl für die Standsicherheit als auch für die Dauerhaftigkeit relevante Größen. Wenn sich auf Basis dieser Untersuchungen bessere Kennwerte ergeben, so können diese Werte Grundlage von technischen Bewertungen sein, die dann zumeist positivere Ergebnisse zur Folge haben.

Eine weitere Abweichung im Vergleich zu neu erstellten Bauwerken besteht in der Anforderung an die geplante oder zu garantierende Restnutzungsdauer. Während den Bemessungsnormen für neu zu erstellende Gebäude eine geplante Nutzungsdauer von 50 Jahren zu Grunde gelegt wurde, ist es insbesondere bei Infrastrukturbauwerken oder industriell genutzten Gebäuden im Bestand üblich, Restnutzungsdauern vorzusehen, welche unter diesen Annahmen liegen

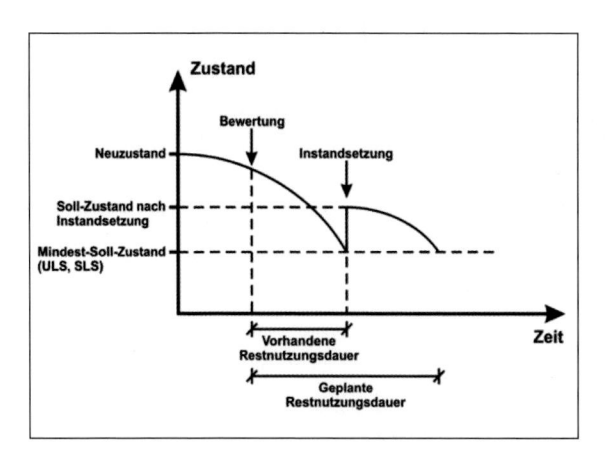

Bild 2: Zustand eines Bauwerkes mit Anforderungen bei Instandsetzungsmaßnahmen

und es somit erlauben, die Anforderungen, beispielsweise auch beim festzulegenden Umfang von Instandsetzungsmaßnahmen, an das Bauwerk zu reduzieren (s. Bild 2). Nachfolgend werden, aufgrund der oben genannten, systematischen Unterschiede, Anwendungen im Bereich der Standsicherheit sowie der Gebrauchstauglichkeit und Dauerhaftigkeit getrennt anhand einiger Kennwerte und Bespiele erläutert.

3.2 Bewertung der Standsicherheit von Stahlbetonkonstruktionen

Zum Nachweis der Standsicherheit existieren statische Berechnungsmodelle, mit denen auf der Basis von Materialkennwerten, vornehmlich der Festigkeit von Baustoffen, der Bauteilwiderstand ermittelt werden kann [3]. Grundsätzlich ist bei der Bewertung von Baustoff-Festigkeiten zu beachten, dass diese einer Streuung unterliegen. Bild 3 zeigt beispielhaft die Verteilung von in Versuchen ermittelten Festigkeiten **eines** Betons, wie sie im Zuge von Güteüberwachungen oder Untersuchungen an Bestandsbauwerken ermittelt werden kann.

Bei der Ermittlung der Rechenfestigkeit wird zunächst aus der gemessenen Verteilung der charakteristische Wert der Betondruckfestigkeit f_{ck} ermittelt. Dieser entspricht nicht dem Mittelwert, sondern dem 5 %-Quantil-Wert, d. h. dem Wert, der von 95 % aller Versuchsergebnisse überschritten wird (s. Bild 3).

Im nächsten Schritt wird aus dem charakteristischen Wert f_{ck} der für statische Berechnungen maßgebende Design-Wert f_{cd} berechnet.

$$f_{cd} = \alpha \cdot \frac{f_{ck}}{\gamma_c} \qquad \text{(Gl. 1)}$$

mit:
$\alpha = 0{,}85$: Korrekturfaktor für Langzeitbelastung
γ_c : Teilsicherheitsbeiwert

Bei dem Faktor α handelt es sich um einen Korrekturfaktor, der den Unterschied zwischen einer Kurzzeitbelastung (Druckversuch) und der Langzeitbelastung am Bauwerk berücksichtigt. Er ist festgelegt auf $\alpha = 0{,}85$. Der Teilsicherheitsbeiwert resultiert aus dem semiprobabilistischen Sicherheitskonzept und setzt sich aus verschiedenen, systemimmanenten Unsicherheiten zusammen:
1. Die Modellunsicherheit berücksichtigt die Unsicherheit in den verwendeten mechanischen Rechenmodellen.
2. Die Geometrieunsicherheit dient der Berücksichtigung von geometrischen Streuungen.
3. Die Materialunsicherheit berücksichtigt die Streuungen in den Materialeigenschaften.

Im Falle von Transportbeton gilt ohne genaueren Nachweis ein Teilsicherheitsbeiwert von $\gamma_c = 1{,}5$. Diesem Teilsicherheitsbeiwert liegen Annahmen über die o. g. Unsicherheiten zugrunde.

Bei der Bewertung von Bauwerken kann nun an zwei Stellen eingegriffen werden. Zunächst kann der charakteristische Wert der Betondruckfestigkeit durch Probennahmen

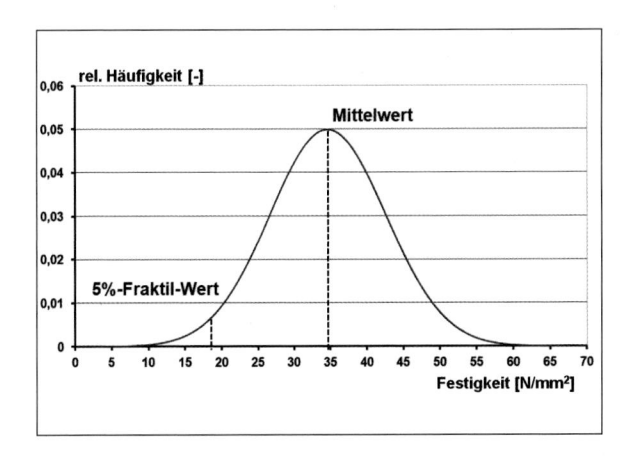

Bild 3: Verteilung von Betondruckfestigkeit

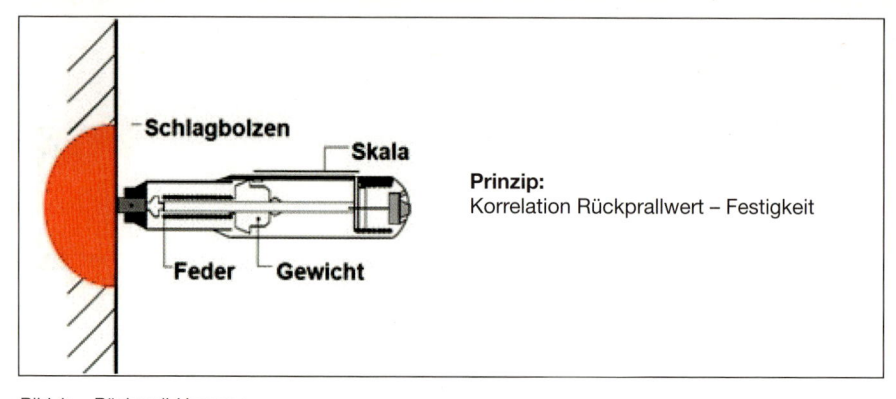

Bild 4: Rückprall-Hammer

Prinzip:
Korrelation Rückprallwert – Festigkeit

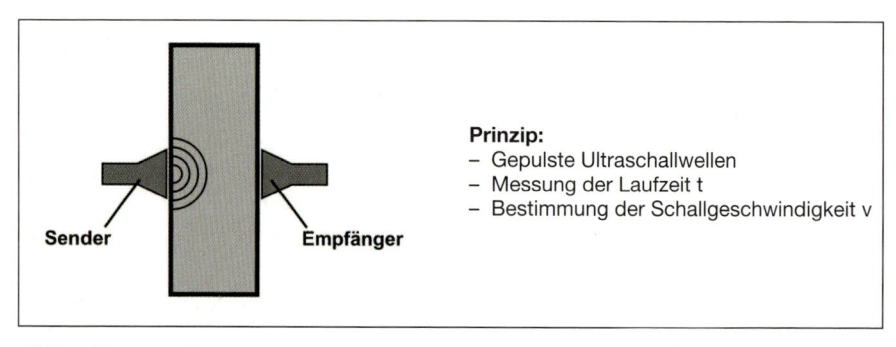

Bild 5: Ultraschall-Messungen

Prinzip:
- Gepulste Ultraschallwellen
- Messung der Laufzeit t
- Bestimmung der Schallgeschwindigkeit v

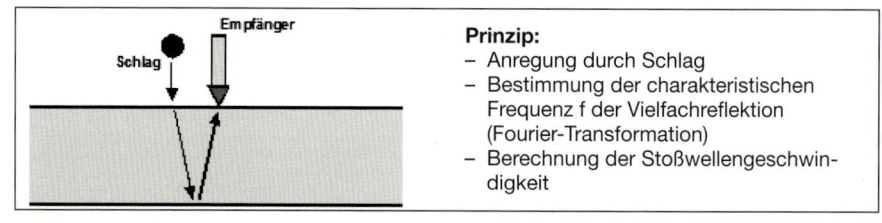

Bild 6: Impact-Echo-Methode

Prinzip:
- Anregung durch Schlag
- Bestimmung der charakteristischen Frequenz f der Vielfachreflektion (Fourier-Transformation)
- Berechnung der Stoßwellengeschwindigkeit

und zerstörende Prüfung bestimmt werden [12]. Ergänzend können zerstörungsfreie Methoden verwendet werden, sodass sich der Stichprobenumfang erheblich erweitert und damit die Vorhersagegenauigkeit verbessert. Sinnvolle Prüfverfahren sind der Rückprallhammer (Bild 4), Ultraschall-Messungen (Bild 5) oder die Anwendung der Impact-Echo-Methode (Bild 6). Bei der Rückprall-Messung wird ein Bolzen auf die Betonoberfläche geschossen und aus der Strecke, die der Bolzen nach dem Aufprall zurückspringt auf die Festigkeit geschlossen. Die Ultraschall-Methode nutzt die Korrelation der Druckfestigkeit mit der Ausbreitungsgeschwindigkeit von Ultraschallwellen im Beton, wohingegen

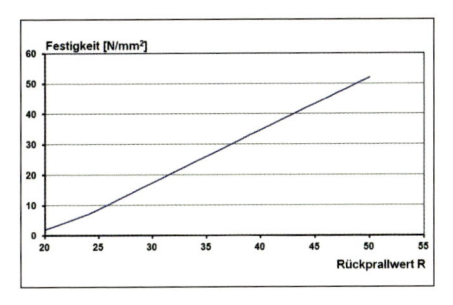

Bild 7: Bezugskurve Festigkeit/Rückprall (individuelles Beispiel)

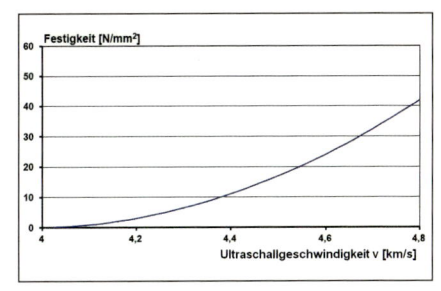

Bild 8: Bezugskurve Festigkeit/Ultraschall (individuelles Beispiel)

bei der Impact-Echo-Methode die Geschwindigkeit von Stoßwellen im Beton zur Bestimmung der Festigkeit genutzt wird.

Bei allen zerstörungsfreien Prüfmethoden muss der Zusammenhang zwischen der Messgröße (Rückprall-Wert, Wellengeschwindigkeit) und Betondruckfestigkeit individuell kalibriert werden. Es müssen vereinzelt Bohrkerne entnommen werden und an gleicher Stelle Messungen mit der zerstörungsfreien Prüfmethode erfolgen. Mit diesen Wertepaaren müssen Bezugskurven erstellt werden (vgl. Bild 7 und 8), mit deren Hilfe die anderen, rein zerstörungsfrei ermittelten Ergebnisse umgewertet werden können.

Durch diese Festigkeitsuntersuchungen am Bestand ist bereits mit einer Steigerung der Werte zu rechnen, da die Baustoffhersteller häufig planmäßig Überfestigkeiten produzieren, um Produktionsschwankungen vorhalten zu können. Im Falle des Betons kommt ferner die Tatsache zur Geltung, dass sich Liefer- und Rechenfestigkeiten auf den 28-Tage-Wert beziehen, der Beton aber danach noch weiter hydratisiert und Festigkeit entwickelt.

Bei der statistischen Auswertung der Versuche kann auf das DBV-Merkblatt „Modifizierte Teilsicherheitsbeiwerte für Stahlbetonbauteile" [13] zurückgegriffen werden, das eine Bewertung erlaubt, wenn das Bauwerk älter als 5 Jahre ist.

Für die Auswertung der Betondruckfestigkeit soll nach dem DBV-Merkblatt [13] anstelle einer Standard-Normal-Verteilung eine Log-Normal-Verteilung zur Anwendung kommen. Diese Verteilung ist rechtsschief und nichtnegativ und kann somit die Festigkeitswerte des Betons besser abbilden, da negative Festigkeiten physikalisch unplausibel sind. Als Alternative kann auch die Neville-Verteilung genutzt werden, da hier noch zusätzlich der Vorteil besteht, Ausreißer automatisch eliminieren zu können (s. Bild 9).

Im Falle der Log-Normal-Verteilung ergeben sich für die Kennwerte der Verteilung die

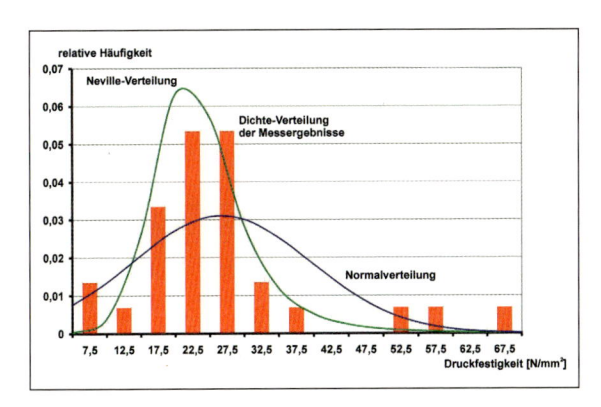

Bild 9: Auswertung von Versuchen mit der Standard-Normal-Verteilung und der Neville-Verteilung [14]

nachfolgenden Zusammenhänge. Für die Auswertung mit einer Neville-Verteilung sei auf [14] verwiesen:

$$m_f = \frac{1}{n}\sum_1^n \ln(f_{ck,i}) \qquad (Gl.\ 2)$$

$$s_f = \sqrt{\frac{1}{n-1}\sum_1^n \left(\ln(f_{ck,i}) - m_f\right)^2} \qquad (Gl.\ 3)$$

$$V_f = \sqrt{e^{s_f^2} - 1} \qquad (Gl.\ 4)$$

mit:
m_f : Mittelwert
$f_{ck,i}$: Einzelergebnisse der zerstörenden oder zerstörungsfreien Messung
n : Stichprobenanzahl
s_f : Standardabweichung
V_f : Variationskoeffizient der Festigkeit

Mit diesen Kennwerten kann der 5 %-Quantil-Wert, welcher der charakteristischen Betondruckfestigkeit entspricht, berechnet werden:

$$f_{ck,is} = e^{(m_f - k_n \cdot s_f)} \qquad (Gl.\ 5)$$

mit:
m_f : Mittelwert
k_n : Tabellenwert (s. Tab. 1)
s : Standardabweichung

Die unterschiedlichen k-Werte berücksichtigen den Einfluss des Stichprobenumfanges. Es ist offensichtlich, dass mit steigender Anzahl der Messungen sich die Aussagesicherheit und damit auch die ansetzbare Festigkeit erhöht. Es lohnt sich also, im Zweifel eine größere Anzahl an Untersuchungen durchzuführen (s. Tab. 1).

Der zweite Ansatzpunkt, an dem in die Ermittlung der Rechenfestigkeit für Bestandsbauwerke eingegriffen werden kann, liegt in der individuellen Modifikation des Teilsicherheitsbeiwertes. Sie ist ebenfalls in dem genannten DBV-Merkblatt geregelt [13]. Hintergrund der Modifikation ist die Überlegung, dass zur Festlegung des üblichen Teilsicherheitsbeiwerts für Transportbeton (γ_c = 1,5) konservative Annahmen, insbesondere über die Streuung der Festigkeit, getroffen wurden (Materialunsicherheit). Wenn durch die zerstörenden oder zerstörungsfreien Prüfungen nachgewiesen werden kann, dass die Materialunsicherheit geringer ist als diese konservativen Annahmen, kann konsequenterweise der Teilsicherheitsbeiwert reduziert werden, ohne dass es zu Veränderungen an der Gesamtbauteilsicherheit kommt.

Maßgebend für den Teilsicherheitsbeiwert ist der Gesamtvariationskoeffizient, der sich wie folgt aus den einzelnen Variationskoeffizienten berechnet:

$$V_{R,c} = \sqrt{V_m^2 + V_G^2 + V_f^2} \qquad (Gl.\ 6)$$

mit:
V_m = 0,05 : Variationskoeffizient Modellunsicherheit
V_G = 0,05 : Variationskoeffizient Geometrieunsicherheit
V_f : Variationskoeffizient Festigkeit (Gl. 4), V_f = 0,15 für Transportbeton ohne Untersuchung

Tabelle 1: k_n-Werte

n	3	4	5	6	7	8	9	10	11	12	13	14	15	20	30	100
k_n	3,37	2,63	2,33	2,18	2,08	2,00	1,96	1,92	1,89	1,87	1,85	1,83	1,82	1,76	1,73	1,67

Tabelle 2: Modifizierte Teilsicherheitsbeiwerte für die Betondruckfestigkeit $\gamma_{c,mod}$ nach [13]

$V_{R,c}$		< 0,20	0,25	0,30	0,35	> 0,40
Ständige und vorübergehende Bemessungssituation	$\gamma_{c,mod}$	1,20	1,25	1,30	1,40	1,50
Außergewöhnliche Bemessungssituation für Schnee in der norddeutschen Tiefebene		1,10	1,15	1,20	1,25	1,30

Der modifizierte Teilsicherheitsbeiwert kann aus Tabelle 2 abgelesen werden.
Diese Vorgehensweise ermöglicht in der Praxis eine Steigerung der ansetzbaren Rechenfestigkeit für den Bestandsbeton um ca. 20 bis 50 %.
Im Falle des Bewehrungsstahls ist die Vorgehensweise analog, d. h. durch Probennahmen und Prüfungen erfolgt die Bestimmung von Werten für die Stahlzugfestigkeit und deren Verteilung. Zerstörungsfreie Prüfmethoden, analog zu jenen zur Bestimmung der Betondruckfestigkeit, liegen zur Untersuchung der Stahlzugfestigkeit nicht in praxisanwendbarer Form vor. Die Durchführung der Versuche und statistische Auswertung erfolgt nach DIN EN ISO 15630 [15] und unter Verwendung einer Standard-Normal-Verteilung. Nach Bestimmung des Variationskoeffizienten der Festigkeit erfolgt mit Gleichung 6 völlig analog die Festlegung des Gesamtvariationskoeffizienten. Zu beachten ist jedoch, dass der Variationskoeffizient der Modellunsicherheit bei der Bewertung der Stahlzugfestigkeit zu $V_m = 0{,}025$ und der Variationskoeffizient der Geometrieunsicherheit zu $V_G = 0{,}05$ anzunehmen ist.
Die modifizierten Teilsicherheitsbeiwerte für den Bewehrungsstahl ergeben sich dann aus dem Gesamtvariationskoeffizienten nach Tabelle 3. Der Grundwert ohne verdichtende Untersuchung beträgt im Vergleich dazu $\gamma_s = 1{,}15$.
In der baulichen Praxis können durch die Abweichung von den üblichen Bemessungsregeln für neue Stahlbetonkonstruktionen und Anwendung der besonderen Regeln für Bestandsbauwerke zumeist rechnerische Traglastreserven von 10 bis 20 % realisiert werden.

3.3 Bewertung der Dauerhaftigkeit von Stahlbetonkonstruktionen

3.3.1 Allgemeines

Bei Fragen der Dauerhaftigkeit von Stahlbetonkonstruktion ist ebenfalls zu unterscheiden zwischen einer Bewertung eines neu erstellten Bauwerkes und derjenigen eines Bestandsbauwerkes oder einer Instandsetzungsmaßnahme. Für Neubauwerke gelten die Anforderungen, der bekannten und zumeist bauaufsichtlich eingeführten Bemessungs- und Konstruktionsregelwerke. Die Erfüllung dieser Anforderungen kann dabei auch anhand nachträglich erfolgter Prüfungen nachgewiesen werden. Bei Bewertungen im Bestand und bei der Planung von Instandsetzungsmaßnahmen kann von diesen Vorgaben abgewichen werden. Der Zustand des Bauwerkes nach der Instandsetzungsmaßnahme muss dann nicht mehr den Anforderungen an den Neuzustand entsprechen, sondern er muss ausreichen, bei der vorhersehbaren Degradation die geplante Restnutzungsdauer zu erreichen (vgl. Bild 2). Diese Anforderung stellt den Planer vor größere Herausforderungen als im Vergleich zur Neubauplanung, da keine einfachen, pragmatischen Vorgaben existieren. Er muss hierzu im Wesentlichen zwei Fragestellungen bewerten:
1. In welchem Zustand ist das Bauwerk?
2. Mit welchem weiteren Alterungsverlauf ist in Abhängigkeit von zu ergreifenden Maßnahmen zu rechnen?

Insbesondere zum Thema Alterungsverlauf sind bereits umfangreiche Untersuchungen und Forschungsvorhaben durchgeführt worden, die es erlauben, solche Fragestellungen zum Teil zu beantworten. Die zugehörige Literatur ist jedoch umfangreich und komplex, sodass sie den Umfang der vorliegenden Veröffentlichung weit überschreitet. Deshalb werden im Folgenden nur für einige, häufig auftretende Fälle und Fragestellungen die zu-

Tabelle 3: Modifizierte Teilsicherheitsbeiwerte für die Stahlzugfestigkeit $\gamma_{s,mod}$ nach [13]

$V_{R,s}$		< 0,06	0,08	0,10
Ständige und vorübergehende Bemessungssituation	$\gamma_{s,mod}$	1,05	1,10	1,10
Außergewöhnliche Bemessungssituation für Schnee in der norddeutschen Tiefebene		1,00	1,00	1,00

gehörigen Methoden vorgestellt. Für detailliertere Informationen sei auf die Fachliteratur verwiesen.

3.3.2 Chloridkontamination

Bei vielen Planern ist bekannt, dass im Beton enthaltene Chloride zu einer Korrosion der Bewehrung führen können. Häufig sind jedoch Schwierigkeiten bei der quantitativen Bewertung eines möglichen Schädigungspotentials vorhanden.

Im Bereich von neuen Gebäuden wird vereinzelt sogar die Forderung nach einem vollständig chloridfreien Beton erhoben. Hintergrund ist der Anspruch an das Bauwerk im Falle einer Beaufschlagung mit Chloriden über eine „Kontaminationsreserve" zu verfügen. Das Bauteil soll also in der Lage sein, geringe Mengen Chlorid aufzunehmen, ohne dass es zur Korrosion an der Bewehrung kommt. Die Forderung nach einem chloridfreien Beton ist vor dem Hintergrund der Betonherstellung und der Festlegung der erforderlichen Eigenschaften in der DIN EN 206 [1] jedoch nicht haltbar. Sowohl in der Gesteinskörnung als auch im Zement sind Chloride naturgemäß enthalten. Deshalb definiert die DIN EN 206 [1] Grenzwerte für jeden Ausgangsstoff und für den fertigen Beton, die im Hinblick auf eine Korrosionsgefährdung für die Bewehrung nicht überschritten werden dürfen. Im Falle von nicht vorgespanntem Stahlbeton liegt der Grenzwert für den Gesamtbeton bei 0,4 M.-% (bez. Zement), d. h. ein Beton der nach seiner Herstellung diesen Chloridgehalt aufweist, wäre den anerkannten Regeln der Technik entsprechend konform auf die Baustelle geliefert worden. Die Forderung nach einem chloridfreien Beton ist demnach nicht zulässig.

Auch bei der Bewertung von Bestandsbauwerken existieren in der baulichen Praxis erhebliche Missverständnisse. Maßgeblich für die Bewertung ist die Instandsetzungsrichtlinie des DAfStb [9]. In ihr wird gefordert, dass ab einem Chloridgehalt von 0,5 M.-% (bez. Zement) auf Höhe der Bewehrungslage Maßnahmen ergriffen werden sollen und ein sachkundiger Planer hinzugezogen werden soll. Hintergrund ist die Tatsache, dass ab diesem Wert Bewehrungskorrosion auftreten kann, aber nicht zwangsweise auftreten wird. Es handelt sich also nicht um einen exakt definierten Grenzwert im klassischen Sinn. Vielmehr sind Praxisfälle bekannt, bei denen Bauwerke mit Chloridgehalten von 1,5 M.-% (bez. Zement) keine Korrosionserscheinungen zeigten. Häufig wird die Aussage in der Instandsetzungsrichtlinie [9] jedoch als kritischer Grenzwert überinterpretiert, ab dem zwangsweise mit Schäden zu rechnen ist, sodass umfangreiche Betonersatzmaßnahmen gefordert werden.

Es existieren im Falle einer Chloridkontamination mehrere alternative Vorgehensweisen, die zumeist deutlich weniger Aufwand verursachen. Je nach Umfang der Kontamination und Beaufschlagung ist es zunächst möglich, durch Regressionsanalysen an Modellen, welche das Chlorideindringen in den Beton beschreiben [16], den zukünftigen Verlauf der Verteilung im Beton vorherzusagen und mit der geplanten Restlebensdauer abzugleichen, wenn die dazu notwendigen Eingangswerte am Bauwerk bestimmt wurden. Sollte sich zeigen, dass kritische Konzentration an der Stahloberfläche erreicht werden, so kann mit den gleichen Modellen überprüft werden, ob bei Beenden der Chloridbeaufschlagung, etwa durch Herstellen einer Beschichtung oder eine geänderte Nutzung, unter Berücksichtigung der weiter ablaufenden Diffusionsvorgänge im Beton kritische Konzentrationen am Bewehrungsstahl erreicht werden. Die Modellierung der Chlorid-Verteilung im Bauteil erfolgt dabei mit dem in Gleichung 7 dargelegten Zusammenhang:

$$C(x,t) = C_s \left[1 - \mathrm{erf}\left(\frac{x}{2 \cdot \sqrt{D \cdot t}} \right) \right] \qquad \text{(Gl. 7)}$$

mit:
- $C(x,t)$: Chloridkonzentration in der Tiefe x zum Zeitpunkt t
- C_s : Chloridkonzentration an der Oberfläche
- $\mathrm{erf}()$: Gaußsche Fehler-Funktion
- x : Tiefe, gemessen von der Bauteiloberfläche
- D : Diffusionskoeffizient
- t : Zeit

Die notwendigen Parameter Chloridkonzentration an der Betonoberfläche und Diffusionskoeffizient lassen sich nicht aus betontechnologischen Werten (Wasser-Bindemittel-Wert o. ä.) ableiten, sondern müssen am Bauteil individuell bestimmt werden. Eine Möglichkeit besteht darin, die Chloridverteilung experimentell zu bestim-

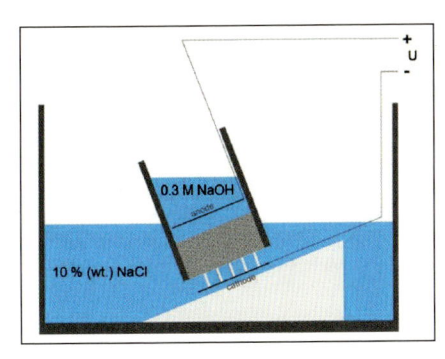

Bild 10: RCM-Test

men und Regressionsrechnungen durchzuführen. Die Ergebnisse können verbessert werden, wenn zusätzlich Bohrkerne aus dem Bauwerk entnommen werden und der Diffusionskoeffizient durch einen RCM-Test im Labor [16] bestimmt wird.
Bei diesem Test (**R**apid-**C**hloride-**M**igration) werden Chloridionen in einer Lösung beschleunigt durch ein elektrisches Feld in eine Betonprobe gezogen (Migration). Aus der Eindringtiefe in diesem Migrations-Test kann auf die Diffusions-Eigenschaften geschlossen werden (s. Bild 10).
Weiterhin sollte bei allen Bewertungen der tatsächliche Zustand der Bewehrung untersucht werden. Wenn auch bei erhöhten Chloridgehalten keine Korrosionserscheinungen aufgetreten sind, kann der kritische Grenzwert individuell für das betrachtete Bauteil durchaus höher als 0,5 M.% (bez. Zement) angesetzt werden. Flankierend ist in Fällen mit unklaren Randbedingungen eine verdichtete Überwachung durch kürzere Inspektionsintervalle oder durch Monitoring möglich und auch aus Gründen der Wirtschaftlichkeit sinnvoll. Beim Monitoring wird der Korrosionszustand der Bewehrung durch eingelegte Sensoren, die Potentiale und Ströme messen können, kontinuierlich überwacht. Instandsetzungsmaßnahmen können somit zielgerichtet umgesetzt werden, sobald sie erforderlich werden. Für die Anwendung solcher Sensoren liegen bereits seit mehr als 10 Jahren positive Erfahrungen vor.
Wenn es zu Depassivierungen an der Bewehrung gekommen ist, so ist es nicht zwangsweise erforderlich, die Bewehrung wieder – wie im Neuzustand – in einen passiven Zustand zu versetzen, indem der Beton großflächig ausgetauscht wird. Die Instandsetzungsrichtlinie [9] erlaubt beispielsweise auch alternative Maßnahmen, bei denen, wenn das Bauteil regelmäßig überwacht wird, durch Trockenlegen die Abtragsrate auf ein Maß abgesenkt wird, dass für die geplante Restnutzungsdauer die Grenzzustände der Tragfähigkeit und Gebrauchstauglichkeit nicht erreicht werden. Das bedeutet in der Praxis, dass ein Bauteil nach den anerkannten Regeln der Technik instand gesetzt worden ist und trotzdem noch Schädigungsprozesse in ihm ablaufen. Dies stellt einen fundamentalen Unterschied zu einem neu erstellten Bauwerk dar, da hier Korrosionsvorgänge grundsätzlich nicht stattfinden dürfen und eine Mindestzeitdauer bis zur Korrosionsinitiierung vorhanden sein muss.

3.3.3 Karbonatisierung

Auch im Falle einer Gefährdung durch Karbonatisierung ist es möglich und sinnvoll, den weiteren zeitlichen Fortgang zunächst durch am Bauteil kalibrierte Modelle zu beschreiben und mit den angestrebten Restnutzungsdauern zu vergleichen. Der Zusammenhang ist jedoch im Vergleich zur Gefährdung durch Chloride deutlich einfacher. Grundsätzlich existiert hier kein festzulegender Grenzwert, ab dem möglicherweise mit Korrosion zu rechnen ist, sondern eine Karbonatisierungsfront dringt in den Beton ein und wenn diese den Stahl erreicht hat, wird er depassiviert und es kommt zur Korrosion. Der Verlauf der Karbonatisierungsgrenze folgt Gleichung 8:

$$d = a \sqrt{t} \qquad \text{(Gl. 8)}$$

mit:
d : Karbonatisierungstiefe zum Zeitpunkt t
a : Faktor
t : Zeit

Der Faktor a ist ebenfalls nicht a priori aus betontechnologischen Daten abzuleiten, sondern muss aus Probenentnahmen und Untersuchen am Bauwerk bestimmt werden. Er hängt ab vom Zementtyp (PZ oder HOZ), der Betonzusammensetzung (Wasser-Bindemittel-Wert) sowie der Luftfeuchte, dem Wassergehalt im Beton und der Temperatur.
Erst wenn diese Überlegungen ergeben, dass im geplanten Nutzungszeitraum mit einer

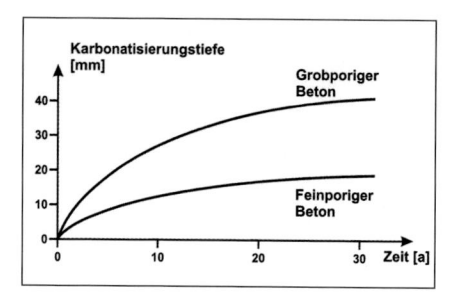

Bild 11: Karbonatisierungstiefe als Funktion der Zeit

Depassivierung der Bewehrung gerechnet werden muss, ist es in technischer Hinsicht überhaupt sinnvoll, Maßnahmen zu ergreifen. Diese können darin bestehen, die Einleitungsphase (Bild 1) durch den Auftrag von Spritzbeton oder einer Beschichtung zu verlängern und die Depassivierung zu verzögern.
Aber auch nach Korrosionsbeginn sind Maßnahmen möglich, die nicht gezwungenermaßen darauf abzielen, das Bauteil in einen Zustand zu versetzen, der dem ursprünglich in den Bemessungsnormen vorgesehenen entspricht. So sieht die Instandsetzungsrichtlinie [9] auch hier die Möglichkeit vor, die Abtragsraten durch das Auftragen einer Beschichtung und damit das Absenken des Wassergehaltes soweit zu reduzieren, dass die geplante Nutzungszeit des Bauteils erreicht wird. Im Gegensatz zur Kontamination mit Chloriden ist hier sogar nicht zwangsweise eine verdichtete Überwachung erforderlich. Wie auch bei einem Angriff mit Chloriden wird der eigentliche Schädigungsmechanismus nicht vollständig unterbunden, sondern nur auf ein akzeptables Maß reduziert. Insofern ist im Rahmen der Instandsetzungsrichtlinie [9] die Forderung nach einem vollständig schadensfreien Bauwerk im Vergleich zu den für neue Gebäude gültigen Bemessungsnormen [1-5] stark abgeschwächt.

4 Zusammenfassung

Die anerkannten Regeln der Technik für neu zu erstellende Bauwerke enthalten materialtechnische und konstruktive Anforderungen, die eine ausreichende Tragfähigkeit, Gebrauchstauglichkeit und Dauerhaftigkeit sicherstellen. Bei der Bewertung von Bestandsbauwerken sowie der Planung und Durchführung von Instandsetzungsmaßnahmen können hingegen diese strikten Anforderungen durch detailliertere Betrachtungen zur geplanten Restnutzungsdauer oder verdichtende Untersuchungen an der vorhandenen Bausubstanz mit statistischer Bewertung teilweise reduziert werden, sodass Traglastreserven aktiviert oder wirtschaftlich günstigere Lösungen bei Instandsetzungsmaßnahmen möglich werden.

5 Literatur

[1] DIN EN 206:2014-07: Beton – Festlegung, Eigenschaften, Herstellung und Konformität
[2] DIN EN 1990:2010-12: Eurocode 0: Grundlagen der Tragwerksplanung
[3] DIN EN 1992-1-1:2011-01: Eurocode 2: Bemessung und Konstruktion von Stahlbeton- und Spannbetontragwerken
[4] Deutscher Ausschuss für Stahlbeton: Erläuterungen zu DIN 1045-1, Heft 525, Beuth, 2003
[5] Deutscher Ausschuss für Stahlbeton: Erläuterungen zu DIN EN 1992-11, Heft 600, Beuth, 2012
[6] Deutscher Beton- und Bautechnikverein; DBV; DBV Merkblattsammlung: Merkblatt Parkhäuser und Tiefgaragen (Fassung 2010). Berlin: Deutscher Beton- und Bautechnikverein e.V., 2010
[7] Zusätzliche Technische Vertragsbedingungen und Richtlinien für Ingenieurbauten (ZTV-ING), BAST, 2014
[8] Verein Deutscher Ingenieure: VDI 6200 "Standsicherheit von Bauwerken – Regelmäßige Überprüfung", Beuth, 2010
[9] DAfStb-Richtlinie Schutz und Instandsetzung von Betonbauteilen (Instandsetzungs-Richtlinie), Berlin, Beuth, 2001
[10] Tuutti, K.: Corrosion of Steel in Concrete. Stockholm: Swedish Cement and Concrete Research Institute. – In: CBI Research (1982), Nr. Fo 4:82
[11] Dauberschmidt, C.: Chloridbelasteter Beton – immer ein Entsorgungsfall? Regionaltagung des Deutschen Beton- und Bautechnikvereins am 23. Februar 2010, München
[12] DIN EN 13791:2008-05: Bewertung der Druckfestigkeit von Beton in Bauwerken oder in Bauwerksteilen; Deutsche Fassung EN 13791:2007
[13] Deutscher Beton- und Bautechnikverein; DBV; DBV Merkblattsammlung: Merkblatt Modifizier-

te Teilsicherheitsbeiwerte für Stahlbetonbauteile (Fassung 2013). Berlin: Deutscher Beton- und Bautechnikverein e.V., 2013

[14] Warkus, J.: Prüfverfahren und Grundlagen zur Bestimmung der Betongüte. Ingenieurakademie West e.V. Düsseldorf, Wiederherstellungsplanung altersgeschädigter Stahlbetontragwerke, Kongresszentrum Westfalenhallen, Dortmund, 08.12.2006

[15] DIN EN ISO 15630-1:2011-02: Stähle für die Bewehrung und das Vorspannen von Beton – Prüfverfahren – Teil 1: Bewehrungsstäbe, -walzdraht und -draht (ISO 15630-1:2010); Deutsche Fassung EN ISO 15630-1:2010

[16] Tang L.: Chloride Transport in Concrete – Measurement and Prediction, Göteborg: Chalmers University of Technology, 1996.

Dr.-Ing. Jürgen Warkus

Studium des Bauingenieurwesens an der RWTH Aachen mit Vertieferrichtung „Konstruktiv"; sieben Jahre Tätigkeit am Institut für Bauforschung der RWTH Aachen unter Prof. Dr.-Ing. Raupach; 2012 Promotion an der RWTH Aachen zum Thema „Einfluss der Bauteilgeometrie auf die Korrosionsgeschwindigkeit von Stahl in Beton bei Markoelementbildung"; seit 2011 Mitarbeiter im Ingenieurbüro „Grobecker GmbH", Köln; seit 2013 Leiter der Massivbauabteilung mit schwerpunktmäßiger Tätigkeit „Planen und Bauen im Bestand".

Das aktuelle Thema:
Sind Regelwerke als Planungsinstrumente zur Beurteilung geeignet?
Diskussion am Beispiel Beton
4. Beitrag: Bedeutung von Regelwerken bei der Instandsetzung von Fassaden aus Beton

Dr.-Ing. Martin Günter, SMP Ingenieure im Bauwesen GmbH, Karlsruhe

1 Fassaden aus Beton

Fassaden sind der gestaltete Außenteil der Hülle eines Gebäudes. Sie wirken durch ihre Materialität, Form und Farbe auf den Betrachter (s. Bilder 1 und 2). Fassaden aus Beton haben eine Geschichte, die so weit zurück reicht wie die Geschichte des Bauens mit Beton. Diese beginnt im 18. Jahrhundert mit der Wiederentdeckung der bereits den Phöniziern und Römern bekannten natürlichen hydraulischen Kalke. Die damit einhergehende Erforschung und Optimierung dieses Bindemittels führte zu den heute bekannten Zementen, de-

Bild 1: Kirche aus Stampfbeton (1862)
Architekt: Louis-Auguste Boileau
(St. Marguerite, Le Vésinet); Foto aus [2]

Bild 2: Kapelle aus Stampfbeton (2007)
Architekt: Peter Zumthor
(Wachendorf-Mechernich)

ren industrielle Produktion im frühen 19. Jahrhundert begann. Der unter Zugabe von Sand und Gesteinskörnungen hergestellte neue Baustoff Beton konnte gegossen oder gestampft werden. Er erhärtete unter Luftabschluss und sogar unter Wasser zu einem festen Stein. Was lag da näher, als die früher im Steinbruch mühsam gewonnenen Steine durch solche zu ersetzen, die durch Gießen oder Stampfen von Beton in Formen herstellbar sind. Durch eine entsprechende Ausgestaltung der Schalung war es möglich, Reliefs in die Oberfläche einzuprägen. Es entstand gestalteter „Sichtbeton".

In Stampfbetonbauweise ließen sich auch ganze Häuser und Kirchen an einem Stück errichten. Die Tragwirkung entsprach jener von entsprechenden Natursteinbauten.

Mit Hilfe von Schalungen, in die der Beton gegossen wurde, konnten skelettartige Tragkonstruktionen erstellt werden. Der dabei an Bedeutung gewinnenden geringen Zugfestigkeit des neuen Werkstoffs begegnete man mit dem Einlegen von Eisen. Zu den Pionieren auf diesem Gebiet gehören die beiden Franzosen Coignet und Hennebique. Sie ließen sich ihre Art, Eisen in die Bauteilquerschnitte einzulegen patentieren und veröffentlichten die ersten Schriften zur Eisenbetonbauweise. Es begann ein Wettlauf um die neue Bauweise. Die Herren Wayys, Koenen und Mörsch waren es, die diese Bauweise in Deutschland vorantrieben und technisch-wissenschaftlich begleiteten.

Soweit nicht mit Naturstein oder Klinkern verkleidet, wurden die Oberflächen der Betonbauteile zunächst noch steinmetztechnisch bearbeitet, wie man dies vom Bauen mit Naturstein gewohnt war. Erst ab dem frühen 20. Jahrhundert getraute man sich, die Betonoberfläche als unmittelbares Abbild der Schalung zu zeigen. In den 1950er Jahren nahm die Sichtbetonbauweise Fahrt auf und nach und nach entstanden und entstehen bis heute jene kleinen und großen Sichtbetonbauwerke, die wir in großer Zahl und in unterschiedlichster Gestaltung finden können. Der rohe Beton, im französischen als béton brut bezeichnet, wurde zum architektonischen Gestaltungselement. Detaillierte Informationen zur Geschichte des Betonbaus finden sich u. a. in [1, 2].

Die Einflussnahme auf das Erscheinungsbild der Bauteiloberflächen erfolgt bis heute über die Zusammensetzung des Betons, die Textur der Schalhaut (z. B. Breite und Anordnung ggf. auch Versatz der Schaltafeln oder Schalbretter, glatte nicht saugende oder saugende Schalung) oder über eine Bearbeitung der Oberflächen (s. Bilder 3 und 4). Nicht zuletzt tragen aber stets auch Imperfektionen der

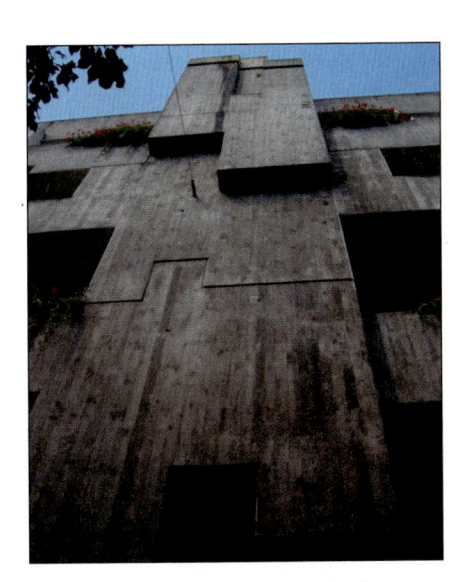

Bild 3: Fassadengestaltung durch Versätze, Scheinfugen, Schalbrettabdrücke

Bild 4: Effekte steinmetztechnischer Bearbeitung der Oberfläche (oben) und des Einbaus des Betons (unten)

Schalung und der Verdichtung sowie Abwitterungen – ohne dass dies jeweils zum Schaden führte – zu dem Erscheinungsbild bei, welches das Bauwerk auf ganz besondere Weise charakterisiert.
Sichtbetonfassaden stellen ein Zeugnis der Bauzeit dar, da an ihnen der architektonische Gestaltungswille erkennbar und die bauzeitlichen Gestaltungselemente und Herstellungsbedingungen ablesbar sind. Sichtbetonfassaden sind allein schon deshalb wertvoll.
Einige Sichtbetonfassaden bedürfen mittlerweile einer Instandsetzung.

2 Regelwerke

Wie beim Neubau, so müssen auch bei der Instandsetzung und der Instandhaltung von Bauwerken Regeln beachtet werden.
Die Basis für alle Baumaßnahmen bildet die Musterbauordnung, aus der sich die Bauordnungen der Länder ableiten [R1]. Dem § 3 der Bauordnungen „Allgemeine Anforderungen" kann sinngemäß Folgendes entnommen werden:

– **Anlagen** sind so anzuordnen, zu errichten, zu ändern und in Stand zu halten, dass die öffentliche Sicherheit und Ordnung nicht gefährdet werden.
– **Bauprodukte und Bauarten** müssen geeignet sein, damit Anlagen die Anforderungen der LBO erfüllen und gebrauchstauglich sind (Instandhaltung wird vorausgesetzt).
– **Eingeführte technische Regeln (Technische Baubestimmungen)** sind zu beachten. Von den Technischen Regeln darf abgewichen werden, wenn mit einer anderen Lösung in gleichem Maße die allgemeinen Anforderungen erfüllt werden.

Tabelle 1: Für (Stahl-)betonbauwerke derzeit bauaufsichtlich eingeführte Regeln

Bauwerksphase	Bauaufsichtlich eingeführte Regeln
Bemessung, Konstruktion, Ertüchtigung	– Europäische Norm: DIN EN 1992 [R2] Eurocode 2: Bemessung und Konstruktion von Stahlbeton- und Spannbetontragwerken – Nationale Norm: DIN EN 1992 NA [R3]
Baustoff Beton	– Europäische Norm: DIN EN 206 [R4] Beton – Festlegung, Eigenschaften, Herstellung und Konformität – Nationale Norm: DIN 1045-2 [R5] (Anwendungsregeln)
Bauausführung	– Europäische Leitnorm: DIN EN 13670 [R6] Ausführung von Tragwerken aus Beton – Nationale Norm: DIN 1045-3 [R7] (Anwendungsregeln)
Schutz und Instandsetzung (Instandhaltung)	Deutscher Ausschuss für Stahlbeton: Instand<u>setzungs</u>-Richtlinie („DAfStb RL-SIB" 2001) [R8]: „Richtlinie Schutz und Instandsetzung von Betonbauteilen" Teil 1: Allgemeine Regelungen und Planungsgrundsätze Teil 2: Bauprodukte und Anwendung Teil 3: Anforderungen an die Betriebe und Überwachung der Ausführung
Instandhaltung (= Instandsetzung + Verbesserung + Inspektion + Wartung)	Deutscher Ausschuss für Stahlbeton: Instand<u>haltungs</u>-Richtlinie („DAfStb IH-RL")[1] [R9]: Teil 1: Planung der Instandhaltung Teil 2: Merkmale von Produkten oder Systemen für die Instandhaltung und Regelungen für deren Verwendung Teil 3: Ausführung der Instandsetzung und Überwachung Teil 4: Prüfverfahren Teil 5: Nachweisverfahren Restnutzungsdauer, Bemessung von Schichtdicken für Betonersatz

[1] derzeit im Gelbdruck 2016 vorliegend; noch nicht bauaufsichtlich eingeführt

Eingeführt werden die Regeln durch die Oberste Bauaufsichtsbehörde, bei uns dem Deutschen Institut für Bautechnik in Berlin (DIBT). Das DIBT hat ein „Verzeichnis der eingeführten technischen Baubestimmungen" veröffentlicht [R10].
Für die einzelnen Phasen eines (Stahl-)betonbauwerks sind derzeit die in Tab. 1 aufgeführten Regeln bauaufsichtlich eingeführt und gelten als Technische Baubestimmungen.
Im Falle der Regelungen für die Bemessung, die Konstruktion und die Ertüchtigung, für den Baustoff Beton und für die Ausführung der Arbeiten handelt es sich dabei um Europäische Normen, denen deutsche Normen angehängt oder zugeordnet werden.
Die sog. Instandsetzungs-Richtlinie des Deutschen Ausschusses für Stahlbeton [R8]
– regelt die Planung, Durchführung und Überwachung der Maßnahmen
– gilt für Bauteile aus Beton und Stahlbeton nach der Normenreihe DIN 1045
– und zwar unabhängig davon, ob die Standsicherheit gefährdet ist oder nicht. Von einer Gefährdung der Standsicherheit ist dabei nicht nur auszugehen, wenn ein entsprechender Schaden vorliegt, sondern auch, wenn ein solcher zu erwarten ist.
Die Bedeutung der Instandsetzungs-Richtlinie ist hoch.
Gleiches gilt für die Instandhaltungs-Richtlinie, die derzeit noch nicht bauaufsichtlich eingeführt ist, da bislang erst im Gelbdruck vorliegt [R9]. Sie wird zukünftig mit 5 Teilen die aktuell noch gültige Instandsetzungs-Richtlinie ersetzen und die Europäische Norm EN 1504 („Produkte und Systeme für den Schutz und die Instandsetzung von Betontragwerken") [R11] präzisieren und ergänzen. Noch mehr als die Instandsetzungs-Richtlinie regelt und beschreibt die Instandhaltungs-Richtlinie den sachgerechten Umgang mit Stahlbetonbauwerken während der gesamten Nutzungsdauer.
Die vorstehenden Regeln müssen selbstverständlich auch auf Sichtbetonbauwerke angewendet werden.
Ergänzende Hinweise für die Planung, Ausschreibung, Ausführung und Beurteilung neu zu erstellender bzw. erstellter Sichtbetonbauwerke bietet zudem – wenn auch nicht bauaufsichtlich eingeführt – das mittlerweile in der 4. Ausgabe (2015) und aktuell vom DBV (Deutscher Beton- und Bautechnik-Verein E.V.) herausgegebene Merkblatt Sichtbeton [R12]. Es enthält jedoch keine Regelungen oder Informationen darüber, wie gealterte Sichtbetonflächen beurteilt oder instandgesetzt werden können oder sollen.

3 Entstehung von Schäden als Folge der Korrosion der Bewehrung

Erhöhte chemische oder erodierende Beanspruchungen sind an Fassaden eher selten. Gleiches gilt aufgrund der im Regelfall temporär immer wieder möglichen längeren Trocknung des Betons für Frostbeanspruchungen. Schäden als Folge einer Überbeanspruchung der Bauteile durch Zwang oder äußere Lasten sind auch an Fassaden möglich, treten aber ggf. lokal eng begrenzt auf. Trotzdem ist im Einzelfall eine sorgfältige Analyse vorliegender Schäden notwendig.
Im vorliegenden Beitrag werden ausschließlich Schäden an Sichtbetonfassaden betrachtet, die in Form von Rissbildungen und Betonabsprengungen als Folge einer Korrosion der Bewehrung entstehen. Hierbei handelt es sich um die am häufigsten vorliegende Schadensursache an Fassaden.
Die hierbei ablaufenden Schadensmechanismen werden seit längerem erforscht und sind vielerorts beschrieben; siehe z. B. [3, 4, 5]. Vor dem Hintergrund des Themas dieses Beitrags ist es allerdings notwendig, nachfolgend einige technische Zusammenhänge in vereinfachter Form darzulegen.
Zur Korrosion der Bewehrung kommt es, wenn der durch den Beton bewirkte Korrosionsschutz verloren gegangen ist und gleichzeitig in ausreichendem Maße Feuchtigkeit und Sauerstoff am Bewehrungsstahl vorliegen.
Der Korrosionsschutz geht verloren, wenn die sogenannte Karbonatisierung – dies ist die chemische Reaktion des Kohlendioxids der Luft mit dem Calciumhydroxid im Beton – die Bewehrung erreicht und dadurch der dort zunächst sehr hohe, die Ausbildung einer dünnen dichten Eisenoxidschicht (sogenannte Passivschicht) bewirkende pH-Wert der Porenlösung des Betons auf Werte unter 9 absinkt, wodurch die Passivschicht nicht mehr aufrecht erhalten werden kann. Neben der negativen Folge der Absenkung des pH-Werts ist die Karbonatisierung andererseits – zumindest bei Betonen, die mit portlandzementreichen Zementen hergestellt wurden – mit einer Verdichtung des Porensystems verbunden [6]. Von einem Verlust des Korrosionsschutzes durch Chloride aus Tausalzstreuungen braucht bei Fassaden

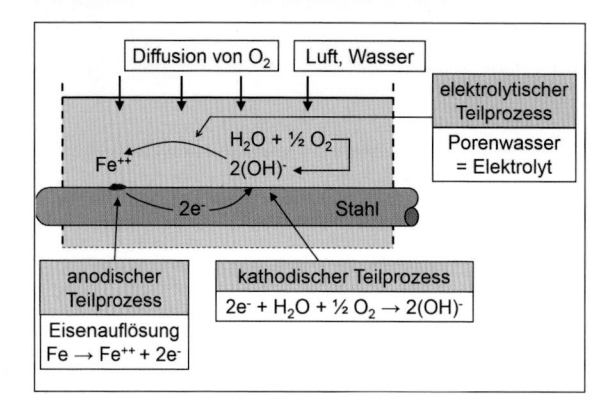

Bild 5: Schematische Darstellung der Korrosion von Bewehrung in Beton bei Depassivierung durch Karbonatisierung (Bild erstellt in Anlehnung an [7])

i. d. R. nur im Sockelbereich ausgegangen zu werden.
Wenn die notwendigen Randbedingungen vorliegen, beruht die dann stattfindende Korrosion auf 3 Teilreaktionen bzw. -prozessen (s. Bild 5).
Bei Verlust der den Korrosionsschutz bewirkenden Passivschicht gehen Eisenionen in Lösung, wobei das Porenwasser im Beton den Elektrolyten darstellt (anodische Teilreaktion). Die dabei frei werdenden Elektronen fließen im Stahl zur Kathode und reagieren dort mit Wasser und Sauerstoff zu negativ geladenen Hydroxylionen (kathodische Teilreaktion). Die negativ geladenen Hydroxylionen wandern in der Porenlösung des Betons in Richtung Anode. Die positiv geladenen Eisenionen wandern in Richtung Kathode. Es findet ein Stofftransport in Form von Ionen statt (elektrolytischer Teilprozess). Bei der Korrosion bildet sich im Bereich der Bewehrung also ein Stromkreis aus, der die drei genannten Teilreaktionen bzw. Prozesse erfordert. Gelingt es, einen der drei Teilreaktionen/Teilprozesse zu unterbinden, so hört die Korrosion auf. Die genannten Teilreaktionen/-prozesse können auf engstem Raum stattfinden.
Treffen sich die beim elektrolytischen Teilprozess wandernden Eisenionen und Hydroxylionen, so fällt zunächst das feste Eisenhydroxid $Fe(OH)_2$ aus. Je nach Verfügbarkeit von Sauerstoff entstehen sodann schwer lösliche Eisenoxid- bzw. Eisenhydroxidverbindungen. Es entsteht Rost. Die Korrosionsprodukte sind voluminös und bewirken daher bei ihrer Entstehung einen Sprengdruck, dessen Höhe von zahlreichen Parametern abhängt. Dazu gehört u. a. das Ausmaß von Poren und Mikrorissen des Betongefüges, in die die Korrosionsprodukte einwandern können. Führt der Expansionsdruck zu Spannungen in der Bauteilrandschicht, die die Festigkeit des Betons überschreiten, so kommt es zunächst zu Rissbildungen und später zu einem Ablösen der Betondeckungsschicht der Bewehrung.
Bereits die hier stark vereinfachend vorgenommene Darstellung der Teilprozesse macht verständlich, warum neben einem Verlust des Korrosionsschutzes die Anwesenheit von Sauerstoff und Feuchtigkeit im Beton notwendige Randbedingungen für eine Korrosion der Bewehrung darstellen. Ohne Sauerstoff bilden sich keine Hydroxylionen. Ohne eine ausreichend hohe Menge Wasser fehlt ein Elektrolyt, der es möglich macht, dass Eisen in Lösung geht und Ionen bzw. Ladungen im Beton transportiert werden.
Ein Verlust des Korrosionsschutzes alleine führt somit nicht zum Schaden. Im Gegenteil, die den Korrosionsschutzverlust auslösende Karbonatisierung verdichtet die Kapillarporenstruktur des Betons und erhöht damit dessen Dauerhaftigkeit.
Ob und wann aus einer ggf. stattfindenden Korrosion des Stahls Ablösungen der Betondeckungsschicht resultieren, hängt im Weiteren von zahlreichen Parametern ab, die neben der Korrosionsgeschwindigkeit des Stahls auch von den Gefügeeigenschaften des Betons und den geometrischen Gegebenheiten im Bereich der Betondeckungsschicht beeinflusst werden. Eine Analyse der Schädigungsprozesse wurde in [8] vorgenommen. Die Arbeit schließt mit der Vorstellung eines Schädigungs-Zeit-Gesetzes ab, das eine Beschreibung des zeitlichen Verlaufs der durch Bewehrungskorrosion ausgelösten Rissbildung von Beton erlaubt.

Teilprozess	Prinzipien (Verfahren)	
	DAfStb 2001 RL-SIB	DAfStb IH-RL
Anodisch	R (R1, R2)	7 (7.1/ 7.2) (7.4/ 7.6/ 7.7/ 7.8)
	K	10 (10.1)
	C	-
Kathodisch	-	-
Elektrolytisch	W	8 (8.1/8.3)

Bild 6: Zuordnung der Prinzipien und Verfahren zum Schutz vor oder zur Instandsetzung von Bewehrungskorrosion gemäß Instandsetzungs-Richtlinie (DAfStb 2001 RL-SIB) [R8] bzw. gemäß Instandhaltungs-Richtlinie (IH-RL) [R9] des Deutschen Ausschusses für Stahlbeton

Die geschilderten Zusammenhänge erklären den in der Praxis immer wieder feststellbaren Sachverhalt, dass es trotz seit langer Zeit verloren gegangenem Korrosionsschutz bzw. trotz tiefreichend karbonatisiertem Beton nicht zu einem Schaden gekommen ist.

4 Instandsetzung – konventionell

4.1 Prinzipien und Verfahren der Instandsetzung

In Kapitel 3 wurde dargestellt, dass die Korrosion von Stahl in Beton – vereinfachend dargestellt – aus drei Teilreaktionen bzw. Teilprozessen besteht, nämlich
– der anodischen Teilreaktion,
– der kathodischen Teilreaktion und
– dem elektrolytischen Teilprozess,
und dass es zur Unterbindung der Stahlkorrosion ausreicht, einen dieser drei Teilprozesse zu verhindern.
Auf diesem technischen Zusammenhang bauen die in [R8, R9] beschriebenen Korrosionsschutzprinzipien auf (s. Bild 6).

4.1.1 Unterbinden der anodischen Teilreaktion

Prinzip R (bzw. 7)
Wird an der Anode die Alkalität wieder hergestellt, dann bildet sich erneut eine Passivschicht aus und die Auflösung von Eisen wird unterbunden. Praktisch kann dies dadurch geschehen, dass die Bewehrung in neuen alkalischen Beton eingebettet wird (R2 bzw. 7.2) oder auf die Oberfläche alkalischer Beton aufgebracht wird, aus dem Hydroxidionen in den karbonatisierten Beton diffundieren (R1 bzw. 7.4). Zum Erhalt der Passivität werden in der Praxis zudem Beschichtungen und/oder Rissfüllmaßnahmen ausgeführt (7.1 / 7.6 /7.7/7.8).

Prinzip K (bzw. 10)
Die Eisenauflösung wird durch Zuführung von Elektronen (Beaufschlagung der Bewehrung mit Fremdstrom über Inertanoden oder durch Anordnung von galvanischen Anoden) unterbunden, sodass die gesamte Bewehrung kathodisch wirkt.

Prinzip C (–)
Die Eisenauflösung wird durch die Trennung des Stahls vom Elektrolyten durch Beschichten des Stahls verhindert. Dass dies zielführend möglich ist, wird mittlerweile bezweifelt.

4.1.2 Unterbinden der kathodischen Teilreaktion

Die kathodische Teilreaktion könnte dadurch unterbunden werden, dass ein Zutritt von Sauerstoff zum Bewehrungsstahl verhindert wird. Dies ist im Allgemeinen nicht sicher zu erzielen, weshalb entsprechende Maßnahmen nicht in die Richtlinien aufgenommen wurden.

4.1.3 Unterbinden des elektrolytischen Teilprozesses

Prinzip W bzw. (8)
Der elektrolytische Teilprozess wird unterbunden, wenn der Wassergehalt des Betons im Bereich der Bewehrung ausreichend gering ist. Soweit erforderlich, gelingt dies durch Verhindern eines Wasserzutritts und das Ermöglichen einer ausreichenden Trock-

nung des Betons. In diesem Fall steigt der elektrische Widerstand des Betons und sämtliche Transportvorgänge im Beton werden gehemmt.
In der Praxis übliche Verfahren sind das Beschichten der Bauteiloberflächen (W bzw. 8.3). In der zukünftigen Instandhaltungs-Richtlinie wird auch das Hydrophobieren der Betonoberfläche (8.1) als geeignetes Verfahren zum Schutz vor Bewehrungskorrosion genannt.

4.2 Vorgehensweise

Die an Fassaden zumeist praktizierte Vorgehensweise der Betoninstandsetzung geht aus Bild 7 hervor. Sie wurde einem Handbuch entnommen, das der Ausbildung interessierter Facharbeiter, aber auch Ingenieuren und Planern als Nachschlagewerk dient [9]. Das Handbuch baut auf den Vorgaben der Instandsetzungs-Richtlinie des Deutschen Ausschusses für Stahlbeton auf.
Nach dem sachgerechten Freilegen und Sandstrahlen des korrodierenden Bewehrungsstabes sowie dem Aufbringen eines Korrosionsschutzes auf den Stahl wird die Bauteiloberfläche mit einem Reparaturmörtel inklusive Haftbrücke reprofiliert.
Auf die instand gesetzte Reparaturstelle und auf die nicht bearbeiteten Nachbarflächen werden anschließend ganzflächig ein Egalisierungsspachtel und ein Oberflächenschutz aufgebracht. Egalisierungsspachtel und Oberflächenschutz bilden das sog. Oberflächenschutzsystem.

4.3 Ergebnis

Die Prinzipien und Verfahren der Instandsetzungs- bzw. Instandhaltungs-Richtlinie führen bei richtiger Wahl und sorgfältiger praktischer Umsetzung zum technischen Erfolg.
Resultat der direkten Umsetzung der in der Richtlinie genannten Verfahren ist jedoch auch ein ganzflächig beschichtetes Bauteil.
Die vom Architekten bewusst gewählte und gestaltete Ansichtsfläche geht verloren. Das Bauwerk verliert mit der ersten Schutz- und Instandsetzungsmaßnahme seine ursprüngliche Fassade. Die durch Gießen von Beton in eine Schalung entstandene Oberfläche wird durch eine Oberfläche ersetzt, die putztechnisch oder malertechnisch hergestellt wurde. Zumindest bei architektonisch gestalteten Bauteiloberflächen muss daher die Frage gestellt werden, ob eine Beschichtung immer erforderlich ist; siehe z. B. [1,10,11].
Nachdem die Richtlinie eine eingeführte technische Regel im Sinne der Musterbauordnung bzw. der Landesbauordnungen darstellt, führt dies zu der zentralen Frage, ob im Fall von Fassaden von der Richtlinie abgewichen werden darf.
Die Antwort auf diese Frage geben die Musterbauordnung bzw. die Landesbauordnungen selbst. Dort heißt es [Zitat]:
„[...] Von den Technischen Baubestimmungen **kann abgewichen werden**, wenn mit einer anderen Lösung in gleichem Maße die allgemeinen Anforderungen des Absatzes 1 erfüllt werden; [...]" (Anmerkung: Fettdruck und Unterstreichung vom Verfasser vorgenommen.)
Mit den „allgemeinen Anforderungen des Absatzes 1" sind die öffentliche Sicherheit und

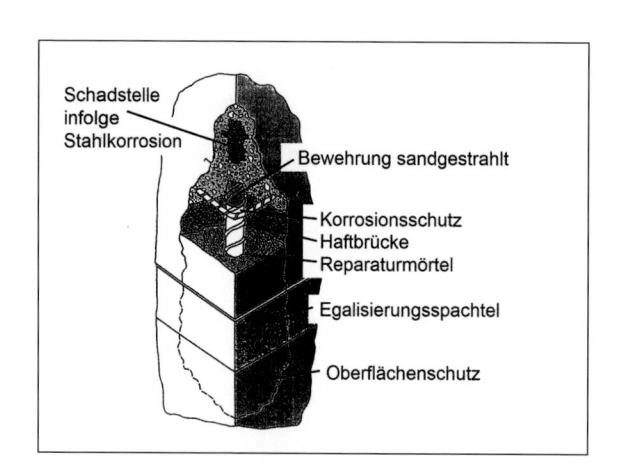

Bild 7: Schematische Darstellung der Maßnahmen zur Instandsetzung geschädigter Stahlbetonbauteile (Reprofilierung unter Beibehaltung der Betondeckung und anschließendes Aufbringen eines Oberflächenschutzsystems). Bild entnommen aus [9]

Ordnung, insbesondere Leben, Gesundheit und die natürlichen Lebensgrundlagen gemeint.

5 Spezifische Lösung bei Sichtbeton

5.1 Überblick

Nachfolgend soll eine „andere Lösung" im Sinne des Abschnittes 4.3 vorgestellt werden, die auf denselben technischen Zusammenhängen aufbaut, wie die in den Richtlinien explizit formulierten Prinzipien und Verfahren. Die technisch-wissenschaftlichen Grundlagen sind an mehreren Stellen beschrieben; siehe z. B. [10, 12, 13, 14].

Die „andere Lösung" besteht in der Ermittlung jener Tiefenlage der Bewehrung, bei der innerhalb eines zu vereinbarenden zukünftigen Zeitraums – in der Regel ist dies die beabsichtigte Restnutzungsdauer des Bauwerks – in nennenswertem Umfang Bewehrungskorrosion und daraus resultierende Schäden zu erwarten sind. Letztendlich wird also eine Schadensprognose durchgeführt, wie sie in der zukünftigen Instandhaltungs-Richtlinie des Deutschen Ausschusses für Stahlbeton [R9] im Zuge der Ermittlung und Beurteilung des Bauwerks- bzw. Bauteilzustandes grundsätzlich gefordert wird (Prognose der Restnutzungsdauer).

Die sehr differenzierte Ausführung der Prognose erlaubt es, die Eingriffe in die Fassade auf jene Stellen zu beschränken, an denen Eingriffe notwendig sind und die übrigen Bauteilbereiche unbearbeitet, d. h. insbesondere unbeschichtet, zu belassen. Die Eingriffe in die Fassade folgen den einschlägigen technischen Regeln unter besonderer Berücksichtigung der örtlichen Gegebenheiten. Nach der Instandsetzung liegt ein Zustand der Fassade vor, der eine wirtschaftliche Instandhaltung ermöglicht. Die Authentizität des Materials und die Architektur bleiben erhalten [11].

Die alternative Lösung kann als „Behutsame Betoninstandsetzung" bezeichnet werden.

Der dargestellte Lösungsweg ist das Ergebnis einer Entwicklungsarbeit, die im Jahre 1989 in Karlsruhe begann. Die bei Natursteinbauwerken ganz selbstverständliche Begrenzung von Reparaturen auf Schadstellen (Austausch geschädigter Steine) und der Bedarf entsprechender Lösungen bei Stahlbetonbauwerken, die historische Zeugnisse ihrer Bauzeit darstellen, gab damals Anlass zu prüfen, ob eine derartige Instandsetzung auch bei Beton- und Stahlbetonbauwerken möglich ist [15]. Begleitet von technisch-wissenschaftlichen Betrachtungen und Forschungen, siehe z. B. [12,13,14] wurden seit dieser Zeit mehrere historisch bedeutsame Bauwerke behutsam und denkmalgerecht instand gesetzt [1, 10].

Mittlerweile zeigt sich, dass eine derartige Instandsetzung auch für normale Sichtbetonbauwerke eine attraktive, weil wirtschaftliche, Möglichkeit des Umgangs mit Bausubstanz darstellt [10, 16].

5.2 Grundgedanke

Der behutsamen Betoninstandsetzung liegen die nachfolgend geschilderten Überlegungen zugrunde.

Vereinfachend, aber auf der „sicheren Seite liegend", wird davon ausgegangen, dass der Beton des Fassadenquerschnitts vollständig karbonatisiert ist, d. h. Bewehrung unabhängig von ihrer Tiefenlage unter der Oberfläche nicht mehr vor Korrosion geschützt ist (Bild 8a).

Über den Jahreslauf werden sich unterschiedliche Feuchtegehaltsverteilungen im Querschnitt einstellen, die an der Bauteiloberfläche von sehr hohen, der Wassersättigung entsprechenden Feuchtegehalten nach längerer Schlagregenbeaufschlagung bis zu relativ geringen Feuchtegehalten nach längerer Trocknung reichen. Im Kernbereich der Bauteile wird dagegen ein über den Jahreslauf sich nur wenig verändernder Feuchtegehalt vorliegen.

Hervorgerufen durch früher weniger strenge Forderungen und durch Verlegeungenauigkeiten weist die Betondeckung der Bewehrung mehr oder weniger große Werte bzw. Schwankungen auf. In Abhängigkeit von der Tiefenlage werden sich im unmittelbaren Umfeld der Bewehrung also mehr oder weniger große Feuchtewechsel und Feuchtegehalte des Betons einstellen.

Aus der Literatur ist bekannt und allgemein anerkannt, siehe z. B. [4], dass es relativer Feuchten im Beton von etwa 85 % und mehr bedarf, damit Stahl im Beton nennenswert korrodiert. Eine Korrosion in wassergesättigtem Beton ist andererseits nicht möglich, weil dann der Sauerstoffnachschub zur Kathode unterbunden wird. Daher sind die größten Korrosionsraten bei relativen Feuchtegehalten des Betons von ca. 90 % bis 95 % zu erwarten (s. Bild 8a oben rechts).

Aus dem vorstehend beschriebenen Sachverhalt wird deutlich, dass nicht alle oberflä-

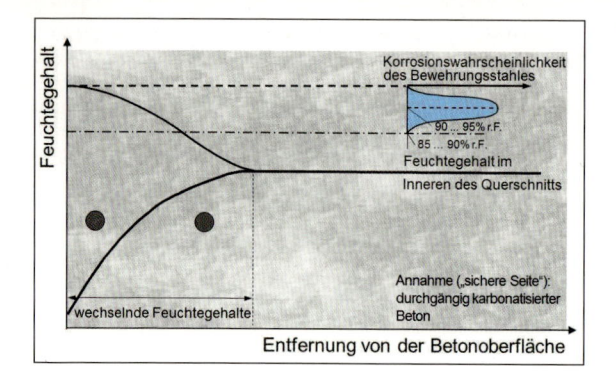

Bild 8a: Schematisierte Darstellung der Feuchteverteilung in Fassadenquerschnitten und Korrosionswahrscheinlichkeit von Bewehrung in Abhängigkeit vom Feuchtegehalt des Betons

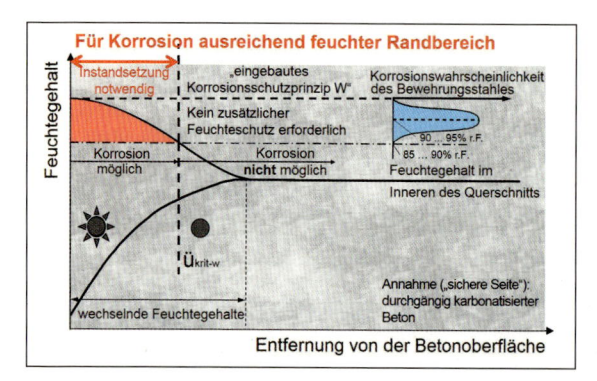

Bild 8b: In Bezug auf Feuchte korrosionskritischer Tiefenbereich der Bewehrung (rot markiert). Ab einer Überdeckung von $Ü_{krit-w}$ kann aufgrund zu geringer Betonfeuchte keine nennenswerte Korrosion eintreten. Für den dort liegenden Anteil an Bewehrung sind keine Oberflächenschutzmaßnahmen erforderlich.

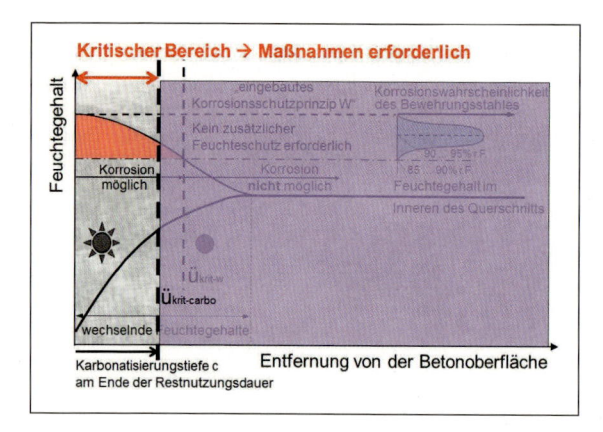

Bild 8c: In Bezug auf die zu erwartende Karbonatierungstiefe am Ende der Nutzungsdauer korrosionskritischer Tiefenbereich der Bewehrung (rot markiert). Ab einer Überdeckung von $Ü_{krit-c}$ kann aufgrund fehlender Depassivierung keine Korrosion eintreten. Für den hier liegenden Anteil an Bewehrung sind keine Oberflächenschutzmaßnahmen erforderlich.

chennahen Bewehrungsstäbe mit Beton in Berührung stehen, der korrosionskritische Feuchtegehalte aufweist. Lediglich Bewehrungsstäbe mit Tiefenlagen im rot gekennzeichneten Bereich, siehe Bild 8b, sind über den Jahreslauf hinweg mehr oder weniger oft korrosionskritischen Feuchtegehalten ausgesetzt. Nur diese Stäbe werden über den Jahreslauf hinweg mehr oder weniger lange nennenswert korrodieren und einen mehr oder weniger hohen Sprengdruck auf die Betondeckungsschicht ausüben können.

Bewehrung, die tiefer als die strichlierte Linie liegt, wird nicht ausreichend feucht, um nennenswert korrodieren bzw. einen Sprengdruck ausüben zu können. Die strichlierte Linie markiert quasi die Grenze zwischen korrosionskritischen und nicht korrosionskritischen Tiefenlagen der Bewehrung in Bezug auf die notwendige Randbedingung „Feuchte".

Nur in Bezug auf Bewehrung, die weniger tief als die strichlierte Linie liegt, sind ggf. Schutz- bzw. Instandsetzungsmaßnahmen zu ergreifen. Bewehrung, die in Tiefenlagen unterhalb der strichlierten Linie liegt, ist quasi durch ein „bauteileigenes Korrosionsschutzprinzip W" vor Korrosion geschützt. Ein Feuchteschutz durch Maßnahmen an der Sichtbetonoberfläche bzw. Maßnahmen zur Wiederherstellung der Passivität der Bewehrung sind für diese tief liegende Bewehrung nicht notwendig.

Der korrosionskritische Tiefenbereich und damit der instand zu setzende Anteil der Bewehrung reduziert sich weiter, wenn die bis zum Ende der Restnutzungsdauer prognostizierte Karbonatisierungstiefe des Betons geringer ist als die in Bezug auf Feuchte kritische Tiefenlage der Bewehrung (Bild 8c).

Die in Bezug auf Feuchte und Karbonatisierung kritischen Überdeckungsmaße der Bewehrung müssen anhand von spezifischen Bauteilerkundungen fassadenbezogen und in Bezug auf die gewünschte Nutzungsdauer ermittelt werden. Durch die bauteilbezogene Bewertung ist sichergestellt, dass alle Eigenschaften des Fassadenbereichs und alle Randbedingungen, denen der betrachtete Fassadenbereich unterliegt, direkt berücksichtigt werden.

Maßgebend für den Umfang der Instandsetzung wird das kleinere der beiden ermittelten kritischen Betondeckungsmaße $Ü_{krit\text{-}carbo}$ bzw. $Ü_{krit\text{-}W}$.

Diese Betrachtungen müssen mit Hilfe statistischer bzw. probabilistischer Methoden quantifiziert werden. Hieraus resultiert eine fassadenbezogene Prognose der Restnutzungsdauer bis zum Eintreten nennenswerter Schäden, was wiederum die rechtzeitige Vornahme von Maßnahmen der Instandsetzung ermöglicht, siehe hierzu [14].

5.3 Umsetzung

An vorhandenen oder potentiellen Schadstellen:
Hier wird die Alkalität des Betons bzw. die Passivität der Bewehrung durch einen fachgerecht vorgenommenen Betonaustausch wiederhergestellt, sodass zukünftig die anodische Teilreaktion unterbunden ist.
Der Reparaturbeton wird in seinen technischen und in seinen das Erscheinungsbild prägenden Eigenschaften auf den Sichtbeton abgestimmt; siehe hierzu z. B. [1, 10, 16]. Einer Beschichtung des Reparaturbetons bedarf es daher nicht (s. Bild 9).

Außerhalb vorhandener oder potentieller Schadstellen:
Hier kann davon ausgegangen werden, dass an der Bewehrung ausreichend trockener Beton vorliegt, sodass der elektrolytische Teilprozess weitestgehend unterbunden ist. Zusätzliche Schutzmaßnahmen sind nicht erforderlich. Die bauteileigene Schutzwirkung reicht aus (s. Bild 10).

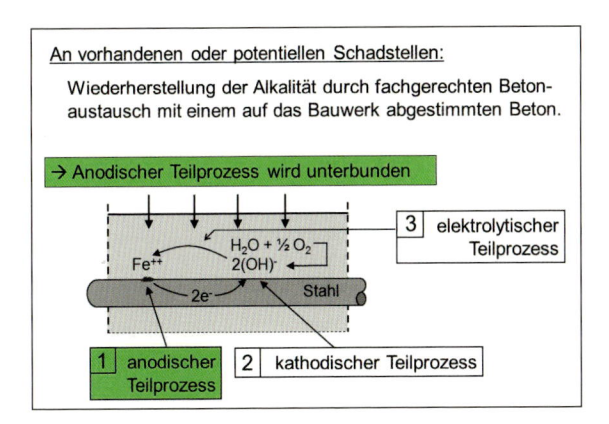

Bild 9: Betonaustausch an vorhandenen oder potentiellen Schadstellen

Außerhalb vorhandener oder potentieller Schadstellen:
… kann davon ausgegangen werden, dass an der Bewehrung ausreichend trockener Beton vorliegt. (soweit Depassivierung überhaupt zu erwarten ist)

→ Elektrolytischer Teilprozess wird unterbunden

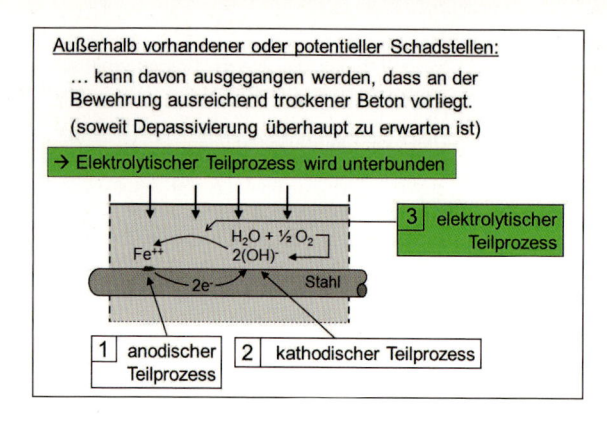

$H_2O + \tfrac{1}{2} O_2$
$2(OH)^-$
Fe^{++}
$2e^-$
Stahl

3 elektrolytischer Teilprozess
1 anodischer Teilprozess
2 kathodischer Teilprozess

Bild 10: Keine Maßnahmen in Bereichen mit ausreichend tief liegender Bewehrung

6 Fazit

Im vorliegenden Beitrag wurde Folgendes aufgezeigt:
- Sichtbetonflächen entstanden mit gestalterischer Absicht und sind der Wunsch des Bauherrn.
- Sie sind zudem Zeugnisse der Bauzeit.
- Wir haben daher die Aufgabe, Sichtbetonflächen zu erhalten.
- Eine Instandsetzung von Sichtbeton unter weitestgehendem Erhalt der Oberflächen ist technisch häufig möglich (sog. Behutsame Betoninstandsetzung).
- Oberflächenschutzmaßnahmen sind nicht immer erforderlich.
- Die Behutsame Betoninstandsetzung baut auf jenen technischen Zusammenhängen auf, die auch den Standardfällen der Instandsetzung zugrunde liegen.
- Die teilweise notwendigen Abweichungen von den in den technischen Regeln beschriebenen Standardverfahren sind zulässig, wenn die Gleichwertigkeit der Sonderlösung zu den Standardlösungen nachgewiesen werden kann. Der Nachweis muss für jeden Einzelfall erbracht werden.

Literatur

[1] „Was der Architekt vom Stahlbeton wissen sollte." Uta Hassler (Hrsg.), Institut für Denkmalpflege und Bauforschung IDB, gta Verlag, ETH Zürich, 2010 mit Beiträgen von Alexander Kierdorf, Hubert K. Hilsdorf, Hartwig Schmidt, Harald S. Müller, Martin Günter und Eugen Brühwiller

[2] Werner, F.: Der lange Weg zum Neuen Bauen, Band 1: Beton, 43 Männer erfinden die Zukunft, Wernersche Verlagsgesellschaft m.b.H., 2016

[R1] Bauministerkonferenz (ARGEBAU): Musterbauordnung (MBO) 2002 mit Änderungen in 2012. Quelle: www.is-argebau.de

[R2] DIN EN 1992, Eurocode 2: Bemessung und Konstruktion von Stahlbeton- und Spannbetontragwerken

[R3] DIN EN 1992 NA (Nationales Anwendungsdokument)

[R4] DIN EN 206: Beton – Festlegung, Eigenschaften, Herstellung und Konformität

[R5] DIN 1045-2: Tragwerke aus Beton, Stahlbeton und Spannbeton – Teil 2: Beton – Festlegung, Eigenschaften, Herstellung und Konformität – Anwendungsregeln zu DIN EN 206-1

[R6] DIN EN 13670: Ausführung von Tragwerken aus Beton

[R7] DIN 1045-3: Tragwerke aus Beton, Stahlbeton und Spannbeton – Teil 3: Bauausführung, Nationales Anwendungsdokument zu DIN EN 13670

[R8] Deutscher Ausschuss für Stahlbeton: DAfStb-Richtlinie Schutz und Instandsetzung von Betonbauteilen (Instandsetzungs-Richtlinie), Teile 1 bis 4, Beuth Verlag Berlin und Köln, Oktober 2001 inklusive nachfolgender Berichtigungen

[R9] Deutscher Ausschuss für Stahlbeton: DAfStb-Richtlinie Instandhaltung von Betonbauteilen (Instandhaltungs-Richtlinie), Teile 1 bis 5, erschienen als Gelbdruck, Juni 2016

[R10] Deutsches Institut für Bautechnik (DIBt): „Verzeichnis der eingeführten technischen Baubestimmungen (entsprechend § 3 Abs. 3 MBO)". Quelle: www.dibt.de (Stand: 01.03.2017)

[R11] DIN EN 1504: Produkte und Systeme für den

Schutz und die Instandsetzung von Betontragwerken – Definitionen, Anforderungen, Qualitätsüberwachung und Beurteilung der Konformität

[R12] Merkblatt „Sichtbeton" des DBV (Deutscher Beton- und Bautechnik-Verein E. V.), Fassung Juni 2015

[3] Schießl, P.: Corrosion of steel in concrete. Report of the technical committee 60CSC, RILEM, Schießl, P. (Hrsg.), Chapman and Hall, New York, 1998

[4] Nürnberger, U.: Korrosion und Korrosionsschutz im Bauwesen. Band 1: Grundlagen, Betonbau. Bauverlag GmbH, Wiesbaden und Berlin, 1995

[5] Raupach, M., Orlowski, J.: Schutz und Instandsetzung von Betontragwerken, Verlag Bau + Technik GmbH, 2008

[6] Kropp, J.: Karbonatisierung und Transportvorgänge in Zementstein. Universität Karlsruhe (TH), Institut für Massivbau und Baustofftechnologie, Dissertation 1983

[7] Schießl, P.: Einfluss von Rissen auf die Dauerhaftigkeit von Stahlbeton- und Spannbetonbauteilen. Deutscher Ausschuss für Stahlbeton, Heft 370, Ernst & Sohn, Berlin, 1986

[8] Bohner, E. A.: Rissbildungen in Beton infolge Bewehrungskorrosion. Karlsruher Institut für Technologie (KIT), Institut für Massivbau und Baustofftechnologie, Dissertation 2013

[9] Deutscher Beton- und Bautechnikverein E. V. u. a.: Schützen, Instandsetzen, Verbinden und Verstärken von Betonbauteilen (SIVV-Handbuch). Fraunhofer IRB Verlag, Auflage 2008

[10] „Instandsetzung bedeutsamer Betonbauten der Moderne in Deutschland". Technisch-wissenschaftliches Symposium, Karlsruhe, 30.03.2004. Berichtsband, Harald S. Müller und Ulrich Nolting (Hrsg.) (2004)

[11] Baumstark, H.: Beton und Sanierung. In: Sichtbeton – Betrachtungen. Ausgewählte Architektur in Deutschland. Rüdiger Kramm und Tilman Schalk (Hrsg.), Verlag Bau und Technik, Düsseldorf 2007

[12] Müller, H. S.: Die behutsame Betoninstandsetzung – Technisch-wissenschaftliche Grundlagen. In: Was der Architekt vom Stahlbeton wissen sollte. Uta Hassler (Hrsg.), Institut für Denkmalpflege und Bauforschung IDB, gta Verlag, ETH Zürich, 2010

[13] Günter, M.: Die behutsame Betoninstandsetzung – Durchführung, Kosten, Dauerhaftigkeit. In: Was der Architekt vom Stahlbeton wissen sollte. Uta Hassler (Hrsg.), Institut für Denkmalpflege und Bauforschung IDB, gta Verlag, ETH Zürich, 2010

[14] Müller, H. S.; Günter, M.; Bohner, E.; Vogel M.: Gentle concrete repair – scientific background and practical methods (Behutsame Betoninstandsetzung – wissenschaftliche Grundlagen und ihre praktische Umsetzung) In: Restauration of Buildings and Monuments = Bauinstandsetzung und Baudenkmalpflege, Band 12 (2006), Heft 5/6, Seiten 469-479.

[15] „Betonsanierung – Korrosionsmechanismen und Sanierungstechniken an Stahlbetonkonstruktionen". Arbeitshefte des Sonderforschungsbereiches 315 „Erhalten historisch bedeutsamer Bauwerke". Sonderheft zum Expertentreffen im Rahmen des WTZ-Abkommens an der Universität Karlsruhe vom 12. bis 15. April 1989. Universität Karlsruhe TH (1989)

[16] „Sichtbeton – Planen, Herstellen, Beurteilen". Technisch-wissenschaftliches Symposium, Karlsruhe, 17.03.2005. Berichtsband, Harald S. Müller, Ulrich Nolting und Michael Haist (Hrsg.) (2005)

Dr.-Ing. Martin Günter

Studium des Bauingenieurwesens an der Universität Karlsruhe (TH), Vertiefungsrichtung Konstruktiver Ingenieurbau; 1982–1997 Wissenschaftlicher Angestellter am Institut für Massivbau und Baustofftechnologie der Universität Karlsruhe (TH), Amtliche Materialprüfungsanstalt (Forschung, Materialprüfung, Gutachten); 1997 Promotion über das Thema „Beanspruchung und Beanspruchbarkeit des Verbundes zwischen Polymerbeschichtungen und Beton"; 1998 selbständige Tätigkeit als Partner im Ingenieurbüro „Prof. Müller + Partner GbR", 1999–2006 selbstständig als geschäftsführender Gesellschafter in der „Prof. Müller + Dr. Günter Ingenieurgesellschaft Bauwerke GmbH"; 2006 Gründung der „SMP Ingenieure im Bauwesen GmbH". Dort tätig als Geschäftsführender Gesellschafter; Beratender Ingenieur mit den Tätigkeitsschwerpunkten: Betontechnologie und Betontechnik, Betoninstandsetzung; Mitglied im Verband der Betoningenieure sowie in der WTA, Lehrbeauftragter der Universität Karlsruhe.

UBA-Schimmelleitfaden: Auswertung der Einsprüche aus dem öffentlichen Diskussionsverfahren

Direktor und Prof. Dr.-Ing. Heinz-Jörn Moriske, Umweltbundesamt, Dessau, Berlin

Vorbemerkung

Bereits auf vergangenen Bausachverständigentagen wurde über die Aktivitäten des Umweltbundesamtes zu Schimmel(pilz)befall und die staatlichen Empfehlungen dazu berichtet. Die 2002 und 2005 erarbeiteten Leitfäden waren schon damals als reine Empfehlungen und als Leitlinie erarbeitet worden, mit dem Ziel, bundesweit einheitliche Vorgehensweisen bei Schimmelbefall zu ermöglichen und anzustreben, jedoch nicht jeden Einzelfall und jede Einzelentscheidung vor Ort damit festlegen zu wollen. Dieses Ziel hat sich auch bei der Überarbeitung der Leitfäden und mit dem Erscheinen des neuen Schimmelleitfadens 2017 nicht geändert.

1 Öffentliches Diskussionsverfahren

Neu ist, dass wir auf vielfach geäußerten Wunsch, besonders aus dem Sachverständigenbereich, den neuen *„Leitfaden zur Vorbeugung, Erfassung und Sanierung von Schimmelbefall in Gebäuden (Schimmelleitfaden)"* vor Erscheinen in der 2. Jahreshälfte 2016 einer öffentlichen Diskussion stellen wollten und gestellt haben. Mancher mag einwenden, dass diese Diskussion heute (Stand Ende April 2017) immer noch nicht beendet ist, weil nicht alle Einwände, die von außen durch Verbände und Einzelpersonen vorgebracht wurden, übernommen worden sind. Das ist richtig. Von den über 100 Einwändern auf rund 300 Seiten in Tabellenstruktur (analog dem Verfahren bei VDI) vorgebrachten Einwänden wurde rund ein Drittel vollständig übernommen, eine weiteres Drittel zum Teil und ein letztes Drittel gar nicht. Allen Einwändern, gleich ob als Einzelperson oder als Verband, wird im Verlauf des Jahres 2017 mitgeteilt werden, wie zu Ihren Einwänden Stellung genommen wurde. Einige Einwände doppelten sich, z. B. bei der Frage, wie bakterieller Befall zu bewerten sei, oder bei den Hinweisen zur Desinfektion und zum Vorgehen bei verdecktem Befall, ja sie waren – obwohl von unterschiedlichen Verbänden eingereicht – zum Teil sogar deckungsgleich formuliert. Das erleichterte die Zuordnung und Kommentierung. Es machte aber auch deutlich, dass im Vorfeld offensichtlich Absprachen unter den Einwändern stattgefunden hatten. Es gab auch Einwände in genau entgegengesetzte Richtungen. So gab es gleich mehrfach Hinweise zu den Hintergrundkeimwerten in Dämm-Materialien, mit denen mikrobielle Verunreinigungen auf der Baustelle von späterem (aktivem) Schimmelbefall abgegrenzt werden sollten. Einige Einwändende gaben zu bedenken, dass ein im Text aufgenommener Wert von 10^5 KBE/m^3 dazu führen wird, dass manches harmlose Material aus dem Gebäude verbannt wird, nur weil man darin positiv einen Schimmelnachweis führen konnte; die Einwändenden plädierten dafür, keine „starren" KBE-Werte anzugeben. Anderen ging die Forderung nach 10^5 KBE/m^3 nicht weit genug und sie vertraten die Auffassung, dass bereits auch bei 10^3 KBE/m^3 eine Gefahr von den Materialien für die Raumnutzer nach dem Einbau ausgehen könne. Der Kompromiss bei der Entscheidung war, dass die Darlegung zum Zustandekommen der Werte und die genaue Erläuterung im Leitfaden wie diese zu interpretieren und zu handhaben sind, nochmals präzisiert wurden. Überdies wurde aufgenommen, dass anstelle der KBE-Bestimmung auch eine mikroskopische Analyse des Baumaterials ausreichend ist, um zu beurteilen, ob darin ein Befall oder lediglich eine mikrobielle Verunreinigung vor Verwendung und Einsatz am Bau vorliegt.

Es war eine äußerst mühselige Arbeit, alle Einwände gewissenhaft zu sichten und zunächst in kleinem Redaktionsteam, bestehend aus lediglich drei Mitarbeiterinnen und Mitarbeitern des Umweltbundesamtes und einem externen Kollegen aus Österreich, zu erörtern und eine erste vorläufige Entscheidung zu treffen. Die vorgenommenen Änderungen wurden in den Leitfadentext eingepflegt und die geänderte Fassung sowie die Einwände, so wie sie eingereicht worden waren, allen Mitgliedern der Innenraumlufthygienekommission (kurz: IRK), die an der Leitfadenerstellung beteiligt waren, also allen Mitgliedern und Gästen der IRK aus der Berufungsperiode 2013–2016 sowie allen Mitgliedern aus der aktuellen Berufungsperiode seit 2016, zugeleitet. In den IRK-Sitzungen im Oktober 2016 und März 2017 wurden alle Einwände diskutiert. Es liegt in der Natur der Sache, dass auch innerhalb der IRK nicht zu allen Einwänden die gleichen Positionen vertreten wurden, letztlich man aber doch zu einem Konsens gelangte. Ein Punkt der Entscheidung, dass Treppenhäuser in Mehrfamilienhäusern, also außerhalb der Wohnung, nicht zur Nutzungsklasse II zählen sollten (Argument Befürworter: …weil man ja über die Wohnungstür Zugang zum Treppenhaus hat), sondern zur Nutzungsklasse III (Argument Befürworter: … weil es Räume außerhalb der Nutzungsebene sind) fiel mit Mehrheitsentscheid, da hierzu kein gemeinsamer Standpunkt erzielt wurde. Das Beispiel zeigt die weiterhin teilweise schwierige Beurteilungssituation, wenn es darum geht, hierzu allgemein gültige Empfehlungen vorzugeben. Eine weitere Diskussion mit der Öffentlichkeit ist im Vorfeld der Drucklegung des Leitfadens nicht geplant, wohl aber ein informativer Austausch mit den Verbänden, die ebenfalls Empfehlungen zum Schimmelbefall in Gebäuden erarbeitet haben und zu einzelnen Fragen (z. B. Biozidanwendung, siehe unten) weiterhin andere Auffassungen vertreten.

2 „Streitthema" Biozidanwendung

Keine oder besser genauer nur sehr eingeschränkte und begrenzte Zustimmung zu den Einwänden gab es beim Thema Biozidanwendung (Desinfektion). Erneut wurde von einigen Einwändern die Auffassung vertreten, dass die Biozidanwendung vielfach die weitere Sanierung ersetzen könne. Besonders, wenn der Schimmelbefall in Räumen auftrete, die man nicht täglich nutze, sei dies eine kostengünstige Ersatzlösung für eine aufwendige bauliche Sanierung, so der Tenor vieler Einwände besonders aus der Versicherungsbranche, von den Herstellern biozider Präparate, aber auch von einigen Bausachverständigen. Aber auch in der Wohnung solle ein Biozideinsatz bei nicht sichtbarem Befall möglich sein und z. B. bei Schimmelbefall in Fußböden das aufwendige Öffnen der Fußbodenkonstruktion und die ebenso aufwendige Rekonstruktion überflüssig machen. Zudem solle man auch hier besser differenzieren, wo der Befall auftritt und danach den Biozideinsatz erlauben oder für unerwünscht erklären. Die Argumente sind richtig und falsch zugleich. Richtig ist, dass auch das Umweltbundesamt in seinem Leitfaden wie bekannt jetzt eine Unterscheidung macht, ob der Schimmelbefall in dauernd genutzten Räumen, also in der Wohnung mit allen dazugehörigen Räumen, in Büros, Schulen, Kitas etc. auftritt, oder in Nebenräumen außerhalb davon, die keinen direkten Zugang zu den dauernd genutzten Räumen haben und in denen keine Lebensmittel, Kleidungsstücke oder andere Gegenstände des täglichen Bedarfes lagern (vgl. Abschnitt „Nutzungsklassen"). In solchen Nebenräumen können durchaus reduzierte Anforderungen gelten und es wird auch der Einsatz von Bioziden (mit der Einschränkung, dass keine Gegenstände des täglichen Bedarfes in den Nebenräumen lagern) mit Auflagen gestattet. Auch in der Wohnung wird der Biozideinsatz, wenn nicht sogleich mit einer Sanierung begonnen werden kann und um weiterem Keimwachstum in dieser Zeit zu begrenzen, hingenommen. Allerdings nur, wenn rückstandsfreie Mittel eingesetzt werden und wenn die bauliche Sanierung weiterhin das Ziel bleibt. Die Biozidanwendung ist also nur eine Interimsmaßnahme, kein Sanierungsersatz. Chemische Wirkstoffe dürfen nach der Anwendung nicht in der Wohnung verbleiben. Das grenzt den Umfang und die Auswahl der einzusetzenden Mittel deutlich ein.

Egal, ob Biozideinsatz oder nicht, immer (auch in Nebenräumen) sollte die Ursache der Feuchteeinwirkung, die zu Schimmelbefall geführt hat, untersucht und in Räumen der Nutzungsklasse II (vgl. Folgeabschnitt) vor der Sanierung auch abgestellt werden. In Räumen der Nutzungsklasse III, wozu auch feuchte Keller in alten Gebäuden gehören, die aber schon immer feucht waren und nicht ohne weiteres zu sanieren sind, ist dies von der Art der Lagerung und Nutzung abhängig.

Mitnichten wird also der Biozideinsatz im neuen Leitfaden vollständig abgelehnt, wie es nach wie vor bei einigen Kritikern heißt, sondern begrenzt und nur als Ersatz für eine Sanierung bei Räumen der Nutzungsklasse II komplett abgelehnt, weil es keine Sanierung dort ersetzt!

Die Skepsis des Umweltbundesamtes gegenüber dem Einsatz von Bioziden rührt im

Übrigen auch daher, dass sowohl die unmittelbare ausreichende Wirksamkeit vieler Mittel nur von Herstellern selber belegt wird, nicht aber durch unabhängige Studien und die dauerhafte Wirksamkeit so gut wie nie belegt werden kann. Letzteres ist aber wichtig, wenn man mit einem Biozideinsatz nachhaltig Schimmelbefall bekämpfen möchte. Gerade bei Schimmel im Verborgenen kann es sonst geschehen, dass dieser unbemerkt erneut wächst und später zum Risiko für die Raumnutzer wird.

3 Nutzungsklassen-abhängiges Vorgehen

Auf den Aachener Bausachverständigentagen 2015 wurde das Nutzungsklassenkonzept (damals noch Raumklassen genannt) erstmals vorgestellt. Das Nutzungsklassenkonzept umfasst die Nutzungsklassen I bis IV (siehe Tabelle 1), wobei die Klasse I gar nicht Gegenstand des Leitfadens ist. Hierunter fallen gesonderte Anforderungen an die Keimarmut, z. B. in Krankenhäusern oder gewerblichen Großküchen. Die Nutzungsklasse IV umfasst alle abgeschotteten Bereiche, die bauseits gar keine Verbindung zu Nutzungsräumen haben. Dort kann man künftig den Schimmelbefall belassen, muss jedoch sicherstellen, dass keine Verbindung zum Nutzungsraum auch in Zukunft entsteht. Außerdem ist sicherzustellen, dass das befallene Bauteil (z. B. Dachgebälk in ausgebauter und zum Wohnraum hin abgeschotteter Dachwohnung) bestimmungsgemäß trocken (respektive nicht dauerhaft feucht) bleibt, da sonst bauliche Schäden auftreten. Bei späteren baulichen Eingriffen, bei denen die Baukonstruktion geöffnet wird und ein alter Schimmelbefall aus Räumen der Nutzungsklasse IV zu Tage tritt, sind lediglich Vorsichtsmaßnahmen für die Arbeitnehmenden zu treffen, und eine Verbreitung abgestorbe-

Tabelle 1: Nutzungsklassen in Gebäuden

Nutzungsklasse	Anforderungen an die Innenraum-hygiene	Beispiel	Anmerkungen
I	Spezielle, sehr hohe Anforderungen wegen individueller Disposition	Räume für Patienten mit Immunsuppression	Nicht in diesem Leitfaden behandelt; die Anforderungen bedürfen gesonderter Vereinbarung
II	Normale Anforderungen	Innenräume zum nicht nur vorübergehenden Aufenthalt von Menschen: Wohn- oder Büroräume, Schulen, Kitas usw. einschließlich dazu gehörender Nebenräume	Es gelten die gleichen Anforderungen für alle genutzten Räume (d. h. bei Wohnungen alle Räume einschließlich in der Wohnung liegender Nebenräume)
III	Reduzierte Anforderungen	Nicht dauerhaft genutzte Nebenräume <u>außerhalb</u> von Wohnungen, Büros Schulen usw., z. B. Kellerräume und Abstellräume (ohne direkten Zugang zur Wohnung), nicht ausgebaute Dachgeschosse sowie Garagen oder Treppenhäuser	Verringertes Anforderungsniveau für Sanierung und Instandsetzung; geringere Dringlichkeit der Sanierung
IV	Schimmel kann i. d. R. im Bauteil verbleiben (hinter der Abschottung)	Luftdicht abgeschottete Bauteile und Hohlräume in Bauteilen oder Räumen, die nach Anforderung der DIN 4108-7 mit geeigneten Stoffen gegenüber Innenräumen abgeschottet sind	Bestimmungsgemäß trockene Bauteile hinter der Abschottung müssen trocken bzw. dürfen nicht dauerhaft feucht sein. Keine weiteren Sanierungsmaßnahmen erforderlich.

ner Schimmelpilze in die Atemluft und ggf. genutzte Räume im angrenzenden Bereich ist zu vermeiden. Dies ist ein großer Sprung in Richtung „Entlastung" bei der Frage Sanierung von Gebäuden, bei denen Schimmel nie in Kontakt mit Bewohnern oder sonstigen Raumnutzern kommt und es bleibt die Hoffnung, dass damit in Zukunft unnötig rückgebaute Dachgeschosswohnungen und gar rückgebaute Dächer selber vermieden werden, zumindest dann ohne Bezug auf die Empfehlungen des UBA. Natürlich soll der Sachverständige vor Ort weiterhin prüfen, ob die befallenen Gebäudebereiche auch wirklich der Nutzungsklasse IV zuzuordnen sind. Bei ausgebauten Dachgeschossen kann das dann kritisch sein, wenn man z. B. keine Dampfsperren beim Ausbau, sondern lediglich Dampfbremsen verwendet hat oder wenn die Abdichtung zum Dach nur unzureichend ausgeführt wurde.

Das Nutzungsklassenkonzept soll dazu dienen, dass nicht „mehr" sondern abgestuft „weniger" getan wird bei Schimmelbefall in Gebäuden und nicht überall im Haus die gleichen hohen Anforderungen an die Bewertung und Sanierung von Schimmelbefall gestellt werden, ja dass es in Einzelfällen auch gar keiner Sanierung (außer der Beseitigung der Feuchteschäden und das Erreichen bestimmungsgemäß trockener Bauteile, siehe Nutzungsklasse IV) bedarf. Auch der Einsatz von Bioziden soll damit klarer abgegrenzt werden.

4 Rechtliche Verbindlichkeit der Leitfadenempfehlungen

Wie bereits eingangs erwähnt, erhebt der Schimmelleitfaden nicht den Anspruch, ein verbindliches staatliches Regelwerk zu sein. Dies kann auch gar nicht erfüllt werden, da ansonsten gesetzmäßige Prozesse durchlaufen werden müssten oder der Leitfaden als Verwaltungsvorschrift o. Ä. erscheinen müsste. Es macht aber auch inhaltlich keinen Sinn, da es bei der Beurteilung und Bekämpfung von Schimmel so viele verschiedene Einzelsituationen zu berücksichtigen gilt, die man generalisiert gar nicht formulieren kann. Somit sind Empfehlungen genau der richtige (Mittel)weg. Einige Einwänder gaben zu bedenken, dass aber auch dann Empfehlungen einer Bundesbehörde bei rechtlichen Auseinandersetzungen immer bevorzugt herangezogen, ja sogar zur Grundlage der richterlichen Entscheidung genommen werden. Das liegt in der Natur der Sache, kann aber nicht den Verfassern des Leitfadens negativ angehaftet werden. Wichtig war den Autoren aber, andere Einwände ernst zu nehmen, wonach die Empfehlungen nochmals klarer eingeordnet wurden, in (allgemein) anerkannte Regeln der Technik, Stand der Technik und Stand von Wissenschaft und Technik.

Allgemein anerkannte Regeln der Technik sind solche, die in der Fachwelt als verbindlich angesehen werden und von der Mehrheit der Fachleute in der Praxis genutzt und angewendet werden. In der Regel sind dies z. B. Verfahren, die in Normen (DIN, DIN EN, ISO etc.) festgelegt sind. Das ist aber keine juristische Forderung, sondern lediglich eine praxisbezogene. Theoretisch können auch Verfahren, für die es keine Norm gibt, die aber allgemein in der Fachwelt anerkannt sind und in der Praxis von den meisten genutzt werden, als anerkannte Regel der Technik gelten. Wichtig ist, dass bei rechtlichen Auseinandersetzungen – nicht nur zu Schimmel – ein Vorgehen der Sachverständigen nach den anerkannten Regeln der Technik vorgebracht wird, um den Nachweis des sachgerechten Vorgehens bei Gericht zu erbringen. Nur in begründeten Einzelfällen kann davon abgewichen werden, wenn ein weniger bekanntes Verfahren eingesetzt wird, aber stichhaltig nachgewiesen werden kann, dass dieses dieselben verlässlichen Ergebnisse liefert.

Der *Stand der Technik* beschreibt Maßnahmen und Verfahren, die zwar verbreitet eingesetzt werden, aber in der Fachwelt nicht oder noch nicht als weitgehend akzeptiert gelten. Bei Schimmelbefall zählt z. B. die Messung mikrobiell bedingter flüchtiger organischer Verbindungen (MVOC) dazu. Zwar gibt es hierzu seit Kurzem bereits eine Norm (VDI 4254-1, 2016) für die Messung von MVOC im Außenluftbereich; dennoch ist das Verfahren in der Fachwelt nicht allgemein akzeptiert. Eine existierende Norm oder Richtlinie allein ist also keine Gewähr für weitreichende Akzeptanz in der Fachwelt. Auch mündliche Überlieferungen können weitreichend in der Fachwelt akzeptiert sein, ohne dass es dazu einer schriftlichen Norm bedarf.

Der *Stand von Wissenschaft und Technik* umfasst Maßnahmen und Verfahren, die sich in der wissenschaftlichen Diskussion befinden, aber weder weit verbreitet sind noch bislang allgemein in der Fachwelt akzeptiert sind. Bei

Schimmelbefall ist dies z. B. der Einsatz von Spürhunden.
Der Schimmelleitfaden trägt dem Rechnung und führt auf, welche Verfahren und Methoden wie einzuordnen sind (s. Tab. 2). Nicht empfohlene Verfahren fallen unter die Kategorie „D" und sollen bei Schimmelbefall gar nicht herangezogen werden.
Nur die allgemein anerkannten Vorgaben und teilweise auch die Vorgaben nach dem Stand der Technik sind „gerichtsfest", nicht aber Verfahren nach dem Stand von Wissenschaft und Technik. Letztere wurden dennoch im Leitfaden aufgenommen, um zu zeigen, dass der Leitfaden wissenschaftlich „auf der Höhe der Zeit" ist, was insbesondere Messverfahren und Methoden zur hygienischen Bewertung anbelangt, dass man aber sehr wohl auch die Grenzen der – in der Wissenschaft noch diskutierten – Verfahren klar aufzeigt. Bestes Beispiel ist der Einsatz von Schimmelspürhunden, die unter die zuletzt Kategorie „C" fallen. Der Einsatz kann hilfreich sein, um verdeckte Schimmelschäden aufzuspüren, niemand muss das Verfahren jedoch einsetzen und bei der Auswertung der Ergebnisse ist besondere Kenntnis und Sorgfalt erforderlich.

5 Fazit

Der aktuelle Schimmelleitfaden des Umweltbundesamtes soll praxisnahe Vorgaben und Empfehlungen für die Beurteilung und Sanierung bei Schimmelbefall in Gebäuden geben. Generelle Aspekte werden festgelegt, andere bleiben auch weiterhin in der Verantwortung des/der Sachverständigen vor Ort. Generelle

Tabelle 2: Zusammenstellung der weitergehenden Untersuchungen bei Schimmelbefall und ihre Zuordnung

A. Anerkannte Regeln der Technik
Verfahren, die in der Fachwelt als verbindlich akzeptiert sind und von der Mehrheit der Fachleute in der Praxis angewendet werden
– Messung von Schimmelpilzen in der Luft (DIN ISO 16000-16 bis 18)
– Messung der kultivierbaren Schimmelpilze im Material (DIN ISO 16000-21)
– Messung der Gesamtsporenzahl in der Luft (DIN ISO 16000-20)
B. Stand der Technik
Verfahren, die zwar verbreitet Anwendung finden, aber gegenwärtig nicht in der Fachwelt als weitgehend akzeptiert gelten
– Direktmikroskopie inklusive Klebefilmpräparate (noch nicht genormt)
– Messung der kultivierbaren (Aktino)Bakterien im/auf Material (nicht genormt)
– MVOC Messungen (VDI 4254 Blatt 1)
C. Stand von Wissenschaft und Technik.
Verfahren, die im Moment in wissenschaftlichen Forschungsprojekten eingesetzt werden oder in der Erprobungsphase sind, aber noch nicht für routinemäßige Messungen im Innenraum geeignet sind, da keine standardisierten Messverfahren und/oder allgemein anerkannte Beurteilungskriterien vorhanden sind
– Schimmelspürhunde
– molekularbiologische Nachweismethoden von Mikroorganismen
– Nachweis von Mykotoxinen und anderen Sekundärstoffwechselprodukten
– Nachweis von Endotoxinen, ß-Glukanen, PAMP und anderen Zellbestandteilen
– Schnellverfahren zum Nachweis von Schimmelwachstum (z. B. ATP)
– Gesamtzellzahl im Material durch Mikroskopie
– Gesamtsporenzahl in der Luft durch Filtration und Mikroskopie
– Messung von Aktinomyzeten in der Luft
D. Nicht empfohlene Messverfahren
– Abklatsch-/Abdruckproben (außer in Reinräumen und RLT-Anlagen)
– Messung kultivierbarer Schimmelpilze in der Luft durch Sedimentationsplatten
– Messung von Schimmelpilzen im Hausstaub
– Messung der Gesamtbakterien in der Innenraumluft

Vorgaben gerade zum Punkt Sanierung, ohne Kenntnis der Einzelsituation und der Sachlage vor Ort, wird es also mit den aktuellen Leitfaden nicht geben und machten auch keinen Sinn. Der Schimmelleitfaden bietet Hilfestellung und gibt den Rahmen vor. Er soll helfen, bei unklaren oder strittigen Situationen eine Richtschnur – eben ein „Leitfaden" wie der Name sagt – zu sein. Ein Regelwerk im Sinne einer Verwaltungsvorschrift oder anderswie verbindlich gemachten staatlichen Vorgabe ist er nicht. Den Verfassern ist bewusst, dass alles was im Leitfaden steht, auch irgendwo eingefordert oder als verbindlich angesehen werden wird. Sich deswegen aber nur auf Minimalkonzepte und –ziele zu beschränken, wie es vereinzelt aus der öffentlichen Diskussion heraus gefordert wurde, und alle weiteren Schritte dem Sachverständigen vor Ort zu überlassen, wäre der falsche Ansatz, da dies leider erneut zu sehr heterogenen Vorgehensweisen und nicht immer sachgerechten Einzelentscheidungen über Art und Umfang von Schimmelsanierungen in der Praxis führt. Die Erfahrung aus der Vergangenheit und die weiterhin sehr engagiert, aber leider hin und wieder auch sehr emotional geführte Diskussion zu diesem Thema in der Öffentlichkeit und bei Schimmel-Fachleuten belegen im Gegenteil die Notwendigkeit bundeseinheitlicher Empfehlungen von staatlicher Seite.

Direktor und Prof. Dr.-Ing. Heinz-Jörn Moriske
Bis 1982 Studium „Technischer Umweltschutz" an der TU Berlin; 1986 Promotion im Bereich Lufthygiene; 1983–1992 wissenschaftlicher Mitarbeiter an der TU und FU Berlin; 1993 Fachgebietsleiter für Luftanalytik am Bundesgesundheitsamt; 1995 Fachgebietsleiter für Innenraumhygiene am Umweltbundesamt; 2006 Ernennung zum Direktor und Professor; seit 2014 Leitung der Beratungsstelle für Umwelthygiene am Umweltbundesamt und Geschäftsleitung der Innenraumlufthygiene-Kommission; 200 Fachveröffentlichungen, darunter mehrere Fachbücher, über 200 Fachvorträge; Vorsitz des Arbeitsausschusses für Innenraumluft beim Verein Deutscher Ingenieure (VDI); Fachbeirat bei verschiedenen Verbänden; Peer Review Gutachter für verschiedene Fachzeitschriften.

Leckortung an Flachdachabdichtungen

Michael K. Resch, Bautrocknung matter GmbH, Garching

1 Einleitung

Flachdächer schützen nicht nur das Gebäude gegen Umwelteinflüsse, sondern werden auch immer mehr zur Nutzfläche. Dachgärten, PV-Anlagen oder Parkplätze sind nur einige Beispiele, wie Flachdachflächen heute genutzt werden. Umso wichtiger ist es nachzuweisen, dass die ausführenden Dachdecker ihre Arbeit ordentlich gemacht haben. Nachfolgegewerke am Bauwerk können die Abdichtungsebene durch Unachtsamkeit beschädigen. Im Laufe der Jahre besteht die Möglichkeit, dass durch äußere Einwirkungen Beschädigungen die Flachdachabdichtungen undicht machen.

Für diese Fälle gibt es mobile und stationäre Leckortungssysteme, mit denen Undichtigkeiten georted bzw. die Dichtigkeit von Flachdachabdichtungen nachgewiesen werden kann. Im Folgenden sollen die unterschiedlichen Verfahren bzw. Systeme vorgestellt werden. Dabei wird zwischen stationären und mobilen Systemen unterschieden.

Flachdachleckortungsverfahren gibt es seit mehr als 30 Jahren. Es lässt sich nicht mehr genau sagen, welches System als erstes auf dem Markt war. Mit Gewissheit kann der Autor aber sagen, dass in dem vergangenen Vierteljahrhundert nicht viel Neues dazu gekommen ist. Die Namen der Leckortungsverfahren haben sich geändert, die Technik ist – teilweise in modifizierter Form – geblieben.

Flachdachleckortungsverfahren	
mobile Systeme	stationäre Systeme
Potentialdifferenz-Verfahren	Progeo
Leopoma	ProtectSys
Rauchgas-Verfahren	HUM-ID
Tracergas-Verfahren	
Hochspannungs-Verfahren	

Ein Beispiel der modifizierten Verfahren ist die Potenzialdifferenz-Messung. Das von Heinrich Geesen entwickelte Verfahren, 1985 zum Patent angemeldet, gibt es mittlerweile in unzähligen Varianten (das Patent ist mittlerweile ausgelaufen). Die bekanntesten sind TEXPLOR, EFVM, PD 200, EID oder FD3. Alle genannten Systeme basieren auf der Technik, welche H. Geesen vor 30 Jahren erfunden hat. Sie unterscheiden sich lediglich in Kleinigkeiten, wie dem verwendeten Strom, der Impulsdauer oder der Frequenz.

Betrachten wir die einzelnen Verfahren etwas genauer und stellen ihre Vor- und Nachteile heraus.

2 Mobile Systeme

2.1 *Potentialdifferenz-Messung*

Die Potentialdifferenz-Messung, auch Elektroimpuls-Verfahren genannt, ist ein Verfahren zur elektrischen Messung von Spannungs-

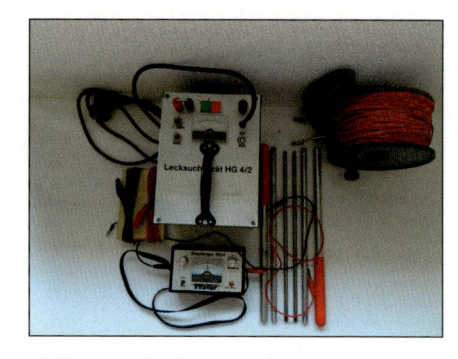

Bild 1: Das Original von Heinrich Geesen – HG 4 – Potentialdifferenz Messverfahren; der komplette Koffer mit Impulsgenerator, Empfänger, Elektroden, Ringleitung und Verbindungskabel (Foto: M. Resch)

spitzen und nutzt die stromleitende Wirkung von Wasser, um Undichtigkeiten in Abdichtungsebenen zu lokalisieren (s. Bild 1).

Beim Einsatz auf dem Flachdach wird eine Ringleitung am Rand der Attika verlegt, die den Minuspol bildet. Die Ringleitung besteht aus einem 2,5 mm Weidezaundraht mit 3–5 Adern aus Edelstahl. Den Gegenpol (Pluspol) bildet die Hauserdung oder ein Kontakt an der Unterseite der Abdichtung. Beide Pole werden mit dem Impulsgenerator verbunden. Dieser liefert einen Stromimpuls an den Pluspol. Der Impuls sucht sich seinen Weg über das Wasser in Richtung der Ringleitung, die den Minuspol bildet. Um die Leckstelle herum entsteht ein Potentialgefälle, welches mit dem Empfänger lagegenau geortet werden kann. Nachdem die erste Leckstelle gefunden ist, neutralisiert man diese, in dem man um das Leck herum eine weitere, kleine Ringleitung legt, die mit der großen Ringleitung in Verbindung gebracht wird.

Wichtig bei diesem Verfahren ist, dass sowohl die Dachfläche, als auch unter der Abdichtung Wasser bzw. Feuchtigkeit oder eine leitende Ebene sein muss. Diese werden benötigt, damit der Strom fließen kann!

Vorteile	Nachteile
anwendbar bei Folien- und Bitumenabdichtungen	nicht zur Abnahme geeignet
einsetzbar auch bei Gründächern	Dachfläche und der Dachaufbau müssen feucht sein
keine Zerstörung der Abdichtungsebene erforderlich	
punktgenaue Ortung der Leckstelle	Abdichtungsebene darf nichtleitend sein bzw. keine metallischen Materialien enthalten
	alle Schichten über der Flachdachabdichtung müssen wasserdurchlässig sein

2.2 Leopoma

Die Funktionsweise von Leopoma beruht auf dem Prinzip des unterschiedlichen elektrischen Widerstandes zwischen zwei Messelektroden und der Leckstelle. Verändert sich der Abstand zwischen Elektrode und Leck, so verkleinert oder vergrößert sich auch der Widerstand. Die zu untersuchende Flachdachfläche teilt man in zwei gleichgroße Hälften, in jede stellt man mittig eine Elektrode. Jede ist über ein Kabel mit der Basis verbunden. Diejenige Elektrode, welcher der Leckstelle am nächsten ist, leuchtet auf. Diese Dachhälfte wird wieder halbiert und jeweils in die Mitte stellt man eine Elektrode. Das Prozedere wiederholt sich so lange, bis die Leckstelle eingekreist ist.

Das System von Leopoma eignet sich besonders für große Dachflächen. Aber auch hierfür muss die Dachfläche und die Konstruktion unter der Abdichtung feucht sein.

Vorteile	Nachteile
anwendbar bei Folien- und Bitumenabdichtungen	Dachfläche und der Dachaufbau müssen feucht sein
keine Zerstörung der Abdichtungsebene erforderlich	nicht zur Abnahme geeignet
auf großen Flachdächern einsetzbar	Abdichtungsebene muss nichtleitend sein bzw. darf keine metallischen Materialien enthalten
zerstörungsfrei	maximal Kies- bzw. Humusauflast

2.3 Rauchgas-Verfahren

Beim Rauchgas-Verfahren wird ein Rauch-Luft-Gemisch unter die Abdichtungsbahn geblasen. In der klassischen Version besteht die Grundausrüstung aus einem kleinen Seitenkanalverdichter (Druckluft erzeugendes Aggregat, 180–300 mbar), einem Behälter (in der Regel aus Edelstahl), Schläuchen, Flachdachstutzen und Rauchpatronen. Mittlerweile setzt man auf handliche und leistungsstarke Nebelmaschinen. In beiden Fällen wird in die Abdichtungsbahn ein Flachdachstutzen gesetzt und dieser über Schläuche mit dem Nebelerzeuger verbunden. Der Überdruck erzeugt ein Luftpolster zwischen Dämmmaterial und Abdichtung, in dem sich das Rauch-Luft-Gemisch verteilen kann. An der Leckstelle entweicht der weiße Rauch sichtbar und die beschädigte Stelle ist gefunden (s. Bild 2).

Beim Einsatz des Rauchgas-Verfahrens empfiehlt es sich im Vorfeld, die Anwohner und Feuerwehr zu informieren. Aufsteigender Rauch bei einer Leckortung hat schon öfters einen Fehlalarm ausgelöst.

Bild 2: Aufsteigender Nebel an einer schlecht ausgeführten Abdichtung an einem Lüfter (Foto: M. Resch)

Vorteile	Nachteile
anwendbar bei Folien- und Bitumenabdichtungen	Dachfläche müssen trocken sein
punktgenaue Ortung der Leckstelle	Windstille
Überprüfung von Aufbauten und Dacheinläufen	keine Auflast
zur Abnahme geeignet	punktuelle Zerstörung der Abdichtung durch Setzen der Einflutöffnungen

2.4 Tracergas-Verfahren

Unter der Bezeichnung Tracergas-Verfahren versteht man in der Leckortung den Einsatz von harmlosen Spürgasen in Verbindung mit den entsprechenden Detektoren. Zum Einsatz kommen in der Regel Helium (99 %) oder ein Gemisch aus Wasserstoff und Stickstoff, auch Formiergas genannt (95/5 oder 90/10, das bedeutet z. B. im Verhältnis 95 % Stickstoff zu 5 % Wasserstoff). Die Tracergase werden über Stutzen, welche in die Abdichtung eingebaut werden, eingeblasen, sind leichter als Luft und steigen an der Leckstelle nach oben. Mit einem Detektor, der auf das entsprechende Gas anspricht, geht der Messtechniker nun die Flachdachfläche ab. Analysiert der Detektor das Gas, zeigt er dies optisch und akustisch an.

Beide Gase sind nicht wasserlöslich. Das bedeutet, sowohl die Dachfläche als auch die Unterseite der Abdichtung müssen trocken sein. Ein Wasserfilm in einer Naht kann dazu führen, dass das Tracergas nicht durchgeht und eine mögliche Leckstelle nicht detektiert wird.

Vorteile	Nachteile
Anwendbar bei Folien- und Bitumenabdichtungen	Dachfläche müssen trocken sein
Einsetzbar auch bei Gründächern	Windstille
punktgenaue Ortung der Leckstelle	punktuelle Zerstörung der Abdichtung durch Einflutstutzen
zur Abnahme geeignet	

2.5 Hochspannungs-Verfahren

Bei diesem Verfahren wird Hochspannung mittels eines Kupferbesens auf die Abdichtung gebracht. Findet diese ihren Weg durch die beschädigte Abdichtung zu dem angeschlossenen Gegenpol, so ertönt ein akustisches Signal. Mit diesem Verfahren lassen sich Risse und Leckstellen in nichtleitenden Flachdachabdichtungen finden. Dabei muss die gesamte trockene und auflastfreie Flachdachfläche mit dem Besen systematisch abgegangen werden.

Vorteile	Nachteile
Anwendbar bei Folien- und Bitumenabdichtungen	Abdichtungsebene muss nichtleitend sein bzw. darf keine metallischen Materialien enthalten
keine Zerstörung der Abdichtungsebene erforderlich	keine Auflast
bedingt zur Abnahme geeignet	

2.6 Stationäre Systeme

Im folgenden Abschnitt sollen die stationären Verfahren vorgestellt werden. Im Gegensatz zu den mobilen Verfahren müssen die stationären Verfahren bei der Planung des Gebäudes oder spätestens bei der Sanierung des Flachdaches mit eingeplant werden. Das heißt, der Planer bzw. Bauherr des Gebäudes muss sich für eines der folgenden Systeme entscheiden. Mit einigen stationären Über-

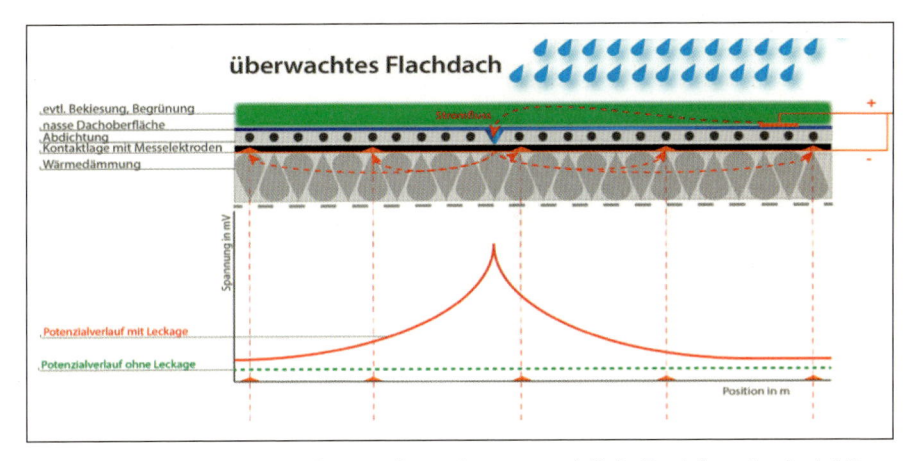

Bild 3: Grafische Darstellung des Systemaufbaus mit smartex mx inkl. der Darstellung einer Leckstelle und der Auswertung der Meldung (Grafik: Progeo)

wachungssystemen lässt sich das fertiggestellte Flachdach gleich auf Dichtigkeit überprüfen.

Die Überwachungsverfahren lassen sich grundsätzlich in zwei unterschiedliche Messverfahren unterteilen; sie funktionieren entweder nach dem Widerstands-Verfahren und messen die Feuchtigkeit im Flachdachaufbau oder es wird die relative Luftfeuchtigkeit in der Flachdachkonstruktion mit einem Referenzwert verglichen. Des Weiteren unterscheiden sich die nachfolgenden Systeme dadurch, dass es welche gibt, die ein Monitoring anbieten und eines, welches eine jährliche – zumindest eine regelmäßige – Begehung durch einen Dachdecker oder FM erfordert.

2.7 Progeo/smartex mx

Smartex mx von Progeo war das weltweit erste stationäre Überwachungssystem für Flachdächer. Es ist bereits seit 1997 im Einsatz. Ursprünglich wurde es für den Deponiebereich entwickelt. Das Herzstück des Systems ist eine Kontaktlage und ein Raster aus Sensoren, welche während der Bauphase direkt unter der Abdichtungsbahn aufgebracht und eingebaut werden. Verbunden mit dem internetbasierten Flachdachmanagementsystem meldet es eindringende Feuchtigkeit durch eine Leckage in der Abdichtung per Email oder SMS (s. Bild 3).

Vorteile	Nachteile
für fast alle Abdichtungen geeignet	muss bei der Planung des Flachdaches berücksichtigt werden
kann zur Abnahme verwendet werden	Einbau einer Kontaktlage
internetbasiertes Flachdachmanagementsystem	ein Raster von Sensoren muss unter der Abdichtungsebene verlegt werden
aktives Überwachungssystem/Echtzeitüberwachung	

3.2 Protect Sys

Protect Sys bietet zwei unterschiedliche Überwachungssysteme an. Man könnte auch sagen, es gibt ein passives und ein aktives System.

3.2.1 Protect Sys B

Protect Sys B ist das passive System. Während der Bau- oder Sanierungsphase wird eine leitende Ebene vollflächig direkt unter der Abdichtung verlegt und ein Anschlusskabel an die Oberfläche gelegt, welches als Pluspol dient. Auf der Abdichtung muss noch der Minuspol in Form einer leitenden Ringleitung im Randbereich verlegt werden. Beide Anschlusskabel laufen in einer Dose zusammen (s. Bild 4).

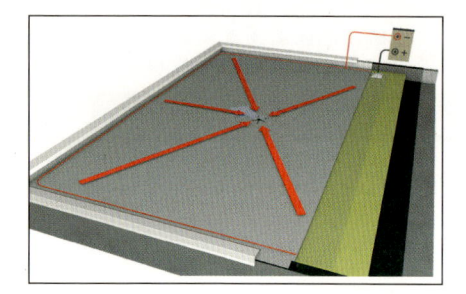

Bild 4: Grafische Darstellung des Schichtenaufbaus des Protect Sys B (Grafik: ild)

Im Falle einer Leckortung bzw. Überprüfung der Flachdachabdichtung muss die Fläche bewässert, der modifizierte Impulsgenerator mit den beiden Anschlusskabeln verbunden werden und die Potentialdifferenzmessung kann beginnen.

3.2.2 Protect Sys WM

Protect Sys MW ist das aktive System. In regelmäßigen Abständen werden von oben Sensoren in die Flachdachkonstruktion eingebaut. Sie ähneln in ihrer Bauform Flachdachlüftern. Die Sensoren, welche sich im unteren Bereich der Dämmschicht befinden und mit einer Sendeeinheit verbunden sind, messen die Temperatur und relative Luftfeuchtigkeit im Dachaufbau (s. Bild 5).
Die empfangenen Daten aller Sensoren werden in einer örtlichen Zentraleinheit gesammelt und anschließend an einen externen Protectsys Server weitergeleitet. Wird über einen längeren Zeitraum ein kritischer Wert in der Flachdachkonstruktion überschritten, erhält der Bauherr eine Nachricht per SMS oder E-Mail. Die Leckstelle muss sich im Radius des meldeten Sensors befinden.

Dieses System kann auch nachträglich durch einen Fachbetrieb auf dem Flachdach installiert werden.

Vorteile	Nachteile
auch mobile Leckortung möglich	leitende Ebene muss in der Bauphase mit eingebaut werden
zur Abnahme geeignet (Protect Sys B)	Referenzwert erforderlich
nachträglicher Einbau möglich (Protect Sys WM)	
Überwachung per App (Protect Sys WM)	

3.3 HUM-ID

HUM-ID ist ein Überwachungssystem, welches ebenfalls die relative Luftfeuchtigkeit im Dachaufbau misst. Hierzu ist erforderlich, dass in jede Dämmplatte auf deren Unterseite ein RFID-Chip eingebaut wird. Dies kann nur in der Bau- oder Sanierungsphase erfolgen. Der Chip misst die Luftfeuchtigkeit im Dachaufbau und vergleicht sie mit einem Referenzwert (s. Bild 6).
Mit Hilfe eines Scanners werden beim Abgehen des Flachdaches alle RFID-Chips ausgelesen. Empfängt der Scanner einen kritischen Wert, erfolgt die „Fehlermeldung" im eingebauten Display (s. Bild 7).
Bei diesem stationären Leckortungssystem ist es erforderlich, das zu überprüfende Flachdach regelmäßig durch einen Dachdecker, Facility Manager oder einer anderen Person mit dem Scanner abgehen zu lassen.

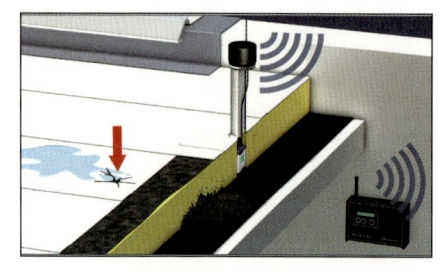

Bild 5: Grafische Schnittdarstellung einer Flachdachkonstruktion mit dem eingebauten Sensor inkl. Sendeeinheit und Zentraleinheit (Grafik: ild)

Vorteile	Nachteile
auflastunabhängig	jährliche Begehung der Flachdachfläche erforderlich
bedingt zur Abnahme geeignet	Referenzwert Feuchtigkeit erforderlich
nachträglicher Einbau möglich (im Sanierungsfall)	auf der Unterseite jeder Dämmplatte muss ein RFID-Chip eingebaut werden

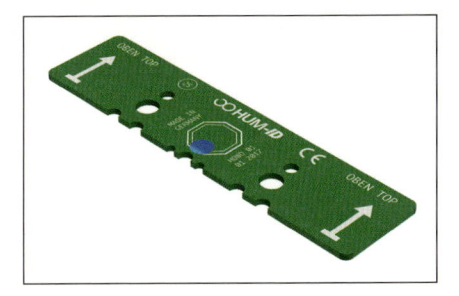

Bild 6: RFID-Chip (Foto: HUM-ID)

Bild 7: Scanner mit eingebauten Display (Foto: HUM-ID)

Zusammenfassend kann festgehalten werden, dass beide Systeme, mobile wie stationäre, sich in der Praxis bewährt haben. Die mobile Leckortungssysteme haben ihre Vorteile darin, dass sie nicht nur preiswerter in der Anwendung, sondern auch vielseitiger einsetzbar sind. Allerdings gehört sehr viel Erfahrung dazu, die unterschiedlichen Verfahren erfolgreich bei der Suche nach Leckstellen auf Flachdächern einzusetzen.

Die stationären Verfahren sind kostenintensiver und müssen bei der Planung eines Flachdaches bzw. spätestens bei der Sanierung rechtzeitig berücksichtigt werden. Das vorgesehene Überwachungssystem ist immer eine individuelle Lösung, die für das entsprechende Dach geplant werden muss. Wurde es fachgerecht eingebaut, bietet es einen guten Schutz.

4 Literatur

[1] G. Hankammer & M. Resch: Bauwerksdiagnostik bei Feuchteschäden. R. Müller Verlag

Michael K. Resch

Seit über 20 Jahren Tätigkeit im Bereich der technischen Trocknung in und an Gebäuden sowie auf dem Gebiet der Bauwerkstrocknung; Mitarbeit in diversen Arbeitsgruppen der WTA, des BEB und des DHBV; Themenschwerpunkte: Messtechnik, Bauwerkstrocknung und Schimmelpilzsanierung; Fachbuchautor und Fachreferent im Bereich der Bauwerksdiagnostik, Bautrocknung und auf dem Gebiet des Bautenschutzes.

BIM (Building Information Modeling) – Nutzen für Sachverständige?

Prof. Dr.-Ing. habil Christoph van Treeck[1], Erik Fischer[2], Joachim Zander[2]

Kurzfassung

Building Information Modeling (BIM) stellt als Umsetzungsinstrument der Integralen Planung Methoden, Prozesse, Schnittstellen und Werkzeuge zur Verfügung, um die Methodik der integralen Planung als solches nachhaltig umzusetzen, darüber hinaus den gebauten Zustand zu dokumentieren und weitere lebenszyklusrelevante Informationen zu verwalten. Im Umfeld der Bauausführung und aus Bausachverständigensicht findet das Thema bislang so gut wie keine Beachtung. Der Beitrag gibt eine kurze Einführung in die Grundzüge des Themas BIM, zeigt aktuelle Entwicklungen im Umfeld von BIM auf und diskutiert Nutzen und Einsatzfelder aus Sicht eines Bausachverständigen, die sich insbesondere im Hinblick auf Qualitätssicherung und Dokumentation ergeben.

1 BIM: Definition und Einleitung

Building Information Modeling, kurz BIM, ist nach der Definition des Stufenplans „Digitales Planen und Bauen" des Bundesministerium für Verkehr und digitale Infrastruktur eine „kooperative Arbeitsmethodik, mit der auf der Grundlage digitaler Modelle eines Bauwerks die für seinen Lebenszyklus relevanten Informationen und Daten ... verwaltet und ... übergeben werden" [3].

BIM als solches ist jedoch nicht neu, sondern als Ansatz bereits seit den 1970er Jahren bekannt [5]. BIM stellt Methoden, Prozesse, Schnittstellen und Werkzeuge zur Verfügung, um die Methodik der integralen Planung nachhaltig umzusetzen, den gebauten Zustand zu dokumentieren und lebenszyklus-relevante Informationen zu verwalten.

Die Reformkommission Großprojekte empfiehlt in ihrem Abschlussbericht [4] den Einsatz solch digitaler Planungsmethoden zur Verbesserung von Terminsicherheit, Transparenz und Kostensicherheit im Bauwesen. Mit dem Stufenplan wird BIM nun auch in Deutschland bis zum Jahr 2020 schrittweise eingeführt – andere Länder wie beispielsweise Australien, die skandinavischen Länder, Großbritannien oder Österreich sind an dieser Stelle bereits deutlich weiter. Insbesondere im Bereich der Normung und Richtlinienarbeit entstehen momentan mehrere Dokumente, wie beispielsweise die neue neunteilige VDI Richtlinie 2552.

Der Einsatz von BIM wird gegenwärtig in vielen Fachkreisen sehr intensiv diskutiert. Im Umfeld der Bauausführung und aus Bausachverständigensicht findet das Thema bislang jedoch so gut wie keine Beachtung. BIM bezeichnet keine spezielle Software und ist auch nicht mit CAD zu verwechseln. Was unter dem Begriff „BIM" in einem Projekt verstanden wird, entsteht vielmehr durch die Verknüpfung verschiedenartiger Fachmodelle und die Verwaltung von digitalen Daten, die das Gebäude, seine Segmente, Räume und Zonen, seine Bauteile, technischen Anlagen sowie deren Eigenschaften und Funktionen betreffen, in einer Datenbank. Neben der Organisation dieser Daten und dem Informationsmanagement in einem Datenbankmanagementsystem benötigt die Arbeit mit BIM entsprechende Kommunikationsplattformen für die Zusammenarbeit [1]. Die Arbeit mit „dem BIM" erfordert zudem passende fachspezifische Softwarelösungen (s. Bild 1).

Weiterhin sind die mittels BIM zu verwaltenden Modellinhalte nicht auf den geometrischen Aspekt beschränkt. Wesentlich wichtiger, insbesondere aus Sicht der Technischen Gebäudeausrüstung, der Tragwerksplanung, der Bauphysik oder der Sicht eines Bausachverständigen sind Attribute, die die Eigen-

---

1 Lehrstuhl für Energieeffizientes Bauen E3D, RWTH Aachen University, Mathieustraße 30, 52074 Aachen
2 Kurz und Fischer GmbH, Beratende Ingenieure, Brückenstraße 9, 71364 Winnenden

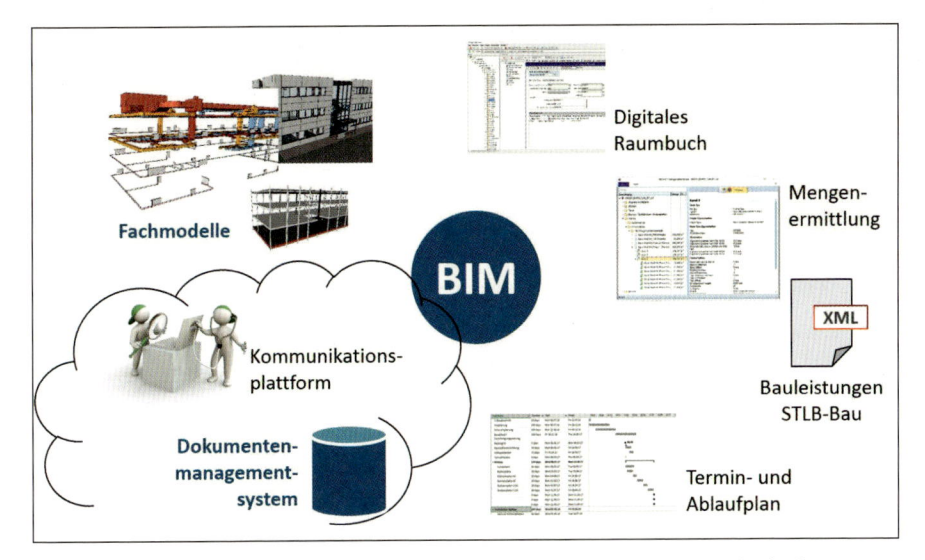

Bild 1: „Das BIM" entsteht durch Verknüpfen verschiedener Datenbanken. Daten werden in einem Dokumentenmanagementsystem abgelegt, Kommunikationsplattformen ermöglichen kollaborative Zusammenarbeit (Bildquelle: van Treeck [7], modifiziert)

schaften von Objekten, genauer von Bauteilen, Baugruppen und Räumen etc. beschreiben – und zwar differenziert nach Anwendungsbereich, zeitlichem Auftreten, Modellentwicklungsgrad, Kostengruppen- und Gewerkezugehörigkeit.

Neben den Modellinhalten spielt in der Zusammenarbeit mit BIM auch die Modellqualität eine wichtige Rolle. Diese betrifft einerseits das Thema Kollisionsmanagement, aber auch die Dokumentation der Übereinstimmung zwischen Modell und gebautem, in Betrieb genommenen bzw. instandgesetzten Zustand. Auch Lebenszyklus relevante Daten wie Instandhaltungs- oder Wartungsintervalle etc. gehören hier mit dazu.

Aktuell sind noch viele strukturelle Hemmnisse zu überwinden, bis die BIM-Methode in der Breite Anwendung finden wird. Viele Fachingenieure stehen der BIM-Methode sehr aufgeschlossen gegenüber, sind aber durch die mangelhafte Kompatibilität der Systeme untereinander gehemmt und halten sich mit Investitionen in Software und Schulung deshalb noch zurück.

2 Festlegungen für die Zusammenarbeit mit BIM

Für die Zusammenarbeit mit BIM in der integralen Planung sind konkrete Festlegungen erforderlich. Diese betreffen die Festlegung von BIM-Einsatzform (Big-/Little-BIM), BIM-Reifegrad (Level 1–3) und vorgesehenen BIM-Prozessen (sogenannten Anwendungsfällen). Diese Festlegungen sind vor Beginn eines Projektes über eine Bedarfsanalyse mit dem Bauherrn zu treffen und als Auftraggeber-Informationsanforderungen (AIA) zu formulieren [6].

Besonders wichtig ist hierbei, einer Bauherrschaft den Mehrwert für den Einsatz der digitalen Planungssystematik aufzuzeigen, denn der Einsatz von BIM und dessen Tiefe muss vom Bauherrn gewollt und als solches beauftragt werden (!). Der Einsatz von BIM steht zudem nicht, wie oftmals behauptet, im Widerspruch zur Honorarordnung für Architekten und Ingenieure (HOAI), vgl. Beitrag von R. Elixmann in [7].

Ein BIM-orientiertes Lastenheft und Organisationshandbuch, der sogenannte BIM-Abwicklungsplan (BAP), regelt darauf aufbauend, welche Informationen in welcher Leistungsphase und in welcher Tiefe zu erbringen sind [6], die Definition von Leistungsbildern, Methoden und BIM-Prozessen, sowie Festlegungen zum Daten- und Qualitätsmanagement. An dieser Stelle sei für weiterführende Informationen auf die ausführliche Darstellung des Autors in [7] verwiesen.

Der Einsatz von BIM in der Planung bringt auch eine Umstellung der bisher eingesetzten Prozesse mit sich, indem sich der Aufwand in frühere Leistungsphasen der Planung verlagert. Insbesondere mittelstandsgeprägte Planungsbüros, Produkthersteller und ausführende Unternehmen sind damit heute und jetzt gefordert, ihre Mitarbeiter zu qualifizieren und in Pilotvorhaben Erfahrung zu BIM-basierten Planungsmethoden zu sammeln.

3 Anwendungsfelder

Die Anwendungsbereiche von BIM betreffen in der Fachplanung zunächst allgemeine Prozesse wie die Koordination verschiedener Fachmodelle, die Mengen- und Massenermittlung, die Termin- und Kostenplanung oder die Bauablaufplanung. Darüber hinaus kann BIM in einzelnen Fachplanungen in der Tiefe eingesetzt werden, beispielsweise im Bereich der Technischen Gebäudeausrüstung zur Auslegung, Dimensionierung und Planung gebäudetechnischer Systeme, etwa unter Einsatz CAD-integrierter Berechnungssysteme. Ein wichtiger Aspekt ist hierbei die Bereitstellung von Herstellerproduktdaten hinsichtlich Geometrie und weiterer Daten für die Auslegung.

Die Bauphysik arbeitet schon länger mit digitalen Gebäudemodellen, sei es für bautechnische Nachweise (Energieeinsparverordnung mit Mehrzonenmodellen) oder für Simulationen aller Art (Thermische Simulation, Tageslicht, Raumakustik und weitere). Allerdings führt die fehlende Standardisierung zu Mehraufwand, weil aktuell Gebäudemodelle für die Beantwortung spezieller Fragen häufig schneller neu hergestellt sind als ein inkompatibles Modell anzupassen.

Ein besonderer Mehrwert von BIM besteht in der weiterführenden Verwendung der Daten in der Betriebs- und Nutzungsphase durch die Verknüpfung von BIM und CAFM (Computer Aided Facility Management Software). Dies gilt insbesondere vor dem Hintergrund der Digitalisierung in der Energiewende mit Themen wie der Sektorkopplung über netzreaktive Gebäudekonzepte und modellprädiktive Regelungstechniken, die eine enge Vernetzung zwischen Speichertechnologien, Energiesystemtechnik, Gebäudeautomation und der übergeordneten Netz- und Versorgungsinfrastruktur erfordern.

4 BIM aus Sicht der Bausachverständigentätigkeit

Qualitätssicherung. Aus Sicht der Bausachverständigentätigkeit verspricht der Einsatz von BIM diverse Vorteile. So ermöglicht der (richtige) Einsatz von BIM einerseits die Unterstützung einer umfassenden Gütesicherung bzw. Qualitätssicherung, indem auf Basis eines strukturierten Gebäudedatenmodells (das sich nicht nur auf die Geometrie eines 3D-Modells beschränkt) eine fundierte Dokumentation des gebauten Zustands erfolgen kann. Dies schließt die einzelnen Prozessschritte von Fertigung, Lieferung, Montage, Zusammenbau, Inbetriebnahme, Wartung und Instandsetzungsmaßnahmen mit ein.

Bausachverständige könnten damit in gleicher Weise wie Facility Manager von einer verbesserten Dokumentation eines Bauprojektes hinsichtlich des Verlaufs der Planung sowie zur Ausführung (As-Built Dokumentation) profitieren. Dies würde das Nachvollziehen der Entscheidungswege und Beiträge der einzelnen Planungspartner erleichtern und verbessern. In der Praxis eines Sachverständigen stehen selten alle notwendigen Informationen zur Beurteilung einer Konstruktion auf einem zu prüfenden Plan oder manchmal auch überhaupt keine Informationen zur Verfügung. Häufig ist ein Sachverständiger daher als „Pathologe" und nicht als Bausachverständiger in der Gütesicherung unterwegs. Vertraglich geregelte Anforderungen an ein digitales Planungs- und Bestandsdokumentationsmodell bieten Lösungsansätze für die Zukunft. Mit BIM steht sozusagen eine weitere „zerstörungsfreie" Untersuchungsmethode zur Verfügung (s. Bild 2).

Komplexitätsmanagement. Neben der Dokumentation als solches bietet BIM andererseits auch den Vorteil, die zunehmende Komplexität von Bauaufgaben, technischen Anlagen, technischen Regeln und Dokumentationspflichten für Planende und Ausführende beherrschbar(er) zu machen. Über Produktinformationssysteme (PIM) können seitens ausführender Unternehmen oder Sachverständigen vor Ort Informationen zu

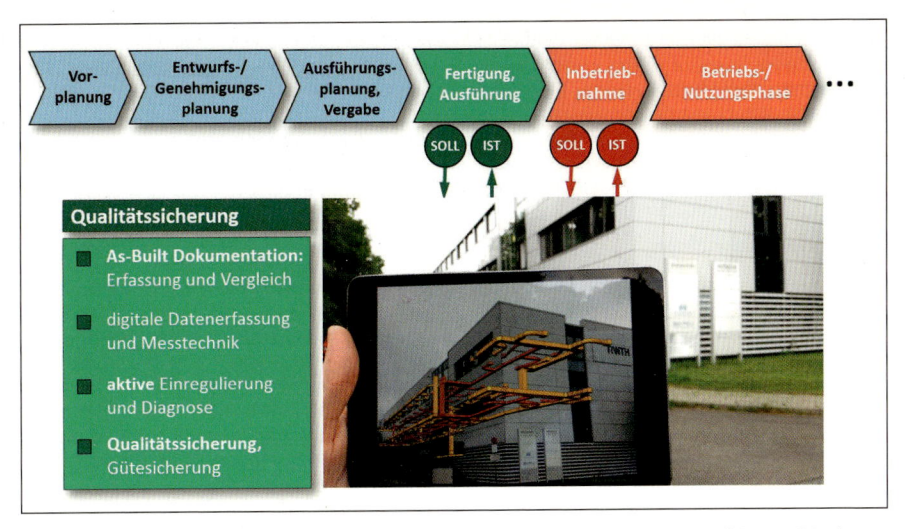

Bild 2: Digitale Modelle als Umsetzungsinstrument zur Qualitätssicherung (Bildquelle [7], modifiziert)

Komponenten und Bauteilen wie beispielsweise Einbauanleitungen etc. abgerufen werden. Für einen Sachverständigen ergibt sich dadurch der Vorteil, neben Informationen zu Bauteilen auch technische Konstruktions- und Einbauhinweise abrufen zu können. Auch Bauablaufstörungen können damit transparenter gemacht werden.

Regelbasierte Modellprüfung. Modelle können vor der eigentlichen Ausführung mit Modell-Checker Software regelbasiert überprüft werden. „Erst digital, dann real zu bauen" [3, 4] bietet zudem belastbare Grundlagen für einen Bauherrn für die Entscheidungsfindung und Kostenkontrolle.

Nachhaltigkeitsbewertung braucht BIM-Modelle. Im Zuge des vermehrten Zwangs einer umfassenden Bilanzierung ergeben sich ferner im Bereich der Nachhaltigkeitszertifizierung Anwendungsgebiete, beispielsweise bei der Verknüpfung von Materialdaten mit einem Ökoinventar für eine Sachbilanz über eine BIM-basierte Mengenermittlung im Rahmen einer Ökobilanz.

Beispiele. Beispielsweise verdeutlichen folgende Fragestellungen mögliche Vorteile einer durchgängig modellbasierten (damit ist nicht notwendigerweise ein 3D-Modell gemeint!) Herangehensweise:

– Passt z. B. die Festlegung zur Kategorie einer Flachdachabdichtung zur vorliegenden Beanspruchung? Oder: Passt die Anzahl der Flachdachbefestiger zur Windlast? Dies ist modellseitig vor der Ausschreibung prüfbar.

– Entspricht die Ausführung der Kategorie der Flachdachabdichtung der Festlegung aus der Planung? Oder: Passt die Festlegung zur Abdichtung eines erdberührten Außenbauteils zum vorliegenden Lastfall bzw. den dort vorhandenen hydrogeologischen Verhältnissen und der Art der Bauwerksdränung? Dies ist durch eine modellbasierte As-Built Dokumentation anschaulich feststellbar.

– Ist die vorgesehene Schalldämmung eines Bauteils geeignet für die vorhandene Situation und Nutzung? Oder: Hat die Trittschalldämmung die richtige Steifigkeit? Auch diese Zusammenhänge sind durch eine Verknüpfung der Teilmodelle Architektur/Bauphysik und Tragwerk feststellbar.

Vermeidung von Informationsverlust bei der Datenübergabe. Das Arbeiten an Fachmodellen auf Basis einer gemeinsamen Datenbank ermöglicht zudem, Informationsverluste bei der Übergabe von Daten zu minimieren. Beispielhaft sei die Angabe älterer GAEB-Formate zum Schalldämmmaß von Türen genannt. Indizes zu Schalldämmmaßen gingen verloren. Dabei konnte beispielsweise die Anforderung an das bewertete Schalldämmmaß eines Bauteils im eingebauten Zustand mit Dichtung mit Werten eines Prüfzeugnisses für ein im Labor geprüftes Bauteil verwechselt werden. Eine standardisierte Attribuierung der Bauelemente ermöglicht eine vollständige, schnelle Prüfung von Angeboten auf Übereinstimmung mit den Vorgaben.

5 Schlussfolgerungen

BIM ist ein Werkzeug zur Umsetzung der integralen Planung und verspricht im Bauwesen Verbesserungen hinsichtlich Terminsicherheit, Transparenz und Kostensicherheit. Aus Sicht der Bausachverständigen (auch aus dem Handwerk!) wird ein wesentlicher Nutzen im Bereich der Qualitätssicherung, Dokumentation und dem Komplexitätsmanagement gesehen. Dieser bezieht sich damit sowohl auf Inhalte als auch auf Qualitäten hinsichtlich Informationen zur Planung, (durch Querbezüge zu anderen Fachmodellen) zur Entscheidungsfindung, der Dokumentation des gebauten bzw. in Betrieb genommenen Zustands sowie der laufenden Verfügbarkeit von Produktdaten einschließlich technischen Einbau-, Konstruktions- und Wartungshinweisen. Von Bedeutung sind hierfür zielgruppenorientierte BIM-Anwendungen, die eine entsprechende Sicht auf ein Datenmodell, auch über entsprechende (mobile) Endgeräte, zulassen und einen intuitiven Zugang zu den Daten ermöglichen.

Besonders deutlich wird dieser Nutzen am Tätigkeitsbild eines Sachverständigen: Sachverständige haben im Fall auftretender Mängel und Streitigkeiten im Regelfall die Aufgabe, Schäden festzustellen, schadensverursachende Mängel zu erkennen, Verursacher zu identifizieren und Mangelbeseitigungsmaßnahmen und deren Kosten zu beziffern. Hierfür ist eine vollständige Dokumentation wichtig, die Informationen über die Planungsgrundlagen (einschließlich Bedarfsplanung), die Grundlagenermittlung (einschließlich der Beiträge von Sonderfachleuten wie z. B. Geologen), Planungsabläufe, Standards, über die Ausschreibung und Vergabe, sowie die Abläufe während der Ausführung (Stichwort: elektronisches Bautagebuch) enthält. Sind diese Informationen sämtlich in einem Projekt in Verbindung mit einem Lasten- und Pflichtenheft in einer BIM-Datenbank hinterlegt, ist BIM bei dieser Aufgabe hilfreich, wenn der Sachverständige Zugang zu den einschlägigen Daten bekommt. Diese Vorgehensweise geht damit einen deutlichen Schritt weiter als das Einpflegen von Plandaten und textlichen Informationen in eine Projektplattform.

Im Zusammenhang mit der flächendeckenden Einführung von BIM-Methoden ist es aus Sicht der Bausachverständigen und Beratenden Ingenieure zwingend notwendig, über Klassifikationssysteme Bauteilgruppen und deren Attribute zu standardisieren und Herstellerproduktkataloge auf diese Basis zu stellen – auch im Bereich Bauphysik, wo sich die Entwicklung in den Anfängen befindet. Für eine erfolgreiche Umsetzungsstrategie ist ein koordiniertes Vorgehen anzustreben. Die Standardisierung ist voranzutreiben.

Wichtigster Partner bleibt jedoch der Bauherr. Dieser muss vom Mehrwert des Einsatzes der digitalen Planungssystematik und deren Tiefe überzeugt werden. Die Argumentation über eine umfassende Qualitätssicherung kann dabei ein Schlüssel sein. Digitales Planen erfordert jedoch ein Umdenken, das zwingend Veränderungen bei bestehenden Vorgehensweisen in der Planung erfordert und damit auch bestehende „Königreiche" nachhaltig verändert. Der Mittelstand ist aufgefordert, sich mit dem Thema kritisch auseinanderzusetzen und Mitarbeiterinnen und Mitarbeiter zu qualifizieren. Auch für die Sachverständigen ergibt sich damit die Aufgabe, sich mit „der neuen Welt" und mittelfristig mit Veränderungen hinsichtlich Unternehmensstruktur und Teambildung zu befassen.

LITERATUR

[1] Borrmann, A.; König, M.; Koch, C.; Beetz, J.: Building Information Modeling: Technologische Grundlagen und industrielle Praxis. Springer Vieweg, 2015

[2] BIM Task Group, „Employer's Information Requirements". 2013. [Online]. Available: http://www.bimtaskgroup.org/bim-eirs/. [Zugriff am 30.09.2016]

[3] BMVi, Stufenplan Digitales Planen und Bauen. Bundesministerium für Verkehr und digitale Infrastruktur (BMVi), Berlin, 2015

[4] BMVi, „Reformkommission Bau von Großprojekten – Endbericht," Bundesministerium für Verkehr und digitale Infrastruktur, Berlin, 2015

[5] Eastman, C.M.: BIM Handbook: A guide to

building information modeling for owners, managers, designers, engineers and contractors. 2nd ed. Hoboken, NJ: Wiley, 2011

[6] Egger, M.; Hausknecht, K.; Liebich, T.; Przybylo, J.: BIM-Leitfaden für Deutschland. Information und Ratgeber, Endbericht, Forschungsprogramm ZukunftBAU, Hrsg., Berlin: Bundesinstitut für Bau-, Stadt- und Raumforschung (BBSR) im Bundesamt für Bauwesen und Raumentwicklung (BBR), Bundesministerium für Verkehr, Bau und Stadtentwicklung (BMVBS), 2013

[7] van Treeck, C.; Elixmann, R.; Rudat, K.; Hiller, S.; Herkel, S.; Berger, M.: Gebäude.Technik. Digital. Building Information Modeling. Springer Vieweg, 2016

Prof. Dr.-Ing. habil. Christoph van Treeck

Leiter des Lehrstuhls für Energieeffizientes Bauen E3D an der Fakultät für Bauingenieurwesen an der RWTH Aachen University.

Vor dem Wechsel an die RWTH leitete er eine Arbeitsgruppe für Multi-Physics Simulation am Fraunhofer Institut für Bauphysik und war als Privatdozent an der Technischen Universität München tätig. Seine Forschungsgebiete umfassen die Bereiche der energetischen Simulation von Gebäuden, gebäudetechnischen Anlagen und Stadtquartieren, Building Information Modeling (BIM), Bauphysik, Thermische Ergonomie und Fahrzeugklimatisierung.

Er ist Träger des Fraunhofer Attract Forschungspreises, Mitglied im Vorstand der International Building Performance Simulation Association (IBPSA), Mitglied verschiedener Richtlinien- und Normungsausschüsse, Autor von mehr als 80 wissenschaftlich begutachteten Artikeln, Mitglied des Editorial Boards der Fachzeitschrift Journal of Building Performance Simulation und Mitglied im Senat der RWTH Aachen University.

Seit 2016 ist er im Rahmen der neuen Begleitforschung 2020 des BMWi „Energie in Gebäuden und Quartieren" u. a. verantwortlich für die Zusammenführung der Datenbanken im Bereich des Energetischen Monitorings von Gebäuden sowie für den Bereich Planungswerkzeuge. 2015 fand die Ausgründung der E3D Ingenieurgesellschaft statt, in der er als Gesellschafter im Bereich der Integralen Planung mit BIM beratend tätig ist.

1. Podiumsdiskussion am 03.04.2017

Zöller:
Bevor wir mit der Diskussion beginnen, möchte ich noch einen Hinweis zum Vortrag von Frau Prof. Boldt geben: Eine Möglichkeit des rechtskonformen Umgangs mit Zitaten aus DIN-Normen ist die Zusendung der im Gutachten vorgesehenen Textstellen an das DIN mit Angabe der Anzahl der Ausfertigungen. Wenn die vom DIN daraufhin benannte Gebühr entrichtet wird, müssen die Normen nicht im Original gekauft und dem Gutachten beigefügt werden.

Frage:
Sind bauaufsichtlich eingeführte Normen nicht wie Gesetze zu behandeln?

Boldt:
Entsprechend den Regelungen der Bauaufsicht müssen solche Normen eingehalten werden. Da liegt der Gedanke nahe, dass bauaufsichtlich eingeführte Normen auch wie Gesetze als frei zugänglich behandelt werden können. Aber so verhält es sich nicht.
Bauaufsichtlich eingeführte Technische Regelwerke sollen in erster Linie Bauwerke sicher machen. Dabei wird zwar Bezug auf urheberrechtlich geschützte, private Regelwerke genommen ohne deren Inhalte wiederzugeben, aber allein durch diese Bezugnahme hebelt der Gesetzgeber den Urheberschutz nicht aus. Das von einer privaten Institution ausgearbeitete Werk bleibt urheberrechtsschutzfähig.

Zöller:
Der Gesetzgeber verweist auf die Ergebnisse der Arbeit in Normenausschüssen, eines privaten, eingetragenen Vereins. Dort gibt es das Problem der Finanzierung dieser Arbeit. Wenn der Staat ein Interesse daran hat, dass es bauaufsichtlich und ordnungsrechtlich relevante Normen gibt, dann müsste deren Erarbeitung auch über die Gemeinschaft der Steuerzahler finanziert werden, so wie es z. B. in Österreich der Fall ist.

Boldt:
Meiner Ansicht nach muss der Staat, wenn er öffentlich-rechtlich gültige Normen haben will, auch für deren Finanzierung sorgen. Ein konkurrenzloses Institut wie das DIN mit Alleinstellungsmerkmal sollte daher zumindest in Bezug auf diese Normungsarbeit durch den Staat finanziert werden und nicht über Lizenzbeiträge für den Abruf einzelner DIN-Normen. Aber so ist es leider nicht.

Zöller:
Andererseits ist es nachvollziehbar, dass nicht alle privatrechtlich relevanten Normen, die teilweise nur für einen sehr kleinen Kreis interessant sind, durch die Gemeinschaft finanziert werden.
Über andere Finanzierungsmodelle des DIN sollte auf jeden Fall nachgedacht werden. Wenn man Firmenneutralität wahren und kein werbebasiertes Finanzierungsmodell möchte, wie das z. B. bei Google der Fall ist, wäre es denkbar, dass Kammern oder Verbände eine Art Rahmenvertrag mit dem DIN schließen, damit deren Mitglieder urheberrechtskonform aus Normen zitieren können.

Frage:
Was ist konkret ein Zitat?

Boldt:
Aus meiner Sicht ist ein Zitat die Verwendung inhaltlicher Abschnitte aus einem Text. Die ausschließliche Fundstellenangabe einer Textstelle zählt nicht dazu, das ist ohne Verletzung des Urheberrechts möglich. Kostenfreies Zitieren ist nur in wissenschaftlichen Abhandlungen möglich.

Frage:
Wie lang darf ein kostenloses Zitat sein?

Boldt:
Das hat mit der Länge nichts zu tun. Sobald man erkennt, dass es nicht der eigene Text ist, liegt ein Zitat vor. Dies kann daher schon bei einem Satz der Fall sein.

Frage:
Wäre es ein Lösungsansatz unter Angabe der Norm und des betreffenden Kapitels den Inhalt mit eigenen Worten wiederzugeben, an Stelle eines wörtlichen Zitates?

Boldt:
Daran könnte man grundsätzlich denken, das hilft aber in der eigentlichen Argumentation nicht. Der Gutachter kann nicht einfach mit eigenen Worten behaupten, dass etwas so ist wie behauptet, vielmehr muss er es begründen. Dazu muss er aus meiner Sicht auf die offizielle Norm zurückgreifen.

Frage:
Ist ein Privatgutachten ein Sprachwerk, auch wenn es keinen wissenschaftlichen Charakter hat?

Boldt:
Ein Sprachwerk im Sinne des Urheberrechtsschutzes liegt nur bei einer eigenen geistigen Schöpfung vor, was bei einem Privatgutachten durchaus überwiegend der Fall sein dürfte. Allerdings ist hiervon nicht die Frage der Verletzung von Urheberrechten anderer betroffen: Diese liegt bei einer Kopie fremder Werke nur dann nicht vor, wenn ein Privatgutachten wissenschaftlichen Charakter hat, also eine eigene wissenschaftliche Arbeit darstellt. Dies dürfte eher seltener der Fall sein.

Frage:
Bei der Bearbeitung und Erstellung von Normen verlangt das DIN, dass die Mitarbeiter des Normenausschusses ihre Rechte an das DIN abtreten. Dies geschieht nicht immer! Wenn die Zustimmung einzelner Mitarbeiter nicht vorliegt, können dann die Urheberrechte überhaupt geltend gemacht werden?

Boldt:
Nicht durch das DIN, allerdings könnte das DIN formal betrachtet die urheberrechtsfähigen Erörterungen des Mitarbeiters gar nicht selbst verwenden, weil es dann ebenfalls eine Urheberrechtsverletzung begehen würde. Davon ist jedoch nicht auszugehen, wenn der Mitarbeiter seine geistige Schöpfung dem DIN zur Verfügung stellt. Hierin liegt gleichzeitig eine stillschweigende Genehmigung zur Nutzung. Rechte wegen einer Urheberrechtsverletzung kann das DIN dann aber nicht verfolgen, sondern nur der Inhaber, also der Mitarbeiter.

Frage:
Wie wird das im Tagungsband gehandhabt? Ist da urheberrechtlich alles abgesichert?

Boldt:
Im Tagungsband sollten nach meiner Einschätzung nur eigenständige wissenschaftliche Werke enthalten sein, für welche das Zitieren einer Textstelle unter Nennung der Fundstellenangabe möglich ist.

Zöller:
Herr Hoff, Sie wollen als Vertreter des DIN-Verbraucherrates (Interessenvertretung der nicht gewerblichen Endverbraucher in den Normenausschüssen) noch etwas ergänzend mitteilen.

Hoff (Publikumsbeitrag):
Mein Beitrag ist nicht als offizielle Verlautbarung des DIN zu verstehen.
Ich möchte die Äußerungen von Frau Prof. Boldt etwas relativieren. Ich fände es nämlich schade, wenn die Sachverständigen nach dieser Tagung mit dem Gefühl nach Hause gehen, sie würden quasi mit einem Bein im Gefängnis stehen.
Im Vorfeld zu dieser Tagung bin ich gemeinsam mit Herrn Prof. Zöller bei der Rechtsabteilung des DIN gewesen, um das Thema Urheberrecht im Umgang mit DIN-Normen zu erörtern. Die offizielle Version entspricht der Aussage von Frau Prof. Boldt.
Das DIN kann auf diese Einnahmen nicht verzichten, da es sich zu zwei Dritteln aus den eigenen Veröffentlichungen, d. h. aus den Verkaufserlösen, finanziert. Hinzukommen Mitgliedsbeiträge von Unternehmen und natürlich auch staatliche Förderungen.
Aber es wurde uns signalisiert, sofern Sie auf der sicheren Seite sein wollen, können Sie sich vor Abdruck von Zitaten aus der Normung mit der Rechtsabteilung des DIN in Verbindung setzen und es wird sicherlich schnell zu einer einvernehmlichen Lösung kommen.
Natürlich wäre es deutlich besser, wenn die Kammern oder der Bundesverband der

Sachverständigen sich mit dem DIN über einen Rahmenvertrag einigen könnten.

Zöller:

Als Sachverständige sind wir Teil der Rechtspflege und brauchen deswegen Lösungen, mit denen wir uns rechtskonform verhalten können, auch bei privaten Begutachtungen.
Wir haben als technische Regeln nicht nur DIN-Normen. Heute diskutieren wir auch die Frage, ob DIN 18531 oder die Flachdachrichtlinie des Zentralverbands des Deutschen Dachdeckerhandwerks (ZVDH) in Bezug auf Flachdachabdichtungen eher anerkannte Regeln der Technik beschreiben.
Eine Frage an Herrn Anders vom ZVDH: Bei der von Ihrem Verband herausgegebenen Flachdachrichtlinie handelt es sich auch um ein urheberrechtlich geschütztes Werk. Dürfen wir dieses denn verwenden?

Anders:

Natürlich unterliegt die Flachdachrichtlinie dem Urheberschutz. Aber, wie bei anderen Regelwerksgebern auch, wird das Zitieren in eingeschränktem Umfang toleriert. Eine Verwendung des Regelwerks ist ja auch im Interesse des Regelwerkgebers, dazu gehört das eingeschränkte Zitieren in nicht ausschweifendem Umfang.
Grundsätzlich toleriert der Verband das Kopieren einzelner Abschnitte aus der Flachdachrichtlinie für Gutachten, nicht aber die vollständige Abbildung oder ganze Teile der Fachregel.

Zöller:

Jeder der ein Regelwerk herausgibt, hat doch ein Interesse daran, dass es angewendet wird, dass es auch über das Zitieren verbreitet wird und damit eine Voraussetzung erlangt, sich als anerkannte Regel der Technik zu etablieren.

Frage:

Ist schon einmal ein Gutachter wegen Urheberrechtsverstößen in seinem Gutachten angezeigt worden?

Boldt:

Mir ist kein Fall bekannt und es kann nicht im Sinne des DIN sein, diese Einzelfälle zu verfolgen. Dieser Sachverhalt ändert allerdings nichts an der grundsätzlichen Rechtslage.
Bei der Bereitstellung von vollständigen Normen zum Download im Internet durch andere Personen als das DIN handelt es sich aber um eine ganz andere Kategorie, die dann auch rechtlich verfolgt wird.

Frage:

Als Gerichtsgutachter müsste der Zugang zu den Normen kostenlos möglich sein!

Boldt:

Ich weiß nicht, ob selbst Gerichte einen kostenlosen Zugang zu DIN-Normen haben. Die meisten mir bekannten Richter bitten den Gutachter, ihnen die Norm zur Verfügung zu stellen.

Frage:

Sind im Internet frei zugängliche Texte urheberrechtlich geschützt?

Boldt:

Da bekommen Sie eine Juristenantwort: Es kommt darauf an.
Sobald der Text mit einem © (Copyright) Zeichen versehen ist, wird damit deutlich gemacht, dass das Urheberrecht gilt. Dann darf der im Internet frei zugängliche Text zwar privat gelesen, aber nicht für kommerzielle Zwecke verwendet werden.
Sofern keine Kennzeichnung vorgenommen wurde, kann davon ausgegangen werden, dass der Text frei zur Verfügung gestellt wurde. Allerdings muss man nachsehen, ob nicht irgendwo auf der Seite doch versteckt etwas zum Urheberschutz steht.
Bei Google steht in den dazugehörigen Lizenzvereinbarungen, dass man die Texte ansehen, aber nicht kommerziell verwenden darf.

Zöller:

Das Urheberschutzgesetz dient ja eigentlich dem Schutz der Urheber eines Gedankens, also den Autoren. DIN-Normen werden von den einzelnen Ausschussmitgliedern ausgearbeitet und nicht vom DIN. Müssen diese dann trotzdem die von ihnen mit erarbeiteten Normen kaufen, wenn sie sie verwenden wollen?

Boldt:

Das ist abhängig von der mit dem DIN getroffenen Vereinbarung. Das DIN wird dem eigentlichen Urheber nicht sagen, dass er seine eigene Norm für die private Verwendung kaufen muss. Er bleibt ja selbst geistiger

Schöpfer des Werks. Dies bezieht sich aber sicherlich nicht auf eine kommerzielle Verwendung.
Aber ich kenne es auch anders. Verlage sichern sich in der Regel die alleinigen Rechte an den Texten. Dann muss ich auch fragen, ob ich einen von mir geschriebenen Text z. B. auf meiner eigenen Homepage veröffentlichen darf.

Zöller:
Ist ein Persönlichkeitsrecht in dieser Art und Weise übertragbar?

Henseleit:
In der Vergangenheit haben auch die Mitarbeiter des Normenausschusses kein kostenloses Exemplar erhalten. Wir durften die Norm lesen, aber sonst nichts. Mittlerweile gibt es aber sogenannte Expertenexemplare für die Normer.

Zöller:
Einerseits soll eine Norm weit verbreitet werden, andererseits sind unter Berücksichtigung der hohen Bezugspreise hohe Hürden für eine Verbreitung errichtet worden. Das ist ein Widerspruch.
Herr Anders, Sie haben gesagt, die Verbreitung der Flachdachrichtlinie und das Zitieren einzelner Abschnitte daraus ist o. k. Wo liegt für Sie die Grenze?

Anders:
Die Grenze liegt sicherlich beim Zitieren von gesamten, umfangreichen Abschnitten, Hinweisen oder Merkblättern. Wenn jemand durch Kopieren und Abdrucken der Flachdachrichtlinie Geld verdienen will, dann würden wir sicherlich einschreiten. Bisher hatten wir noch keine solchen Fälle.

Zöller:
Herr Anders, Herr Henseleit, in Ihren Beiträgen sind die Unterschiede zwischen der DIN 18531 und der Flachdachrichtlinie klar herausgestellt worden.
Die Flachdachrichtlinie will somit ein nachfahrendes Regelwerk sein, das nur beschreibt, was bereits anerkannte Regel der Technik ist. Bei der DIN 18531 handelt es sich eher um ein gestaltendes Regelwerk, das festlegt, was sich als anerkannte Regel der Technik etablieren soll.
Warum aber gibt es einen so unterschiedlichen Umgang mit den Qualitätsklassen?

Henseleit:
Die Kategorien K1 und K2 waren in DIN 18531 seit 2005 vor allem mit der Intention eingeführt worden, überhaupt eine Diskussion über unterschiedliche Qualitäten am Dach in Gang zu setzen. Als 2010 beschlossen wurde, die Normenstruktur insgesamt zu ändern und alle anderen Abdichtungsaufgaben in den Normenreihen DIN 18531 bis 18535 zu nehmen, dachten wir, dass die Umstellung zwei Jahre dauern wird. Um das zu erreichen, sollten zunächst die Strukturen und weniger die Inhalte überarbeitet werden. Durch den zu frühen Tod des Obmanns (*Anmerkung: Kurt Michels*) hat sich die Arbeit aber leider in die Länge gezogen. Die Diskussion ist darüber noch nicht so weit fortgeschritten wie ursprünglich geplant, aber es gibt wenigstens eine Basis für die Qualitätsdiskussion.

Zöller:
Regelwerke sind in erster Linie Hilfe für Planende und Ausführende. Der Planer kann aber nicht „jede Schraube" festlegen. In dem Moment, wo der Ausführende eigene Entscheidungen treffen muss, wird er auch zum Planer und an dieser Stelle helfen die Regelwerke durch Darstellung von Detaillösungen. Als Planungshilfe sind Qualitätsklassen hilfreich, um die für die Aufgabe angemessene Konstruktion festlegen zu können.
Anders verhält es sich dann bei der Verwendung von Regelwerken bei der Bewertung des bereits Gebauten. Während Planungsvorgaben Unsicherheiten der Ausführung berücksichtigen, hat die Bewertung sich mit den tatsächlichen Eigenschaften zu befassen. Ein gutes Beispiel ist die Planungsvorgabe von 2 % Gefälle für Flachdachabdichtungen, bei der alle Regelwerke darauf hinweisen, dass diese Neigung im gebauten Zustand aufgrund von zulässigen Toleranzen und Durchbiegungen nicht erwartet werden darf. Auch bei den Qualitätsklassen verhält es sich so, dass sich die gute Planungsabsicht und die Bewertung des Vorhandenen unterscheiden. Die Neigung einer Dachfläche von 2 % hat auch Nachteile, sie ist zudem nicht evident für die höhere Zuverlässigkeit eines Dachs.

Henseleit:
Der Unternehmer muss für seine Leistung gewähren. Zum Zeitpunkt der Abnahme muss das Vereinbarte geliefert werden. Dazu gehört auch die Eigenschaft eines vergleich-

baren Werks, wozu die anerkannten Regeln der Technik herangezogen werden.

Eine Klassifizierung ist seit der Mitte der 2000er-Jahre in der DIN 18531 enthalten, 2008 wurde sie versuchsweise in den Fachregeln des ZVDH aufgenommen. Leider haben sie sich dort nicht etabliert.

Die Weiterentwicklung von Qualitätsniveaus und die Beschäftigung mit dem Thema Zuverlässigkeit sind wichtige Aspekte. Aber für den Zeitpunkt der Planung und Ausführung sind konkrete Angaben erforderlich. Eine differenzierte Planungsangabe hilft der Abwägung zwischen kostengünstigem Bauen und für die konkrete Aufgabe ausreichende Qualität. Als Regelwerksgeber muss man sich aber selbst hin und wieder einen Spiegel vorhalten und sich damit auseinandersetzen, ob das langfristig angestrebte Ziel in der Praxis auch umgesetzt wurde – wobei manches auch länger dauert.

Anders:
Unsere Feststellung ist, dass die Anwendungskategorien nicht in der Praxis gelebt wurden und werden. In der Praxis werden hinsichtlich der Materialqualitäten üblicherweise Produkte eingesetzt, die der Anwendungsklasse K2 entsprechen. Wir setzen in der Praxis bei den Bitumenbahnabdichtungen zwei Lagen Polymerbitumenbahnen und bei den Kunststoffbahnen 1,5 mm dicke Bahnen ein. Man kann also nicht von einer erhöhten Qualität sprechen, wenn es bereits der Normalfall ist.

Wir haben gute Abdichtungsprodukte auf dem Markt. Wenn wir aber über die Weiterentwicklung von Produktqualitäten sprechen, müssen wir die Anforderungen an die Produkte weiterentwickeln und andere Eigenschaften definieren.

Außerdem sind wir der Auffassung, dass wir die Qualität nicht einzig am Gefälle ausmachen können. Auch vertreten wir die Meinung, dass erhöhte Qualität objektspezifisch vom Bauherrn, Planer und Ausführenden gemeinsam definiert werden muss.

Das Thema Zuverlässigkeit muss ebenfalls objektspezifisch unter Berücksichtigung der Interessen des Bauherrn/Auftraggebers betrachtet werden. Eine pauschale Festlegung, welche Zuverlässigkeit in welchem Fall erforderlich ist, geht am Markt vorbei.

Henseleit:
Aber dann haben wir mit den Anwendungsklassen doch unser Ziel erreicht, die Qualitäten haben sich in der Praxis erhöht. Durch die Differenzierung hat sich ein höherwertiger Standard etabliert.

Anders:
Das ist nicht ganz richtig. Bereits 2001 wurde in der Flachdachrichtlinie festgelegt, dass z. B. bei einem Gefälle unter 2 % zwei Lagen Polymerbitumenbahnen ausgeführt werden müssen. Dass sich das als Standard etabliert hat, ist Entwicklung des Markts und abhängig von den Erfahrungen der jeweiligen Ausführenden und nicht von den Inhalten in Regelwerken.

Zöller:
Festlegende Normen beschreiben Verfahren und Stoffe, die noch nicht anerkannte Regel der Technik sind, sich aber als solche etablieren sollen. Regeln, die nur beschreiben, was bereits als anerkannte Regel der Technik gilt, müssen sich nicht nochmals als solche etablieren. In Bezug zu den Kriterien der Qualitätsstufen sehe ich noch Handlungsbedarf, damit diese sich als anerkannte Regel der Technik etablieren können.

Henseleit:
Das ist sicherlich so. Es liegen auch viele Einsprüche zu der Norm vor, die der Ausschuss gerne bearbeiten und aufnehmen würde. Das konnten wir bisher nicht machen, da die Norm nach sieben Jahren Bearbeitungszeit erst einmal fertig werden sollte. Auf jeden Fall ist die Erarbeitung einer Norm kein abgeschlossener Prozess.

Frage:
Was muss zukünftig im Kaufvertrag geschrieben werden, damit keine Rechtsstreitigkeiten entstehen? Muss im Detail aufgeführt werden, wann die DIN 18531 und wann die Flachdachrichtlinie Anwendung finden soll?

Henseleit:
Aus meiner Sicht muss sich der Planer entscheiden, welchem Regelwerk er folgt. Zu beachten ist, dass eine Norm erst einmal etwas Freiwilliges ist, was vereinbart werden kann. Im Gutachtenfall hat die Norm aber ein nicht zu unterschätzendes zivilrechtliches Gewicht. Ich würde also immer erst diese als Grundlage meiner Arbeit ansehen und dann die nachgeschalteten Regelwerke prüfen.

Frage:

Eine Frage zum Geltungsbereich der DIN 18531: Was ist der Unterschied zwischen einem Gründach und einem Dach mit Erdüberdeckung?

Henseleit:

Hier gibt es eine klare Abgrenzung in der Definitionsnorm DIN 18195. Ein Dach ist ein Bauteil, das aus der Erde herausragt, ganz egal ob dann eine zusätzliche Begrünung aufgebracht wird. Erdüberschüttete Flächen werden im Bereich der DIN 18533 „erdberührte Bauteile" behandelt und geregelt. Es gibt also eine klare Zuordnung.

Frage:

Ist bei der Gefälleplanung die zu erwartende Durchbiegung des Tragwerks, z. B. für die Lage der Abläufe, zu beachten?

Henseleit:

Ja, ist sie und es gelten die alten Regeln: „Abläufe und Gullys müssen an Tiefpunkten angeordnet sein", und „Das Wasser fließt selten bergauf."

Frage:

Darf die Abdichtung von Balkonen mit FLK auch ohne Trägereinlage an die Fassade angearbeitet werden?

Henseleit:

Ja, An- und Abschlüsse sind allerdings gegen mechanische Einwirkungen zu schützen. Die FLK kann angearbeitet werden, bei ausreichender Haftung zum Untergrund kann auf eine mechanische Befestigung am oberen Rand verzichtet werden.

Frage:

Sowohl die Flachdachrichtlinie als auch die DIN 18531 klammern die barrierefreie Schwelle als Sonderkonstruktion aus. Barrierefreie Schwellen sind aber für alle Arbeitsstätten, öffentliche Bauten und viele Wohnbauten vorgeschrieben. DIN 18040 fordert für „barrierefreies Bauen" grundsätzlich schwellenlose Außen- und Fenstertüren. Nur in begründeten Ausnahmefällen sind Schwellen bis max. 2 cm zulässig. Nach DIN 18195 stellen Schwellen unter 15 cm stets Sonderlösungen dar, die im Einzelfall zu vereinbaren sind.

Anders:

Mit den barrierefreien Übergängen haben wir die Schnittstelle zwischen „barrierefreiem Bauen" und der „Abdichtung". Die Anforderungen beider Bereiche widersprechen sich – das barrierefreie Bauen fordert Übergänge ohne Aufkantungen, im Bereich der Abdichtungen sind Aufkantungen ein Grundsatz für Übergänge. Daher ist eine objektspezifische Lösung erforderlich. Leider gibt es in diesem Bereich noch keine „Muster-Lösung", von der man sagen könnte „so wird es in der Praxis gemacht und so funktioniert es auch", es gibt also leider keine allgemein anerkannte Regel der Technik für diese Aufgabenstellung. Bei einer Reduzierung der Anschlusshöhe von 0,15 m auf 0,05 m sind zwei Aspekte für die Funktion des Anschlusses entscheidend: Zu jeder Zeit muss ein einwandfreier Wasserablauf vom Anschluss gewährleistet sein (z. B. durch Rinnen vor dem Anschluss mit unmittelbarem Anschluss an die Entwässerung) und die Spritzwasserbelastung des Anschlusses muss minimiert werden (z. B. durch Überdachungen). Bei den Barrierefreien Übergängen sind diese beiden Aspekte ebenfalls zu berücksichtigen, ergänzend muss jedoch auch das Risiko des Überflutens des Gebäudeinneren in die Planung mit einfließen.

Frage:

Wie werden die Widersprüche zur Normenreihe DIN 18531 ff. aufgelöst? Welche Regelwerke gelten denn für diese Abdichtungssituationen?

Anders:

Widersprüche sehen wir als Dachdeckerhandwerk nicht. Es gibt Unterschiede zwischen der Flachdachrichtlinie und den DIN-Normen, die gab es aber bereits in der Vergangenheit und da waren sie durchaus stärker, d. h. mit größeren Konsequenzen behaftet. Ein Beispiel hierfür sind die bisherigen Gefälle-Regelungen.
Die Unterschiede zwischen den neuen Fassungen ergeben sich durch die unterschiedlichen Ansätze der jeweiligen Werke. Mit der Flachdachrichtlinie sowie dem gesamten Regelwerk des Dachdeckerhandwerks setzen wir den Schwerpunkt auf die reale Baupraxis. Wir fassen in der Flachdachrichtlinie das zusammen, was in der Baupraxis üblicherweise geplant und ausgeführt wird und auch funktioniert, ergänzt um Anforderungen die ggf.

neu sind und sich aus Problemen in der Baupraxis ergeben. Im Bereich der Normen sehen wir den Ansatz, dass das aufgeschrieben wird, was marktfähig ist und funktionieren könnte. Wir sehen insbesondere durch die vielen Klassen in den DIN-Regelwerken einen sehr theoretischen Ansatz, der so in der Baupraxis nicht „gelebt" wird und für eine praktische Anwendung einer Übersetzung bedarf.

Für den Planer und den Ausführenden ist der Werkvertrag maßgebend. In diesem Zusammenhang hat der Auftragnehmer (Planer, Ausführender) die vertraglich vereinbarte Leistung zu liefern, jedoch sind hierbei die a.a.R.d.T. als „Mindestniveau" zu liefern. Es ist von besonderer Bedeutung, welche Eigenschaften und Ausführungen ein Auftraggeber üblicherweise von einem vergleichbaren Werk erwarten kann. Das Thema „Widersprüche zwischen Regelwerke" und der Umgang damit sehen wir vor diesem Hintergrund im Zusammenhang mit einem Ziel, welches wir in der Erarbeitung der Flachdachrichtlinie verfolgt haben: „Hält man die Flachdachrichtlinie ein, so erfüllt man auch die Anforderungen der DIN 18531 ff.". Einige wenige Punkte sind wie bei den früheren Fassungen der Regelwerke übriggeblieben, in denen die Norm schärfere Forderungen als die Flachdachrichtlinie beinhaltet. So z. B., dass die DIN 18531 zerstörerische Prüfungen für die Dickenermittlung von Flüssigkunststoffen bei fehlender Ausführungsdokumentation vorschreibt.

2. Podiumsdiskussion am 03.04.2017

Zöller:
Ich möchte zunächst die Diskussion des heutigen Vormittages aufgreifen.
Die DIN 18531 und die Flachdachrichtlinie haben trotz vorhandener Unterschiede beide Gültigkeit. Die wesentlichen Unterschiede zwischen beiden Regelwerken liegen zum einen in dem Umgang mit den Anwendungsklassen und zum anderen in der Frage, ob wirklich immer eine Abdichtung notwendig ist oder nicht.
Über die Kriterien der Anwendungsklassen kann sicherlich diskutiert werden, nicht aber über die Forderung nach grundsätzlicher Notwendigkeit von Abdichtungsarbeiten. Sofern sich unter einer Dachfläche ein z. B. bewohnter Raum befindet, handelt es sich um eine Dachterrasse, die abzudichten ist. Bei freistehenden Balkonen aus Holz, Stahl oder auch auskragenden Stahlbetonplatten ist das sicherlich nicht so. Solche Flächen werden regelmäßig nicht abgedichtet, teilweise genügt ein Feuchtigkeitsschutz, der nicht die Kriterien einer Abdichtung erfüllt.

Herold:
Die Dachdecker befürchten, dass die Bedeutungen der Begriffe „Beschichtung" und „Abdichtung" durch die Normung gleichgesetzt werden. Das ist aber nicht der Fall. In der neuen DIN 18195 „Begriffe" gibt es klare Definitionen zu diesen Begriffen. Eine Beschichtung schützt in erster Linie das Bauteil vor Wasser und schädigenden Stoffen und eine Abdichtung schützt in erster Linie das Bauwerk, also die unter dem Bauteil liegenden Bereiche vor dem Eindringen von Wasser.
Eine klare Regelung und Abgrenzung, welche Stoffe für eine Abdichtung und welche für eine Beschichtung verwendet werden können, gibt es nicht. Die Stoffe für eine Abdichtung bzw. eine Beschichtung können zum Teil auch die gleichen sein. Eine Beschichtung kann unter Umständen nicht nur das Bauteil sondern auch die darunter liegenden Bereiche des Bauwerks in ausreichender Weise gegen das Eindringen von Wasser schützen. Ebenso schützt eine Abdichtung natürlich auch das Bauteil selbst. Es muss bei beiden Maßnahmen sichergestellt sein, dass der Schutz für den Anwendungsfall ausreichend zuverlässig und dauerhaft ist. Eine Beschichtung hat in der Regel eine geringere Zuverlässigkeit und Dauerhaftigkeitserwartung als eine klassische Abdichtung. Sie sollte daher nicht bei einer unter einem Bauteil liegenden hochwertigen Nutzung zur Anwendung kommen. Sie ist aber z. B. für Balkone, Loggien und Laubengängen eine durchaus ausreichende und somit geeignete Schutzmaßnahme. Diese Differenzierung spiegelt auch die langjährige Praxis bei der Anwendung dieser Stoffe wieder. Deswegen wurden Beschichtungen mit Oberflächenschutzsystemen unter klar definierten Randbedingungen auch in die neue DIN 18531 aufgenommen.
Es ist nicht sinnvoll, aus ideologischen Gründen Beschichtungen, die die Qualitätskriterien einer Abdichtung nicht voll umfänglich erfüllen, aber in der Praxis auch für diese Zwecke verwendet werden, nicht in einer Norm, die den Schutz eines Bauwerks vor Wasser zum Inhalt hat, zu behandeln. Im Gegenteil, es ist gerade notwendig, sie in die Norm aufzunehmen, damit ihre bewährte Anwendung durch klare normative Regelungen sichergestellt ist. Sie müssen in der Norm dann allerdings so beschrieben werden, dass der Planer in der Lage ist, sie richtig einzusetzen, und es muss dem Eigentümer oder Betreiber klar machen, welche ggf. zusätzlichen Instandhaltungsmaßnahmen bei Beschichtungen erforderlich sind. Es ist Aufgabe der Norm, diese Zusammenhänge klar zu beschreiben, und das geschieht auch im Teil 5 der neuen DIN 18531.

Anders:
Die Herausgeber der Flachdachrichtlinie haben starke Zweifel daran, dass die Anwen-

dungsklassen der DIN 18531 tatsächlich zu höheren Qualitäten führen. Stoffe, die der Anwendungsklasse K1 zugeordnet werden, liegen deutlich unter den mittlerweile marktüblichen Ansprüchen. Planer und Ausführende sind aber verpflichtet, sich an den Ansprüchen und Forderungen der Auftraggeber zu orientieren.

In der Norm sollte deshalb nicht nur das aufgeführt werden, was man selbst für richtig hält, unabhängig davon, was üblicherweise die Auftraggeber fordern. Und alles was über diese übliche Beschaffenheit hinausgeht, muss dann auch wirklich qualitativ höherwertiger sein. Das ist leider in der neuen DIN 18531 nicht der Fall. Daher wurden unsererseits umfangreiche Vorschläge zum Ausbau der Anwendungsklasse K2 eingebracht, wovon allerdings kein Punkt aufgenommen wurde.

Zöller:
Die Diskussionen in den Normungsausschüssen können wir hier nicht umfänglich wiederholen, ich möchte nur darauf hinweisen, dass Regelwerke sich an den anerkannten Regeln der Technik orientieren sollen. Diese sollen den Mindeststandard beschreiben, der für den Werkerfolg notwendig ist. Das bedeutet, dass eine Abdichtung für die vorgesehene Nutzungsdauer bei üblichen Instandhaltungen auch bei Extrembeanspruchungen gebrauchstauglich bleiben muss. Das geht auch mit Abdichtungen der Klasse K1. Jetzt geht es nicht um die Anwendungsklassen, sondern um Anwendungsbereiche. In einigen Bereichen handelt es sich um eine übliche Ausführung, wenn weniger gemacht wird als das, was z. B. auf Dächern üblich ist. Das trifft auf den Anwendungsbereich der DIN 18531-5 zu.

Aber natürlich muss auch die Normungsarbeit fortgesetzt und diese Diskussionen dort geführt werden. Ein Regelwerk kann nicht von sich aus den Anspruch haben, anerkannte Regel der Technik zu sein. Das ist erst der Fall, wenn sich die einzelnen Festlegungen am Markt bereits etabliert haben. Andererseits muss auch etwas in Regelwerken beschrieben werden, damit es sich auf dem Markt etablieren kann. Dieser Prozess ist bei den Abdichtungsnormen noch nicht abgeschlossen.

Frage:
Warum entfällt das Schild, das im Bereich eines Flachdachs über die verlegte Abdichtung informiert? Es ist doch bedauerlich, dass die Dokumentation aus DIN 18531 herausgefallen ist. Warum werden niveaugleiche Schwellen als *Sonderlösungen* deklariert, die sich doch schon wegen der Anforderungen der Norm für barrierefreies Bauen, DIN 18040, etabliert haben?

Zöller:
Die Pflicht zur Dokumentation ist nicht entfallen, sondern nur das Schild am Dach, weil es sich eben nicht etabliert hat. Wenn sich BIM, wozu wir morgen einen Beitrag haben, durchgesetzt hat, wird das Schild ohnehin nicht mehr erforderlich sein.

Der Begriff *Sonderlösung* in der Norm ist nicht mit einem erhöhten Risiko gleichzusetzen, wie das juristisch gesehen werden könnte. Dieser Begriff ist ein Synonym für *nicht in der Norm abschließend geregelt*. Es gibt viele Varianten, um den Werkerfolg sicherzustellen. Wollte man wenige aufzeigen, würden andere ungerechtfertigterweise ausgeschlossen.

Frage:
Entsprechend den Angaben in der DIN 18533 muss die Abdichtungsebene 50 cm oberhalb des Bemessungswasserstandes liegen. Wo ist denn die Abdichtungsebene bei WU-Beton-Bodenplatten anzusetzen, auf der Unterseite oder der Oberseite der Bodenplatte?

Kohls:
Die DIN 18533 beschreibt Bauweisen und Bauarten, die eine Membran darstellen und keine WU-Bodenplatten. Die 50 cm gelten nur für Klasse W1-E, in der üblicherweise die Abdichtung auf der Bodenplatte liegt.

Zöller:
Ausgehend von einer 20 cm dicken Bodenplatte und dem bisherigen 30 cm Abstand wurde das Anforderungsniveau gegenüber der bisherigen Regelung nicht geändert. Die Anforderungen an WU Bodenplatten sind in der WU Richtlinie beschrieben, die nach Bodenfeuchte einerseits und drückendem Wasser andererseits unterscheidet. Diese Richtlinie kennt aber kein Abstandsmaß, sondern bezieht sich auf den am Bauteil einwirkenden Wasserdruck.

Frage:
Welche Nutzungsklasse hat eine erdberührte Terrassenbetonplatte? Ist in diesem Fall noch eine Abdichtung erforderlich?

Kohls:
Terrassenplatten sind der Raumnutzungsklasse RN1-E zuzuordnen. Je nach Oberbelagskonstruktion ist eine Abdichtung erforderlich, z. B. eine Verbundabdichtung auf Gefälleestrich unter keramischen Belägen im Dünnbett oder bei dickschichtigen Oberbelägen aus Natur- oder Betonwerkstein eine Abdichtung auf der Bodenplatte unterhalb des Dränmörtels.

Frage:
Wer schuldet den Feuchteschutz der Oberputze?

Kohls:
In der VOB ist der Feuchteschutz der Oberputze nicht als Nebenleistung beschrieben. Hier gibt es ein Schnittstellenproblem, das dadurch gelöst werden kann, indem der Feuchteschutz als zusätzliche, besondere Leistung beauftragt wird.

Zöller:
Der Feuchteschutz eines Sockelputzes ist nicht primärer Gegenstand der Abdichtungsnormen, die nur den Schutz des Bauwerks und der Bauteile auf der der Einwirkung abgewandten Seite regeln. Befindet sich hinter dem Sockelputz diese Abdichtung, ist eine Abdichtung auf dem Sockelputz, die nur zu dessen Schutz dient, ein Teil der Schutzmaßnahme dieses Putzes, nicht aber des Bauwerks oder des Bauteils.
Bei allen Vorträgen heute Nachmittag haben wir etwas über Wassereinwirkungsklassen gehört. Herr Prof. Krajewski hat vorgetragen, dass unter bestimmten Voraussetzungen auch in schwach durchlässigem Baugrund, die ohne Dränung der Wassereinwirkungsklasse W2-E zuzuordnen wäre, bei der Bodenplatte nur eine Beanspruchung nach W1-E ausschließlich durch Bodenfeuchte vorliegen kann.
Herr Brüggemann hat angeführt, dass Dränwasser oft nicht mehr abgeführt werden kann, sodass entweder nur eine druckwasserhaltende Abdichtung in Frage kommt oder genauer überlegt werden muss, ob im Bereich der Bodenplatte über die vorgesehene Nutzungsdauer tatsächlich nur Bodenfeuchte ansteht.

Krajewski:
Ich gebe Ihnen vollkommen Recht. Es wird die Diskussion geben, ob überhaupt eine Wassereinwirkung auf der Unterseite von Bodenplatten stattfinden kann und dies wird differenziert betrachtet werden müssen.

Klingelhöfer:
Ich warne vor Konstruktionen, bei denen die Kellerwand gegen Druckwasser und die Bodenplatte nur gegen Bodenfeuchte abgedichtet wird. Eine geplante druckwasserhaltende Wanne muss aus einer in sich geschlossenen Konstruktion bestehen. Die Konstruktion wäre sonst vergleichbar mit einem Gummistiefel, der eine gelochte Sohle hat. Das kann nicht dauerhaft sicher sein.
Natürlich kann es auch mal Fälle geben, wo der Baugrund so wasserundurchlässig ist, dass kein Stauwasser unter die Bodenplatte kommt. Ich habe aber auch umgekehrte Fälle gehabt, bei denen Druckwasser unter der Bodenplatte über Durchbrüche durch die Streifenfundamente in den Ringdrän abgeleitet werden musste.

Zöller:
In solchen Fällen ist aber zu prüfen, ob es sich um Druckwasser aus Stauwasser handelt, das durch Dränungen abgeleitet werden darf – das kann aber eigentlich nicht unter die Bodenplatte gelangen. Es kann sich nur um eine Quelle unter dem Gebäude handeln, also um Schichtenwasser, das unter den heutigen Rahmenbedingungen nicht gedränt werden darf.
Ich halte die Differenzierung für dringend notwendig. Zukünftig werden andere Anforderungen vorliegen, wir können schon deswegen nicht einfach an den alten Konzepten festhalten, die darauf basieren, dass Wasser aus Dränanlagen problemlos entsorgt werden kann.
Wir sollten ebenfalls berücksichtigen, dass in Situationen mit schwach durchlässigem Baugrund ohne Dränung entsprechend DIN 4095 nach normativer Festlegung von einer Druckwassereinwirkung in Höhe von der Oberkante des Geländes zur Unterkante der Bodenplatte ausgegangen werden muss. Dabei geht es aber nicht nur um den Schutz gegen Druckwasser, sondern auch um die Auftriebsicherung der Bodenplatte, was nicht unerhebliche Mehrkosten und einen höheren Ressourcenverbrauch bedeuten kann. Wenn aber diese Einwirkung ausreichend sicher

ausgeschlossen werden kann, werden weder Aufwendungen für Druckwasserschutz, noch gegen Auftrieb notwendig.

Frage:
Es herrscht offensichtlich eine breite Zustimmung, dass Gebäude ringsum gegen Druckwasser abgedichtet werden, sobald von irgendeiner Seite Wasser einwirken kann. Allerdings stellt doch der Fundamentstreifen einen Strömungswiderstand dar, sodass sich die Frage stellt, wie viel Wasser kann überhaupt noch unter die Bodenplatte gelangen und wenn ja, welche Mengen Wasser unter dem Haus versickern können. Der Kieskoffer unter der Bodenplatte entspricht doch im Grunde dem Funktionsprinzip einer Rigole. Ist es daher nicht sinnvoll, Fundamentdurchbrüche grundsätzlich wegfallen zu lassen zum Schutz des Raums unter der Bodenplatte?

Krajewski:
Im Einzelfall muss untersucht werden, wie das Wasser an die Sohlfläche bzw. an die Wände gelangt. Der Zulauf von Schichtwasser oder Oberflächenwasser, also aus einer größeren Umgebung zum Gebäude hinfließendes Wasser und damit quantitativ nicht abschätzbare Wassermengen, in den Arbeitsraum vor dem Gebäude soll grundsätzlich vermieden werden.
Die Kapazität des Bodens, versickerndes Wasser aufzunehmen, ist im Allgemeinen deutlich größer als die mögliche Menge Wasser von den Außenflächen, die zum Haus hingeführt werden kann. Bei bindigen Lagen im Boden kann sich allerdings partiell Wasser aufstauen. Das führt aber nicht zu über die gesamte Wandhöhe einwirkendem Druckwasser.
Insbesondere bei in durchlässigem Material gebetteten Grundleitungen, die entweder durch Streifenfundamente geführt werden oder den verfüllten Arbeitsraum und den Graben unter der Bodenplatte hydraulisch verbinden, können geringe Stauwassermengen sich im kleinen Volumen der Grabenfüllung stauen und zu einer partiellen Druckwassereinwirkung führen.

Zöller:
Problematisch ist vor allem die Beurteilung der Situation bei bestehenden Gebäuden. Was kann/muss der Sachverständige empfehlen, damit ein Gebäude wieder gebrauchstauglich wird? Hier ist eine differenzierende Betrachtung unumgänglich, damit keine zu kostenintensiven Empfehlungen ausgesprochen werden. Unnötige Mehraufwendungen können nämlich zu einer Schadenersatzpflicht des Sachverständigen führen. Auch wollen wir keine Schäden riskieren, die es vor der Maßnahme nicht gab.
Sachverständige stehen noch mehr als Planer in der Pflicht, punktgenaue Lösungen im Spannungsfeld von kostengünstigen, aber vielleicht nicht ausreichend sicher gebrauchstauglichen und sicher zuverlässigen, aber vielleicht zu teuren Maßnahmen vorzuschlagen. Dem Risiko einer Inanspruchnahme wegen möglichen und vielleicht sogar unvermeidlichen Abweichungen kann nur durch Variantenbildungen entgegnet werden.

Herold:
Bei den in der Norm beschriebenen Wassereinwirkungsklassen und den dazugehörigen Skizzen handelt es sich um grundsätzliche Lastfälle. Diese sind im konkreten Einzelfall immer an die tatsächliche Situation anzupassen. Je nach örtlicher Situation können z. B. an Wand und Boden unterschiedliche Lastfälle vorliegen. Dies schließt die Norm nicht aus, sondern es wird im Gegenteil eine differenzierte Zuordnung der Lastfälle in der Norm gefordert.
Eine Norm ist kein Kochbuch, sondern gibt grundsätzliche Handlungsregelungen oder -empfehlungen, die im konkreten Anwendungsfall entsprechend dem Sinn und Zweck, der grundsätzlichen normativen Regelung, anzuwenden sind.

Zöller:
Danke für diesen sehr wichtigen Hinweis!
Der Grundsatz, dass die Norm ein Hilfsinstrument ist, steht bereits in Teil 1 der Abdichtungsnormen. Ich habe mit Frau Prof. Boldt über diese Rahmenbedingungen diskutiert und die These aufgestellt, dass die Norm dem Anwender einen Ermessensspielraum zugesteht, der letztlich Entscheidungen treffen muss. Normen sind – solange sie nicht bauordnungsrechtlich relevant sind – Hilfsmittel für die Planung vor der Ausführung und sind nicht wie Gesetze oder Verordnungen unbedingt einzuhalten. Sie sagte, dass es im Werkvertrag juristisch keine Ermessensspielräume gäbe. Da aber nicht nur Werkverträge mit Planern, sondern auch mit Ausführenden inhaltlich nicht abschließend formuliert wer-

den können, sondern naturgemäß Details erst nach Vertragsabschluss (in unterschiedlichen Tiefen) zu entwickeln sind, handelt es sich um Entwicklungsverträge. Daher gibt es vertragskonforme Ermessensspielräume innerhalb der anerkannten Regeln der Technik. Diese sind dem Anwender, ob Planer oder Ausführenden, zuzugestehen. Die Ausnutzung dieser Spielräume kann ihm hinterher nicht vorgeworfen werden.

Klingelhöfer:
Eine Normung darf nicht dazu führen, dass der Sachverstand ausgeschaltet wird.

Frage:
Welches Wasser gelangt denn überhaupt in Dränanlagen? Niederschlagswasser, das auf die Oberfläche des verfüllten Arbeitsraums niedergeht und in diesem versickert, dem nach der Abdichtungsnorm zulässigen Wasser für die Dränung? Oberflächenwasser, das nach der Vorgabe der Abdichtungsnorm vom Sockel weg gehalten werden soll? Oder doch Schichtenwasser, das nach den Abdichtungsnormen nicht gedränt werden darf?

Brüggemann:
Für mich stellen sich diese Fragen vor allem im Altbaubestand. Immer mehr Kommunen machen nämlich zur Auflage, dass alte Dränanlagen von der Kanalisation abzuklemmen sind. Das sind aber nur Dränanlagen, die deswegen nennenswerte Wassermengen ableiten, weil in diese Schichtenwasser gelangt.

Welche Möglichkeiten hat dann der Eigentümer noch, um sein Gebäude nachträglich abzudichten? Sind die daraus entstehenden, zum Teil hohen Kosten für den Eigentümer wirtschaftlich vertretbar und diesem zuzumuten?

Zöller:
Als Beispiel dazu habe ich telefonisch einen Sachverständigen beraten, der sich mit einem Überflutungsschaden im Untergeschoss eines Einfamilienhauses aus dem Jahre 1962 zu beschäftigen hatte. Die Außenwände waren zeittypisch mit einem Schwarzanstrich versehen und hatten also keine Abdichtung. Das hat solange funktioniert, bis die Kommune die Kanalisation in den Straßen instand gesetzt hat. Dann kam es zu Feuchtigkeitsschäden wegen Grundwassers, das zuvor durch die undichten Kanäle abgesenkt worden war. Daraufhin verklagte der Eigentümer die Kommune. Nach meiner Kenntnis wurde die Kommune schadenersatzpflichtig gemacht.

Brüggemann:
Die Kommune muss ihrer Abwasserbeseitigungspflicht nachkommen und entsprechend die Kanäle instand halten. Die in der Folge möglichen Kellervernässungen sind nicht mehr ihr Zuständigkeitsbereich. Aber sie wären gut beraten, im Vorfeld die Bürger zu informieren und Aufklärungsarbeit zu leisten und ggf. Ersatzsysteme zu bauen.

Klingelhöfer:
Der Bestandschutz muss ebenfalls beachtet werden. Außerdem wurden in den 60er Jahren begleitend zu den Straßenkanälen Dränrohre verlegt, die in die jeweiligen Schächte entwässerten, um möglicherweise aufstauendes Wasser in bindigen Böden der Kanalgräben zu dränieren oder auch um beispielsweise Moorland zu nutzbarem Bauland zu machen.
Aber wenn heute noch in Hochwasserschutz- oder Moorgebieten Neubauland ausgewiesen wird, muss schon die Frage der Verantwortlichkeit gestellt werden.

Zöller:
Wird mit Beachtung der DIN 4095 den Bestandsgebäuden etwas Gutes getan? Das Oberflächenwasser sollte erst gar nicht zum Gebäude hingeführt werden, indem z. B. der Arbeitsraum mit Lehm abgedeckt und das Gefälle vom Gebäude weggeführt wird. Wie Herr Prof. Oswald immer sagte: *„Die meisten Dränsysteme funktionieren, weil sie nie Wasser sehen."*
Welche Dränsysteme führen überhaupt noch legal Wasser ab?

Brüggemann:
Seitens der Kommunen gibt es immer mit Auflagen verbundene Ausnahmeregelungen. Dränrohre als Rollenware werden aber auch von den Kommunen nicht akzeptiert. Genauso wie Fehlanschlüsse, die das Dränwasser nicht regelkonform in die Kanalisation einleiten.

Zöller:
Eine Dränanlage darf nach DIN 18533 nur Sickerwasser und kein Oberflächen- oder Schichtwasser aufnehmen. Wird der Arbeitsraum verfüllt und oberseitig mit einem Lehm-

schlag abgedeckt, stellt sich die Frage, welches Wasser überhaupt noch in der Dränanlage ankommt.
Man kann die Dränanlage auch weglassen und druckwasserhaltend abdichten. Beim Neubau ist das kein Thema. Beim Altbau ist zusätzlich zu überlegen, ob das Wasser, das durch einen Flächendrän rasch an den Wandfußpunkt gelangen kann, nicht für ein zusätzliches Schadenspotenzial aufgrund der häufigen Schwachstelle des Altbaus sorgt. Die meisten haben nämlich keine (gebrauchstaugliche) Querschnittsabdichtung, was in vielen älteren Gebäuden nicht stört, die nur durch Bodenfeuchte und damit nur durch Kapillarität beansprucht sind. Bringt aber der Flächendrän vor der Wand zusätzliches Sickerwasser an den Wandfußpunkt, können nach einer Instandsetzung die Schäden größer sein als zuvor.

Frage:
Unter Berücksichtigung der Kosten für die Einleitung von Dränwasser ins öffentliche Netz sollen keine Dränanlagen gebaut werden. Wie soll dann bei Altbauten mit gemauerten Fundamenten verfahren werden, da eine nachträgliche Abdichtung gegen drückendes Wasser technisch nicht möglich ist?

Zöller:
Dränanlagen dürfen nur in Situationen mit geringdurchlässigem Baugrund oberhalb des Bemessungswasserstands errichtet werden, um Druckwasser durch Stauwasser zu vermeiden. Andere Arten von Druckwasser, also Grund- und Schichtenwasser, dürfen ohnehin keiner Dränanlage zugeführt werden. Vielleicht ist das in vereinzelten Ausnahmefällen möglich, nicht aber als Regelfall.
Wenn z. B. durch eine geschickte Bodenschichtung oder nur durch die Abdeckung des Arbeitsraums mit einem sehr geringdurchlässigen Material verhindert wird, dass Wasser von oben in den Arbeitsraum sickern kann, entsteht kein Druckwasser aus sich aufstauendem Sickerwasser, sodass am historischen Mauerwerk keine druckwasserhaltende Abdichtung notwendig wird.

Frage:
Warum wurden die beiden Oberflächenschutzsysteme OS 8 und OS 11 in die Norm aufgenommen, obwohl sie in der Vergangenheit nicht zuverlässig geschützt haben, weil sie verschleißen, sich ablösen oder reißen?

Herold:
Wenn an Stoffen Schäden auftreten, die außerhalb der Norm verwendet werden, bedeutet das nicht, dass sie grundsätzlich ungeeignet sind. Wenn durch falsche Anwendung von Stoffen immer wieder Schäden entstehen, kann eine Aufnahme dieser Stoffe in die Normung sinnvoll oder sogar notwendig sein, um damit die Qualität einer Bauweise durch klare Anwendungsregelungen sicherzustellen, die ohne Normung nicht oder nur unzuverlässig erreichbar ist. Ein gutes Beispiel war in der Vergangenheit die KMB, die in DIN 18195 in der Fassung August 2000 erstmalig geregelt war, wodurch die Schadensanfälligkeit für diese Bauweise deutlich zurückging.
Aus diesem Grund wurden in der neuen DIN 18532 für befahrbare Verkehrsflächen wie auch in der neuen DIN 18531 für Balkone, Loggien und Laubengänge nach dem Stand der Technik auch die Oberflächenschutzsysteme OS 8, OS 10 und OS 11 aufgenommen und zwar in Verbindung mit genauer Regelung bezüglich der zulässigen Anwendungsbereiche und ihrer Instandhaltung.
Eine Norm ist kein Stoffverhinderungsinstrument, sondern sie ist ein Regelwerk für Bauweisen nach dem „Stand der Technik", von denen man erwarten kann, dass sie bei richtiger Anwendung „anerkannte Regel der Technik" sind oder sich als solche etablieren werden. Mit einer Norm soll die fehlerhafte Planung und Ausführung verhindert werden.

Gerade grundsätzlich geeignete, aber wegen ihrer möglicherweise besonderen Anwendungs- und Ausführungsbedingungen schadensgefährdete Stoffe sollten daher in eine Norm aufgenommen werden. Bezüglich der Stoffqualitäten recherchiert der Normenausschuss selbst relativ genau, da er sich nicht von Herstellerangaben abhängig machen will. Wie oft wurde er verwendet? Hat sich dieser Stoff bewährt? Wo wird er verwendet? Welche Schäden sind unter welchen Bedingungen und warum entstanden? Handelt es sich um Planungsfehler, um Materialfehler oder um Verarbeitungsfehler? Lässt sich der Stoff unter bauüblichen Bedingungen sicher verarbeiten? Wie ist die Zuverlässigkeit und die Dauerhaftigkeit unter den zu erwartenden Einwirkungen?
Insofern sind die genannten Oberflächenschutzsysteme in der neuen DIN 18531 und der neuen DIN 18532 besser aufgehoben, als

wenn man Ihre Anwendung weiterhin dem freien Spiel der Kräfte überließe.

Frage:
Sind OS wirklich eine Alternative zur Abdichtung? Herr Henseleit hatte den Hinweis gegeben, dass es sich bei OS nur um eine Beschichtung und keine Abdichtung handelt. Wie kann dieser Widerspruch geklärt werden?

Herold:
Wie bereits erwähnt, ist eine Beschichtung mit den Oberflächenschutzsystemen OS 8, OS 10 und OS 11 keine Abdichtung im bisher für Abdichtungsbauweisen geregelten Sinn. Sie haben, insbesondere wenn sie direkt genutzt werden, eine geringere Zuverlässigkeit und Dauerhaftigkeit als die klassischen Abdichtungsbauweisen und sind daher mit diesen grundsätzlich nicht gleichwertig (aber auch geregelte Abdichtungsbauweisen sind untereinander nicht immer gleichwertig). Eine Beschichtung hat aber zweifellos nicht nur eine Schutzwirkung für das Bauteil, sondern auch eine abdichtungstechnische Wirkung für die Bereiche unterhalb des Bauteiles, also für das Bauwerk. Unter Berücksichtigung des Anwendungsbereiches, der Nutzung und der erforderlichen Instandhaltungsmaßnahmen sind sie durchaus eine ausreichende und wirtschaftliche Alternative zu einer Abdichtung. Deswegen sind sie jetzt auch in DIN 18531 für Balkone Loggien und Laubengänge und in DIN 18532 für bestimmte befahrbarer Verkehrsflächen unter klaren Anforderungen an die einzuhaltenden Randbedingungen für ihre Anwendung als eine alternative Schutzmaßnahme neben Abdichtungen aufgenommen worden.

Frage:
Sind Haustechnikräume mit Bodenablauf nun auch mit Verbundabdichtung oder ähnlichem zu versehen?

Klingelhöfer:
Ja, Haustechnikräume mit Bodenablauf sind auch zukünftig mit geregelten Abdichtungen nach DIN 18534 zu planen und auszuführen, z. B. mit Verbundabdichtungen nach DIN 18534-3 ff. Nach DIN 18534-1, Tabelle 1, fallen Räume mit Bodenablauf grundsätzlich mindestens in die Wassereinwirkungsklasse W1-I oder höher, sofern mit Wasseraufstau auf dem Boden und an Wandsockeln (je nach örtlich möglicher Aufstauhöhe aber max. bis 10 cm Höhe) oder zusätzlichen Einwirkungen auszugehen ist (z. B. chemische oder mechanische Einwirkungen oder intensive Reinigungsverfahren/-mittel u. ä.).

Frage:
Wie funktionieren Abdichtungen im Holzbau (z. B. Flüchtlingsunterkünfte), unter Berücksichtigung der Längenänderung der Unterkonstruktion aus Holz?

Klingelhöfer:
Abdichtungen auf Untergründen aus Holz müssen die möglichen Verformungen des Holzuntergrundes (z. B. aus Quellen und Schwinden o. ä.) schadlos aushalten können, um dort funktionieren zu können. Werden Abdichtungen in Holzkonstruktionen direkt auf Untergründen aus Holz oder Holzwerkstoffen aufgebracht, sollte in der Regel eine Trennlage unter der dehnfähigen Abdichtungsschicht verlegt werden, oder es sind ausreichend verformungsfähige, bahnenförmige Abdichtungen nach DIN 18534-2 zu verwenden, die die zu erwartenden Untergrundverformungen mitmachen können ohne Schaden zu nehmen oder undicht zu werden. Verbundabdichtungen mit Fliesen und Platten nach DIN 18534, Teile 3, 5 oder 6 sind auf Grund ihrer relativ gering ansetzbaren Rissüberbrückung von ≤ 0,2 mm (entspr. Rissklasse R1-I nach DIN 18534-1) für die Applikation auf Holzuntergründen ungeeignet und dafür i. A. auch nicht zugelassen bzw. nicht normativ geregelt. Wenn man in Holzkonstruktionen Verbundabdichtungen mit Fliesen und Platten nach DIN 18534, Teil 3, 5 oder 6 applizieren möchte, müssen auf der Holzunterkonstruktion zuerst geeignete Untergründe für derartige Abdichtungen, z. B. mit Trockenbau-Maßnahmen o. ä., hergestellt werden (siehe auch Gips-Merkblatt Nr.5). Dabei muss sichergestellt werden, dass der aufgebrachte flächige Untergrund die Verformungen der Holzunterkonstruktion soweit „entkoppelt", dass nur maximal Haarrisse bis 0, 2 mm Rissbreite am Abdichtungsuntergrund entstehen können.
Informativ ist dazu auch zu erwähnen, dass bei Abdichtungen von Holzuntergründen oder Holzkonstruktionen außer der zukünftigen DIN 18534 (bis etwa August 2017 noch DIN 18195-5) auch die DIN 68800-2 „Holzschutz – Bauliche Maßnahmen" bei der Abdichtungsplanung und Ausführung zu beachten sind.

Bei hochwertiger Nutzung in Holzkonstruktionen ist eine zweistufige Abdichtungsbauweise nach DIN 18534-1, Bild 2 „c") sehr zu empfehlen. Hierbei dient eine untere, verformungsfähige, bahnenförmige Abdichtung nach DIN 18534-2 dem **Bauwerksschutz** vor Wasser (auch als Notabdichtung oder Leckageschutz zu bezeichnen) und eine oben liegende Verbundabdichtung stellt den **Bauteilschutz** für den Fußboden- bzw. Wandaufbau sicher (sog. Tagwasser- oder Hygieneabdichtung).

Zöller:
Ich fasse den heutigen Tag zusammen:
- Das von Frau Prof. Boldt behandelte Thema über die juristisch korrekte Quellenverwendung vor allem in privaten Gutachten wird auch in Zukunft noch für viel Diskussionsstoff sorgen.
- Die Diskussion über DIN 18531 (Flachdachabdichtungen) versus Flachdachrichtlinie wurde begonnen und wird weitergeführt, aber wir sind dabei auf einem guten Weg.
- Dies betrifft ebenfalls DIN 18533. Die eher kritischen Hinweise werden auch dort zu einer Weiterentwicklung führen.
- Zur Wassereinwirkung haben wir diskutiert, an welchen Bauteilen welche Einwirkungen tatsächlich vorliegen und wo der Ansatz für eine richtige Festlegung in Zukunft sein wird. Dabei haben wir besprochen, dass bereits die heutige Fassung die Norm eine Flächenzuordnung zulässt, die nicht dem grundsätzlichen Einteilungsschema unterliegt. Bereits heute kann bei einer Druckwassereinwirkung an erdberührten Wänden durch Stauwasser unter Bodenplatten lediglich Bodenfeuchte vorhanden sein, aber kein Druckwasser. In diesem Zusammenhang haben wir besprochen, dass der Anwender der Norm dies verantwortungsvoll festlegen kann und bei einer möglichen späteren Beurteilung dieser Planungsleistung nicht nur schematisch vorgegangen werden darf.
- Zur Innenraumabdichtung wurden kritische Anmerkungen gehört und die weiteren Entwicklungsmöglichkeiten angesprochen.
- Bisher ist die DIN 18532 im Rahmen dieser Tagung immer etwas zu kurz gekommen. Deswegen konnten wir diesmal einen ausführlichen Bericht über die Abdichtung befahrener Verkehrsflächen hören.

1. Podiumsdiskussion am 04.04.2017

Zöller:
Herr Ebeling, Sie haben eben die Vielzahl der Klassen der neuen Abdichtungsnorm DIN 18533 kritisiert und diese mit den lediglich je zwei Klassen für Beanspruchung und Nutzung der WU-Richtlinie verglichen. Allerdings haben Sie in Ihrem Beitrag eine Vielzahl von weiteren Klassen aufgezeigt und damit doch bestätigt, dass sich mit der Klassifizierung bei der alltäglichen Arbeit gut umgehen lässt. Die Wirklichkeit ist zu komplex, um sie in wenige Klassen einteilen zu können.

Ebeling:
Für hautförmige Abdichtungen mag eine vielfältige Differenzierung erforderlich sein, um jeder Situation gerecht zu werden. Bei Betonbauweisen ist das aber nicht der Fall. Nicht alles, was in anderen Regelwerken steht, muss übernommen werden, wenn es nicht erforderlich ist.

Zöller:
Es wäre aber für Anwender schon wünschenswert, wenn die zwei für erdberührte Bauteile wesentlichen Regelwerke, die Abdichtungsnorm und die WU-Richtlinie, harmonisiert werden und gleiche Formulierungen enthalten.

Ebeling:
Welches Regelwerk war denn zuerst da? Die ursprüngliche WU-Richtlinie ist aus dem Jahr 2003. Die Entwürfe zur neuen Abdichtungsnorm lagen vor Beginn der Überarbeitung der WU-Richtlinie vor. Darin habe ich nicht gesehen, dass man versucht hat, sich an bereits vorhandene Nutzungsklassen anzulehnen. Aber im Endeffekt ist es doch auch egal, wie eine Sache genannt wird, da die Bauweisen unterschiedliche Abdichtungsarten zum Ziel bzw. Inhalt haben.

Zöller:
Für diejenigen, die sich mit den Regelwerken gut auskennen, mag das zutreffen. Für die breite Anwendung von Planung in Architektur- und Ingenieurbüros bis zur Ausführung durch Bauunternehmungen wäre es aber besser, eine einheitliche Nomenklatur zu verwenden. Dies trifft insbesondere dort zu, wo die Bauweisen aus hautförmigen Abdichtungen z. B. an Wänden mit wasserundurchlässigen Stahlbetonkonstruktionen z. B. bei Bodenplatten kombiniert werden.
Der Entwurfsgrundsatz b) (Beschränkung der Trennrissbreiten mit Selbstheilung bei Wassereinwirkung) war bereits in der alten WU-Richtlinie enthalten und wurde schon immer im Zusammenhang mit hochwertiger Raumnutzung kritisch gesehen. Diese Konstruktionen müssen auch bei sogenannten Jahrhundert-Regenereignissen funktionieren. Der Zeitpunkt ihres Auftretens ist dabei nicht prognostizierbar, also der Zeitpunkt, zu dem Feuchtigkeit temporär auftreten kann.
Ist es nicht ein Zuverlässigkeitskonzept, durch zusätzliche Maßnahmen außerhalb von Regelwerken mögliche Schadensfolgen im Innenraum zu minimieren? Wir hatten vor drei Jahren hier zur Tagung bereits über innenliegende Dränsysteme nachgedacht, die Folgen von kleinsten Leckstellen kompensieren und damit möglichen Schäden auch viele Jahre nach der Gebäudeerrichtung vorbeugen können. Gibt es weitere Überlegungen, wie damit umgegangen werden könnte, etwa durch Sicherheitskonzepte durch Zusatzmaßnahmen an der Außenseite?

Ebeling:
Inwieweit außenliegende Frischbetonverbundbahnen als zusätzliche Sicherheitsmaßnahme geeignet sind, möchte ich bezweifeln. Die Bezeichnung dieser außenliegenden Folie als sekundäre Maßnahme ist aus meiner Sicht nicht zutreffend. Das Wasser kommt

dort zuerst an. Deswegen ist es für mich eine primäre Abdichtung. Und nur um regelkonform zu bleiben, wird dann zusätzlich eine Weiße Wanne ausgeführt!? Dann müssen auch alle Kriterien für eine WU-Konstruktion erfüllt werden (ggf. nachträgliches Schließen aller Risse, Zugänglichkeit der Innenoberflächen etc.).

Krause:
Da bin ich falsch verstanden worden.
Die WU-Konstruktion ist und bleibt die Abdichtungsebene.
Die Aufgabe der Frischbetonverbundfolien besteht darin, dass erst spät und unerwartet auftretende Risse nicht zu Durchfeuchtungen führen. Dies ist besonders bei hochwertiger Raumnutzung interessant. Einem Bauherrn kann nämlich nicht erklärt werden, dass nicht ausgeschlossen werden kann, dass späte Trennrisse auftreten können und dann zusätzliche Maßnahmen erforderlich werden.
Die Bauweise einer WU-Konstruktion wird durch das Vorhandensein einer Frischbetonfolie nicht verändert. Sie stellt eine Ergänzung dar, die die „Schwierigkeit" (Trennrisse) des WU-Betons auffangen kann. Sie stellt also eine sinnvolle Ergänzung dar.

Zöller:
Es gibt zwei Sichtweisen auf diese Probleme. Aus Sicht eines Betonbauers kann der Verweis auf eine (außen liegende) Abdichtung die Probleme von WU-Konstruktionen vermeiden.
Von Seiten der Abdichtung gibt es allerdings ein Problem. Abdichtungen unter der Bodenplatte können nicht instand gehalten werden, es sei denn, dass Gebäude wird abgebrochen. Selbst bei Austausch lässt sich nicht sicherstellen, dass die neue Abdichtung absolut sicher dicht ist. Eventuelle Leckstellen lassen sich aber wegen der unvermeidlich mit den notwendigen Schutzschichten verbundenen Hinterläufigkeit der Abdichtung und den damit verbundenen langen Sickerwegen innerhalb der Konstruktion nicht auffinden. Wegen der Unzugänglichkeit einer Abdichtung unter einer Bodenplatte wird diese Bauweise berechtigterweise fast nicht mehr angewendet.
Daher werden Abdichtungen an erdberührten Bauteilen fast ausschließlich an erdberührten Außenwänden und über erdüberschütteten Decken ausgeführt. Abdichtungen an Wänden sind an Bodenplatten aus WU-Beton in Abhängigkeit der Wassereinwirkung mit unterschiedlichen Maßnahmen anzuschließen. Diese werden in der DIN 18533 ausführlich beschrieben.
Wenn Bodenplatten annähernd ausschließlich aus wasserundurchlässigen Stahlbetonkonstruktionen hergestellt werden, ist gegen eine Zusatzmaßnahme zur zuverlässigen Gebrauchstauglichkeit doch nichts einzuwenden.

Krause:
Nach der WU-Richtlinie ist es nach dem Entwurfsgrundsatz c) zulässig, planmäßig auftretende Risse abzudichten, wozu Frischbetonverbundfolienstreifen über Fugen und möglichen Rissen angeordnet werden können. Die flächige Anwendung ist aber nicht zulässig.
Ich hielte es aber auch für besser, dass zusätzliche Abdichtungen durch Frischbetonverbundfolien oder –bahnen nicht in der WU-Richtlinie, sondern in der Norm für Bauwerksabdichtung DIN 18533 geregelt worden wären.

Zöller:
Abdichtungen nach DIN 18533 müssen alleine funktionieren – mit Ausnahme der Übergänge von Abdichtungen auf wasserundurchlässige Stahlbetonbauteile. Abdichtungen unter Bodenplatten sind vor der Herstellung der Bodenplatten zu schützen, weswegen keine Verbundwirkung zwischen einer Abdichtung nach der Abdichtungsnorm und der Stahlbetonbodenplatte erreicht werden kann. Daher können Abdichtungen der Norm nicht als Zusatzmaßnahme für wasserundurchlässige Stahlbetonkonstruktion herangezogen werden.
An eine Abdichtung unter einer Bodenplatte kommt man nie wieder dran. Eine Anordnung der Abdichtung an dieser unzugänglichen Stelle ist für mich das falsche Prinzip, insbesondere dann, wenn unbekannt ist, wo eine schadensverursachende Leckstelle ist.
Eine Bodenplatte ist prinzipiell zugänglich, selbst wenn ein mit Naturstein belegter Fußbodenaufbau entfernt werden muss. Daher können Frischbetonverbundbahnen, die durch den Verbund mit dem Beton nicht hinter laufen werden können, dessen Zuverlässigkeit wesentlich erhöhen. Aber selbst dann, wenn in einer Bodenplatte sich eine wasserführende Leckstelle bilden sollte, lässt sich die schadensverursachende Leckstelle ge-

gebenfalls durch lokales Öffnen der Bodenplatte auffinden.

Krause:
Die Diskussion richtet sich doch nicht grundsätzlich gegen die WU-Betonbauweise. Risse, die sich im frühen Betonalter bilden, sind weiterhin planmäßig zu verpressen. Es geht hier nur um die Problematik der späten Rissbildung bei hochwertiger Nutzung. Ich halte die Frischbetonverbundfolie für eine praktikable Ergänzungsmaßnahme, mehr nicht.

Frage:
Wie soll sichergestellt werden, dass nach dem Einbau der mehrlagigen Bewehrung die Frischbetonverbundfolie noch unbeschädigt ist?

Krause:
Das ist die Hauptproblematik bei der Verwendung von Frischbetonverbundfolien. Die möglichen Fehlstellen sind allerdings sehr lokal begrenzt und klein. Problematischer sind Fehlstellen im Bereich der Verbindungsnähte, parallel laufenden Bahnen bzw. vor Kopf. Diese Fehlstellen kommen aber erst dann zum Tragen, wenn genau an dieser Stelle auch ein Riss im Beton auftritt.
Die Folien bieten keine absolute Sicherheit, weil sie nicht die Anforderungen an eine außenliegende Abdichtung erfüllen und das auch nicht müssen. Sie erhöhen allerdings das Sicherheitsniveau nicht nur unwesentlich.

Frage:
Ist ein Verbundestrich, sofern keine Risse darunter vorhanden sind, mit einem OS-System vergleichbar?

Raupach:
Ja, es geht beides. Ohne Rissbildungen im Untergrund funktioniert bereits der Beton ohne Estrich. Dieser kann aber eine z. B. nicht ausreichend verschleißfeste Oberfläche der Betondecke bzw. Bodenplatte verbessern. Ein OS 8-System ist aber ähnlich verschleißfest und dauerhaft.

Frage:
Wie sind die Systeme – Oberflächenschutz und Abdichtung – hinsichtlich Rückbau und Entsorgung zu beurteilen? Wie leicht oder schwer lassen sie sich von der Tragkonstruktion trennen?

Raupach:
Die aufgebrachten Schichten lassen sich bei guter handwerklicher Ausführung nicht vom Untergrund trennen. Zuerst wird eine Epoxidharzgrundierung aufgebracht, die in den Untergrund eindringt und aushärtet. Die Beschichtung muss abgefräst werden. Allerdings ist die Schichtdicke mit 5 mm deutlich geringer als z. B. bei Gussasphalt mit z. B. 2 cm, der ebenfalls einen festen Verbund zum Untergrund eingeht und ebenfalls abgefräst werden muss.
Das Thema Entsorgung wird in den Regelwerken sehr stiefmütterlich behandelt. Darüber sollte man sich in Zukunft mehr Gedanken machen und somit zusätzliche Auswahlkriterien für Systeme schaffen.

Frage:
Warum muss ein 50 Jahre altes Finanzamt aufgrund von Schäden an der Fassade und den Stützen abgerissen werden?

Günter:
Da ich das Gebäude nicht kenne, kann ich im Detail nichts dazu sagen. Grundsätzlich muss an dieser Stelle aber betont werden, dass bei der von mir vorgestellten Betoninstandsetzung auch Grenzen gesetzt sind, z. B. wenn in großen Mengen Chloride in die Konstruktion eingedrungen sind. Bei Fassaden ist dies im Regelfall aber nur im Sockelbereich der Fall.

Frage:
Wie kann erklärt werden, dass Stahlbetonbrücken, die nicht älter als 40 Jahre sind, aus Standsicherheitsgründen bereits wieder abgerissen werden müssen?

Günter:
Das liegt häufig an Tausalzen, also Chloriden, die flächig oder an konstruktiv kritischen Punkten, z. B. Koppelfugen von Spannbetonbrücken, in die Konstruktion eingedrungen sind. Eine ausreichende Menge Chlorid und Feuchtigkeit führt zu einer starken Korrosion der Bewehrung und des Spannstahls.

Zöller:
Teilweise wird bereits überlegt, diese Bauwerke aus Stahl und nicht aus Stahlbeton zu errichten, da diese Konstruktionen eine Instandhaltung besser zulassen.

Krause:
Heute wird nach dem Lastmodell LM1 bemessen, das liegt deutlich über dem, was eine 40 Jahre alte Brücke vertragen kann. Restnutzungsbetrachtungen und vorhandene Korrosion in Folge von Chloridbelastungen können dann zur Entscheidung für einen Ersatzneubau führen. Das kommt relativ häufig vor.

Frage:
Wie tief muss die Instandsetzungstiefe bei einer Carbonatisierung sein und wie wird sie festgestellt?

Günter:
Dazu sind Bauwerksuntersuchungen notwendig. Zunächst sind Bewehrungsstäbe zu lokalisieren, die relativ nahe an der Oberfläche liegen. Diese werden dann freigelegt und es wird an diesen Stellen die Carbonatisierungstiefe des Betons ermittelt.
An Stellen, an denen die Carbonatisierungstiefe die Tiefenlage der Bewehrung überschritten hat, wird untersucht, ob und gegebenenfalls wie stark die Bewehrung korrodiert ist.
Über Wurzelfunktionen kann abgeschätzt werden, seit wann die betrachtete Bewehrung durch die Carbonatisierung depassiviert, d. h. nicht mehr vor Korrosion geschützt ist. Sofern die Abschätzung zeigt, dass dies bereits seit langer Zeit, z. B. seit mehr als 10 Jahren, der Fall ist und wenn trotzdem keine nennenswerte Korrosion vorliegt, kann geschlossen werden, dass in der Ebene der Bewehrung keine korrosionskritischen Feuchtebedingungen vorherrschen.
Um die Daten statistisch auswerten zu können, müssen entsprechend viele Stellen und Bereiche der Fassade untersucht werden.

Zöller:
Ein Untersuchungsergebnis und die darauf aufbauende Planung kann dazu führen, dass nur in Teilbereichen gearbeitet wird, z. B. mit auf den vorhandenen Beton abgestimmten Betonersatzmörtel für die Instandsetzung mit von Naturwerksteinen bekannten Vierungen. Die Fassadenflächen müssen so nicht flächig bearbeitet und mit Deckbeschichtungen versehen werden, die eigene Schadensprobleme aufweisen. Dann sind aber die Fassaden wiederholt auf Schädigungen zu inspizieren.

Günter:
Genau, dazu sind gründliche Inspektionen in angemessenen Zeitabständen durchzuführen.
Inspektionen sind jedoch grundsätzlich und unabhängig von der Art der Instandsetzung notwendig. Sie sind Teil eines sachgerechten Umgangs mit Bauwerken. Hierauf wird explizit bereits in der derzeitigen Instandsetzungsrichtlinie, in erhöhtem Maße jedoch in der in Kürze erscheinenden Instandhaltungsrichtlinie des Deutschen Ausschusses für Stahlbeton hingewiesen. Eine sachgerechte Instandhaltung von Bauwerken besteht aus den Komponenten Inspektion, Wartung, Instandsetzung und, falls angebracht, Verbesserung. Auf der Basis von Inspektionen, in denen der sog. Ist-Zustand des Bauwerks bzw. Bauteils ermittelt wird, muss vom eingeschalteten Sachkundigen Planer unter Berücksichtigung der Einwirkungen auf das Bauwerk unter anderem eine Prognose der sog. Restnutzungsdauer vorgenommen werden. Der Sachkundige Planer muss also vorhersagen, wie sich die Eigenschaften des Bauwerks bzw. Bauteils zukünftig ändern, z. B. ob und wann Schäden entstehen werden. Auf der Basis aller gewonnenen Ergebnisse muss von ihm ein Instandhaltungsplan erstellt werden.
Der Sachkundige Planer trägt damit eine hohe Verantwortung.

Raupach:
Bei Schätzung der Restnutzungsdauer begibt sich der Planer allerdings auf Glatteis. Wenn z. B. gesagt wird, dass ein Gebäude 17 Jahre halten wird, es dann aber nur 13 Jahre funktioniert, wird ein Jurist fragen, warum die versprochene Nutzungszeit nicht erreicht wurde.
Ich kann nur davor warnen, feste Zahlen zu nennen. Da stecken immer große Unsicherheiten in Abhängigkeit von Inspektions- und Wartungsqualitäten drin.

Zöller:
Diese Problematik besteht aber eigentlich nur dann, wenn die Versagenswahrscheinlichkeit innerhalb des Gewährleistungszeitraums desjenigen liegt, der eine solche Aussage trifft.

Raupach:
Statistiken sind immer schwer zu deuten. Was bedeutet eine Versagenswahrscheinlichkeit von 10 %? Haben dann 10 % der Be-

troffenen einfach Pech gehabt? Versagenszustände sind bei Korrosion nicht sauber zu klären. „Versagen" kann den Querschnitt an einem einzelnen Stab der Größenordnung von 10 %, also z. B. das Auftreten eines kleinen Rostpickelchens bedeuten, das keinen interessiert. Es kann aber auch 10 % aller eingebauten Querschnitte bedeuten, also dass 10 % aller Stäbe jeweils vollständig versagen, was den Einsturz des Gebäudes bedeuten kann. Die Versagenszustände müssen klar definiert werden und das ist nicht einfach.

Zöller:
Allerdings wird aus Angst oft mehr empfohlen als vielleicht technisch notwendig ist. Im von Ihnen benannten Beispiel ist es aber nicht beruhigend, wenn nach den 17 Jahren der Gewährleistungsanspruch abgelaufen ist, der Verantwortliche damit nicht mehr greifbar ist, das Gebäude aber einstürzt.

Frage:
Wieso dürfen im Bestand Sicherheiten herausgerechnet werden? Ist die Sicherheit nicht an die übliche Beschaffenheit gekoppelt?

Warkus:
Hinter der Sicherheit von Bauwerken im Grenzzustand der Tragfähigkeit und dem Grenzzustand der Gebrauchstauglichkeit verbirgt sich ein Zuverlässigkeitsindex und eine Versagenswahrscheinlichkeit, die nicht nur der allgemein üblichen Beschaffenheit geschuldet ist, sondern auch Teil der technischen Baubestimmung und damit Teil des öffentlichen Baurechts ist. Die Unterschreitung solcher Mindestanforderungen ist bauordnungsrechtlich verboten.
Im Grenzbereich der Tragfähigkeit hat ein Gebäude eine rechnerische Versagenswahrscheinlichkeit von ca. 10^{-8}. Dieser Wert ist unstrittig, auch wenn es Juristen schwer zu vermitteln ist, dass eines von 10^8 Gebäuden versagen wird.
Der Unterschied zwischen der Bewertung von Bauwerken im Bestand und bei noch zu errichtenden Gebäuden liegt im unterschiedlichen Kenntnisstand über die Realität bzw. der unterschiedlichen Genauigkeit der verfügbaren Informationen über die tatsächlichen Eigenschaften des Gebäudes. Bei der Neuerstellung von Bauwerken bestehen Wissenslücken z. B. über Baustoffeigenschaften.

Damit ein bestimmtes Sicherheitsniveau garantiert werden kann, müssen, basierend auf Erfahrungswerten und den Anforderungen an die Produktherstellung, Annahmen über die zu erwartenden Eigenschaften mit den üblichen und zulässigen Toleranzen getroffen werden, die diese Wissenslücken ausgleichen. Durch Diagnose der relevanten Eigenschaften an bereits ausgeführten Gebäuden werden diese Unsicherheiten ausgeräumt. Die genaueren Informationen über den Bestand führen im Vergleich zu noch nicht vorhandenen Neubauten zu optimierten Berechnungsansätzen.
Die Situation ist vergleichbar mit einem Spaziergang an einem Abhang. Im dichten Nebel würde man aufgrund mangelnder Informationssicherheit einen größeren Sicherheitsabstand zum Abhang eingehalten, als das bei klarer Sicht erforderlich wäre. Das absolute Sicherheitsniveau, nicht den Abhang herunter zu stürzen, bleibt aber in beiden Situationen gleich. Die Versagenswahrscheinlichkeit von z. B. 10^{-8} wird nicht tangiert. Grundsätzlich hängen bei Risikoüberlegungen nicht nur von der absoluten Situation ab, in der man sich befindet, sondern auch davon, welche Informationen über die Situation vorhanden sind.

Zöller:
Herr Dr. Warkus, Sie haben das Thema kritische Chloridgehalte aufgegriffen. Ist für Manche der auf die Baustelle gelieferte Beton schon wegen des unvermeidlichen, natürlichen Chloridgehalts bereits abbruchreif?

Warkus:
Es gibt Sachverständige, die sind grundsätzlich der Meinung, dass bei 0,2 Masse-% Chlorid (in Bezug zum Zementgehalt) im Beton die Flächen mit Hochdruck-Wasserstrahlen gereinigt werden müssen.
Dazu besteht keine Notwendigkeit. Überprüfen Sie immer den Zustand der Bewehrung! Wenn keine Korrosionserscheinungen aufgetreten sind, steht einer weiteren Nutzung mit regelmäßigen Kontrollen nichts im Wege. Die Chloridgehalte können notfalls auch den kritischen Grenzwert von 0,5 Masse-% überschreiten. Verdichtete Inspektionen sind dann ausreichend. Bitte bedenken Sie den mit Instandsetzungen verbundenen, erheblichen Aufwand. Wenn die obere Bewehrungslage mit Höchstdruckwasserstrahlen freigelegt werden soll, verliert die Decke ihre

Standsicherheit, weswegen die Decken durch das Gebäude bis in das unterste Geschoss hindurch abgestützt werden müssen. Dazu kommen die eigentlichen Instandsetzungsmaßnahmen mit Betonersatz sowie die Wiederherstellung der Oberflächen. Es fehlt mir an jeglichem Verständnis, wenn solch umfangreiche Maßnahmen gefordert werden, nur weil vielleicht einmal eine Bohrmehlanalyse angeschlagen hat.

Insgesamt ist der Beton in den letzten 20 bis 25 Jahren deutlich besser geworden. Die Betonqualität hat sich insgesamt verbessert, die Verdichtung des Betons, das Gefüge und die Poren sind kleiner geworden. Die Zemente sind feiner aufgemahlen, was allerdings teilweise auch zu Überfestigkeiten führt. Es werden Zemente mit mehr puzzolanischen Zusätzen verwendet, die zu geringeren elektrolytischen Leitfähigkeiten und damit zur Verringerung der Gefahr der chloridinduzierten Korrosion führen. Deswegen führt auch eine größere Menge Chlorid nicht sofort zu Korrosion.

Ebeling:
Dazu möchte ich darauf hinweisen, dass der Deutsche Ausschuss für Stahlbeton auf seiner Internetseite einen Beitrag veröffentlicht hat: *Kritischer korrosionsauslösender Chloridgehalt – Positionspapier des DAfStb zum aktuellen Stand der Technik* (Anmerkung: http://www.dafstb.de/akt_Positionspapier_korrosionsausloesender_Chloridgehalt.html).

Frage:
Welcher höchste Wasserstand ist als Bemessungswasserstand relevant?

Ebeling:
Die WU-Richtlinie hat in diesem Bereich nichts verändert. Sie spricht vom höchsten zu erwartenden Wasserstand und das war bisher HQ100 (das sog. Jahrhunderthochwasser).
Dieser Themenbereich wird vom Bund der Ingenieure für Wasserwirtschaft, Abfallwirtschaft und Kulturbau (BWK) bearbeitet und in dem Merkblatt BWK M8 (Ermittlung des Bemessungswasserstandes für Bauwerksabdichtungen) wird die Vorgehensweise beschrieben.

Zöller:
Das Thema Bemessungswasserstand ist eine eigene technische Disziplin, zu der wir gestern einen Vortrag von Professor Krajewski gehört haben. Dieser hat seine Verwunderung zum Ausdruck gebracht, dass zu den nicht nur in der WU-Richtlinie, sondern auch in der Norm für Bauwerksabdichtungen relevanten Anforderungen der Wassereinwirkung keine Geotechniker mitwirken. Andererseits darf man sich teilweise sehr wundern, was in Baugrundgutachten geäußert wird. Weiß man nichts, wird angenommen, dass Grundwasser bis Oberkante Gelände steht und eine Dränanlage nach DIN 4095 eingebaut werden muss – die dort gar nicht eingebaut werden darf!

Ebeling:
Teilweise werden ohne fundierte Langzeit-Kenntnisse der Situation vor Ort Annahmen getroffen, auf denen dann ein ganzes Konzept aufgebaut wird.

Zöller:
Wenn man erst baut, kann man das vielleicht machen – es wird dann eben teurer als wenn nur die Maßnahmen ergriffen werden, die genügen, um eine ausreichend gebrauchstaugliche und dauerhafte Lösung herbeizuführen. Schlimm wird es allerdings, wenn wegen einer schwachen Bewertung vielleicht sogar ein Gebäude abgetragen werden muss. Das ist doch unser heutiges Thema: Differenzierung nach Empfehlungen für Planung und Ausführung, um mit ausreichender Sicherheit einen dauerhaften Werkerfolg zu erzielen, sowie andererseits die Grundlagen der Bewertung des bereits Errichteten.

Frage:
Warum wird die Unterteilung in „Druckwasser" und „zeitweise anstehendes Druckwasser" vorgenommen und warum benötigt man für die Beanspruchungssituation "Bodenfeuchte" eine Weiße Wanne?

Zöller:
Weder die WU-Richtlinie, noch die neue Abdichtungsnorm für erdberührte Bauteile DIN 18533 differenziert bei den Maßnahmen gegen Druckwasser nach der Entstehung, die Maßnahmen sind jeweils gleich.
Die Differenzierung zwischen drückendem Wasser und zeitweise drückendem Wasser ist und bleibt aber notwendig. Für Druckwasser aus Grund- und Schichtwasser sind Dränanlagen nicht zulässig, sondern nur für zeitweise drückendes Wasser, das nur durch

Niederschlagswasser entstehen kann, das durch die Arbeitsraumverfüllung versickert und aufgrund der geringen Durchlässigkeit des natürlichen Baugrunds sich im Arbeitsraum anstauen könnte. Professor Krajewski hat in seinem gestrigen Vortrag allerdings darauf hingewiesen, dass in Situationen in gering durchlässigem Baugrund oberhalb des Bemessungswasserstands entgegen der normativen Festlegung in den meisten Fällen unter Bodenplatten kein Druckwasser entstehen kann. Dies wird nur in besonders ungünstigen Kombinationen und Ausnahmen der Fall sein können. Herr Herold hat gestern schon darauf hingewiesen, dass sogar die jetzige Fassung der Abdichtungsnorm eine Differenzierung zwischen den Wassereinwirkungen an Wänden und Bodenplatten zulässt.

Bereits die erste WU-Richtlinie von 2003/2004 differenziert bei den Anforderungen von wasserundurchlässigen Bodenplatten nach der Wasserbeanspruchung. Wenn nur Bodenfeuchte, also in Bodenteilchen kapillar gebundenes Wasser, vorliegt, können WU-Bodenplatten erheblich dünner ausgeführt werden. Es werden weiterhin keine besonderen Maßnahmen gegen eine Trennrissbreite erforderlich, weil die Kapillarität durch geschlossenen Konstruktionsbeton keine Rolle spielt und in Rissen kein durchgehender Kapillarzug zustande kommt. Eine 15 cm dicke Bodenplatte aus wasserundurchlässigem Beton (also einer maximalen Eindringtiefe von 5 cm) mit einer kalkulatorischen Trennrissbreitenbeschränkung von 0,3 mm (also einer, die nicht über die Grundanforderungen hinausgeht) erfüllt die Anforderungen an eine WU-Bodenplatte gegen Bodenfeuchte.

Frage:
Ist bei der Weiterentwicklung der WU-Richtlinie auch das Thema „Sommerkondensation" auf den luftseitigen Oberflächen berücksichtigt worden? Wie wird damit praktisch umgegangen? Ist diese „Sommerkondensation" hinnehmbar?

Ebeling:
Das Thema ist bereits in der ersten Fassung der WU-Richtlinie angerissen. Sie enthält Empfehlungen für Zusatzmaßnahmen, die aber nicht durch die Stahlbetonkonstruktion gelöst werden können. Dazu zählen z. B. die Beheizung im Sommer, zusätzliche Wärmedämmschichten oder Raumlufttrocknung bei Vermeidung von Lüftung in Situationen mit mehr absoluter Feuchtigkeit in der Außenluft als im Innenraum.

Frage:
Wie wichtig ist der Verschluss von Poren/Lunkern vor Aufbringen einer OS-Beschichtung an aufgehenden Bauteilen?

Raupach:
Der Verschluss von Poren und Lunkern ist grundsätzlich sehr wichtig, da diese sonst Ausgangspunkte für Beschichtungsschäden sind. Dies gilt auch für Beschichtungen an aufgehenden Bauteilen!

Frage:
In der Schweiz wurden 2011 die SIA 269-Reihe „Erhaltung von Tragwerken" eingeführt. Was halten Sie von den dort aufgestellten Ideen?

Warkus:
Die schweizerische SIA 269-Normenreihe „Erhaltung von Tragwerken" umfasst die folgenden Teile:
– 269   Grundlagen der Erhaltung von Tragwerken
– 269/1 Einwirkungen
– 269/2 Betonbau
– 269/3 Stahlbau
– 269/4 Stahl-Beton-Verbundbau
– 269/5 Holzbau
– 269/6 Mauerwerksbau
– 269/7 Geotechnik

Die gewählten Ansätze entsprechen teilweise den zuvor genannten deutschen bzw. europäischen Ansätzen mit einer Modifikation der Teilsicherheitsbeiwerte, gehen jedoch über diese hinaus. So sind die Modifikationen nicht nur im Bereich des Stahlbetonbaus, sondern auch bei anderen Bauweisen wie dem Holzbau oder dem Stahlbau anwendbar. Basis der Bestandsbewertung ist auch hier eine genaue Evaluierung, die sich nicht nur auf die Baustoffeigenschaften beschränkt, sondern auch die geometrischen Randbedingungen und alterungsbedingte Degradationen des Bauwerkes umfasst. Ferner erlaubt diese Normenreihe eine Neubewertung der vorhandenen Einwirkungen. Die Bewertung und Erhaltung von Bauwerken wird so normativ auf eine breitere Basis gestellt. Vor dem Hintergrund der in erheblichem Umfang vorhandenen Bausubstanz und der Tatsache, dass vor einigen Jahren zum ersten Mal mehr

Mittel für die Erhaltung und Umnutzung von Bauwerken als für die Neuerstellung ausgegeben wurden, halte ich diesen Schritt für sinnvoll und erforderlich. Auch in Deutschland bzw. in Europa wird zukünftig ein stärkeres Bedürfnis für Regelwerke zum Erhalt und der Bewertung von Bestandsbauwerken entstehen. Einerseits ist es erforderlich, dem Planer die erforderlichen Werkzeuge an die Hand zu geben und darüber hinaus können umfangreichere Regelwerke die Rechtssicherheit für die Bauherren erhöhen. Es soll jedoch darauf hingewiesen werden, dass die schweizerische Normenreihe noch sehr jung ist und Erfahrungen sicher noch zukünftige Feinabstimmungen erforderlich machen werden. Dennoch ist sie ein Schritt in die richtige Richtung.

Frage:
Werden die physikalischen Grundgesetze zur Diffusion von Fick (1. und 2. Gesetz) mit der WU-Richtlinie außer Kraft gesetzt?

Ebeling:
In der bestehenden WU-Richtlinie, Ausgabe 2003 sowie in den zugehörigen Erläuterungen im DAfStb-Heft 555 und im Positionspapier zum Feuchtetransport werden die Grundlagen für „neuere" Erkenntnisse und dem Arbeitsmodell zum Feuchtetransport anschaulich dargestellt, begründet und ausführlich erläutert.

2. Podiumsdiskussion am 04.04.2017

Zöller:
Herr Prof. van Treeck, Sie haben das komplexe System BIM sehr anschaulich vorgestellt. Im Wesentlichen handelt es sich dabei um eine umfangreiche Sammlung von Daten (Dokumentation) über das Bauwerk. Und darin liegt auch der Nutzen für den Sachverständigen, der in der Regel nach Abschluss der Bauarbeiten seine Bewertung erstellen muss.
BIM ist in der Erstellung sehr komplex und für den Bau von einfachen Gebäuden zu aufwendig. Eine abgestufte Anwendung ist sicherlich sinnvoll.

van Treeck:
Bei kleinen Gebäuden ist die vollständige Durcharbeitung mit BIM wirtschaftlich nicht sinnvoll, es sei denn, Sie haben eine besondere Affinität dazu und erstellen es z. B. für die Planung Ihres Einfamilienhauses.
Andererseits ist aber auch der Mut erforderlich, zu beginnen und solche Pilotprojekte durchzuführen, um sich an das Thema heranzutasten. Beim ersten BIM Projekt sollte man sich deswegen einen kleinen Anwendungsfall herausgreifen und dabei nicht den Anspruch haben, gleich alle Themen (Anwendungsfälle) zu behandeln. Die erforderlichen Bürostandards fallen nicht vom Himmel und müssen über Jahre entwickelt werden, wobei ich in einem Büro einen Zeitraum von ca. fünf Jahren als realistisch einschätze.
Eine Revit-Schulung (*Anmerkung: Revit ist ein mehrere Planungsprodukte umfassender Technologiezweig von Autodesk für Architekten, Gebäudetechniker und Tragwerksplaner*) versetzt einen beispielsweise nicht in die Lage, sofort ein großes BIM-Projekt durchführen zu können. Dieser Weg der Einführung muss Schritt für Schritt gegangen werden, es müssen Erfahrungen gesammelt werden.
Dabei wollen wir gemeinsam die Grundlagen schaffen und BIM in Richtlinien und Normen, der VDI 2552 (BIM) und ISO 19650 (Organisation von Daten zu Bauwerken – Informationsmanagement mit BIM) weiter entwickeln, um dieses Instrument produktiv nutzen zu können.

Zöller:
Gerade für Sachverständige ist es von Bedeutung, eine genaue Grundlage für die Bewertung zu bekommen. Noch ist es ein Zukunftsmodell, dass man zu einem Objekt kommt und detaillierte Informationen erhält, welche Materialien verwendet und wie sie verbaut wurden. Das würde allerdings die Arbeit erheblich vereinfachen.

van Treeck:
Gegenfrage: Gibt es denn im Bauwesen bereits eindeutige Klassifizierungssysteme? Sind die Eigenschaften zu den einzelnen Objekten klar definiert und benannt, damit bei einem Planungsprojekt etwas auch eindeutig beschrieben werden kann? Das ist nämlich das Kernproblem.

Zöller:
Genau darüber diskutieren wir. BGB § 633 (Sach-/Rechtsmangel) stellt neben der vertraglichen Vereinbarung und den Eigenschaften, die der Besteller nach Art des Werks erwarten kann, auf die Gebrauchstauglichkeit ab. Wenn nichts vereinbart wird, gelten damit anerkannte Regeln der Technik als Mindeststandard, der immer sicherzustellen ist. Beschreibungen sind erforderlich, wenn eine Auswahl zwischen mehreren möglichen Lösungen zu treffen ist und bzw. oder Qualitätsstufen zu benennen sind.
Eine Beschreibung komplexer Systeme ist nur in einzelnen Bereichen über sogenannte Bausätze vorhanden, wie z. B. bei Wärmedämmverbundsystemen (WDVS). Zurzeit sind für WDVS-Systemzulassungen erfor-

lich, zukünftig können diese entfallen, da die Komponenten durch europäische Produktnormen geregelt sein werden. Dennoch benötigen Sie aufeinander abgestimmte Einzelkomponenten in einem Gesamtbausatz. Im Bereich der Gebäudemess- und Regeltechnik ist man da schon deutlich weiter fortgeschritten.

van Treeck:
Gewiss ist die TGA hier sehr aktiv, aber ich wage zu bezweifeln, dass man im Bereich der TGA in der Praxis schon so weit ist, dass BIM in Projekten flächendeckend eingesetzt werden kann, von einzelnen Leuchtturmprojekten natürlich abgesehen. Wenn wir in der TGA von einem Gesamtsystem sprechen, dann stehen sich beispielsweise erstens ein Strangschema, das die Hydraulik abbildet, zweitens die BIM/CAD-seitige Repräsentation sowie drittens die funktionale Ebene gegenüber. Zur Arbeit mit BIM ist es notwendig, dass Attribute von Komponenten einheitlich benannt und Herstellerproduktdaten standardisiert ausgetauscht werden können. Genau hier greifen Klassifikationsschemata oder auch Austauschformate wie die VDI 3805 (Produktdatenaustausch in der Technischen Gebäudeausrüstung) an, über die ein Hersteller alle Produktdaten EDV-technisch aufbereitet anbieten kann. Dann ist die CAD-mäßige Erschließung relativ einfach und kann für alle Gewerke digital in der Planung angewendet werden.
Auch für das Bauwesen und besonders für den Sachverständigen wäre es zielführend, wenn sich die von Ihnen genannten Eigenschaften, Mindeststandards oder Qualitäten in einschlägigen und standardisierten Bezeichnern wiederfinden würden, damit diese auch vorgeschrieben werden können. Hier besteht Handlungsbedarf.

Zöller:
In vielen Fällen gibt es keine Planungsvorgaben, die Voraussetzung für die Anwendung von BIM sind. Wenn Planungsvorgaben fehlen, gilt der Maßstab der Gebrauchstauglichkeit bei üblicher Verwendungseignung. Das ist der derzeitige Stand. Schön wäre doch, wenn Projekte davon wegkommen und trotz anfänglich erhöhtem Aufwand durch den Einsatz von BIM insgesamt einfacher und besser steuerbar und damit insgesamt auch wirtschaftlicher werden.

Frage:
Wenn Sachverständige über Cloud-Systeme in BIM eingeschaltet werden, welche entsprechende Datenschutzregeln gilt es zu beachten und welche Software wäre erforderlich?

van Treeck:
Es geht hierbei um eine integrale Zusammenarbeit zu BIM als Leitungsbild. Ihre Aufgabe als Planer oder als Fachingenieur ist es, Informationen vollumfänglich zur Verfügung zu stellen, die ein Bauteil oder allgemeiner Inhalte z. B. hinsichtlich Charakteristika und Normen entsprechend beschreiben und diese in den BIM-Prozess einzubinden.
Mit dem Auftraggeber/Bauherrn muss geregelt werden, wem ein Modell gehört, wer wann welche Daten in welcher Ausprägung einpflegt und was mit den Daten nach Projektabschluss passiert. Hier bedarf es einer vertraglichen Regelung. In der Regel gehört das Modell dem Auftraggeber. Genauso ist zu regeln, wer in das System wann was einstellt, ob über Änderungen im System die Projektbeteiligten informiert werden müssen oder jeder ständig Änderungen nach verfolgen muss, Stichwort Hol- und Bringschuld.

Frage:
Welche Software brauche ich dafür?

van Treeck:
Ich würde das nicht konkret mit dem Wort Software bezeichnen, sondern von Informationsmanagement sprechen, wofür ein gemeinsamer Datenraum benötigt wird. Dies wird übrigens mit der neuen Richtlinie ISO 19650 angestoßen, die von einer Common Data Environment spricht.
Es gibt einmal sogenannte Daten- bzw. Dokumenten-Management-Systems, also eine Datenbank, in der Dokumente, Teilmodelle und deren Attribute verwaltet werden. Dazu gibt es verschiedene Software-Systeme und auch nicht die eine Lösung. Das zweite ist das Thema Projekt-Plattform. Wo werden die Daten abgelegt, wo wird mit der Planung kooperiert? Auch dazu gibt es verschiedene Systeme auf dem Markt. Selbstverständlich müssen Systeme miteinander zusammenarbeiten können.

Zöller:
Herr Prof. Moriske, noch eine Anmerkung zum Thema Partikeldichtheit. Aus Sicht eines

Bautechnikers macht es einen Unterschied, ob über Diffusionsdichtheit oder Luftdichtheit gesprochen wird. Diffusionsdicht ist nicht unbedingt luftdicht und luftdicht ist nicht unbedingt diffusionsdicht, es handelt sich um unterschiedliche Anforderungen. Mit dem von mir vorgestellten neuen Forschungsprojekt wollen wir bauübliche Stoffe hinsichtlich ihrer Geeignetheit als Trennmedien zwischen unterschiedlichen Raumbereichen feststellen. Zurzeit wissen wir noch nicht genau, welche Stoffe und Bauteile für die Abschottung von Raumbereichen der Nutzungsklasse IV gegenüber denen der Nutzungsklasse II geeignet sind (*Hinweis: Nutzungsklasse IV sind Raumbereiche ohne Anforderung an die Innenraumlufthygiene, die gemäß neuem UBA-Leitfaden gegenüber Raumbereichen der Nutzungsklasse II abgeschottet werden können, die zum Aufenthalt von Menschen geeignet sind*).

Moriske:
In der Tat besteht dort eine Lücke, die wir noch nicht geklärt haben. Deswegen werden im Leitfaden zunächst beide Begriffe nebeneinander genannt. Aber das muss noch näher untersucht werden und ich bin sehr dankbar, wenn das an dieser Stelle passiert.

Zöller:
Nach Durchführung und Abschluss des Einspruchsverfahrens bestehen nach meiner Einschätzung die Grundlagen, dass sich wesentliche inhaltliche Teile des neuen Schimmelleitfadens 2017 als anerkannte Regel der Technik etablieren können. Ich bin der Auffassung, dass es sich gelohnt hat, diese Vorgehensweise zu wählen.

Moriske:
Eins möchte ich noch klarstellen: Auch wenn das Einspruchsverfahren jetzt abgeschlossen ist und der Schimmelleitfaden nach einer abschließenden redaktionellen Überarbeitung so erscheinen wird, sind wir weiterhin offen für inhaltliche Kritikpunkte. Das bezieht sich auch auf andere, bereits existierende Leitfäden.

Zöller:
Wir sollten nicht gegeneinander, sondern miteinander arbeiten. Leitfäden sollen sich als Hilfestellung verstehen, Gefahren abzuwehren und übliche hygienische Wohnbedingungen sicherzustellen. Nicht nur Betroffenen in Anspruchsverhältnissen, sondern auch Wohnungs- und Hauseigentümern, die bei Schimmelpilzbildungen niemanden dafür verantwortlich machen können, soll durch Leitfäden geholfen werden. Sie dürfen keine Steigbügelhalter für vorgeschobene Schadensersatzforderungen sein, sie dürfen nicht missbräuchlich angewendet werden.

Moriske:
Die Zielrichtungen sind identisch. Es soll einerseits keine Panik geschürt werden. Das bloße Vorkommen von Schimmel führt nicht automatisch dazu, dass Räume unbewohnbar werden und ggf. abgerissen werden müssen. Andererseits müssen eventuell mit dem Auftreten von Schimmel verbundene Risiken sachgerecht erkannt werden.

Frage:
Ist eine abgeschottete Kontamination (Nutzungsklasse IV aus dem Schimmelleitfaden) beim Verkauf einer Immobilie dem Käufer mitzuteilen? Bedingt das nicht einen merkantilen Minderwert?

Zöller:
Die Immobilienpreise sind im Moment in erster Linie von der Lage des Objektes abhängig. Daher wird die Mitteilung darüber vor Vertragsabschluss den Verkaufspreis nicht beeinflussen.
Anders sieht es aus, wenn im Nachhinein sich herausstellt, dass eine Kontamination vorhanden ist. Dann muss ggf. untersucht werden, was ein üblicher Zustand ist. Der Grund für die Einführung der Nutzungsphase IV war die Erkenntnis, dass in vielen Immobilien in abgeschotteten Bereichen Schimmel vorhanden ist, ohne sich auf die Innenraumluftqualität auszuwirken. Wenn z. B. Bauteile innerhalb einer geneigten Dachkonstruktion erhöhte Schimmelkonzentrationen aufweisen, ist das in der Regel niemanden bekannt. Genauso ist in vielen gewerblichen Küchen oder anderen Nassräumen, auch in denen von Krankenhäusern, üblich, dass Abdichtungen unter dem Estrich sind, die somit ständig von Brauchwasser durchströmt sind. In solchen Bauteilschichten ist eine hohe mikrobielle Kontamination üblich, ohne dass sich dies auf Innenräume auswirkt. Es gibt daher keinen Grund, den Kaufinteressanten vor Vertragsabschluss nicht über einen bekannten, aber üblichen Zustand zu informieren.

Der merkantile Minderwert lässt sich hier nicht anwenden. Er ist zwar eine kaufmännische Größe, er bezieht sich aber nicht auf tatsächlich vorhandene Minderwerte, sondern beschränkt sich auf Verdachtsmomente nach vollständiger Mangelbeseitigung, dass doch noch etwas übersehen worden sein könnte. Er käme daher nur infrage, wenn Maßnahmen durchgeführt worden sind. Er lässt sich nicht anwenden für nicht beseitigte Mängel oder Fehler. Hier gäbe es höchstens Instrumente der technischen Minderwertbetrachtung und daraus abgeleiteten Minderungsbeträgen. Diese haben aber regelmäßig wenig mit erzielbaren Erlösen zu tun. Diese Thematik werden wir im nächsten Jahr ausführlicher diskutieren.

Moriske:
Nach meiner Auffassung besteht hierzu keine Mitteilungspflicht, es sei denn, der Schimmelbefall in der Dachkonstruktion wurde nachgewiesen und ist nicht durch geeignete Abschottungsmaßnahmen gegenüber den bewohnten Innenräumen abgetrennt. Dann handelt es sich aber um ein Problem, dass Innenräume tatsächlich betrifft. Auch hier spielt ein Minderwert keine Rolle, weil Handlungsbedarf besteht. Wenn aber instand gesetzt wurde, herrscht ein üblicher Zustand vor. Wenn fehlerbehaftete Zustände beseitigt sind, sind – im Gegensatz vielleicht zu Kraftfahrzeugen – keine Hinweise erforderlich, da es sich um übliche Vorgänge handelt. Nach einer Instandsetzung von Schimmelpilzschäden ist ein hygienisch und gesundheitlich einwandfreier Zustand erzielt. In Einzelfällen kann ein Minderwert in Betracht kommen, wenn z. B. der Verkäufer versprochen haben sollte, dass seine Immobilie zu keinem Zeitpunkt an keiner Stelle von Schimmelpilzen befallen war.

Frage:
Sind nicht-keimfähige Schimmelpilze relevant?

Moriske:
Ihre Bestandteile können allergische Reaktionen hervorrufen – wenn sie in der Raumluft von Räumen vorkommen, in denen sich Menschen aufhalten. Wichtig ist daher die Frage, ob Sporen in die Luft ausgetragen und verbreitet werden können. Die daraus abzuleitenden Maßnahmen sind nutzungsklassenabhängig.

Zöller:
Herr Resch, Sie haben zwei Systemarten zur Leckortung vorgestellt: mobil und systemintegriert. Ist es nicht einfacher, von vornherein Maßnahmen gegen die Unterläufigkeit einer Konstruktion zu planen als ein systemintegriertes System zur Leckortung?

Resch:
Selbstverständlich! Sofern ein Dach so geplant und ausgeführt wird, dass es zuverlässig dicht ist, werden Leckortungssysteme nicht benötigt.
In der Praxis funktioniert das aber leider oft nicht so. Äußere Einflüsse, z. B. mechanische Beschädigungen durch z. B. wiederholtes Begehen oder durch Vögel, oder Abdichtungsbahnen, die im Laufe ihrer Nutzung z. B. verspröden oder reißen, führen dann doch zu Undichtheiten. Meistens werden dann allerdings für die Leckortung die kostengünstigeren mobilen Systeme eingesetzt.

Zöller:
Die Entscheidung für systemintegrierte Systeme muss bereits in der Planungsphase gefällt werden. Eine Investition in Maßnahmen, die diese Probleme erst gar nicht entstehen lassen, scheint mir da sinnvoller zu sein.
Die mobilen Systeme haben sicherlich ihre Anwendungsberechtigung. Den Einsatzbereich fest installierter Systeme halte ich allerdings für begrenzt, da sie grundsätzlich nur schadensbegrenzend wirken, aber nicht schadensvermeidend sein können.

Resch:
Stationäre Systeme werden in der Regel nur eingesetzt, wenn durch Feuchtigkeit eine besondere Gefährdung für das Gebäudeinnere gegeben ist. Dazu zählen hochwertig genutzte Innenräume unter leichten Tragwerken im industriellen Bereich, bei denen wirksame Maßnahmen gegen Unterläufigkeit kaum umsetzbar sind.

Frage:
Lässt sich mit dem Potential-Differenzverfahren auch eine Decke mit großer Aufschüttung untersuchen, z. B. über einer Tiefgarage mit Gartennutzung mit Überschüttungen in Größenordnungen von einem halben bis einem Meter?

Resch:
Grundsätzlich ja. Entscheidend bei dieser ganzen Untersuchung ist der vorhandene Feuchtigkeitsgrad. Ich habe schon Tiefgaragen mit 30 oder 50 cm Erdreich darauf untersucht. Es muss lang anhaltender Regen abgewartet werden, sodass der gesamte Aufbau nass ist, möglichst so, dass es in die Tiefgarage hinein tropft. Zur Tropfstelle gehört in der Regel dann auch eine Leckstelle. Man muss sich allerdings etwas mühsam vorarbeiten, es funktioniert aber.

Zöller:
Ich komme zur Zusammenfassung des heutigen Tages:
– Die neue Bauweise von WU-Betonkonstruktionen mit Frischbetonverbundbahnen ermöglicht hoffentlich in Zukunft bei Beanspruchungsklasse 1 der WU-Richtlinie (drückendes Wasser) und hochwertiger Nutzung die Umsetzung des Entwurfsgrundsatzes c) (planmäßiges Abdichten von Fugen oder zu erwartenden Rissen) bei dem Kostenaufwand, der bei Anwendung des Entwurfsgrundsatzes b) der WU-Richtlinie (Rissbreitenbegrenzung) zu erwarten ist, der aber ohne eine solche Zusatzmaßnahme keine ausreichende Zuverlässigkeit bietet.
– Das Thema Oberflächenschutzsysteme versus Abdichtung mit Estrich zum Schutz gegen chloridinduzierte Korrosion in Tiefgaragen wurde ausführlich behandelt mit dem Ergebnis, dass es für beide Systeme Vor- und Nachteile gibt, die situationsbezogen beurteilt werden müssen. Dazu zählen die Abwägung von Dauerhaftigkeit, Zugänglichkeit und damit Erkennbarkeit von möglichen Schädigungen sowie dem Instandhaltungsaufwand.
– Wir wurden über die Planungsinstrumente und Beurteilungsgrundlagen der Neuerung der WU-Richtlinie informiert. Vieles ist ähnlich geblieben oder wurde gar nicht verändert, da es sich in der Praxis bewährt hat.
– Am Beispiel Beton wurde dargestellt, welche Bedeutung Regelwerke haben. Es kommt, wie so oft, auf den Einzelfall an, nicht um Sicherheitsfaktoren abzumindern, sondern um Sicherheitsfaktoren richtig zu beschreiben.
– Die Ergebnisse aus den Diskussionen über die Einsprüche zum Schimmelleitfaden vom Umweltbundesamt wurden dargestellt.
– Wir haben erfahren, wie man möglichst einfach Leckstellen im Flachdach ermitteln kann.
– Abschließend wurde über die Bedeutung von BIM für Sachverständige berichtet. Die Dokumentation von Details erleichtert die Instandhaltung während der Nutzungsdauer sowie die Arbeit des später hinzukommenden Sachverständigen.

VERZEICHNIS DER AUSSTELLER AACHEN 2017

Während der Aachener Bausachverständigentage wurden in einer begleitenden Informationsausstellung den Sachverständigen und Architekten interessierende Messgeräte, Literatur und Serviceleistungen vorgestellt:

ACO HOCHBAU VERTRIEB GMBH
Neuwirtshauser Straße 14,
97723 Oberthulba/Reith
www.aco-hochbau.de
Tel.: (0 97 36) 41 60
Fax: (0 97 36) 41 38
❶ ACO Kellerschutz an Lichtschacht und Kellerfenster unter Betrachtung des Wärmeschutzes und der Schnittstellen – ACO Therm Block; Barrierefreie Terrassenlösungen mit Fassadenrinnen

ADICON®
Gesellschaft für Bauwerksabdichtungen mbH
Max-Planck-Straße 6, 63322 Rödermark
www.adicon.de
Tel.: (0 60 74) 89 51 0
Fax: (0 60 74) 89 51 51
❶ Fachunternehmen für WU-Konstruktionen, Mauerwerksanierung und Betoninstandsetzung

AERIAL GMBH
Oststraße 148, 22844 Norderstedt
www.aerial.de
Tel.: (0 40) 52 68 79 0
Fax: (0 40) 52 68 79 20
❶ Mitglied im BBW, siehe Bundesverband der Brand- und Wasserschadenbeseitiger e.V.

AKTOBIS AG
Borsigstraße 20, 63110 Rodgau
www.AKTOBIS.de
Tel.: (0 61 06) 28 42 30
Fax: (0 61 06) 28 42 31 5
❶ Mitglied im BBW, siehe Bundesverband der Brand- und Wasserschadenbeseitiger e.V.

ALLEGRA GMBH
Nüßlerstraße 30, 13088 Berlin
www.allegra-berlin.de
Tel.: (0 30) 47 48 88 88
Fax: (0 30) 94 63 13 70
❶ Mitglied im BBW, siehe Bundesverband der Brand- und Wasserschadenbeseitiger e.V.

ALLIED ASSOCIATES GEOPHYSICAL GMBH
Butenwall 56, 46325 Borken
www.allied-germany.de
www.allied-associates.co.uk
Tel.: (0 28 61) 8 08 56 48
Fax: (0 28 61) 9 02 69 55
❶ Verkauf, Vermietung, Service und Entwicklung von Messgeräten für zerstörungsfreie Untersuchungen von Bauwerken, Strassen, Schienenwegen, Baugrund; Ortung v. Hohlräumen, Leckagen, Feuchtigkeit, Schichtaufbau, Fehlstellen

ALLTROSAN BAUMANN + LORENZ
Trocknungsservice GmbH & Co KG
Stendorfer Straße 7, 27721 Ritterhude
www.alltrosan.de
Tel.: (0 42 92) 81 18 0
Fax: (0 42 92) 81 18 13
❶ Schadenminimierung durch Sofortmaßnahmen, zerstörungsarme Leckageortung, technische Trocknung, Sanierung nach Wasser- Feuchte- und Schimmelschäden, Klimaüberwachung, Schulung und Beratung

ALUMAT FREY GMBH
Im Hart 10, 87600 Kaufbeuren
www.alumat.de
Tel.: (0 83 41) 47 25
Fax: (0 83 41) 7 42 19
❶ Schwellenlose und schlagregendichte Magnet-Doppeldichtungen für alle Außentüren mit werkseitig vormontierter Bauwerksabdichtung

BAS – DE GMBH
Ringstraße 32, 90596 Schwanstetten
www.bas-de.com
Tel.: (0 91 70) 94 66 85 5
Fax: (0 91 70) 94 66 85 6
❶ Hersteller/Vertrieb von Abdichtungssystemen u. a. Fugenabdichtung, Flächenabdichtung; Bauchemie und Bauspezialartikel für die Bauwerksabdichtung

BC RESTORATION PRODUCTS GMBH
Zeppelinstraße 2, 85375 Neufahrn
www.bc-rp.de
Tel.: (0 81 65) 79 93 40 0
Fax: (0 81 65) 79 93 42 0
🛈 *Mitglied im BBW, siehe Bundesverband der Brand- und Wasserschadenbeseitiger e.V.*

BELFOR DEUTSCHLAND GMBH
Keniastraße 24, 47269 Duisburg
www.belfor.de
Tel.: (02 03) 75 64 04 00
Fax: (02 03) 75 64 04 55
🛈 *Brand- und Wasserschadensanierung*

BEUTH VERLAG GMBH
Am DIN-Platz, Burggrafenstraße 6,
10787 Berlin
www.beuth.de
Tel.: (0 30) 26 01 22 60
Fax: (0 30) 26 01 12 60
🛈 *Normungsdokumente und technische Fachliteratur*

BIOLYTIQS GMBH
Karschhauser Straße 23, 40699 Erkrath
www.biolytiqs.de
Tel.: (0 21 04) 95 37 40
Fax: (0 21 04) 95 37 42 0
🛈 *Laboranalysen u. a. von Schimmelpilzen und holzzerstörenden Pilzen, Hygieneuntersuchungen von Klima- und Lüftungsanlagen nach VDI 6022, Sanierungskontrollen, Luftmessungen, Eigenkontrollen Fleischverarbeitung*

BIOMESS INGENIEURBÜRO GMBH
Schelsenweg 24a, 41328 Mönchengladbach
www.biomess.de
Tel.: (0 21 66) 12 39 28 0
Fax: (0 21 66) 12 39 28 15
🛈 *Laboranalysen von Asbest, Schimmelpilzen, Bakterien, Trinkwasser und Beprobungen nach VDI 6022. Probenahme von allen innenraumrelevanten Schadstoffen; Erstellung von Gutachten und Schadstoffkatastern sowie Fachplanung von Schadstoffsanierungen (alle Leistungsphasen nach HOAI)*

BLOWERDOOR GMBH
Zum Energie- und Umweltzentrum 1,
31832 Springe-Eldagsen
www.blowerdoor.de
Tel.: (0 50 44) 9 75 40
Fax: (0 50 44) 9 75 44
🛈 *MessSysteme für Luftdichtheit*

BOTT BEGRÜNUNGSSYSTEME GMBH
Robert-Koch-Straße 3d, 77815 Bühl
www.systembott.de
www.shop.systembott.de
Tel.: (0 72 23) 95 11 89 0
Fax: (0 72 23) 95 11 89 10
🛈 *Systemlösung für urbanes Grün und Objektbegrünung; Leckageortung von Dachabdichtungen mit und ohne Begrünung*

BUCHLADEN PONTSTRASSE 39
Pontstraße 39, 52062 Aachen
www.buchladen39.de
Tel.: (02 41) 2 80 08
Fax: (02 41) 2 71 79
🛈 *Fachbuchhandlung, Versandservice*

BUNDESANZEIGER VERLAG GMBH
Amsterdamer Straße 192, 50735 Köln
www.bundesanzeiger-verlag.de
Tel.: (02 21) 97 66 83 06
Fax: (02 21) 97 66 82 36
🛈 *Fachinformationen für Bausachverständige, Architekten und Ingenieure*

BUNDESVERBAND DER BRAND- UND WASSERSCHADENBESEITIGER E.V.
Jenfelder Straße 55 a, 22045 Hamburg
www.bbw-ev.de
Tel.: (0 40) 66 99 67 96
Fax: (0 40) 44 80 93 08
🛈 *Beseitigung von Brand-, Wasser- und Schimmelschäden, Leckortung*

BUNDESVERBAND FEUCHTE & ALTBAUSANIERUNG E.V.
Am Dorfanger 19, 18246 Groß Belitz
www.bufas-ev.de
Tel.: (01 73) 2 03 28 27
Fax: (03 84 66) 33 98 17
🛈 *Veranstalter der „Hanseatischen Sanierungstage", Förderung des wissenschaftlichen Nachwuchses, Vermittlung von Forschungsergebnissen aus der Altbausanierung*

BVS E.V.
Charlottenstraße 79/80, 10117 Berlin
www.bvs-ev.de
Tel.: (0 30) 25 59 38 0
Fax: (0 30) 25 59 38 14
ⓘ *Bundesverband öffentlich bestellter und vereidigter sowie qualifizierter Sachverständiger e.V.; Bundesgeschäftsstelle Berlin*

CALSITHERM SILIKATBAUSTOFFE GMBH
Hermann-Löns-Str.170, 33104 Paderborn
www.calsitherm.de www.klimaplatte.de
Tel.: (0 52 54) 99 09 20
Fax: (0 52 54) 99 09 21 7
ⓘ *Hochqualitative Calciumsilikatwerkstoffe zur Schimmelsanierung/Schimmelprävention, als Brandschutz und zur Innendämmung*

CERAVOGUE GMBH & CO. KG
Holtenstraße 7, 32457 Porta Westfalica
www.ceravogue.de
Tel.: (0 57 31) 1 53 34 58
Fax: (0 57 31) 1 53 34 76
ⓘ *Das System zur optischen Wiederherstellung von keramischen Bodenbelägen nach Wasserschäden*

DEKRA AUTOMOBIL GMBH
Handwerkstraße 15, 70565 Stuttgart
www.dekra.com
Tel.: (07 11) 78 61 39 00
ⓘ *Die akkreditierten DEKRA Prüflabors bieten das komplette Spektrum für Werkstofftechnik und Schadensanalytik; mit eigener technischen Ausstattung übernehmen sie direkt am Schadensort alle erforderlichen Probenahmen, Materialprüfungen im Labor inklusive eigener Probefertigung, Auswertung und Gutachten*

DRIESEN + KERN GMBH
Am Hasselt 25, 24576 Bad Bramstedt
www.driesen-kern.de
Tel.: (0 41 92) 81 70 0
Fax: (0 41 92) 81 70 99
ⓘ *Sensoren, Messwertgeber, Handmessgeräte und Datenlogger für Feuchte, Temperatur, Luftgeschwindigkeit, Luftdruck (barometrisch und Differenz), Staubpartikel und CO_2 sowie Lichtstärke, Rissbewegung und DMS-Brücken*

DYWIDAG-SYSTEMS INTERNATIONAL GMBH
Bereich Gerätetechnik, Germanenstraße 8, 86343 Königsbrunn
www.dsi-equipment.com
Tel.: (0 82 31) 96 07 0
Fax: (0 82 31) 96 07 70
ⓘ *Spezialprüfgeräte für das Bauwesen, Bewehrungssuchgerät, Betonprüfhammer, Haftzugprüfgerät, Potentialfeldmessgerät u. a.*

ENTSORGUNGSGESELLSCHAFT RHEIN-WIED MBH
An der Commende 5–7, 56588 Waldbreitbach
www.erw-commende.de
Tel.: (0 26 38) 2 01 40 30
Fax: (0 26 38) 2 01 40 37
ⓘ *Mitglied im BBW, siehe Bundesverband der Brand- und Wasserschadenbeseitiger e.V.*

ERNST & SOHN VERLAG FÜR ARCHITEKTUR UND TECHNISCHE WISSENSCHAFTEN GMBH & CO. KG
Rotherstraße 21, 10245 Berlin
www.ernst-und-sohn.de
Tel.: (0 30) 47 03 12 00
Fax: (0 30) 47 03 12 70
ⓘ *Fachbücher und Fachzeitschriften für Bauingenieure*

FORUM VERLAG HERKERT GMBH
Mandichostr. 18, 86504 Merching
www.forum-verlag.com
www.derbauschaden.de
Tel.: (0 82 33) 38 11 23
Fax: (0 82 33) 38 12 22
ⓘ *Fachinformationen für die Bau- und Immobilienbranche*

FRANKENNE GMBH
An der Schurzelter Brücke 13, 52074 Aachen
www.frankenne.de
Tel.: (02 41) 30 13 01
Fax: (02 41) 30 13 03 0
ⓘ *Vermessungsgeräte, Messung von Maßtoleranzen, Zubehör für Aufmaße, Rissmaßstäbe, Bürobedarf, Zeichen- und Grafikmaterial*

FRAUNHOFER-INFORMATIONSZENTRUM RAUM UND BAU IRB
Nobelstraße 12, 70569 Stuttgart
www.irb.fraunhofer.de
Tel.: (07 11) 9 70 25 00
Fax: (07 11) 9 70 25 08
❶ Literaturservice, Fachbücher, Fachzeitschriften, Datenbanken, elektronische Medien zu Baufachliteratur, SCHADIS® Volltext-Datenbank zu Bauschäden

GTÜ GESELLSCHAFT FÜR TECHNISCHE ÜBERWACHUNG MBH
Vor dem Lauch 25, 70567 Stuttgart
www.gtue.de
Tel.: (07 11) 97 67 60
Fax: (07 11) 97 67 61 99
❶ Schadengutachten, Baubegleitende Qualitätsüberwachung

GUTJAHR SYSTEMTECHNIK GMBH
Philipp-Reis-Straße 5–7, 64404 Bickenbach
www.gutjahr.com
Tel.: (0 62 57) 93 06 0
Fax: (0 62 57) 93 06 31
❶ Komplette Drain- und Verlegesysteme für Balkone, Terrassen, Außentreppen; bauaufsichtlich zugelassenes Fassadensystem; Produkte für den Innenbereich

HF SENSOR GMBH
Weißenfelser Straße 67, 04229 Leipzig
www.hf-sensor.de
Tel.: (03 41) 49 72 60
Fax: (03 41) 49 72 62 2
❶ Zerstörungsfreie Mikrowellen-Feuchtemesstechnik zur Analyse von Feuchteschäden in Bauwerken und auf Flachdächern

HOTTGENROTH SOFTWARE GMBH & CO. KG
Von-Hünefeld-Straße 3, 50829 Köln
www.hottgenroth.de
Tel.: (02 21) 70 99 33 40
Fax: (02 21) 70 99 33 44
❶ Software für energetische Planung und Bewertung von Gebäuden, Simulation, kaufmännische Software, digitale Raumerfassung, CAD und Internetservice

ICOPAL GMBH
Capeller Str. 150, 59368 Werne
www.icopal.de
Tel.: (0 23 89) 79 70 0
Fax: (0 23 89) 79 70 61 20
❶ Hersteller von Produkten und Systemen für das Flachdach, für die Bauwerksabdichtung und für Detailabdichtungen aus Elastomerbitumen, Kunststoffen und Flüssigkunststoff auf Basis PMMA

ILD DEUTSCHLAND GMBH
Am Steinbuckel 1, 63808 Hösbach
www.ild-group.com
Tel.: (0 60 21) 59 95 14
Fax: (0 60 21) 59 95 55
❶ Leckortung und Dichtigkeitsprüfungen auf Abdichtungsbahnen (Flachdächer), Leckortungssysteme für Flachdächer

INGENIEURKAMMER-BAU NRW (IK-BAU NRW)
Körperschaft des öffentlichen Rechts
Zollhof 2, 40221 Düsseldorf
www.ikbaunrw.de
Tel.: (02 11) 13 06 70
Fax: (02 11) 13 06 71 50
❶ Berufsständische Selbstverwaltung und Interessenvertretung der im Bauwesen tätigen Ingenieurinnen und Ingenieure in Nordrhein-Westfalen

INSTITUT FÜR SACHVERSTÄNDIGENWESEN E.V. (IFS)
Hohenzollernring 85–87, 50672 Köln
www.ifsforum.de
Tel.: (02 21) 91 27 71 12
Fax: (02 21) 91 27 71 99
❶ Aus- und Weiterbildung, Literatur und aktuelle Informationen für Sachverständige

ISA INSTITUT FÜR SCHÄDLINGSANALYSE
Bruckersche Straße 162, 47839 Krefeld
www.isa-labor.de
Tel.: (0 21 51) 5 69 58 60
Fax: (0 21 51) 5 69 54 40
❶ Untersuchung von Probenmaterial und Gutachten zu Schimmelpilzen, Holz zerstörenden Organismen, Innenraumschadstoffen und chemischem Holzschutz, Sanierungskonzepte und Baubegleitung, Materialprüfung zu biologischer Resistenz

ISOTEC GMBH
Cliev 21, 51515 Kürten-Herweg
www.isotec.de
Tel.: (08 00) 1 12 11 29
Fax: (0 22 07) 8 47 65 11
ⓘ *Bereits seit über 25 Jahren ist die ISOTEC-Gruppe spezialisiert auf die Sanierung von Feuchte- und Schimmelpilzschäden an Gebäuden*

JATIPRODUCTS
Kreuzberg 4, 59969 Hallenberg
www.jatiproducts.de
Tel.: (0 29 84) 93 49 30
Fax: (0 29 84) 93 49 32 9
ⓘ *Entwicklung, Herstellung und Vertrieb von Biozid-Produkten auf Basis von Aktivsauerstoff und Fruchtsäuren zur Bekämpfung von Schimmelpilzen, Sporen, Bakterien und Biofilmen in Innenräumen*

KERN INGENIEURKONZEPTE
Hagelberger Straße 17, 10965 Berlin
www.bauphysik-software.de
Tel.: (0 30) 78 95 67 80
Fax: (0 30) 78 95 67 81
ⓘ *DÄMMWERK Bauphysik- und EnEV-Software, Software für Architekten und Ingenieure*

KEVOX®
Universitätsstraße 60, 44789 Bochum
www.kevox.de
Tel.: (02 34) 60 60 99 90
ⓘ *Software für Building Information Management: Dokumentation vor Ort, effizientes Mängelmanagement, Berichte und Gefährdungsbeurteilungen erstellen*

MBS SCHADENMANAGEMENT
Carl-Benz-Straße 1–5, 82266 Inning
www.mbs-service.de
Tel.: (0 81 43) 44 77 0
Fax: (0 81 43) 44 77 60 1
ⓘ *Brand- und Wasserschaden, Leckortung, Bautrocknung/-beheizung, Messtechnik, Renovierung, Bauwerksabdichtung, Verkauf*

MIBAG SCHADENSERVICE GMBH
Industriestraße 22, 57555 Brachbach
www.mibag.de
Tel.: (0 27 45) 92 21 0
Fax: (0 27 45) 92 21 20
ⓘ *Fachunternehmen für die Sanierung von Brand-, Wasser-, Elementar- und Schimmelpilzschäden, Leckageortung, Trocknung, Thermografie*

PCI AUGSBURG GMBH
Piccardstraße 11, 86159 Augsburg
www.pci-augsburg.eu
Tel.: (0821) 59 01 0
Fax: (0821) 59 01 37 2
ⓘ *Universales, sehr emissionsarmes Verlegesystem für alle Fliesen im Innenbereich; Schutz von erdberührten Bauteilen mit dem System Bauwerksabdichtungen KMB; Flexible 2K-Reaktivabdichtung für Kelleraußenwände, Fundamente und Betonbauteile*

PÖPPINGHAUS & WENNER TROCKNUNGS-SERVICE GMBH
Daimlerstraße 32–34, 50170 Kerpen
www.poepppinghaus-wenner.de
Tel.: (0 22 73) 5 30 24
Fax: (0 22 73) 5 79 79
ⓘ *Mitglied im BBW, siehe Bundesverband der Brand- und Wasserschadenbeseitiger e.V.*

PROGEO MONITORING GMBH
Hauptstraße 2, 14979 Großbeeren
www.progeo.com
Tel.: (03 37 01) 22 11 0
Fax: (03 37 01) 22 16 0
ⓘ *Unter ihrem neuen Label solutiance präsentiert PROGEO das Thema maintenance intelligence mit Lösungen für das Monitoring und das Instandhaltungsmanagement von Flachdächern und Bauwerksabdichtungen*

PROTAN DEUTSCHLAND GMBH
Alstertwiete 3, 20099 Hamburg
www.protan.de
Tel.: (01 51) 51 59 25 02
ⓘ *Norwegischer Hersteller von Dachabdichtungsbahnen, Zubehören und Dachabdichtungssystemen, u. a. das Protan Vakuumdach-System, das eine Lagesicherung ohne mechanische Befestigung oder Verklebung ermöglicht*

RALF LIESNER BAUTROCKNUNG GMBH & CO. KG
Kampstraße 2–3, 46359 Heiden
www.bautrocknung-nrw.de
Tel.: (0 28 67) 90 82 10 0
Fax: (0 28 67) 90 82 10 19
ⓘ *Mitglied im BBW, siehe Bundesverband der Brand- und Wasserschadenbeseitiger e.V.*

RECOSAN GMBH
Nordring 28, 47495 Rheinberg
www.reco-san.de
Tel.: (0 28 43) 90 82 00
Fax: (0 28 43) 90 82 01 5
ℹ️ Brand- und Wasserschadensanierung, Schimmelsanierung, Trocknungsservice

REMMERS GMBH
Bernhard-Remmers-Straße 13,
49624 Löningen
www.remmers.de
Tel.: (0 54 32) 8 30
Fax: (0 54 32) 39 85
ℹ️ Systeme zur Bauwerksabdichtung und Mauerwerkssanierung, Fassadeninstandsetzung, Schimmelsanierung, Energetische Gebäudesanierung

ROEDER MESS-SYSTEM-TECHNIK
Textilstraße 2 / Eingang G, 41751 Viersen
www.roeder-mst.de
Tel.: (0 21 62) 50 12 48 0
Fax: (0 21 62) 50 12 48 4
ℹ️ Messgeräte und Systemlösungen für Industrie, Handwerk und Dienstleister

SACHVERSTÄNDIGEN-BEDARF.DE
Steinwaldstraße 36, 95688 Friedenfels
www.sachverstaendigen-bedarf.de
Tel.: (0 96 83) 92 99 21 0
Fax: (0 96 83) 92 99 21 11
ℹ️ Mess- und Prüfgeräte für Sachverständige, Flächenresonanztaster 4proof, GANN Feuchtemessgeräte, Datenlogger, Rissmonitore, Vermessungsmarken

SAINT-GOBAIN WEBER GMBH
Schanzenstraße 84, 40549 Düsseldorf
www.sg-weber-de
Tel.: (02 11) 91 36 90
Fax: (02 11) 91 36 93 09
ℹ️ Baustoffhersteller in den Segmenten Putz- und Fassadensysteme, Boden- und Fliesensysteme sowie Bautenschutz- und Mörtelsysteme

SAN-TAX GESAMTSCHADENSANIERUNG GMBH
Lindenstraße 65, 41515 Grevenbroich
www.san-tax.de
Tel.: (0 21 81) 23 88 0
Fax: (0 21 81) 23 88 10
ℹ️ Mitglied im BBW, siehe Bundesverband der Brand- und Wasserschadenbeseitiger e.V.

SAUGNAC MESSGERÄTE
Hirschstraße 26, 70173 Stuttgart
www.saugnac-messgerate.de
Tel.: (07 11) 66 49 85 3
Fax: (07 11) 66 49 84 0
ℹ️ Messgeräte zur langfristigen Erfassung und Dokumentation von Rissbewegungen und anderen Verformungen an Gebäuden und Bauwerken

SCANNTRONIK MUGRAUER GMBH
Parkstraße 38, 85604 Zorneding
www.scanntronik.de
Tel.: (0 81 06) 2 25 70
Fax: (0 81 06) 2 90 80
ℹ️ Datenlogger für Klima, Temperatur, Luft- und Materialfeuchte, Rissbewegungen, Spannung, Strom, Datenfernübertragung u.v.m.

SIKA DEUTSCHLAND GMBH
Kornwestheimer Straße 103-107,
70439 Stuttgart
www.sika.de
Tel.: (07 11) 80 09 0
Fax: (07 11) 80 0920 38
ℹ️ Hersteller von bauchemischen Produktsystemen und industriellen Dicht- & Klebstoffen

SOPRO BAUCHEMIE GMBH
Biebricher Straße 74, 65203 Wiesbaden
www.sopro.com
Tel.: (06 11) 17 07 0
Fax: (06 11) 17 07 25 0
ℹ️ Innovative Produkte und Produktsysteme für die Gewerke Fliesen- und Natursteinverlegung, Estricharbeiten, Putz- und Spachtelarbeiten, Abdichtungsarbeiten, Tiefbau und Schachtsanierung, Vergussmörtel, Betoninstandsetzung sowie Garten- und Landschaftsbau

SPEIDEL SYSTEM TROCKNUNG GMBH
Opitzstraße 10, 40470 Düsseldorf
www.trocknung.com
Tel.: (08 00) 40 00 80 0
Fax: (02 11) 58 58 87 78
ℹ️ Mitglied im BBW, siehe Bundesverband der Brand- und Wasserschadenbeseitiger e.V.

SPRINGER VIEWEG
SPRINGER FACHMEDIEN WIESBADEN GMBH
Abraham-Lincoln-Straße 46, 65189 Wiesbaden
www.springer.com/springer+vieweg
Tel.: (06 11) 78 78 0
Fax: (06 11) 78 78 78 20 4
❶ Verlag für Bauwesen, Konstruktiver Ingenieurbau, Baubetrieb und Baurecht

SPRINT SANIERUNG GMBH
Düsseldorfer Straße 334, 51061 Köln
www.sprint.de
Tel.: (02 21) 96 68 30 0
Fax: (02 21) 96 68 10 0
❶ Bundesweit schnelle Hilfe nach Brand-, Wasser-, und Unwetterschäden, Leckageortung, Trocknung, Schimmelbeseitigung, Wiederherstellung, Beseitigung von Einbruch- und Vandalismusspuren

STO SE & CO. KGAA
Ehrenbachstraße 1, 79780 Stühlingen
www.sto.de
Tel.: (0 77 44) 57 10 10
Fax: (0 77 44) 57 20 10
❶ Fassadensysteme, Fassaden- und Innenbeschichtungen, Lasuren, Lacke, Werkzeuge

TEXPLOR EXPLORATION & ENVIRONMENTAL TECHNOLOGY GMBH

Am Bürohochhaus 2–4, 14478 Potsdam
www.texplor.com
Tel.: (03 31) 70 44 00
Fax: (03 31) 70 44 02 4
❶ Zerstörungsfreie Untersuchung von Feuchteschäden/Bauwerksabdichtungen im Spezial-, Hoch- und Tiefbau

TRIFLEX GMBH & CO. KG
Karlstraße 59, 32423 Minden
www.triflex.de
Tel.: (05 71) 38 78 00
Fax: (05 71) 38 78 07 38
❶ Hersteller von Abdichtungen und Beschichtungen auf Basis von Flüssigkunststoff für die Bereiche Balkone, Dächer, Parkhäuser und zur Bauwerksabdichtung

TROTEC GMBH & CO. KG
Grebbener Straße 7, 52525 Heinsberg
www.trotec.de
Tel.: (0 24 52) 96 24 00
Fax: (0 24 52) 96 22 00
❶ Messgeräte zur Feuchte-, Temperatur- und Klimamessung, Thermografie, Bauwerksdiagnostik, Leckageortung

URETEK DEUTSCHLAND GMBH
Weseler Straße 110,
45478 Mülheim an der Ruhr
www.uretek.de
Tel.: (02 08) 37 73 25 0
Fax: (02 08) 37 73 25 10
❶ Tragfähigkeitserhöhung und Anhebung von Betonböden und Fundamenten mittels Injektion von Expansionsharzen

VELUX DEUTSCHLAND GMBH
Gazellenkamp 168, 22527 Hamburg
www.velux.de
Tel.: (0 40) 54 70 70
❶ Weltweit größter Hersteller von Dachfenstern und anspruchsvollen Dachfensterlösungen für geneigte und flache Dächer sowie Sonnenschutzprodukte, Rollläden und Zubehörprodukte für den Fenstereinbau

VERLAGSGESELLSCHAFT RUDOLF MÜLLER GMBH & CO. KG
Stolberger Straße 84, 50933 Köln
www.baufachmedien.de
www.rudolf-mueller.de
Tel.: (02 21) 54 97 0
Fax: (02 21) 54 97 32 6
❶ Baufachinformationen, Technische Baubestimmungen, Normen, Richtlinien

WÖHLER TECHNIK GMBH
Schützenstraße 41, 33181 Bad Wünnenberg
www.woehler.de
Tel.: (0 29 53) 7 31 00
Fax: (0 29 53) 7 39 61 00
❶ Blower-Check, Messgeräte für Feuchte, Wärme, Schall, Thermografie, Gebäudeluftdichtheit und Videoinspektion

DR.-ING. MICHAEL ZINNMANN
Völklinger Weg 15, 60529 Frankfurt
http://www.fachwissen-abt.de
Tel.: (0 69) 35 35 29 85
Fax: (0 69) 35 35 29 86
❶ Vertrieb der Tagungsbände der Aachener Bausachverständigentage auf CD, Projektrealisierung, Softwareentwicklung

Register 1975–2017

Rahmenthemen .... Seite 210

Autoren .... Seite 211

Vorträge .... Seite 215

Stichwortverzeichnis .... Seite 246

Rahmenthemen der Aachener Bausachverständigentage

1975	Dächer, Terrassen, Balkone
1976	Außenwände und Öffnungsanschlüsse
1977	Keller, Dränagen
1978	Innenbauteile
1979	Dach und Flachdach
1980	Probleme beim erhöhten Wärmeschutz von Außenwänden
1981	Nachbesserung von Bauschäden
1982	Bauschadensverhütung unter Anwendung neuer Regelwerke
1983	Feuchtigkeitsschutz und -schäden an Außenwänden und erdberührten Bauteilen
1984	Wärme- und Feuchtigkeitsschutz von Dach und Wand
1985	Rißbildung und andere Zerstörungen der Bauteiloberfläche
1986	Genutzte Dächer und Terrassen
1987	Leichte Dächer und Fassaden
1988	Problemstellungen im Gebäudeinneren: Wärme, Feuchte, Schall
1989	Mauerwerkswände und Putz
1990	Erdberührte Bauteile und Gründungen
1991	Fugen und Risse in Dach und Wand
1992	Wärmeschutz – Wärmebrücken – Schimmelpilz
1993	Belüftete und unbelüftete Konstruktionen bei Dach und Wand
1994	Neubauprobleme: Feuchtigkeit und Wärmeschutz
1995	Öffnungen in Dach und Wand
1996	Instandsetzung und Modernisierung
1997	Flache und geneigte Dächer. Neue Regelwerke und Erfahrungen
1998	Außenwandkonstruktionen
1999	Neue Entwicklungen in der Abdichtungstechnik
2000	Grenzen der Energieeinsparung: Probleme im Gebäudeinneren
2001	Nachbesserung, Instandsetzung und Modernisierung
2002	Decken und Wände aus Beton: Baupraktische Probleme und Bewertungsfragen
2003	Leckstellen in Bauteilen Wärme Feuchte Luft Schall
2004	Risse und Fugen in Wand und Boden
2005	Flachdächer Neue Regelwerke Neue Probleme
2006	Außenwände: Moderne Bauweisen Neue Bewertungsprobleme
2007	Bauwerksabdichtungen: Feuchteprobleme im Keller und Gebäudeinneren
2008	Bauteilalterung – Bauteilschädigung: Typische Schädigungsprozesse und Schutzmaßnahmen
2009	Dauerstreitpunkte: Beurteilungsprobleme bei Dach, Wand und Keller
2010	Konfliktfeld Innenbauteile
2011	Flache Dächer: nicht genutzt, begangen, befahren, bepflanzt
2012	Gebäude und Gelände: Problemfeld Gebäudesockel und Außenanlagen
2013	Bauen und Beurteilen im Bestand
2014	Qualitätsklassen im Hochbau: Standard oder Spitzenqualität?
2015	Außenwände und Fenster
2016	Praktische Bewährung neuer Bauweisen – ein (un-)lösbarer Widerspruch?
2017	Bauwerks-, Dach- und Innenabdichtung: Alles geregelt?

Verlage: bis 1978 Forum-Verlage, Stuttgart
            ab 1979 Bauverlag, Wiesbaden / Berlin
            ab 2001 Friedrich Vieweg & Sohn Verlagsgesellschaft mbH, Wiesbaden
            ab 2008 Vieweg + Teubner Verlag / GWV Fachverlage GmbH, Wiesbaden
            ab 2012 Springer Vieweg/Springer Fachmedien Wiesbaden GmbH

Autoren der Aachener Bausachverständigentage

(die fettgedruckte Ziffer kennzeichnet das Jahr; die zweite Ziffer die erste Seite des Aufsatzes)

Abert, Bertram, **10**/28
Achtziger, Joachim, **83**/78; **92**/46; **00**/48
Adriaans, Richard, **97**/56
Albrecht, Wolfgang, **09**/58; **13**/122
Anders, Christian, **17**/27
Arendt, Claus, **90**/101; **01**/103
Arlt, Joachim, **96**/15
Arnds, Wolfgang, **78**/109; **81**/96
Arndt, Horst, **92**/84
Arnold, Karlheinz, **90**/41
Aurnhammer, Hans Eberhardt, **78**/48

Balkow, Dieter, **87**/87; **95**/51
Bauder, Paul-Hermann, **97**/91
Baust, Eberhard, **91**/72
Becker, Klaus, **98**/32
Becker, Norbert, **12**/112
Beddoe, Robin, **04**/94
Berg, Alexander, **07**/117
Beyen, Kai, **14**/140
Bindhardt, Walter, **75**/7
Blaich, Jürgen, **98**/101
Bleutge, Katharina, **13**/16
Bleutge, Peter, **79**/22; **80**/7; **88**/24; **89**/9; **90**/9; **92**/20; **93**/17; **97**/25; **99**/46; **00**/26; **02**/14; **04**/15
Boldt, Antje, **17**/1
Bölling, Willy H., **90**/35
Böshagen, Fritz, **78**/11
Borsch-Laaks, Robert, **97**/35; **09**/119; **10**/35; **12**/50
Bosseler, Bert, **12**/137; **17**/49
Bossenmayer, Horst-J., **05**/10
Brameshuber, Wolfgang, **02**/69
Brand, Hermann, **77**/86
Braun, Eberhard, **88**/135; **99**/59, **02**/87
Brenne, Winfried, **96**/65
Brüggemann, Thomas, **17**/49
Buecher, Bodo, **13**/105
Buss, Eckart, **99**/105

Cammerer, Walter F., **75**/39; **80**/57
Casselmann, Hans F., **82**/63; **83**/57
Colling, François, **06**/65
Cziesielski, Erich, **83**/38; **89**/95; **90**/91; **91**/35; **92**/125; **93**/29; **97**/119; **98**/40; **01**/50; **02**/40; **04**/50

Dahmen, Günter, **82**/54; **83**/85; **84**/105; **85**/76; **86**/38; **87**/80; **88**/111; **89**/41; **90**/80; **91**/49; **92**/106; **93**/85; **94**/35; **95**/135; **96**/94; **97**/70; **98**/92; **99**/72; **00**/33; **01**/71; **03**/31
Dahmen, Heinz-Peter, **07**/169
Dartsch, Bernhard, **81**/75
Deitschun, Frank, **12**/107
Döbereiner, Walter, **82**/11
Dorff, Robert, **03**/15
Draerger, Utz, **94**/118
Dupp, Alexander, **15**/147

Ebeling, Karsten, **99**/81; **06**/38; **09**/69; **14**/84; **17**/121
Eckrich, Wolfgang, **16**/79
Ehm, Herbert, **87**/9; **92**/42
Eicke-Hennig, Werner, **06**/105
Erhorn, Hans, **92**/73; **95**/35
Eschenfelder, Dieter, **98**/22
Esser, Elmar, **08**/104

Fechner, Otto, **04**/100
Feist, Wolfgang, **09**/41
Fischer, Erik, **17**/166
Fix, Wilhelm, **91**/105
Flohrer, C., **11**/75
Fouad, Nabil A., **12**/92
Franke, Lutz, **96**/49
Franzki, Harald, **77**/7; **80**/32
Friedrich, Rolf, **93**/75
Fritz, Martin, **07**/79
Froelich, Hans H., **95**/151; **00**/92; **06**/100
Fuhrmann, Günter, **96**/56

Gabrio, Thomas, **03**/94
Gehrmann, Werner, **78**/17
Gerner, Manfred, **96**/74
Gertis, Karl A., **79**/40; **80**/44; **87**/25; **88**/38
Gerwers, Werner, **95**/13
Gieler, Rolf P., **08**/81
Gierga, Michael, **03**/55
Gierlinger, Erwin, **98**/57; **98**/85
Gösele, Karl, **78**/131
Götz, Jürgen, **12**/71
Graeve, Holger, **03**/127
Graubner, Carl-Alexander, **14**/39
Groß, Herbert, **75**/3
Grosser, Dietger, **88**/100, **94**/97
Grube, Horst, **83**/103
Grün, Eckard, **81**/61
Grünberger, Anton, **01**/39
Grunau, Edvard B., **76**/163

Register 1975–2017   211

Günter, Martin, **17**/142

Haack, Alfred, **86**/76; **97**/101
Haferland, Friedrich, **84**/33
Halstenberg, Michael, **16**/105
Hankammer, Gunter, **07**/125
Harazin, Holger **13**/56
Hartmann, Thomas, **14**/121
Hauser, Gerd; Maas, Anton, **91**/88
Hauser, Gerd, **92**/98
Haushofer, Bert A., **05**/38
Hausladen, Gerhard, **92**/64
Haustein, Tilo, **08**/124
Heck, Friedrich, **80**/65
Hegger, Thomas, **11**/50
Hegner, Hans-Dieter, **01**/10; **01**/57
Heide, Michael, **10**/103
Heinrich, Gabriele, **09**/142
Heldt, Petra, **07**/61
Henseleit, Rainer, **17**/23
Herken, Gerd, **77**/89; **88**/77; **97**/92
Herold, Christian, **05**/15; **08**/93; **11**/99; **14**/66; **16**/135; **17**/70; **17**/90
Herzberg, Heinz-Christian, **15**/119
Hilmer, Klaus, **90**/69; **01**/27
Hirschberg, Rainer **13**/135
Hoch, Eberhard, **75**/27; **86**/93; **11**/67
Hohmann, Rainer, **07**/66
Höffmann, Heinz, **81**/121
Holm, Andreas, **15**/109
Honsinger, Detlef J., **15**/123
Horstmann, Herbert, **95**/142
Horstmann, Michael, **17**/96
Horstschäfer, Heinz-Josef, **77**/82
Hübler, Manfred, **90**/121
Hummel, Rudolf, **82**/30; **84**/89
Hupe, Hans-H., **94**/139

Ihle, Martin, **04**/119
Irle, Achim, **10**/139

Jäger, Wolfram **13**/87
Jagenburg, Walter, **80**/24; **81**/7; **83**/9; **84**/16; **85**/9; **86**/18; **87**/16; **88**/9; **90**/17; **91**/27; **96**/9; **97**/17; **99**/34; **01**/5
Jansen, Günther, **07**/1; **13**/1
Jebrameck, Uwe, **94**/146
Jeran, Alois, **89**/75
Jürgensen, Nikolai, **81**/70; **91**/111

Kabrede, Hans-Axel, **99**/135
Käser, Reimund, **13**/145
Kamphausen, P. A., **90**/135; **90**/143
Karg, Gerhard, **12**/63
Kehl, Daniel, **15**/101
Keldungs, Karl-Heinz, **01**/1
Keppeler, Stephan, **07**/155; **10**/62

Keskari-Angersbach, Jutta, **06**/22; **10**/83
Kießl, Kurt, **92**/115; **94**/64
Kirtschig, Kurt, **89**/35
Klaas, Helmut, **04**/38
Klein, Wolfgang, **80**/94
Klingelhöfer, Gerhard, **10**/70; **15**/131; **17**/58
Klocke, Wilhelm, **81**/31
Klopfer, Heinz, **83**/21; **99**/90
Kniese, Arnd, **87**/68
Kniffka, Rolf, **14**/1
Knöfel, Dietbert, **83**/66
Knop, Wolf D., **82**/109
Kodim, Corinna, **14**/114
König, Norbert, **84**/59; **13**/43
Kohls, Arno, **99**/100, **02**/83, **07**/93; **17**/33
Kolb, E. A., **95**/23
Kotthof, Ingolf, **13**/108
Krajewski, Wolfgang, **17**/41
Kramer, Carl; Gerhardt, H. J.; Kuhnert, B., **79**/49
Krause, Hans-Jürgen, **17**/96
Krings, Jürgen, **97**/95; **05**/100
Krupka, Bernd W., **11**/84
Künzel, Hartwig M., **97**/78
Künzel, Helmut, **80**/49; **82**/91; **85**/83; **88**/45; **89**/109; **96**/78; **98**/70; **98**/90
Künzel, Helmut; Großkinsky, Theo, **93**/38
Kurth, Norbert, **97**/114

Laidig, Matthias, **06**/84
Lange, Michael, **15**/51
Lamers, Reinhard, **86**/104; **87**/60; **88**/82; **89**/55; **90**/130; **91**/82; **93**/108; **94**/130; **96**/31; **99**/141; **00**/100; **01**/111
Liebert, Géraldine, **10**/50; **12**/126; **15**/20; **16**/1; **17**/6
Liebheit, Uwe, **08**/1; **08**/108; **09**/10; **09**/148; **11**/1; **12**/1; **14**/10; **15**/01
Liersch, Klaus W., **84**/94; **87**/101; **93**/46
Löfflad, Hans, **95**/127
Lohmeyer, Gottfried, **86**/63
Lohrer, Wolfgang, **94**/112
Lühr, Hans Peter, **84**/47

Maas, Anton, **13**/8; **14**/49
Mantscheff, Jack, **79**/67
Mauer, Dietrich, **91**/22
Mayer, Horst, **78**/90
Meiendresch, Uwe, **10**/1
Meisel, Ulli, **96**/40
Memmert, Albrecht, **95**/92
Metzemacher, Heinrich, **00**/56
Meyer, Günter, **10**/93
Meyer, Hans Gerd, **78**/38; **93**/24
Meyer, Udo, **10**/100
Meyer-Ricks, Wolf D., **12**/23
Michels, Kurt, **11**/32; **11**/108
Moelle, Peter, **76**/5

Mohrmann, Martin, **16**/50
Moriske, Heinz-Jörn, **00**/86; **01**/76; **03**/113;
   05/70; **07**/151; **10**/12; **12**/117; **14**/127;
   15/37; **16**/144; **17**/154
Motzke, Gerd, **94**/9; **95**/9; **98**/9; **02**/1; **04**/01;
   05/01; **06**/1
Müller, Klaus, **81**/14
Muhle, Hartwig, **94**/114
Muth, Wilfried, **77**/115
Neubrand, Harold, **16**/161
Neuenfeld, Klaus, **89**/15
Nieberding, Felix, **07**/09
Niepmann, Hans-Ulrich, **09**/136
Nitzsche, Frank, **09**/159
Nuss, Ingo, **96**/81

Obenhaus, Norbert, **76**/23; **77**/17
Oster, Karl Ludwig, **98**/50
Oswald, Martin, **11**/41; **12**/81; **16**/21
Oswald, Rainer, **76**/109; **78**/79; **79**/82; **81**/108;
   82/36; **83**/113; **84**/71; **85**/49; **86**/32; **86**/71;
   87/94; **87**/21; **88**/72; **89**/115; **91**/96; **92**/90;
   93/100; **94**/72; **95**/119; **96**/23; **97**/63; **97**/84;
   98/27; **98**/108; **99**/9; **99**/121; **00**/9; **00**/80,
   01/20; **02**/26, **02**/74; **02**/101; **03**/72; **03**/120;
   04/103; **05**/46; **05**/88; **05**/92; **05**/110; **06**/47;
   06/94; **07**/40; **08**/16; **08**/91; **09**/1; **09**/133;
   09/172; **10**/89; **11**/91; **11**/146; **12**/30;
   12/104; **13**/101; **13**/128; **14**/100

Patitz, Gabriele, **13**/73
Pauls, Norbert, **89**/48
Pfefferkorn, Werner, **76**/143; **89**/61; **91**/43
Pilny, Franz, **85**/38
Pöter, Hans, **06**/29
Pohl, Reiner, **98**/77
Pohl, Sebastian, **14**/39
Pohl, Wolf-Hagen, **87**/30; **95**/55
Pohlenz, Rainer, **82**/97; **88**/121; **95**/109; **03**/134;
   09/35; **10**/119; **14**/27; **16**/86
Pott, Werner, **79**/14; **82**/23; **84**/9
Prinz, Helmut, **90**/61
Pult, Peter, **92**/70
Pruß, Rainer, **15**/89

Quack, Friedrich, **00**/69

Rahn, Axel C., **01**/95
Ranke, Hermann, **04**/126
Rapp, Andreas, **04**/87
Raupach, Michael, **08**/63, **17**/106
Reichert, Hubert, **77**/101
Reiß, Johann, **01**/59
Resch, Michael K., **17**/160
Rodinger, Christoph, **02**/79
Rogier, Dietmar, **77**/68; **79**/44; **80**/81; **81**/45;
   82/44; **83**/95; **84**/79; **85**/89; **86**/111

Rossa, Michael, **14**/145
Royar, Jürgen, **94**/120
Ruffert, Günther, **85**/100; **85**/58
Ruhnau, Ralf, **99**/127, **07**/54
Rühle, Josef, **11**/59; **14**/59

Sand, Friedhelm, **81**/103
Sangenstedt, Hans Rudolf, **97**/9
Schaupp, Wilhelm, **87**/109
Schellbach, Gerhard, **91**/57
Scheller, Herbert, **03**/61
Scherer, Christian, **13**/115
Schießl, Peter, **91**/100; **02**/33; **02**/49
Schickert, Gerald, **94**/46
Schild, Erich, **75**/13; **76**/43; **76**/79; **77**/49;
   77/76; **78**/65; **78**/5; **79**/64; **79**/33; **80**/38;
   81/25; **81**/113; **82**/7; **82**/76; **83**/15; **84**/22;
   84/76; **85**/30; **86**/23; **87**/53; **88**/32; **89**/27;
   90/25; **92**/33
Schlapka, Franz-Josef, **94**/26; **02**/57
Schlotmann, Bernhard, **81**/128
Schnell, Werner, **94**/86
Schmid, Josef, **95**/74
Schmieskors, Ernst, **06**/61
Schnutz, Hans H., **76**/9
Schubert, Peter, **85**/68; **89**/87; **94**/79; **98**/82;
   04/29
Schulz, Wolf-Dieter, **08**/43
Schulze, Horst, **88**/88; **93**/54
Schulze, Jörg, **95**/125
Schulze-Hagen, Alfons, **00**/15; **03**/1; **05**/31;
   10/07
Schumann, Dieter, **83**/119; **90**/108
Schürger, Uwe, **13**/64
Schütze, Wilhelm, **78**/122
Schrepfer, Thomas, **04**/50
Sedlbauer, Klaus, **03**/77
Seibel, Mark, **14**/107; **16**/99
Seiffert, Karl, **80**/113
Sieberath, Ulrich, **08**/138
Siegburg, Peter, **85**/14
Simonis, Udo, **05**/90; **07**/102
Soergel, Carl, **79**/7; **89**/21; **99**/13
Sommer, Hans-Peter, **11**/95
Sommer, Mario, **14**/76; **16**/31
Sous, Silke, **05**/46; **10**/50; **12**/81; **16**/149
Spilker, Ralf, **10**/19
Spitzner, Martin H., **03**/41; **11**/132
Stauch, Detlef, **93**/65; **97**/50; **97**/98; **99**/65;
   05/58
Staudt, Michael, **04**/26
Steger, Wolfgang, **93**/69
Steinhöfel, Hans-Joachim, **86**/51
Stemmann, Dietmar, **79**/87
Stürmer, Sylvia, **16**/41
Szewzyk, Regine, **12**/117

Tanner, Christoph, **93**/92; **03**/21; **13**/33
Tetz, Christoph, **07**/162
Thomas, Stefan, **05**/64
Treeck, Christoph van, **17**/166
Tredopp, Rainer, **94**/21
Trümper, Heinrich, **82**/81; **92**/54

Ubbelohde, Helge-Lorenz, **03**/6; **06**/70
Ulonska, Dietmar, **12**/144
Urbanek, Dirk H., **15**/64
Usemann, Klaus W., **88**/52

Vater, Ernst-Joachim, **11**/112
Venter, Eckard, **79**/101
Venzmer, Helmuth, **01**/81; **08**/74
Vogdt, Franz Ulrich, **08**/22
Vogel, Eckhard, **92**/9; **00**/72
Vogel, Klaus **16**/149
Vogler, Ingrid, **06**/90
Volland, Johannes, **15**/139
Voos, Rudolf, **00**/62
Vygen, Klaus, **86**/9;

Walther, Wilfried, **13**/51
Warkus, Jürgen, **16**/61; **17**/130
Warmbrunn, Dietmar, **99**/112
Warscheid, Thomas, **07**/135; **16**/71

Weber, Helmut, **89**/122; **96**/105
Weber, Ulrich, **90**/49
Weidhaas, Jutta, **94**/17; **04**/09
Weißert, Markus, **12**/35
Werner, Ulrich, **88**/17; **91**/9; **93**/9
Wesche, Karlhans; Schubert, P., **76**/121
Wetzel, Christian, **01**/43
Wigger, Heinrich, **15**/80
Willmann, Klaus, **95**/133
Wilmes, Klaus, **11**/120
Winter, Stefan, **05**/74; **08**/115; **09**/109
Wiegrink, Karl-Heinz, **04**/62
Wirth, Stefan, **08**/54
Wolf, Gert, **79**/38; **86**/99
Wolff, Dieter, **00**/42

Zander, Joachim, **17**/166
Zanocco, Erich, **02**/94
Zeller, Joachim, **01**/65
Zeller, M.; Ewert, M. **92**/65
Ziegler, Martin, **09**/95
Zimmermann, Günter, **77**/26; **79**/76; **86**/57
Zöller, Matthias, **05**/80; **06**/15; **07**/20; **08**/30; **09**/84; **10**/132; **11**/21; **11**/120; **12**/17; **13**/25; **13**/142; **14**/37; **14**/133; **15**/40, **15**/114; **16**/94; **16**/116; **17**/111

Die Vorträge der Aachener Bausachverständigentage, geordnet nach Jahrgängen, Referenten und Themen

(die fettgedruckte Ziffer kennzeichnet das Jahr; die zweite Ziffer die erste Seite des Aufsatzes)

75/3
Groß, Herbert
Forschungsförderung des Landes Nordrhein-Westfalen.

75/7
Bindhardt, Walter
Der Bausachverständige und das Gericht.

75/13
Schild, Erich
Ziele und Methoden der Bauschadensforschung.
Dargestellt am Beispiel der Untersuchung des Schadensschwerpunktes Dächer, Dachterrassen, Balkone.

75/27
Hoch, Eberhard
Konstruktion und Durchlüftung zweischaliger Dächer.

75/39
Cammerer, Walter F.
Rechnerische Abschätzung der Durchfeuchtungsgefahr von Dächern infolge von Wasserdampfdiffusion.

76/5
Moelle, Peter
Aufgabenstellung der Bauschadensforschung.

76/9
Schnutz, Hans H.
Das Beweissicherungsverfahren. Seine Bedeutung und die Rolle des Sachverständigen.

76/23
Obenhaus, Norbert
Die Haftung des Architekten gegenüber dem Bauherrn.

76/43
Schild, Erich
Das Berufsbild des Architekten und die Rechtsprechung.

76/79
Schild, Erich
Untersuchung der Bauschäden an Außenwänden und Öffnungsanschlüssen.

76/109
Oswald, Rainer
Schäden am Öffnungsbereich als Schadensschwerpunkt bei Außenwänden.

76/121
Wesche, Karlhans; Schubert, Peter
Risse im Mauerwerk Ursachen, Kriterien, Messungen.

76/143
Pfefferkorn, Werner
Längenänderungen von Mauerwerk und Stahlbeton infolge von Schwinden und Temperaturveränderungen.

76/163
Grunau, Edvard B.
Durchfeuchtung von Außenwänden.

77/7
Franzki, Harald
Die Zusammenarbeit von Richter und Sachverständigem, Probleme und Lösungsvorschläge.

77/17
Obenhaus, Norbert
Die Mitwirkung des Architekten beim Abschluß des Bauvertrages.

77/26
Zimmermann, Günter
Zur Qualifikation des Bausachverständigen.

77/49
Schild, Erich
Untersuchung der Bauschäden an Kellern, Dränagen und Gründungen.

77/68

Register 1975–2017   215

Rogier, Dietmar
Schäden und Mängel am Dränagesystem.

77/76
Schild, Erich
Nachbesserungsmaßnahmen bei Feuchtigkeitsschäden an Bauteilen im Erdreich.

77/82
Horstschäfer, Heinz-Josef
Nachträgliche Abdichtungen mit starren Innendichtungen.

77/86
Brand, Hermann
Nachträgliche Abdichtungen auf chemischem Wege.

77/89
Herken, Gerd
Nachträgliche Abdichtungen mit bituminösen Stoffen.

77/101
Reichert, Hubert
Abdichtungsmaßnahmen an erdberührten Bauteilen im Wohnungsbau.

77/115
Muth, Wilfried
Dränung zum Schutz von Bauteilen im Erdreich.

78/5
Schild, Erich
Architekt und Bausachverständiger.

78/11
Böshagen, Fritz
Das Schiedsgerichtsverfahren.

78/17
Gehrmann, Werner
Abgrenzung der Verantwortungsbereiche zwischen Architekt, Fachingenieur und ausführendem Unternehmer.

78/38
Meyer, Hans-Gerd
Normen, bauaufsichtliche Zulassungen, Richtlinien, Abgrenzungen der Geltungsbereiche.

78/48
Aurnhammer, Hans Eberhardt Verfahren zur Bestimmung von Wertminderungen bei Baumängeln und Bauschäden.

78/65
Schild, Erich
Untersuchung der Bauschäden an Innenbauteilen.

78/79
Oswald, Rainer
Schäden an Oberflächenschichten von Innenbauteilen.

78/90
Mayer, Horst
Verformungen von Stahlbetondecken und Wege zur Vermeidung von Bauschäden.

78/109
Arnds, Wolfgang
Rißbildungen in tragenden und nicht-tragenden Innenwänden und deren Vermeidung.

78/122
Schütze, Wilhelm
Schäden und Mängel bei Estrichen.

78/131 Gösele, Karl
Maßnahmen des Schallschutzes bei Decken, Prüfmöglichkeiten an ausgeführten Bauteilen.

79/7
Soergel, Carl
Die Prozeßrisiken im Bauprozeß.

79/14
Pott, Werner
Gesamtschuldnerische Haftung von Architekten, Bauunternehmern und Sonderfachleuten.

79/22
Bleutge, Peter
Umfang und Grenzen rechtlicher Kenntnisse des öffentlich bestellten Sachverständigen.

79/33
Schild, Erich
Dächer neuerer Bauart, Probleme bei der Planung und Ausführung.

79/38
Wolf, Gert
Neue Dachkonstruktionen, Handwerkliche Probleme und Berücksichtigung bei den

Festlegungen, der Richtlinien des Dachdeckerhandwerks Kurzfassung.

79/40
Gertis, Karl A.
Neuere bauphysikalische und konstruktive Erkenntnisse im Flachdachbau.

79/44
Rogier, Dietmar
Sturmschaden an einem leichten Dach mit Kunststoffdichtungsbahnen.

79/49
Kramer, Carl; Gerhardt, H. J.; Kuhnert, B. Die Windbeanspruchung von Flachdächern und deren konstruktive Berücksichtigung.

79/64
Schild, Erich
Fallbeispiel eines Bauschadens an einem Sperrbetondach.

79/67
Mantscheff, Jack
Sperrbetondächer, Konstruktion und Ausführungstechnik.

79/76
Zimmermann, Günter
Stand der technischen Erkenntnisse der Konstruktion Umkehrdach.

79/82
Oswald, Rainer
Schadensfall an einem Stahltrapezblechdach mit Metalleindeckung.

79/87
Stemmann, Dietmar
Konstruktive Probleme und geltende Ausführungsbestimmungen bei der Erstellung von Stahlleichtdächern.

79/101
Venter, Eckard
Metalleindeckungen bei flachen und flachgeneigten Dächern.

80/7
Bleutge, Peter
Die Haftung des Sachverständigen für fehlerhafte Gutachten im gerichtlichen und außergerichtlichen Bereich, aktuelle Rechtslage und Gesetzgebungsvorhaben.

80/24
Jagenburg, Walter
Architekt und Haftung.

80/32
Franzki, Harald
Die Stellung des Sachverständigen als Helfer des Gerichts, Erfahrungen und Ausblicke.

80/38
Schild, Erich
Veränderung des Leistungsbildes des Architekten im Zusammenhang, mit erhöhten Anforderungen an den Wärmeschutz.

80/44
Gertis, Karl A.
Auswirkung zusätzlicher Wärmedämmschichten auf das bauphysikalische Verhalten von Außenwänden.

80/49
Künzel, Helmut
Witterungsbeanspruchung von Außenwänden, Regeneinwirkung und thermische Beanspruchung.

80/57
Cammerer, Walter F.
Wärmdämmstoffe für Außenwände, Eigenschaften und Anforderungen.

80/65
Heck, Friedrich
Außenwand Dämmsysteme, Materialien, Ausführung, Bewährung.

80/81
Rogier, Dietmar
Untersuchung der Bauschäden an Fenstern.

80/94
Klein, Wolfgang
Der Einfluß des Fensters auf den Wärmehaushalt von Gebäuden.

80/113
Seiffert, Karl
Die Erhöhung des optimalen Wärmeschutzes von Gebäuden bei erheblicher Verteuerung der Wärme-Energie.

81/7
Jagenburg, Walter
Nachbesserung von Bauschäden in juristischer Sicht.

81/14
Müller, Klaus
Der Nachbesserungsanspruch seine Grenzen.

81/25
Schild, Erich
Probleme für den Sachverständigen bei der Entscheidung von Nachbesserungen.

81/31
Klocke, Wilhelm
Preisabschätzung bei Nachbesserungsarbeiten und Ermittlung von Minderwerten.

81/45
Rogier, Dietmar
Grundüberlegungen bei der Nachbesserung von Dächern.

81/61
Grün, Eckard
Beispiel eines Bauschadens am Flachdach und seine Nachbesserung.

81/70
Jürgensen, Nikolai
Beispiel eines Bauschadens am Balkon/Loggia und seine Nachbesserung.

81/75
Dartsch, Bernhard
Nachbesserung von Bauschäden an Bauteilen aus Beton.

81/96
Arnds, Wolfgang
Grundüberlegungen bei der Nachbesserung von Außenwänden.

81/103
Sand, Friedhelm
Beispiel eines Bauschadens an einer Außenwand mit nachträglicher Innendämmung und seine Nachbesserung.

81/108
Oswald, Rainer
Beispiel eines Bauschadens an einer Außenwand mit Riemchenbekleidung und seine Nachbesserung.

81/113
Schild, Erich
Grundüberlegungen bei der Nachbesserung von erdberührten Bauteilen.

81/121
Höffmann, Heinz
Beispiel eines Bauschadens an einem Keller in Fertigteilkonstruktion und seine Nachbesserung.

81/128
Schlotmann, Bernhard
Beispiel eines Bauschadens an einem Keller mit unzureichender Abdichtung und seine Nachbesserung.

82/7
Schild, Erich
Die besondere Situation des Architekten bei der Anwendung neuer Regelwerke und DIN-Vorschriften.

82/11
Döbereiner, Walter
Die Haftung des Sachverständigen im Zusammenhang mit den anerkannten Regeln der Technik.

82/23
Pott, Werner
Haftung von Planer und Ausführendem bei Verstößen gegen allgemein anerkannte Regeln der Bautechnik.

82/30
Hummel, Rudolf
Die Abdichtung von Flachdächern.

82/36
Oswald, Rainer
Zur Belüftung zweischaliger Dächer.

82/44
Rogier, Dietmar
Dachabdichtungen mit Bitumenbahnen.

82/54
Dahmen, Günter
Die neue DIN 4108 und die Wärmeschutzverordnung, ihre Konsequenzen für Planer und Ausführende, winterlicher und sommerlicher Wärmeschutz.

82/63
Casselmann, Hans F.
Die neue DIN 4108 und die Wärmeschutzverordnung, ihre Konsequenzen für Planer und Ausführende, Tauwasserschutz im Inneren von Bauteilen nach DIN 4108, Ausg. 1981.

82/76
Schild, Erich
Zum Problem der Wärmebrücken; das Sonderproblem der geometrischen Wärmebrücke.

82/81
Trümper, Heinrich
Wärmeschutz und notwendige Raumlüftung in Wohngebäuden.

82/91
Künzel, Helmut
Schlagregenschutz von Außenwänden, Neufassung in DIN 4108.

82/97
Pohlenz, Rainer
Die neue DIN 4109 Schallschutz im Hochbau, ihre Konsequenzen für Planer und Ausführende.

82/109
Knop, Wolf D.
Wärmedämm-Maßnahmen und ihre schalltechnischen Konsequenzen.

83/9
Jagenburg, Walter
Abweichen von vertraglich vereinbarten Ausführungen und Änderungen bei der Nachbesserung.

83/15
Schild, Erich
Verhältnismäßigkeit zwischen Schäden und Schadensermittlung, Ausforschung Hinzuziehen von Sonderfachleuten.

83/21
Klopfer, Heinz
Bauphysikalische Betrachtungen zum Wassertransport und Wassergehalt in Außenwänden.

83/38
Cziesielski, Erich
Außenwände Witterungsschutz im Fugenbereich Fassadenverschmutzung.

83/57
Casselmann, Hans F.
Feuchtigkeitsgehalt von Wandbauteilen.

83/66
Knötel, Dietbert
Schäden und Oberflächenschutz an Fassaden.

83/78
Achtziger, Joachim
Meßmethoden Feuchtigkeitsmessungen an Baumaterialien.

83/85
Dahmen, Günter
Kritische Anmerkungen zur DIN 18195.

83/95
Rogier, Dietmar
Abdichtung erdberührter Aufenthaltsräume.

83/103
Grube, Horst
Konstruktion und Ausführung von Wannen aus wasserundurchlässigem Beton.

83/113
Oswald, Rainer
Abdichtung von Naßräumen im Wohnungsbau.

83/119
Schumann, Dieter
Schlämmen, Putze, Injektagen und Injektionen. Möglichkeiten und Grenzen der Bauwerkssanierung im erdberührten Bereich.

84/9
Pott, Werner
Regeln der Technik, Risiko bei nicht ausreichend bewährten Materialien und Konstruktionen Informationspflichten/-grenzen.

84/16
Jagenburg, Walter
Beratungspflichten des Architekten nach dem Leistungsbild des § 15 HOAI.

84/22
Schild, Erich
Fortschritt, Wagnis, Schuldhaftes Risiko.

84/33
Haferland, Friedrich
Wärmeschutz an Außenwänden Innen-, Kern- und Außendämmung, k-Wert und Speicherfähigkeit.

84/47
Lühr, Hans Peter
Kerndämmung Probleme des Schlagregens, der Diffusion, der Ausführungstechnik.

84/59
König, Norbert
Bauphysikalische Probleme der Innendämmung.

84/71
Oswald, Rainer
Technische Qualitätsstandards und Kriterien zu ihrer Beurteilung.

84/76
Schild, Erich
Flaches oder geneigtes Dach Weltanschauung oder Wirklichkeit.

84/79
Rogier, Dietmar
Langzeitbewährung von Flachdächern, Planung, Instandhaltung, Nachbesserung.

84/89
Hummel, Rudolf
Nachbesserung von Flachdächern aus der Sicht des Handwerkers.

84/94
Liersch, Klaus W.
Bauphysikalische Probleme des geneigten Daches.

84/105
Dahmen, Günter
Regendichtigkeit und Mindestneigungen von Eindeckungen aus Dachziegel und Dachsteinen, Faserzement und Blech.

85/9
Jagenburg, Walter
Umfang und Grenzen der Haftung des Architekten und Ingenieurs bei der Bauleitung.

85/14
Siegburg, Peter
Umfang und Grenzen der Hinweispflicht des Handwerkers.

85/30
Schild, Erich
Inhalt und Form des Sachverständigengutachtens.

85/38
Pilny, Franz
Mechanismus und Erfassung der Rißbildung.

85/49
Oswald, Rainer
Rissebildungen in Oberflächenschichten, Beeinflussung durch Dehnungsfugen und Haftverbund.

85/58
Rybicki, Rudolf
Setzungsschäden an Gebäuden, Ursachen und Planungshinweise zur Vermeidung.

85/68
Schubert, Peter
Rißbildung in Leichtmauerwerk, Ursachen und Planungshinweise zur Vermeidung.

85/76
Dahmen, Günter
DIN 18550 Putz, Ausgabe Januar 1985.

85/83
Künzel, Helmut
Anforderungen an die thermo-mechanischen Eigenschaften von Außenputzen zur Vermeidung von Putzschäden.

85/89
Rogier, Dietmar
Rissebewertung und Rissesanierung.

85/100
Ruffert, Günther
Ursachen, Vorbeugung und Sanierung von Sichtbetonschäden.

86/9
Vygen, Klaus
Die Beweismittel im Bauprozeß.

86/18
Jagenburg, Walter
Juristische Probleme im Beweissicherungsverfahren.

86/23
Schild, Erich
Die Nachbesserungsentscheidung zwischen Flickwerk und Totalerneuerung.

86/32
Oswald, Rainer
Zur Funktionssicherheit von Dächern.

86/38
Dahmen, Günter
Die Regelwerke zum Wärmeschutz und zur Abdichtung von genutzten Dächern.

86/51
Steinhöfel, Hans-Joachim
Nutzschichten bei Terrassendächern.

86/57
Zimmermann, Günter
Die Detailausbildung bei Dachterrassen.

86/63
Lohmeyer, Gottfried
Anforderungen an die Konstruktion von Parkdecks aus wasserundurchlässigem Beton.

86/71
Oswald, Rainer
Begrünte Dachflächen Konstruktionshinweise aus der Sicht des Sachverständigen.

86/76
Haack, Alfred
Parkdecks und befahrbare Dachflächen mit Gußasphaltbelägen.

86/93
Hoch, Eberhard
Detailprobleme bei bepflanzten Dächern.

86/99
Wolf, Gert
Begrünte Flachdächer aus der Sicht des Dachdeckerhandwerks.

86/104
Lamers, Reinhard
Ortungsverfahren für Undichtigkeiten und Durchfeuchtungsumfang.

86/111
Rogier, Dietmar
Grundüberlegungen und Vorgehensweise bei der Sanierung genutzter Dachflächen.

87/9
Ehm, Herbert
Möglichkeiten und Grenzen der Vereinfachung von Regelwerken aus der Sicht der Behörden und des DIN.

87/16
Jagenburg, Walter
Tendenzen zur Vereinfachung von Regelwerken, Konsequenzen für Architekten, Ingenieure und Sachverständige aus der Sicht des Juristen.

87/21
Oswald, Rainer
Grenzfragen bei der Gutachtenerstattung des Bausachverständigen.

87/25
Gertis, Karl A.
Speichern oder Dämmen?
Beitrag zur k-Wert-Diskussion.

87/30
Pohl, Wolf-Hagen
Konstruktive und bauphysikalische Problemstellungen bei leichten Dächern.

87/53
Schild, Erich
Das geneigte Dach über Aufenthaltsräumen, Belüftung Diffusion Luftdichtigkeit.

87/60
Lamers, Reinhard
Fallbeispiele zu Tauwasser- und Feuchtigkeitsschäden an leichten Hallendächern.

87/68
Kniese, Arnd
Großformatige Dachdeckungen aus Aluminium- und Stahlprofilen.

87/80
Dahmen, Günter
Stahltrapezblechdächer mit Abdichtung.

87/87
Balkow, Dieter
Glasdächer bauphysikalische und konstruktive Probleme.

87/94
Oswald, Rainer
Fassadenverschmutzung, Ursachen und Beurteilung.

87/101
Liersch, Klaus W.
Leichte Außenwandbekleidungen.

87/109
Schaupp, Wilhelm
Außenwandbekleidungen, Einschlägige DIN-Normen und bauaufsichtliche Regelungen.

88/9
Jagenburg, Walter
Die Produzentenhaftung, Bedeutung für den Baubereich.

88/17
Werner, Ulrich
Die Grenzen des Nachbesserungsanspruchs bei Bauschäden.

88/24
Bleutge, Peter
Aktuelle Aspekte der neuen Sachverständigenordnung, Werbung des Sachverständigen.

88/32
Schild, Erich
Fragen der Aus- und Fortbildung von Bausachverständigen.

88/38
Gertis, Karl A.
Temperatur und Luftfeuchte im Inneren von Wohnungen, Einflußfaktoren, Grenzwerte.

88/45
Künzel, Helmut
Instationärer Wärme- und Feuchteaustausch an Gebäudeinnenoberflächen.

88/52
Usemann, Klaus W.
Was muß der Bausachverständige über Schadstoffimmissionen im Gebäudeinneren wissen?

88/72
Oswald, Rainer
Der Feuchtigkeitsschutz von Naßräumen im Wohnungsbau nach dem neuesten Diskussionsstand.

88/77
Herken, Gerd
Anforderungen an die Abdichtung von Naßräumen des Wohnungsbaues in DIN-Normen.

88/82
Lamers, Reinhard
Abdichtungsprobleme bei Schwimmbädern, Problemstellung mit Fallbeispielen.

88/88
Schulze, Horst
Fliesenbeläge auf Gipsbauplatten und Spanplatten in Naßbereichen.

88/100
Grosser, Dietger
Der echte Hausschwamm (Serpula lacrimans), Erkennungsmerkmale, Lebensbedingungen, Vorbeugung und Bekämpfung.

88/111
Dahmen, Günter
Naturstein- und Keramikbeläge auf Fußbodenheizung.

88/121
Pohlenz, Rainer
Schallschutz von Holzbalkendecken bei Neubau- und Sanierungsmaßnahmen.

88/135
Braun, Eberhard
Maßgenauigkeit beim Ausbau, Ebenheitstoleranzen, Anforderung, Prüfung, Beurteilung.

89/9
Bleutge, Peter
Urheberschutz beim Sachverständigengutachten, Verwertung durch den Auftraggeber, Eigenverwertung durch den Sachverständigen.

89/15
Neuenfeld, Klaus
Die Feststellung des Verschuldens des objektüberwachenden Architekten durch den Sachverständigen.

89/21
Soergel, Carl
Die Prüfungs- und Hinweispflicht der am Bau Beteiligten.

89/27
Schild, Erich
Mauerwerksbau im Spannungsfeld zwischen architektonischer Gestaltung und Bauphysik.

89/35
Kirtschig, Kurt
Zur Funktionsweise von zweischaligem Mauerwerk mit Kerndämmung.

89/41
Dahmen, Günter
Wasseraufnahme von Sichtmauerwerk, Prüfmethoden und Aussagewert.

89/48
Pauls, Norbert
Ausblühungen von Sichtmauerwerk, Ursachen Erkennung Sanierung.

89/55
Lamers, Reinhard
Sanierung von Verblendschalen, dargestellt an Schadensfällen.

89/61
Pfefferkorn, Werner
Dachdecken- und Geschoßdeckenauflage bei leichten Mauerwerkskonstruktionen, Erläuterungen zur DIN 18530 vom März 1987.

89/75
Jeran, Alois
Außenputz auf hochdämmendem Mauerwerk, Auswirkung der Stumpfstoßtechnik.

89/87
Schubert, Peter
Aussagefähigkeit von Putzprüfungen an ausgeführten Gebäuden, Putzzusammensetzung und Druckfestigkeit.

89/95
Cziesielski, Erich
Mineralische Wärmedämmverbundsysteme, Systemübersicht, Befestigung und Tragverhalten, Rißsicherheit, Wärmebrückenwirkung, Detaillösungen.

89/109
Künzel, Helmut
Wärmestau und Feuchtestau als Ursachen von Putzschäden bei Wärmedämmverbundsystemen.

89/115
Oswald, Rainer
Die Beurteilung von Außenputzen, Strategien zur Lösung typischer Problemstellungen.

89/122
Weber, Helmut
Anstriche und rißüberbrückende Beschichtungssysteme auf Putzen.

90/9
Bleutge, Peter
Beweiserhebung statt Beweissicherung.

90/17
Jagenburg, Walter
Juristische Probleme bei Gründungsschäden.

90/25
Schild, Erich
Allgemein anerkannte Regeln der Bautechnik.

90/35
Bölling, Willy H.
Gründungsprobleme bei Neubauten neben Altbauten, zeitlicher Verlauf von Setzungen.

90/41
Arnold, Karlheinz
Erschütterungen als Rißursachen.

90/49
Weber, Ulrich
Bergbauliche Einwirkungen auf Gebäude, Abgrenzungen und Möglichkeiten der Sanierung und Vermeidung.

90/61
Prinz, Helmut
Grundwasserabsenkung und Baumbewuchs als Ursache von Gebäudesetzungen.

90/69
Hilmer, Klaus
Ermittlung der Wasserbeanspruchung bei erdberührten Bauwerken.

90/80
Dahmen, Günter
Dränung zum Schutz baulicher Anlagen, Neufassung DIN 4095.

90/91
Cziesielski, Erich
Wassertransport durch Bauteile aus wasserundurchlässigem Beton, Schäden und konstruktive Empfehlungen.

90/101
Arendt, Claus
Verfahren zur Ursachenermittlung bei Feuchtigkeitsschäden an erdberührten Bauteilen.

90/108
Schumann, Dieter
Nachträgliche Innenabdichtungen bei erdberührten Bauteilen.

90/121
Hübler, Manfred
Bauwerkstrockenlegung, Instandsetzung feuchter Grundmauern.

90/130
Lamers, Reinhard
Unfallverhütung beim Ortstermin.

90/135
Kamphausen, P. A.
Bewertung von Verkehrswertminderungen bei Gebäudeabsenkungen und Schieflagen.

90/143
Kamphausen, P. A.
Bausachverständige im Beweissicherungsverfahren.

91/9
Werner, Ulrich
Auslegung von HOAI und VOB, Aufgabe des Sachverständigen oder des Juristen?

91/22
Mauer, Dietrich
Auslegung und Erweiterung der Beweisfragen durch den Sachverständigen.

91/27
Jagenburg, Walter
Die außervertragliche Baumängelhaftung.

91/35
Cziesielski, Erich
Gebäudedehnfugen.

91/43
Pfefferkorn, Werner
Erfahrungen mit fugenlosen Bauwerken.

91/49
Dahmen, Günter
Dehnfugen in Verblendschalen.

91/57
Schellbach, Gerhard
Mörtelfugen in Sichtmauerwerk und Verblendschalen.

91/72
Baust, Eberhard
Fugenabdichtung mit Dichtstoffen und Bändern.

91/82
Lamers, Reinhard
Dehnfugenabdichtung bei Dächern.

91/88
Hauser, Gerd; Maas, Anton
Auswirkungen von Fugen und Fehlstellen in Dampfsperren und Wärmedämmschichten.

91/96
Oswald, Rainer
Grundsätze der Rißbewertung.

91/100 Schießl, Peter
Risse in Sichtbetonbauteilen.

91/105
Fix, Wilhelm
Das Verpressen von Rissen.

91/111
Jürgensen, Nikolai
Öffnungsarbeiten beim Ortstermin.

92/9
Vogel, Eckhard
Europäische Normung, Rahmenbedingungen, Verfahren der Erarbeitung, Verbindlichkeit, Grundlage eines einheitlichen europäischen Baumarktes und Baugeschehens.

92/20
Bleutge, Peter
Aktuelle Probleme aus dem Gesetz über die Entschädigung von Zeugen und Sachverständigen (ZSEG).

92/33
Schild, Erich
Zur Grundsituation des Sachverständigen bei der Beurteilung von Schimmelpilzschäden.

92/42
Ehm, Herbert
Die zukünftigen Anforderungen an die Energieeinsparung bei Gebäuden, die Neufassung der Wärmeschutzverordnung.

92/46
Achtziger, Joachim
Wärmebedarfsberechnung und tatsächlicher Wärmebedarf, die Abschätzung des erhöhten Heizkostenaufwandes bei Wärmeschutzmängeln.

92/54
Trümper, Heinrich
Natürliche Lüftung in Wohnungen.

92/64
Hausladen, Gerhard
Lüftungsanlagen und Anlagen zur Wärmerückgewinnung in Wohngebäuden.

92/65
Zeller, M.; Ewert, M.
Berechnung der Raumströmung und ihres Einflusses auf die Schwitzwasser- und Schimmelpilzbildung auf Wänden.

92/70
Pult, Peter
Krankheiten durch Schimmelpilze.

92/73
Erhorn, Hans
Bauphysikalische Einflußfaktoren auf das Schimmelpilzwachstum in Wohnungen.

92/84
Arndt, Horst
Konstruktive Berücksichtigung von Wärmebrücken, Balkonplatten, Durchdringungen, Befestigungen.

92/90
Oswald, Rainer
Die geometrische Wärmebrücke, Sachverhalt und Beurteilungskriterien.

92/98
Hauser, Gerd
Wärmebrücken, Beurteilungsmöglichkeiten und Planungsinstrumente.

92/106
Dahmen, Günter
Die Bewertung von Wärmebrücken an ausgeführten Gebäuden, Vorgehensweise, Meßmethoden und Meßprobleme.

92/115
Kießl, Kurt
Wärmeschutzmaßnahmen durch Innendämmung, Beurteilung und Anwendungsgrenzen aus feuchtetechnischer Sicht.

92/125
Cziesielski, Erich
Die Nachbesserung von Wärmebrücken durch Beheizung der Oberflächen.

93/9
Werner, Ulrich
Erfahrungen mit der neuen Zivilprozeßordnung zum selbständigen Beweisverfahren.

93/17
Bleutge, Peter
Der deutsche Sachverständige im EG-Binnenmarkt Selbständiger, Gesellschafter oder Angestellter, Tendenzen in der neuen Muster-SVO des DIHT.

93/24
Meyer, Hans Gerd
Brauchbarkeits-, Verwendbarkeits- und Übereinstimmungsnachweise nach der neuen Musterbauordnung.

93/29
Cziesielski, Erich
Belüftete Dächer und Wände, Stand der Technik.

93/38
Künzel, Helmut; Großkinsky, Theo
Das unbelüftete Sparrendach, Meßergebnisse, Folgerungen für die Praxis.

93/46
Liersch, Klaus W.
Die Belüftung schuppenförmiger Bekleidungen, Einfluß auf die Dauerhaftigkeit.

93/54
Schulze, Horst
Holz in unbelüfteten Konstruktionen des Wohnungsbaus.

93/65
Stauch, Detlef
Unbelüftete Dächer mit schuppenförmigen Eindeckungen aus der Sicht des Dachdeckerhandwerks.

93/69
Steger, Wolfgang
Die Tragkonstruktionen und Außenwände der Fertigungsbauarten in den neuen Bundesländern Mängel, Schäden mit Instandsetzungs-und Modernisierungshinweisen.

93/75
Friedrich, Rolf
Die Dachkonstruktionen der Fertigteilbauweisen in den neuen Bundesländern, Erfahrungen, Schäden, Sanierungsmethoden.

93/92
Tanner, Christoph
Die Messung von Luftundichtigkeiten in der Gebäudehülle.

93/85
Dahmen, Günter
Leichte Dachkonstruktionen über Schwimmbädern Schadenserfahrungen und Konstruktionshinweise.

93/100
Oswald, Rainer
Zur Prognose der Bewährung neuer Bauweisen, dargestellt am Beispiel der biologischen Bauweisen.

93/108
Lamers, Reinhard
Wintergärten, Bauphysik und Schadenserfahrung.

94/9
Motzke, Gerd
Mängelbeseitigung vor und nach der Abnahme Beeinflussen Bauzeitabschnitte die Sachverständigenbegutachtung?

94/17
Weidhaas, Jutta
Die Zertifizierung von Sachverständigen.

94/21
Tredopp, Rainer
Qualitätsmanagement in der Bauwirtschaft.

94/26
Schlapka, Franz-Josef
Qualitätskontrollen durch den Sachverständigen.

94/35
Dahmen, Günter
Die neue Wärmeschutzverordnung und ihr Einfluß auf die Gestaltung von Neubauten.

94/46
Schickert, Gerald
Feuchtemeßverfahren im kritischen Überblick.

94/64
Kießl, Kurt
Feuchteeinflüsse auf den praktischen Wärmeschutz bei erhöhtem Dämmniveau.

94/72
Oswald, Rainer
Baufeuchte Einflußgrößen und praktische Konsequenzen.

94/79
Schubert, Peter
Feuchtegehalte von Mauerwerkbaustoffen und feuchtebeeinflußte Eigenschaften.

94/86
Schnell, Werner
Das Trocknungsverhalten von Estrichen Beurteilung und Schlußfolgerungen für die Praxis.

94/97
Grosser, Dietger
Feuchtegehalte und Trocknungsverhalten von Holz und Holzwerkstoffen.

94/111
Oswald, Rainer
Das aktuelle Thema: Gesundheitsrisiken durch Faserdämmstoffe?
Konsequenzen für Planer und Sachverständige.

94/112
Lohrer, Wolfgang
Das aktuelle Thema: Gesundheitsrisiken durch Faserdämmstoffe?
Konsequenzen für Planer und Sachverständige.

94/114
Muhle, Hartwig
Das aktuelle Thema: Gesundheitsrisiken durch Faserdämmstoffe?
Konsequenzen für Planer und Sachverständige.

94/118
Draeger, Utz
Das aktuelle Thema: Gesundheitsrisiken durch Faserdämmstoffe?
Konsequenzen für Planer und Sachverständige.

94/120
Royar, Jürgen
Das aktuelle Thema: Gesundheitsrisiken durch Faserdämmstoffe?
Konsequenzen für Planer und Sachverständige.

94/124
Diskussion Gesundheitsgefährdung durch künstliche Mineralfasern?

94/128
Anhang zur Mineralfaserdiskussion Presseerklärung des Bundesministeriums für Umwelt, Naturschutz und Reaktorsicherheit und des Bundesministeriums für Arbeit vom 18. 3. 1994.

94/130
Lamers, Reinhard
Feuchtigkeit im Flachdach Beurteilung und Nachbesserungsmethoden.

94/139
Hupe, Hans-Heiko
Leitungswasserschäden Ursachenermittlung und Beseitigungsmöglichkeiten.

94/146 Jebrameck, Uwe
Technische Trocknungsverfahren.

95/9
Motzke, Gerd
Übertragung von Koordinierungs- und Planungsaufgaben auf Firmen und Hersteller, Grenzen und haftungsrechtliche Konsequenzen für Architekten und Ingenieure.

95/23
Kolb, E. A.
Die Rolle des Bausachverständigen im Qualitätsmanagement.

95/35
Erhorn, Hans
Die Bedeutung von Mauerwerksöffnungen für die Energiebilanz von Gebäuden.

95/51
Balkow, Dieter
Dämmende Isoliergläser Bauweise und bauphysikalische Probleme.

95/55
Pohl, Wolf-Hagen
Der Wärmeschutz von Fensteranschlüssen in hochwärmegedämmten Mauerwerksbauten.

95/74
Schmid, Josef
Funktionsbeurteilungen bei Fenstern und Türen.

95/92
Memmert, Albrecht
Das Berufsbild des unabhängigen Fassadenberaters.

95/109
Pohlenz, Rainer
Schallschutz Fenster und Lichtflächen.

95/119
Oswald, Rainer
Die Abdichtung von niveaugleichen Türschwellen.

95/125
Schulze, Jörg
Das aktuelle Thema: Der Streit um das „richtige" Fenster im Altbau.

95/127
Löfflad, Hans
Das aktuelle Thema: Der Streit um das „richtige" Fenster im Altbau.

95/131
Gerwers, Werner
Das aktuelle Thema: Der Streit um das „richtige" Fenster im Altbau.

95/133
Willmann, Klaus
Das aktuelle Thema: Der Streit um das „richtige" Fenster im Altbau.

95/135
Dahmen, Günter
Rolläden und Rolladenkästen aus bauphysikalischer Sicht.

95/142
Horstmann, Herbert
Lichtkuppeln und Rauchabzugsklappen Bauweisen und Abdichtungsprobleme.

95/151
Froelich, Hans
Dachflächenfenster Abdichtung und Wärmeschutz.

96/9
Jagenburg, Walter
Baumängel im Grenzbereich zwischen Gewährleistung und Instandhaltung

96/15
Arlt, Joachim
Die Instandsetzung als Planungsleistung Leistungsbild, Vertragsgestaltung, Honorierung, Haftung

96/23
Oswald, Rainer
Instandsetzungsbedarf und Instandsetzungsmaßnahmen am Altbaubestand Deutschlands ein Überblick

96/31
Lamers, Reinhard
Nachträglicher Wärmeschutz im Baubestand

96/40
Meisel, Ulli
Einfache Untersuchungsgeräte und -verfahren für Gebäudebeurteilungen durch den Sachverständigen

96/49
Franke, Lutz
Imprägnierungen und Beschichtungen auf Sichtmauerwerks- und Natursteinfassaden Entwicklungen und Erkenntnisse

96/56
Fuhrmann, Günter
Beschichtungssysteme für Flachdächer Beurteilungsgrundsätze und Leistungserwartungen

96/65
Brenne, Winfried
Balkoninstandsetzung und Loggiaverglasung Methoden und Probleme

96/74
Gerner, Manfred
Das aktuelle Thema: Die Fachwerksanierung im Widerstreit zwischen Nutzerwünschen, Wärmeschutzanforderungen und Denkmalpflege; Fachwerkinstandsetzung und Fachwerkmodernisierung aus der Sicht der Denkmalpflege

96/78
Künzel, Helmut
Das aktuelle Thema: Die Fachwerksanierung im Widerstreit zwischen Nutzerwünschen, Wärmeschutzanforderungen und Denkmalpflege; Instandsetzung und Modernisierung von Fachwerkhäusern für heutige Wohnanforderungen

96/81 Nuss, Ingo
Beurteilungsprobleme bei Holzbauteilen

96/94
Dahmen, Günter
Nachträgliche Querschnittsabdichtungen ein Systemvergleich

96/105
Weber, Helmut
Sanierputz im Langzeiteinsatz ein Erfahrungsbericht

97/9
Sangenstedt, Hans Rudolf
Rolle und Haftung des staatlich anerkannten Sachverständigen

97/17
Jagenburg, Walter
Dreißigjährige Gewährleistung als Regelfall? Das Organisationsverschulden

97/25
Bleutge, Peter
Erfahrungen mit dem ZSEG

97/35
Borsch-Laaks, Robert
Diskussionsstand und Regelwerke zur Luftdichtheit von Dächern

97/50
Stauch, Detlef
Neue Beurteilungskriterien für Unterdächer, Unterdeckungen und Unterspannungen im ausgebauten Dach

97/56
Adriaans, Richard
Zellulosedämmstoffe im geneigten Dach ein Erfahrungsbericht

97/63
Oswald, Rainer; Dahmen, Günter
Dämmelemente beim Dachausbau Systeme und Probleme

97/70
Dahmen, Günter
Das unbelüftete Blechdach und die Regelwerke des Klempnerhandwerks

97/78
Künzel, Hartwig M.
Untersuchungen an unbelüfteten Blechdächern

97/84
Oswald, Rainer
Pfützen auf dem Dach ein ewiger Streitpunkt?

97/91
Bauder, Paul-Hermann
Das aktuelle Thema: Argumente für einlagige Abdichtungen aus Bitumenbahnen

97/92
Herken, Gerd
Das aktuelle Thema: DIN 18195 Bauwerksabdichtungen, Teile 1-6, Entwurf Dezember 1996

97/95
Krings, Jürgen
Abdichtung mit Flüssigkunststoffen

97/98
Stauch, Detlef
Anforderungen an Dachabdichtungssysteme

97/100
Deutsche Bauchemie
Stellungnahme für den Tagungsband „Aachener Bausachverständigentage 1997"

97/101
Haack, Alfred
Die Abdichtung von Fugen in Flachdächern und Parkdecks aus WU-Beton

97/114
Kurth, Norbert
Schadenprobleme bei Pflasterbelägen auf Parkdecks und Parkplatzflächen

97/119 Cziesielski, Erich
Der Diskussionsstand beim Umkehrdach

98/9
Motzke, Gerd
Minderwert und Schadenersatzansprüche bei Baumängeln aus juristischer Sicht

98/22
Eschenfelder, Dieter Gebrauchstauglichkeit von Bauprodukten

98/27
Oswald, Rainer
Beurteilungsgrundsätze für hinzunehmende Unregelmäßigkeiten

98/32
Becker, Klaus
Moderner Holzbau Schwachstellen und Beurteilungsprobleme

98/40
Cziesielski, Erich
Keramische Beläge auf wärmegedämmten Außenwänden

98/50
Oster, Karl Ludwig
Die Nachbesserung und Sanierung von Wärmedämmverbundsystemen

98/57
Gierlinger, Erwin
Putz im Sockelbereich

98/70
Künzel, Helmut
Erfahrungen mit zweischaligem Mauerwerk Kerndämmung, Hinterlüftung, Vormauerschale, Außenputz

98/77
Pohl, Reiner
Beurteilungsprobleme bei Stürzen, Konsolen und Ankern in Verblendschalen

98/82
Schubert, Peter
Keine Probleme mit Putz auf Leichtmauerwerk

98/85
Gierlinger, Erwin
Putzrisse auf Leichtmauerwerk ist der Stein oder der Putz ursächlich?

98/90
Künzel, Helmut
Die Putze sind dem Mauerwerk anzupassen

98/92
Dahmen, Günter
Sonnenschutz in der Praxis Welcher Sonnenschutz ist bei nicht klimatisierten Gebäuden geschuldet?

98/101
Blaich, Jürgen
Algen auf Fassaden

98/108
Oswald, Rainer
Die Wasserführung auf Fassaden Fassadenverschmutzung und der Streit über die richtige Tropfkante

99/9
Oswald, Rainer
Neue Bauweisen und Bauschadensforschung

99/13 Soergel, Carl
Entwicklungen im privaten Baurecht

99/34
Jagenburg, Walter
Baurecht als Hemmschuh der technischen Entwicklung?

99/46
Bleutge, Peter
Entwicklungen im Berufsbild und in der Haftung des Sachverständigen

99/59
Braun, Eberhard
Die neue DIN 18 195 Bauwerksabdichtungen

99/65
Stauch, Detlef
Die Entwicklung des Regelwerkes des deutschen Dachdeckerhandwerks

99/72
Dahmen, Günter
Erfahrungen und Regeln zu spachtelbaren Naßraumabdichtungen

99/81
Ebeling, Karsten
Konstruktionsregeln für Wannen aus WU-Beton

99/90
Klopfer, Heinz
Wassertransport und Beschichtungen bei WU-Beton-Wannen

99/100
Kohls, Arno
Anwendungsmöglichkeiten und -grenzen von Dickbeschichtungen

99/105
Buss, Eckart
Bitumen als Abdichtungs-/Konservierungsstoff

99/112
Warmbrunn, Dietmar
Große VBN-Umfrage unter öffentlich bestellten und vereidigten (Bau-)Sachverständigen

99/121
Oswald, Rainer
Die Berücksichtigung von Dickbeschichtungen in DIN E 18 195: 1998-9

99/127
Ruhnau, Ralf
Abdichtungen von Neubauten mit Betonit

99/135
Kabrede, Hans-Axel
Nachträgliches Abdichten erdberührter Bauteile

99/141
Lamers, Reinhard
Prüfmethoden für Bauwerksabdichtungen

00/9
Oswald, Rainer
Qualitätsprobleme bei Bauträgerprojekten systembedingt?

00/15
Schulze-Hagen, Alfons
Die Haftung bei Qualitätskontrollen

00/26
Bleutge, Peter
Der Diskussionsstand zur Entschädigung des gerichtlich tätigen Sachverständigen

00/33
Dahmen, Günter
Die neue Energieeinsparverordnung Konsequenzen für die Baupraxis und die Arbeit des Sachverständigen

00/42
Wolff, Dieter
Haustechnik und Energieeinsparung Beurteilungsprobleme für den Sachverständigen

00/48
Achtziger, Joachim
Leisten neue Dämmmethoden, was sie versprechen?
Kalziumsilikatplatten, hochdämmende Beschichtungen -

00/56
Metzemacher, Heinrich
Gipsputz und Kalziumsulfatestrich im Wohnungsbad fehl am Platz?

00/62
Voos, Rudolf
Stolperstufen, Überzähne, Rutschgefahr Problemfälle bei Fliesenbelägen

00/69
Quack, Friedrich
DIN-Normen und andere technische Regeln ein nur bedingt geeigneter Bewertungsmaßstab?

00/72
Vogel, Eckhard
DIN-Normen und andere technische Regeln ein nur bedingt geeigneter Bewertungsmaßstab?

00/80
Oswald, Rainer
Die Bedeutung von technischen Regeln für die Arbeit des Bausachverständigen, erläutert am Beispiel der Dichtstoff-Fußboden-Randfuge

00/86
Moriske, Heinz-Jörn
Plötzlich auftretende „schwarze" Ablagerungen in Wohnungen das „Fogging"-Phänomen

00/92
Froelich, Hans
Haus- und Wohnungstüren: Verformungsprobleme und Schallschutz

00/100
Lamers, Reinhard
Die Bewährung innen gedämmter Fachwerkbauten

01/1
Keldungs, Karl-Heinz
Die „Unmöglichkeit" und „Unverhältnismäßigkeit" einer Nachbesserung aus juristischer Sicht

01/5
Jagenburg, Walter
Rechtliche Probleme bei Bauleistungen im Bestand

01/10
Hegner, Hans-Dieter
Die energetische Ertüchtigung des Baubestandes

01/20
Oswald, Rainer
Alte und neue Risse im Bestand Beurteilungsregeln und -probleme

01/27
Hilmer, Klaus
Schäden bei Unterfangungen die neue DIN 4123

01/39
Grünberger, Anton
Biozide, rissüberbrückende und schmutzabweisende Beschichtungen ein Erfahrungsbericht

01/42
Wetzel, Christian
Rechnerunterstützte, systematische Zustandsbeschreibung von Gebäuden der EPI-QRGebäudepass

01/50
Cziesielski, Erich
Hinterlüftete Wärmedämmverbundsysteme im Altbau sinnvoll oder risikoreich?

01/57
Hegner, Hans-Dieter
Das aktuelle Thema: Wie luftdicht muss ein Gebäude sein? Die Berücksichtigung der Luftdichtheit in der EnEV

01/59
Reiß, Johann
Das aktuelle Thema: Wie luftdicht muss ein Gebäude sein? Effektivität von Lüftungsanlagen
im praktischen Einsatz Wie groß ist der Einfluss des Nutzers?

01/67
Zeller, Joachim
Das aktuelle Thema: Wie luftdicht muss ein Gebäude sein?
Möglichkeiten und Grenzen der Luftdichtheitsprüfung

01/71
Dahmen, Günter
Das aktuelle Thema: Wie luftdicht muss ein Gebäude sein?
Typische Schwachstellen der Luftdichtheit; die Luftdichtheit als Beurteilungsproblem

01/76
Moriske, Heinz-Jörn
Das aktuelle Thema: Wie luftdicht muss ein Gebäude sein?
Luftwechselrate und Auswirkungen auf die Raumluftqualität

01/81
Venzmer, H.
Dauerthema aufsteigende Feuchte Programmierte Fehlschläge, Lösungsansätze und Perspektiven für die Baupraxis

01/95
Rahn, Axel C.
Bauteilheizung als Maßnahme gegen aufsteigende Feuchtigkeit

01/103
Arendt, Claus
Der Aussagewert und die Praxistauglichkeit von Feuchtemessmethoden bei aufsteigender Feuchtigkeit

01/111
Lamers, Reinhard
„Elektronische Wundermittel" und andere Exotika zur Beseitigung von Mauerfeuchte

02/01
Motzke, Gerd
Konsequenzen der Schuldrechtsreform für die Mangelbeurteilung durch den Sachverständigen

02/15
Bleutge, Peter
Die Haftung und Entschädigung des Sachverständigen auf der Grundlage neuer gesetzlicher Regelungen

02/27
Oswald, Rainer
Produktinformation und Bauschäden

02/34
Schießl, Peter
Die Beurteilung und Behandlung von Rissen in den neuen Regeln DIN 1045-1: 2001 und der Instandsetzungsrichtlinie für Betonbauteile

02/41
Cziesielski, Erich/Schrepfer, Thomas
Risse in Industriefußböden Ursachen und

Bewertung

02/50
Schießl, Peter
Streitpunkte bei Parkdecks: Gefällegebung und Oberflächenschutz unter Berücksichtigung der neuen Regelungen von DIN 1045

02/58
Schlapka, Franz-Josef
Fugen und Überzähne bei Fertigteildecken, Abweichungen bei Geschosshöhen und Durchgangsmaßen kritische Anmerkungen zur Anwendung der Maßtoleranzen Norm DIN 18202

02/70
Brameshuber, Wolfgang
WU-Beton nach neuer Norm

02/75
Oswald, Rainer
Pro + Kontra Das aktuelle Thema: Sind Abdichtungskombinationen im Druckwasser dauerhaft? Einleitung: Anwendungsfälle und Regelwerksituation zu Abdichtungskombinationen

02/80
Rodinger, Christoph
1. Beitrag: Abdichtungsbahnen und WU-Beton

02/84
Kohls, Arno
2. Beitrag: Kunststoffmodifizierte Bitumendickbeschichtungen und WU-Beton

02/88
Braun, Eberhard
3. Beitrag: Die Leistungsgrenzen von Kombinationen zwischen WU-Beton und hautförmigen Abdichtungen

02/95
Zanocco, Erich
Fliesen auf Stahlbetonuntergrund (Betonuntergrund)

02/102
Oswald, Rainer
Streitpunkte bei der Abdichtung erdberührter Bodenplatten

03/01
Schulze-Hagen, Alfons
Zum Begriff des wesentlichen Mangels in der VOB/B

03/06
Ubbelohde, Helge-Lorenz
Der notwendige Umfang und die Genauigkeitsgrenzen von Qualitätskontrollen und Abnahmen

03/15
Dorff, Robert
Die Praxis der Berücksichtigung von Wärmebrücken und Luftundichtheiten ein kritischer Erfahrungsbericht

03/21
Tanner, Christoph; Ghazi-Wakili Karim Wärmebrücken in Dämmstoffen

03/31
Dahmen, Günter
Beurteilung von Wärmebrücken Methoden und Praxishinweise für den Sachverständigen

03/41
Spitzner, Martin H.
Flankenübertragung und Fehlstellen bei Dampfsperren Wann liegt ein ernsthafter Mangel vor?

03/55
Gierga, Michael
Luftdichtheit von Ziegelmauerwerk Ursachen mangelnder Luftdichtheit und Problemlösungen

03/61
Oswald, Rainer
Theorie und Praxis der Fensteranschlüsse ein kommentiertes Fallbeispiel

03/66
Scheller, Herbert
Anschlussausbildung bei Fenstern und Türen Regelwerktheorie und Baustellenpraxis

03/77
Sedlbauer, Klaus; Krus Martin
Schimmelpilze aus der Sicht der Bauphysik: Wachstumsvoraussetzungen, Ursachen und Vermeidung

03/94
Gabrio, Thomas
Nachweis, Bewertung und Sanierung von Schimmelpilzschäden in Innenräumen

03/113
Moriske, Heinz-Jörn
Beurteilung von Schimmelpilzbefall in Innenräumen Fragen und Antworten

03/120
Oswald, Rainer
Schimmelpilzbewertung aus der Sicht des Bausachverständigen

03/127
Graeve, Holger
Praxisprobleme bei der Rissverspressung in Betonbauteilen mit hohem Wassereindringwiderstand

03/134
Pohlenz, Rainer
Schallbrücken Auswirkungen auf den Schallschutz von Decken, Treppen und Haustrennwänden

04/01
Motzke, Gerd
Tatsachenfeststellung und -bewertung durch den Sachverständigen Auswirkungen der Zivilprozessrechtsreform in 1. und 2. Instanz

04/09
Weidhaas, Jutta
Außergerichtliche Streitschlichtung durch den Sachverständigen

04/15
Bleutge, Peter
Die Novellierung des ZSEG durch das JVEG Das neue Justizvergütungs- und -entschädigungsgesetz (JVEG)

04/26
Staudt, Michael
Das neue JVEG aus der Sicht des BVS

04/29
Schubert, Peter
Neue Erkenntnisse zu Rissbildungen in tragendem Mauerwerk

04/38
Klaas, Helmut
Fugen und Risse in Verblendschalen und Bekleidungen

04/50
Cziesielski, Erich; Schrepfer, Thomas; Fechner, Otto
Beurteilung von Rissen im Putz von Wämedämmverbundsystemen aus technischer Sicht

04/62
Schießl, Peter; Wiegrink, Karl-Heinz Verformungsverhalten und Rissbildungen bei Calciumsulfat-Estrichen Die Spannungsbedingungen in Oberflächenschichten

04/87
Rapp, Andreas
Fugen bei Parkettböden und anderen Holzbelägen

04/94
Schießl, Peter; Beddoe, Robin Wassertransport in WU-Beton kein Problem!

04/100
Fechner, Otto
WU-Beton bei hochwertiger Nutzung: mit Belüftung sicherer!

04/103
Oswald, Rainer
Praktische Erfahrungen bei hochwertig genutzten Räumen mit WU-Betonbauteilen Anmerkungen zur neuen WU-Richtlinie des DAfStb

04/119
Ihle, Martin
Risse in Betonwerkstein

04/126
Ranke, Hermann
Standards für die Bauzustandsdokumentation vor Beginn von Baumaßnahmen

05/01
Motzke, Gerd
Behindert das Baurecht die Baurationalisierung?
Missverständnisse zwischen Recht und Technik am Beispiel der Flachdächer

05/10
Bossenmayer, Horst-J.
Qualitätsverlust durch europäische Normung? Eine kritische Würdigung

05/15
Herold, Christian
Europäische Normen und Zulassungen für Abdichtungsprodukte und ihre nationale Anwendung

05/31
Schulze-Hagen, Alfons
Die Abgrenzung der Verantwortlichkeit zwischen Planer und Dachdecker im Spiegel von Gerichtsentscheidungen

05/38
Haushofer, Bert A.
Qualitätsklassen bei Flachdächern Zur Neufassung der DIN 18531 Konsequenzen für die Vertragsgestaltung und die Dachbeurteilung

05/46
Oswald, Rainer/Sous, Silke
Praxisbewährung von Dachabdichtungen Zur Transparenz von Produkteigenschaften

05/58
Stauch, Detelf
Praktische Konsequenzen der neuen Windlastnormen Neue Formen der Windsogsicherung

05/64
Thomas, Stefan
Praktische Konsequenzen der neuen Dachentwässerungsnormen Erfahrungen mit Schwerkraft-und Unterdruckentwässerungen

05/70
Moriske, Heinz-Jörn
Sanierung von Schimmelpilzbefall: Der neue Leitfaden des Umweltbundesamtes Praktische Konsequenzen für den Bausachverständigen

05/74
Winter, Stefan
Schimmel unter Dachüberständen Zur Verwendung von Holzwerkstoffen im Dachbereich

05/80
Zöller, Matthias
Vereinfachte Dachdetails Zur Neufassung von DIN 18195-8/9 und DIN 18531-3

05/88
Oswald, Rainer
Bauaufsichtliche Prüfzeugnisse als Grundlage für zuverlässige Abdichtungsprodukte

05/90
Simonis, Udo
Bauaufsichtliche Prüfzeugnisse als Hemmschuh der Produktentwicklung

05/92
Oswald, Rainer
Aussagewert und Missbrauch von Prüfzeugnissen

05/100
Krings, Jürgen
Abdichtungen mit Flüssigkunststoffen Neue Entwicklungen und Regelwerksituation

05/110
Oswald, Rainer
Regeln zur Instandsetzung von Flachdächern Anmerkungen zum Teil 4 von DIN 18531

06/1
Motzke, Gerd
Gleichwertigkeit von Werkleistungen aus technischer und juristischer Sicht

06/15
Zöller, Matthias
Die energetische Gebäudequalität als Mangelstreitpunkt

06/22
Keskari-Angersbach, Jutta
Streithema Oberflächenqualität bei Putzen und Gipsbauplatten

06/29
Pöter, Hans
Bewertung von Unregelmäßigkeiten bei Stahlleichtbaufassaden

06/38
Ebeling, Karsten
Streitpunkte beim Sichtbeton Praxishinweise zu neuen Merkblättern

06/47
Oswald, Rainer
Vertragssoll knapp verfehlt was tun?

06/61
Schmieskors, Ernst
Die Sicherheit von Dachtragwerken aus der Sicht der Bauordnung

06/65
François Colling
Die Sicherheit und Dauerhaftigkeit von Holztragwerken in Dächern

06/70
Ubbelohde, Helge Lorenz
Empfehlung/Richtlinie zur wiederkehrenden Überprüfung von Hochbauten und baulichen Anlagen hinsichtlich der Standsicherheit

06/84
Laidig, Matthias
Dichte Häuser benötigen eine geregelte Lüftung

06/90
Vogler, Ingrid
Ein wirtschaftlicher Wohnungsbau erfordert den selbstverantwortlichen Nutzer

06/94
Oswald, Rainer
Das Beurteilungsdilemma des Sachverständigen im Lüftungsstreit

06/100
Froelich, Hans
Glasschäden sachgerecht beurteilen

06/105
Eicke-Hennig, Werner
Zur Energieeffizienz von Glasfassaden

07/1
Jansen, Günther
Die Entwicklung des Mangelbegriffs im Werkvertragsrecht nach der Schuldrechtsreform 2002

07/09
Nieberding, Felix
Haftungsrisiken bei nachträglicher Bauwerksabdichtung

07/20
Zöller, Matthias
Wichtige Neuerungen in Regelwerken ein Überblick

07/40
Oswald, Rainer
Grundlagen der Abdichtung erdberührter Bauteile

07/54
Ruhnau, Ralf
Bahnenförmige und flüssige Bauwerksabdichtungen für erdberührte Bauteile aktuelle Problemstellungen

07/61
Heldt, Petra
Prüfgrundsätze für Kombinationsabdichtungen

07/66
Hohmann, Rainer
Elementwandkonstruktionen in drückendem Wasser wirklich immer a.R.d.T.?

07/79
Fritz, Martin
Die Erläuterungen zur WU-Richtlinie (2006) DAfStb-Heft 555

07/93
Kohls, Arno
Schwimmbecken und Behälter zum neuen Teil 7 von DIN 18195

07/102
Simonis, Udo
Die Berücksichtigung aggressiver Medien bei der Nassraumabdichtung

07/117
Berg, Alexander
Verfahren zur Bauwerkstrocknung, Randbedingungen und Erfolgskontrollen

07/125
Hankammer, Gunter
Restrisiken nach der Bauwerkstrocknung

07/135
Warscheid, Thomas
Mikrobielle Belastungen in Estrichen im Zusammenhang mit Wasserschäden

07/151
Moriske, Heinz-Jörn
Risiken der Bauwerkstrocknung aus der Sicht des Umweltbundesamtes

07/155
Keppeler, Stephan
Nachträgliche flüssige und hautförmige druckwasserhaltende Innenabdichtungen und Schleierinjektionen

07/162
Tetz, Christoph
Statische Probleme bei nachträglich druckwasserhaltend abgedichteten Kellern

07/169
Dahmen, Heinz-Peter
Nachträgliche WU-Betonkonstruktionen in der Praxis

08/1
Liebheit, Uwe
Lebensdauer und Alterung von Bauteilen aus rechtlicher Sicht

08/16
Oswald, Rainer
Die Dauerhaftigkeit und Wartbarkeit als Beurteilungskriterium und Qualitätsmerkmal

08/22
Vogdt, Frank Ulrich
Bedeutung der Lebensdauer und des Instandsetzungsaufwandes für die Nachhaltigkeit von Bauweisen

08/30
Zöller, Matthias
Wichtige Neuerungen in Regelwerken ein Überblick

08/43
Schulz, Wolf-Dieter
Beurteilung des Korrosionsschutzes von Stahlbauteilen im üblichen Hochbau

08/54
Wirth, Stefan
Korrosionen an Leitungen

08/63
Raupach, Michael
Elementwandkonstruktionen in drückendem Wasser wirklich immer a. R.d. T.?

08/74
Venzmer, Helmuth
Bauteile Biozide Natur, Bemerkungen zu biozid eingestellten Fassadenbeschichtungen

08/81
Gieler, Rolf P.
Leistungsfähigkeit in Regelwerken mehr Transparenz oder Haftungsfalle?

08/93
Herold, Christian
Lebensdauerdaten in Regelwerken der europäische Ansatz

08/104
Esser, Elmar
Lebensdauerdaten in Regelwerken eine Haftungsfalle!

08/108
Liebheit, Uwe
Rechtliche Konsequenzen von Lebensdauerdaten in Regelwerken

08/115
Winter, Stefan
Erfahrungen mit der Inspektion von Holztragwerken

08/124
Haustein, Tilo
Konstruktiver und chemischer Holzschutz in geneigten Dächern

08/138
Sieberath, Ulrich
Typische Fehler bei Holzfenstern und Holztüren

09/1
Oswald, Rainer
Die Ursachen des Dauerstreits über Baumängel und Bauschäden
Ein Rückblick auf Dauerstreitpunkte aus 35 Jahren Aachener Bausachverständigentage

09/10
Liebheit, Uwe
Sind Rechtsfragen für Sachverständige tabu?
Zur Aufgabenabgrenzung zwischen Richtern und Sachverständigen

09/35
Pohlenz, Rainer
DIN-gerecht = mangelhaft?
Zur werkvertraglichen Bedeutung nationaler und europäischer Regelwerke im Schallschutz

09/51
Feist, Wolfgang
Wie viel Dämmung ist genug?
Wann sind Wärmebrücken Mängel?

09/58
Albrecht, Wolfang
Ist der Dämmstoffmarkt noch überschaubar? Erfahrungen und Probleme mit neuen Dämmstoffen

09/69
Ebeling, Karsten
Ist Bauwerksabdichtung noch nötig?
Zu den Leistungsgrenzen von WU-Betonbauteilen und Kombinationsbauweisen

09/84
Zöller, Matthias
Bahnenförmig oder flüssig, mehrlagig oder einlagig, mit oder ohne Gefälle?
Zur Theorie und Praxis von Bauwerksabdichtungen

09/95
Ziegler, Martin
Hydraulischer Grundbruch bei tiefen Baugruben

09/109
Winter, Stefan
Ist Belüftung noch aktuell?
Zur Zuverlässigkeit unbelüfteter Wand- und Dachkonstruktionen

09/119
Borsch-Laaks, Robert
Wie undicht ist dicht genug?
Zur Zuverlässigkeit von Fehlstellen in Luftdichtheitsschichten und Dampfsperren

09/133
Oswald, Rainer
Wie ungenau ist genau genug?
Zum Detaillierungsgrad von Baubeschreibungen…Einleitung:…aus der Sicht des Bausachverständigen

09/136
Niepmann, Hans-Ulrich
Wie ungenau ist genau genug?
Zum Detailliertheitsgrad von Baubeschreibungen…1. Beitrag:…aus der Sicht der Bauträger

09/142
Heinrich, Gabriele
Wie ungenau ist genau genug?
Zum Detailliertheitsgrad von Baubeschreibungen…2. Beitrag:…aus Sicht der Verbraucher

09/148
Liebheit, Uwe
Wie ungenau ist genau genug?
Zum Detailliertheitsgrad von Baubeschreibungen…3. Beitrag:…aus der Sicht des Juristen

09/159
Nitzsche, Frank
Wie viel Untersuchungsaufwand muss sein und wer legt ihn fest?
Zur Gutachtenpraxis des Bausachverständigen

09/172
Oswald, Rainer
Wie viel Abweichung ist zumutbar?
Zum Diskussionsstand über hinzunehmende Unregelmäßigkeiten

10/1
Meiendresch, Uwe
Abschied vom Bauprozess?
Helfen Schiedsgerichte, Schlichter oder Mediation?

10/07
Schulze-Hagen, Alfons
Neuerungen im Gewährleistungsrecht: Auswirkungen auf die Begutachtung von Mängeln

10/12
Moriske, Heinz-Jörn
Schadstoffe im Gebäudeinnern Chancen und Gefahren einer Zertifizierung

10/19
Spilker, Ralf
Wichtige Neuerungen in bautechnischen Regelwerken ein Überblick

10/28
Abert, Bertram
Was nützen Schnellestriche und Faserbewehrungen?

10/35
Borsch-Laaks, Robert
Zur Schadensanfälligkeit von Innendämmungen
Bauphysik und praxisnahe Berechnungsmethoden

10/50
Liebert, Géraldine/Sous, Silke
Baupraktische Detaillösungen für Innendämmungen bei hohem Wärmeschutzniveau

10/62
Keppeler, Stephan
Innendämmungen mit einem kapilaraktiven Dämmstoff, Praxiserfahrungen

10/70
Klingelhöfer, Gerhard
Verbundabdichtungen in Nassräumen Regelwerkstand 2010
Erfahrungen mit bahnenförmigen Verbundabdichtungen und Entkopplungsbahnen

10/83
Keskari-Angersbach, Jutta
Dünnlagenputze, Tapeten, Beschichtungen: Typische Beurteilungsprobleme und Rissüberbrückungseigenschaften

10/89
Oswald, Rainer
Sind Rissbildungen im modernen Mauerwerksbau vermeidbar?
Einleitung: Die Zulässigkeit von Rissen im Hochbau

10/93
Meyer, Günter
Sind Rissbildungen im modernen Mauerwerksbau vermeidbar?
1. Beitrag: Verhalten von großformatigem Mauerwerk aus bindemittelgebundenen Baustoffen

10/100
Meyer, Udo
Sind Rissbildungen im modernen Mauerwerksbau vermeidbar?
2. Beitrag: Risssicherheit bei Ziegelmauerwerk

10/103
Heide, Michael
Sind Rissbildungen im modernen Mauerwerksbau vermeidbar?
3. Beitrag: Regeln für zulässige Rissbildungen im Innenbereich

10/119
Pohlenz, Rainer
Schallschutz von Treppen
Fehlerquellen und Instandsetzung

10/132
Zöller, Matthias
Sind Schäden bei Außentreppen vermeidbar?
Empfehlungen zur Abdichtung und Wasserführung

10/139
Irle, Achim
Streitpunkte bei Treppen

11/1
Liebheit, Uwe
Neue Entwicklungen im Baurecht Konsequenzen für den Bausachverständigen

11/21
Zöller, Matthias
Planerische Voraussetzungen für Flachdächer mit hohen Zuverlässigkeitsanforderungen

11/32
Michels, Kurt
Sturm, Hagelschlag, Jahrhundertregen Praxiskonsequenzen für Dachabdichtungs-Werkstoffe und Flachdachkonstruktionen

11/41
Oswald, Martin
Der Wärmeschutz bei Dachinstandsetzungen
Typische Anwendungen und Streitfälle bei der Erfüllung der EnEV

11/50
Hegger, Thomas
Brandverhalten Dächer

11/59
Rühle, Josef
Das abdichtungstechnische Schadenspotential von Photovoltaik- und Solaranlagen

11/67
Hoch, Eberhard
50 Jahre Flachdach Bautechnik im Wandel der Zeit

11/75
Flohrer, Claus
Sind WU-Dächer anerkannte Regel der Technik?

11/84
Krupka, Bernd W.
Typische Fehlerquellen bei Extensivbegrünungen

11/91
Oswald, Rainer
Normen Qualitätsgarant oder Hemmschuh der Bautechnik?
1. Beitrag: Nutzen und Gefahren der Normung aus der Sicht des Sachverständigen

11/95
Sommer, Hans-Peter
Normen Qualitätsgarant oder Hemmschuh der Bautechnik?
2. Beitrag: Einheitliche Standards für alle Abdichtungsaufgaben Zur Notwendigkeit einer übergreifenden Norm für Bauwerksabdichtungen

11/99
Herold, Christian
Normen Qualitätsgarant oder Hemmschuh der Bautechnik?
3. Beitrag: Notwendigkeit und Vorteile einer Neugliederung der Abdichtungsnormen aus der Sicht des Deutschen Instituts für Bautechnik (DIBt)

11/108
Michels, Kurt
Normen Qualitätsgarant oder Hemmschuh der Bautechnik?
4. Beitrag: Gemeinsame Abdichtungsregeln für nicht genutzte und genutzte Flachdächer Vorteile und Probleme

11/112
Vater, Ernst-Joachim
Normen Qualitätsgarant oder Hemmschuh der Bautechnik?
5. Beitrag: Zur Konzeption einer neuen Norm für die Abdichtung von Flächen des fahrenden und ruhenden Verkehrs

11/120
Wilmes, Klaus / Zöller, Matthias
Niveaugleiche Türschwellen Praxiserfahrungen und Lösungsansätze

11/132
Spitzner, Martin H.
DIN Fachbericht 4108-8:2010-09 Vermeiden von Schimmelwachstum in Wohngebäuden Zielrichtung und Hintergründe

11/146
Oswald, Rainer
Sind Schimmelgutachten normierbar?
Kritische Anmerkungen zum DIN-Fachbericht 4108-8:2010-09

12/1
Liebheit, Uwe
Verantwortlichkeiten der Planenden und Ausführenden im Sockelbereich

12/17
Zöller, Matthias
Die Wasserführung auf der Geländeoberfläche typische Streitpunkte zur Wasserbelastung im Sockelbereich und an Eingängen

12/23
Meyer-Ricks, Wolf D.
Landschaftsgärtnerische Planungen im Sockelbereich Regeln, Problempunkte

12/30
Oswald, Rainer
Sockel-, Querschnitts- und Fußpunktabdichtungen in der neuen DIN 18533

12/35
Weißert, Markus
Sockelausbildung bei Putz und Wärmedämm-Verbundsystemen (verputzte Außenwärmedämmung)

12/50
Borsch-Laaks, Robert
Sockelausbildung bei Holzbauweisen Abdichtung, Diffusionsprobleme, Dauerhaftigkeit

12/63
Karg, Gerhard
Schädlingsbefall und Kleintiere im Sockelbereich

12/71
Götz, Jürgen
Zur Effektivität und Wirtschaftlichkeit bei Gründungen von nicht unterkellerten Gebäuden ohne Frostschürzen

12/81
Oswald, Martin / Sous, Silke
Zur realistischen Berücksichtigung des Erdreichs bei der Wärmeschutzberechnung: Randzonen und Wärmebrücken

12/92
Fouad, Nabil A.
Lastabtragende Wärmedämmschichten Einsatzbereiche und Anwendungsgrenzen

12/104
Oswald, Rainer
Schimmelpilz und kein Ende Schimmelpilzsanierung
1. Beitrag: Sachstand zum DIN-Fachbericht 4108-8

12/107
Deitschun, Frank
2. Beitrag: Sachstand zur BVS-Richtlinie

12/112
Becker, Norbert
3. Beitrag: Sachstand zum DHBV-Merkblatt/ WTA-Merkblatt

12/117
Moriske, Heinz-Jörn / Szewzyk, Regine
4. Beitrag: Aktuelle Anforderungen des Umweltbundesamtes an die Sanierung und den Sanierer bei Schimmelpilzbefall

12/126
Liebert, Géraldine
Wichtige Neuerungen in Regelwerken ein Überblick

12/137
Bosseler, Bert
Erfassung und Bewertung von Schäden an Hausanschluss- und Grundleitungen Typische Schadensbilder und -ursachen, Inspektionstechniken, Wechselwirkungen

12/144
Ulonska, Dietmar
Lagesicherheit von Belägen im Außenbereich

13/1
Jansen, Günther
Besondere Anforderungen und Risiken für den Planer beim Bauen im Bestand

13/8
Maas, Anton
Auswirkung der künftigen Energieeinsparverordnung auf das Bauen im Bestand

13/16
Bleutge, Katharina
Zerstörende Untersuchungen durch den Bausachverständigen Resümee zu einem langjährigen Juristenstreit

13/25
Zöller, Matthias
Risiken bei der Bestandsbeurteilung: Zum notwendigen Umfang von Voruntersuchungen

13/33
Tanner, Christoph
Sachgerechte Anwendung der Bauthermografie: Wie Thermogrammbeurteilungen nachvollziehbar werden

13/43
König, Norbert
Messtechnische Bestimmung des U-Wertes vor Ort

13/51
Walther, Wilfried
Typische Fehlerquellen bei der Luftdichtheitsmessung

13/56
Harazin, Holger
Erfahrungen beim Umgang mit einem Messgerät auf Mikrowellenbasis zur Feuchtebestimmung am Baustoff Porenbeton

13/64
Schürger, Uwe
Feuchtemessung zur Beurteilung eines Schimmelpilzrisikos, Bewertung erhöhter Feuchtegehalte

13/73
Patitz, Gabriele
Ultraschall- und Radaruntersuchungen: Praktikable Methoden für den Bausachverständigen?

13/87
Jäger, Wolfram
Typische konstruktive Schwachstellen bei Aufstockung und Umnutzung

13/101
Oswald, Rainer
Das aktuelle Thema: Wärmedämm-Verbundsysteme (WDVS) in der Diskussion
1. Beitrag: Einleitung

13/105
Buecher, Bodo
2. Beitrag: Ist das Überputzen und Überdämmen von WDVS zulässig?

13/108
Kotthoff, Ingold
3. Beitrag: WDVS aus Polystyrolpartikelschaum: Brandschutztechnisch problematisch? Fragen und Antworten

13/115
Scherer, Christian
4. Beitrag: Mikrobieller Aufwuchs auf WDVS

13/121
Albrecht, Wolfgang
5. Beitrag: Sind WDVS Sondermüll? Flammschutzmittel, Rückbaubarkeit und Recyclingfreundlichkeit

13/128
Oswald, Martin
Die Restlebens- und Restnutzungsdauer als Entscheidungskriterium für Baumaßnahmen im Bestand

13/135
Hirschberg, Rainer
Modernisierung gebäudetechnischer Anlagen Strategien und Probleme

13/135
Zöller, Matthias
Einleitung des Beitrags: „Energetisch modernisierte Gebäude ohne Lüftungssystem, ein Planungsfehler?"

13/145
Käser, Raimund
Energetisch modernisierte Gebäude ohne Lüftungssystem, ein Planungsfehler?

14/1
Kniffka, Rolf
Qualitäten am Bau Übersicht zur Rechtsprechung

14/10
Liebheit, Uwe
Qualitäten am Bau: Vertragsauslegung durch den Richter Beratung des Gerichts bei der Vertragsauslegung durch den Sachverständigen

14/27
Pohlenz, Rainer
VDI 4100 Schallschutz im Hochbau

14/37
Zöller, Matthias
Einleitung des Beitrags Massivhaus vs. Holzleichtbau

14/39
Graubner, Carl-Alexander; Pohl, Sebastian
Nachhaltigkeitsqualität von Wohngebäuden Massivhaus vs. Holzleichtbau

14/49
Maas, Anton
Wärmeschutz und Energieeinsparung: Typische Streitpunkte und Beurteilungsprobleme zum geschuldeten Wärmeschutzstandard

14/59
Rühle, Josef
Praktische Erfahrungen mit den Anwendungskategorien K1 und K2 bei Flachdächern

14/66
Herold, Christian
Qualitätsstufen bei Parkdecks: Abdichtung oder Oberflächenschutz?

14/76
Sommer, Mario
Hoch beanspruchte Nassräume: alleiniger Schutz durch Verbundabdichtung angemessen?

14/84
Ebeling, Karsten
Qualitätsklassen bei Weißen Wannen Gleichwertige Lösungen trotz verschiedener Abdichtungsstrategien

14/100
Das aktuelle Thema: Qualitätsanforderungen an die Trockenheit an Nebenräumen was ist geschuldet?
Oswald, Rainer
1. Beitrag: Zur Entwicklung der Anforderungen an Nebenräume des Wohnungsbaus Einleitende Vorbemerkungen

14/107
Seibel, Mark
2. Beitrag: Modernes Wohnen benötigt trockene Kellerräume

14/114
Kodim, Corinna
3. Beitrag: Bei Wohngebäuden im Bestand ist mit Feuchtigkeit im Keller zu rechnen

14/121
Hartmann, Thomas
4. Beitrag: Lüften und Heizen im Untergeschoss

14/127
Moriske, Heinz-Jörn
5. Beitrag: Handlungsempfehlung zur mikrobiologischen Beurteilung von Feuchteschäden in Fußböden und Nebenräumen

14/133
Zöller, Matthias
6. Beitrag: Feuchteschutztechnische Maßnahmen und deren Bewertung im Altbau

14/140
Beyen, Kai
Qualitätsklassen bei Wärmedämm-Verbundsystemen

14/145
Rossa, Michael
Qualitätsunterschiede bei Fenstern: Welche Qualität ist geschuldet?

15/01
Liebheit, Uwe
Merkantiler Minderwert auch nach einer Mängelbeseitigung?

15/20
Liebert, Géraldine
Wichtige Neuerungen in Regelwerken ein Überblick

15/37
Moriske, Heinz-Jörn
Nutzungsabhängige Hygienestufen neue Lösungsansätze zur Beurteilung von Schimmelschäden („Raumklassenkonzept" bei Schimmelbefall)

15/40
Zöller, Matthias
Die Zukunftsfähigkeit von Wärmedämmverbundsystemen

15/51
Lange, Michael
Wenn Fenster und Glasfassaden in die Jahre kommen

15/64
Urbanek, Dirk H.
Außen hui Innen pfui?
Korrosionsschutz verdeckt liegender Fassadenteile, Bewährung hinterwässerter Fassaden, Fehlerquellen bei der Wasserführung

15/80
Wigger, Heinrich/Westermann, Carolin Nachträgliche Hohlraumdämmung von zweischaligem Mauerwerk unter Berücksichtigung des Schlagregenschutzes

15/89
Pruß, Rainer
Immerwährende Bauruinen?
Desaster Großprojekte

15/101
Kehl, Daniel
Simulierte Wirklichkeit oder abgehobene Theorie? Aussagewert hygrothermischer Simulationen

15/109
Holm, Andreas
Entwicklung neuer Dämmstoffe zukunftsweisende Innovation oder Sackgasse?

15/114
Zöller, Matthias
1. Beitrag: Einleitung

15/119
Herzberg, Heinz-Christian
2. Beitrag: Flachdachabdichtung DIN 18531, Ausgabe 2015/2016 Was wird sich ändern?

15/123
Honsinger, Detlef J.
3. Beitrag: Abdichtung von erdberührten Bauteilen, DIN 18533

15/131
Klingelhöfer, Gerhard
4. Beitrag: Nassraumabdichtung, DIN 18534

15/139
Volland, Johannes
Bodenlose Probleme: Zur Schimmelpilz- und Tauwassergefahr bodentiefer Fensteranlagen

15/147
Dupp, Alexander
Schäden an Fenstern, Türen, Rollläden, Beschlägen: Montage und Einbruchhemmung

---

16/1
Liebert, Géraldine
Wichtige Neuerungen in bautechnischen Regelwerken – ein Überblick

16/21
Oswald, Martin
Auswirkungen der EnEV 2016 – Sind die Grenzen des sinnvoll Machbaren erreicht?

16/31
Sommer, Mario
Nassraumabdichtung (AIV): Probleme mit neuen Materialien und Ausführungsdetails

16/41
Stürmer, Sylvia
Loch im Putz = alles neu? Instandsetzung von kleinflächigen Beschädigungen in Putzen

16/50
Mohrmann, Martin
Flachgeneigte Holzdächer nach aktuellen Normen – welche Bauweisen erfüllen die a. R. d. T.?

16/61
Warkus, Jürgen
Korrosionsschutz in Tiefgaragen: Stand der anerkannten Regeln der Technik

16/71
Warscheid, Thomas
Schimmelpilzbewuchs – gilt noch das 80 % r. F. Kriterium?

16/79
Eckrich, Wolfgang
Streit um Schimmelpilzinstandsetzung: Desinfektion oder Rückbau?

16/86
Pohlenz, Rainer
Welche Schallschutzanforderungen sind a. a. R. d. T.? Beispiel Balkone: welcher Maßstab gilt?

16/94
Zöller, Matthias
Das aktuelle Thema: „Anerkannte Regeln der Technik" an der Schnittstelle zwischen Recht und Technik
1. Beitrag: Einleitung

16/99
Seibel, Mark
2. Beitrag: Inhalt und Konkretisierung in der Praxis (status quo)

16/105
Halstenberg, Michael
3. Beitrag: Grenz- und Problemfälle

16/116
Zöller, Matthias
4. Beitrag: Der Übergang neuer Bauweisen zu anerkannten Regeln der Bautechnik – ein Bewertungsproblem für Sachverständige

16/135
Herold, Christian
5. Beitrag: Entwicklung von DIN-Normen zur Einführung als a. R. d. T. und ihre Anwendung

16/144
Moriske, Heinz-J.
Nach der Neubewertung von Formaldehyd – Auswirkung für die Schadensbeurteilung

16/149
Vogel, Klaus/Sous, Silke
Bedeutung kleiner Leckagen in Luftdichtheitsschichten – Ergebnisse aus der Bauforschung

16/161
Neubrand, Harold
Unerkannte Schadstoffrisiken bei vorhandenen und neuen Baustoffen

17/1
Boldt, Antje
Quellenverwendung in privaten und gerichtlichen Gutachten

17/6
Liebert, Géraldine
Wichtige Neuerungen in bautechnischen Regelwerken – ein Überblick

17/23
Henseleit, Rainer
Flachdachabdichtung – Neuerungen DIN 18531

17/27
Anders, Christian
Neuerungen in der Flachdachrichtlinie

17/33
Kohls, Arno
Abdichtung von erdberührten Bauteilen – Neuerungen DIN 18533

17/41
Krajewski, Wolfgang
Wassereinwirkung auf der Unterseite von Bodenplatten in gering durchlässigem Baugrund

17/49
Bosseler, Bert/Brüggemann, Thomas
Sind Dränanlagen nach DIN 4095 noch zeitgemäß oder sogar schadensträchtig?

17/58
Klingelhöfer, Gerhard
Innenraumabdichtungen – Neuerungen DIN 18534

17/70
Herold, Christian
DIN 18532 – Abdichtung befahrbarer Verkehrsflächen aus Beton, Änderungen und Neuregelungen

17/90
Herold, Christian
DIN 18535 – Abdichtung von Behältern und Becken, Änderungen und Neuregelungen

17/96
Krause, Hans-Jürgen/Horstmann, Michael
WU-Konstruktionen mit außenliegendem Frischbetonverbundsystem

17/106
Raupach, Michael
Tiefgaragen: Sind Abdichtungen mit Schutzestrich zuverlässiger als Oberflächenschutzsysteme?

17/111
Zöller, Matthias
Das aktuelle Thema: Sind Regelwerke als Planungsinstrumente zur Beurteilung geeignet? Diskussion am Beispiel Beton
1. Beitrag: Einleitung

17/121
Ebeling, Karsten
2. Beitrag: Neuerungen in der WU-Richtlinie 2017

17/130
Warkus, Jürgen
3. Beitrag: Bewertung von Betonbauwerken – Wann gelten die Regelwerksanforderungen?

17/142
Günter, Martin
4. Beitrag: Bedeutung von Regelwerken bei der Instandsetzung von Fassaden aus Beton

17/154
Moriske, Heinz-Jörn
UBA-Schimmelleitfaden: Auswertung der Einsprüche aus dem öffentlichen Diskussionsverfahren

17/160
Resch, Michael K.
Leckortung an Flachdachabdichtungen

17/166
Van Treeck, Christoph/Fischer, Erik/Zander, Joachim
BIM (Building Information Modeling) – Nutzen für Sachverständige

Stichwortverzeichnis

(die fettgedruckte Ziffer kennzeichnet das Jahr; die zweite Ziffer die erste Seite des Aufsatzes)

Abdeckung **98**/108
Abdichtung **11**/95; **11**/99; **11**/108; **11**/112
Abdichtung, Anforderungen **11**/91
– Neugliederung **11**/91
– Gefahren **11**/91
– Nutzen **11**/91
– Anwendungsbereiche **11**/91
Abdichtung, Anschluss **75**/13; **77**/89; **86**/23; **86**/38; **86**/57; **86**/93; **11**/120
– außenliegend streifenförmig **07**/61
– begrüntes Dach **86**/99
– bituminöse **77**/89; **82**/44; **99**/100; **99**/105; **99**/112
– Dach **79**/38; **84**/79
– Dachterrasse **75**/13; **81**/70; **86**/57
– erdberührte Bauteile; siehe auch → Kellerabdichtung **77**/86; **77**/101; **81**/128; **83**/65; **83**/95; **90**/69; **99**/59; **99**/121; **99**/127; **02**/75; **02**/80; **02**/84; **02**/88; **02**/102; **07**/40; **07**/54
– Fuge **07**/66; **07**/79
– mehrlagig, einlagig **09**/84
– nachträgliche **77**/86; **77**/89; **90**/108; **96**/94; **99**/135; **01**/81; **03**/127; **07**/09
– Nassraum **83**/113; **88**/72; **88**/77; **88**/82; **10**/70
– Schwimmbad **88**/92
– Theorie und Praxis **09**/84
– Umkehrdach **79**/76
Abdichtungsbauarten **17**/90
Abdichtung, befahrbarer Flächen **14**/66; **17**/90
Abdichtung, Nassraum **16**/31; **17**/58
Anwendungskategorie **17**/23; **17**/27
Abdichtungsnorm **15**/114
Abdichtungssystem **11**/21
Abdichtungsverfahren **77**/89; **96**/94; **99**/135; **01**/81; **03**/127; **09**/69
Ablehnung des Sachverständigen **92**/20
Abluftanlage **06**/84; **06**/94
Abnahme **77**/17; **81**/14; **83**/9; **94**/9; **99**/13; **00**/15; **01**/05; **03**/01; **03**/06; **03**/147; **06**/1
Abriebfestigkeit, Estrich **78**/122
Absanden, Naturstein **83**/66
Putz **89**/115
Absprengung, Fassade **83**/66
Abstandhalter **14**/84
Abstrahlung, Tauwasserbildung durch **87**/60; **93**/38; **93**/46; **98**/101
Absturzsicherung **90**/130
Abweichklausel **87**/9

Abweichung **06**/47; **09**/172
– unvermeidbar **06**/38
– vermeidbar **06**/38
Abweichungsvorbehalt **06**/1
Acrylatgel **03**/127
Adjudikation **10**/1
Adsorptionsbetten **07**/117
Adsorptionstrockner **07**/117
Aerogele **15**/109
Aerosoldesinfektion **16**/79
Akkreditierung **94**/17; **95**/23; **99**/46
allgemeine bauaufsichtliche Prüfung **05**/136
Algen; siehe auch → Mikroorganismen **98**/101; **98**/108; **13**/115; **16**/116
Algenbesiedlung **08**/74
Alkali-Kieselsäure-Reaktion **93**/69
Allgemeine bauaufsichtliche Zulassung **05**/15
Allgemeines bauaufsichtliches Prüfzeugnis **05**/88
allgemeine Bekanntheit **09**/01
Altbeschichtung **08**/43
Alternativlösung **07**/01
Altlasten in Gebäuden **16**/161
Aluminium-Fenster **15**/51
Ameisen **12**/63
Änderungsklausel **09**/148
anerkannte Regeln der Technik, a. R. d. T. **08**/108; **09**/35; **11**/75; **16**/94, 99, 105, 116, 135
Anforderungsklasse **14**/133
Anker **98**/77
Ankerwertverfahren **13**/8
Anstriche **80**/49; **85**/89; **88**/52; **89**/122
– wärmedämmend **15**/109
Anwendungskategorie **11**/155, **14**/59
Anwesenheitsrecht **80**/32
Arbeitsfuge **07**/66
Arbeitsraumverfüllung **81**/128
Arbeitsschutz **03**/94; **03**/113; **03**/120
Architekt, Leistungsbild **76**/43; **78**/5; **80**/38; **84**/16; **85**/9; **95**/9
– Sachwaltereigenschaft **89**/21
– Haftpflicht **84**/16
– Haftung **76**/23; **76**/43; **80**/24; **82**/23; **97**/17; **10**/7
Architektenvertrag **13**/1
Architektenwerk, mangelhaftes **76**/23; **81**/7
Armierungsbeschichtung **80**/65
Armierungsputz **85**/93
Asbest **16**/144
ATP-Messung **07**/135
Attika; siehe auch → Dachverband
– Fassadenverschmutzung **87**/94
– Windbeanspruchung **79**/49
– WU-Beton **79**/64

Auditierung **95**/23
Aufdachdämmung **16**/50
Aufklärungspflicht **12**/1
Auflagerdrehung, Betondecke **78**/90; **89**/61
Aufschüsseln
- Estrich **04**/62; **04**/147
Aufsichtsfehler **80**/24; **85**/9; **89**/15; **91**/17; **03**/06
Aufsparrendämmung **97**/63
Auftriebssicherheit **07**/162
Augenscheinnahme **83**/15
Augenscheinsbeweis **86**/9
Ausblühungen **81**/103; **83**/66; **89**/35; **89**/48; **92**/106
siehe auch → Salze
Ausgleichsfeuchte, praktische **94**/72
Ausforschung **83**/15
Ausführender **05**/31
Ausführungsempfehlungen niveaugleiche Türschwellen **11**/120
Ausführungsfehler **78**/17; **89**/15
Ausgleichsfeuchte **04**/62
Ausgleichsschicht **11**/155
Aussteifung **89**/61
Austrocknung **93**/29; **94**/46; **94**/72; **94**/86; **94**/146
Austrocknung
- Flachdach **94**/130
Austrocknungsverhalten **82**/91; **89**/55; **94**/79; **94**/146
Außendämmung **80**/44; **84**/33
Außenecke, Wärmebrücke **92**/20
Außenhüllfläche, Wärmeschutz **94**/35
Außenputz; siehe auch → Putz Außenputz, Rissursachen **89**/75; **98**/57; **98**/85; **98**/90
- Spannungsrisse **82**/91; **85**/83; **89**/75; **89**/115; **98**/82
Außensockelputz **98**/57
Außentreppen **15**/20
Außenverhältnis **79**/14
Außenwand; siehe auch → Wand
- einschalige **98**/70
- Schadensbild **76**/79
- Schlagregenschutz **80**/49; **82**/91; **98**/70
- therm. Beanspruchung **80**/49; **04**/38
Außenwand
- Wassergehalt **76**/163; **83**/21; **83**/57; **98**/70
- Wärmeschutz **80**/44; **80**/57; **80**/65; **84**/33; **94**/35; **98**/40; **98**/70; **03**/21
- zweischalige **76**/79; **93**/29; **98**/70
Außenwandbekleidung **81**/96; **85**/49; **87**/101; **87**/109; **93**/46; **04**/28
Außenwandluftdurchlass **06**/136
Austrocknungsverhalten
- Estrich **04**/62

Bahnenabdichtung **02**/75; **02**/80; **02**/102
- Balkon **95**/119
- Sanierung **81**/70; **96**/95
Balkonplatte, Wärmebrücke **92**/84
- Bauaufsicht; siehe auch → Bauüberwachung **80**/24; **85**/9; **89**/15
- Baubestand **01**/05
Bauaufsichtliche Anforderungen **93**/24
Bauaufsichtliche Regelung **11**/99
Bauaufsichtliches Prüfzeugnis **11**/170
- Baubeschreibung **03**/06; **06**/15; **06**/122; **09**/193
- Detailliertheitsgrad **09**/133; **09**/136; **09**/142; **09**/148
Baubestimmung, technische **78**/38; **98**/22; **06**/61; **16**/105
Baubiologie **93**/100
Baufeuchte; siehe auch → Einbaufeuchte **89**/109; **94**/72; **99**/90; **03**/41; **03**/77; **03**/152
Bauforschung **75**/3
Baufurniersperrholz **05**/74
Baugenehmigung **97**/9
Baugruben **09**/95
Baugrund; siehe auch → Setzung; Gründung; Erdberührte Bauteile **12**/71; **15**/20
Baugrunduntersuchung **13**/25
Baugrundrisiko **07**/40
Baukosten **81**/31; **00**/9
Baukoordinierungsrichtlinie **92**/9
Baumängelhaftung **97**/17; **99**/13
Baumangel **15**/1
Baumbewuchs **90**/61
- Bauordnung **87**/9; **11**/50; **11**/99
- der Länder **97**/9
- Bauprodukte **05**/88; **05**/100
- geregelte **05**/90
Bauordnung **16**/105
Bauproduktengesetz **08**/16
Bauproduktenhaftung **02**/27
Bauproduktenrichtlinie **92**/9; **93**/24; **98**/22; **03**/66; **05**/10; **05**/100; **08**/93
Bauprozess **86**/9; **08**/108; **10**/1
Bauradar **13**/73
Baurecht **93**/9; **85**/14; **99**/34; **07**/54; **11**/1; **11**/41; **11**/50
Bauregelliste **96**/56; **98**/22; **00**/72; **05**/100; **05**/136; **07**/61
Bausachverständiger **75**/7; **78**/5; **79**/7; **80**/7; **90**/9; **90**/143; **91**/9; **91**/22; **91**/111; **09**/133; **09**/159
- angestellter **93**/17; **99**/46
- Beauftragung **03**/06
- Benennung **76**/9; **95**/23; **99**/46
- Bestellungsvoraussetzung **77**/26; **83**/15; **88**/32; **93**/17; **95**/23; **99**/46
- freier **77**/26; **99**/46

Register 1975–2017

247

- Haftung **77**/7; **79**/7; **80**/7; **82**/11; **88**/24; **97**/9; **99**/46; **00**/15; **02**/15
- Pflichten **80**/32; **99**/46
- Rechte **80**/32
- selbständiger **93**/17; **99**/46
- staatlich anerkannter **95**/23; **97**/9; **99**/46
- vereidigter **77**/26; **99**/46
- Vergütung **75**/7; **92**/20; **97**/25; **00**/26; **02**/15; **04**/15; **04**/26
- Versicherung **91**/111

Bauschadensbericht **96**/23
Bauschadensforschung, Außenwand **76**/5; **76**/109; **99**/9; **99**/34
- Dach, Dachterrasse, Balkon **75**/13

Baustellenrezeptmörtel **16**/1
Bautagebuch **89**/15
- Bautechnik **11**/67
- Beratung **78**/5

Bauteilbeheizung **01**/95
Bauteile, erdberührt **15**/123
Bauteilöffnungen **09**/159; **09**/198; **10**/50; **13**/16; **13**/25
Bauteilschutz **14**/66; **17**/70
Bautenschutz **09**/51
Bauträger **00**/9; **08**/1; **09**/136
Bauträgerverordnung **09**/136
Bauträgervertrag **07**/09
Bauüberwachung; siehe auch → Bauaufsicht **76**/23; **81**/7; **85**/9; **00**/15; **03**/06; **03**/147; **06**/70
Bauumfelddokumentation **04**/126
Bauunterhalt **08**/115
Bauvertrag **77**/17; **83**/9; **85**/14; **99**/13; **06**/1; **06**/122; **10**/7; **14**/1
Bauvertragsrecht **07**/54, **16**/105
- Bauweise, biologische **93**/100
- neue **99**/9; **99**/34

Bauwerksabdichtung **11**/95; **11**/99; **11**/108; **11**/112; **12**/126; **15**/123
Bauwerksakte **06**/70; **06**/133
Bauwerksbuch **06**/70
Bauwerksdiagnose **96**/40; **01**/42; **01**/81
Bauwerksklasse **06**/70
Bauwerksschutz **17**/70
Bauwerkstrockenlegung; siehe auch → Trockenlegung, Mauerwerk **90**/121; **96**/94; **01**/81
Bauwerkstrocknung **94**/146; **07**/117; **07**/125; **07**/151
Bauzustandsdokumentation **01**/20; **04**/126; **04**/153
Beanspruchung, aggressive Medien **07**/102
Beanspruchungsklasse **05**/38, **14**/76; **17**/121; **17**/96
Beanspruchungsstufen, -klassen **14**/59
Becken **17**/90
Bedenkenhinweispflicht; siehe auch →

Hinweispflicht
Bedenkenhinweispflicht **82**/30; **89**/21; **99**/13; **12**/1
Beeinträchtigung, optische **03**/01; **04**/50; **06**/38
Befangenheit **76**/9; **77**/7; **86**/18; **09**/10; **13**/16
- Befestigung
- mechanische bei Dachabdichtungen **05**/58
- Befestigungselemente
- Außenwandbekleidung **87**/109
- Leichtes Dach **87**/30

Begrünungsverfahren **11**/84
Begutachtungspflicht **75**/7
Behaglichkeit, thermische **09**/51
Behälter **17**/90
Behinderungsgrad **76**/121
Beibringungsgrundsatz **09**/10
Belüftung; siehe auch → Lüftung
Belüftung **75**/13; **75**/27; **87**/53; **87**/101; **93**/29; **93**/46; **09**/109
Belüftungsebene **09**/109
Belüftungsebene, Dach **93**/38
Belüftungsöffnung **82**/36; **89**/35; **93**/29
Belüftungsstromgeschwindigkeit **84**/94
Bentonit **99**/81; **99**/127; **02**/80; **07**/54
Beratungspflicht **84**/16; **89**/21; **12**/1; **13**/1
Bergschäden **90**/49; **01**/20
Berufungsprozess **04**/01
Beschaffenheitsvereinbarung **02**/01; **03**/01; **05**/01; **06**/1; **07**/01; **08**/1; **08**/108; **09**/172; **11**/1; **14**/10; **16**/116
Beschaffenheitsvereinbarung, Sollbeschaffenheit **09**/10
- Beschichtung **85**/89; **10**/83
- auf Aluminium **08**/43
- Außenwand **80**/65; **96**/49; **01**/39
- bituminöse **90**/108; **02**/88
- Dachterrasse **86**/51
- Langzeitverhalten **08**/63
- Parkdeck **08**/63
- Tiefgaragenboden **08**/63
- WU-Beton **99**/90; **02**/88; **04**/100; **04**/103

Beschichtung, organische **04**/143
Beschichtungsstoffe **80**/49; **01**/39
Beschichtungssysteme **89**/122; **96**/56
Beschläge, Montagerichtlinien **15**/147
Bestandsaufnahme **13**/87
Beton **08**/63; **14**/84
Beton, Schadensbilder **81**/75
Beton, wasserundurchlässiger; siehe auch → Sperrbeton, WU-Beton
Beton, wasserundurchlässiger **83**/103; **86**/63; **90**/91; **91**/96; **99**/59; **02**/88
Betonbauteil, befahrbar **14**/66
Betondachelemente **93**/75
- Betondeckung **85**/100; **02**/50
- Parkhaus **08**/63

Betonoberfläche, Beschädigung Parkhaus **08**/63, **16**/61
Betonpflasterdecke **12**/144
Betonplatten **86**/76
Betonsanierung **77**/86; **81**/75; **02**/34
Betonsanierung Keller-Außenwand **81**/128
Betonsanierung mit Wärmedämmverbundsystem **89**/95
Betontechnologie **91**/100; **02**/34; **02**/70
Betonwerksteinplatten **04**/119; **04**/153
Betonzusammensetzung **86**/63
Betriebskosten **08**/22
BET-Technologie **83**/21
Beurteilungskriterien **09**/01; **13**/25
– Bewegungsfugen; siehe auch → Dehnfugen
– Flachdach **05**/80
– Bewehrung, Außenputz **89**/115
– Stahlbeton **76**/143; **02**/34; **02**/50
– WU-Beton **86**/63
Bewehrung, Korrosion **16**/61
Beweisaufnahme **93**/9
Beweisbeschluss **75**/7; **76**/9; **77**/7; **80**/32; **09**/10
Beweiserhebung **90**/9
– Beweisfrage **77**/7; **91**/22
– Erweiterung **87**/21; **91**/22
Beweislast **85**/14; **99**/13; **03**/01; **05**/31
Beweismittel **86**/9
Beweissicherung **79**/7
Beweissicherungsverfahren **75**/7; **76**/9; **79**/7; **86**/9; **86**/18; **90**/9; **90**/143
Beweisverfahren, selbständiges **90**/9; **90**/143; **93**/9
Beweiswürdigung **77**/7; **04**/01
Bewertung **17**/111
Bewertung; siehe auch → Mangelbewertung
biozid **08**/74
Biozide **13**/115; **17**/154
Bildreferenzkatalog NRW **12**/137
Bitumen, Verklebung **79**/44
Bitumendachbahn **82**/44; **86**/38; **94**/130; **97**/50; **97**/84
Bitumendachbahn, Dehnfuge **91**/82
Bitumendickbeschichtung **99**/34; **99**/100; **99**/105; **99**/112; **99**/121; **02**/75; **02**/80; **02**/84; **02**/102
Blasenbildung, Wärmedämmverbundsystem **89**/109
Blend- und Flügelrahmen **80**/81
Blitzschutz **79**/101
Blockheizkraftwerk-Entscheidung **11**/1
BlowerDoor **13**/51
Blower-Door-Messung **93**/92; **97**/35; **01**/10; **01**/65; **03**/15; **03**/55
Bodenfeuchtigkeit **77**/115; **83**/85; **83**/119; **90**/69; **98**/57; **99**/100; **99**/105; **99**/112; **99**/121

Bodenfrost **12**/71
Bodengutachten **81**/121
Bodenmechanik **12**/71
– Bodenplatte **02**/102; **04**/103; **04**/147; **04**/150; **07**/40; **14**/84; **17**/41
– Abdichtung **12**/30
Bodenplatte (nicht unterkellert) **12**/17
Bodenpressung **85**/58
Boden-Wand-Anschluss; siehe auch → Dreiecksfuge **02**/75; **02**/84; **02**/88
Bohrlochverfahren **77**/76; **77**/86; **77**/89; **81**/113; **96**/94; **99**/135
Bohrwiderstandsmessung **96**/81
Brandklassen, europäische **09**/58
Brandprüfung **13**/108
Brandriegel **13**/108
– Brandschutz **84**/95; **11**/50; **13**/101; **13**/105; **13**/108
– konstruktiv **11**/161
Brandverhalten von Dämmstoffen **13**/108
Brauchbarkeitsgrenze **06**/47
Brauchbarkeitsnachweis **78**/38; **93**/24; **00**/72
Braunfäule **88**/100; **96**/81
Building Information Modeling (BIM) **17**/166
Bürogebäude **06**/105

Calcium-Carbid-Methode **83**/78; **90**/101; **94**/46; **01**/81
Calciumsilicat; siehe auch → Kalziumsilikat
Calciumsilicatplatte **10**/62
Calciumsulfat-Estrich; siehe → Kalziumsulfatestrich
CE-Kennzeichnung **05**/100
CEN, Comit Europen de Normalisation **92**/9; **00**/72; **05**/10; **05**/15
CE-Zeichen **05**/15; **05**/90
Chloridgefährdung **16**/61
Chloridgehalt **16**/61
Chloridgehalt, Beton **02**/50
Chloridkontamination **17**/130
CM-Gerät **83**/78; **90**/101; **94**/86; **96**/40; **01**/103
CM-Messgerät **13**/64
CM-Messung **02**/95
CO2-Emission **92**/42; **94**/35; **95**/127

Dach **11**/155; **15**/20
– Dach; siehe auch → Flachdach, geneigtes Dach, Steildach
– Auflast **79**/49
– ausgebautes **97**/50
– begrüntes; siehe → Dachbegrünung
– belüftetes **79**/40; **84**/94; **93**/29; **93**/38; **93**/46; **93**/65; **93**/75
– Brandschutz **11**/50
– Durchbrüche **87**/68
– Einlauf **86**/32; **97**/84
– Entwässerung **86**/32; **97**/84

- flachgeneigt **16**/**50**
- Funktionssicherheit **86**/**32**; **97**/**50**; **97**/**63**
- Gefälle **86**/**32**; **86**/**71**
- geneigt **08**/**124**; **10**/**19**
- genutztes; siehe auch → Dachterrassen, Parkdecks
- genutztes **86**/**38**; **86**/**51**; **86**/**57**; **86**/**111**; **11**/**108**
- genutzt, nicht genutzt **15**/**119**
- Holzschutzmaßnahme **08**/**124**
- Lagenzahl **86**/**32**; **86**/**71**
- leichtes; siehe auch → Leichtes Dach
- nicht genutztes **11**/**108**
- unbelüftetes **93**/**38**; **93**/**54**; **93**/**65**; **97**/**70**; **97**/**78**
- Wärmeschutz **86**/**38**; **97**/**35**; **97**/**70**; **11**/**41**
- zweischaliges **75**/**27**; **75**/**39**; **79**/**82**

Dachabdichtung **75**/**13**; **82**/**30**; **82**/**44**; **86**/**38**; **96**/**104**; **97**/**84**; **05**/**46**; **05**/**58**; **07**/**20**; **11**/**99**; **11**/**108**; **11**/**155**; **11**/**161**
- Aufkantungshöhe **86**/**32**; **95**/**119**

Dachabläufe **87**/**80**; **05**/**127**
- Dachanschluss **87**/**68**
- metalleingedecktes Dach **79**/**101**

Dachbegrünung **86**/**71**; **86**/**93**; **86**/**99**; **90**/**25**; **97**/**119**

Dachbeschichtung **96**/**56**

Dachdeckerhandwerk **93**/**65**; **97**/**50**; **99**/**65**

Dachdetail **08**/**30**

Dachdurchbrüche **95**/**142**; **97**/**35**
- Dacheindeckung **79**/**64**; **93**/**65**; **99**/**65**; **05**/**58**
- Blech; siehe auch → Metalldeckung
- Blech **84**/**105**
- Dachziegel, Dachsteine **84**/**105**
- Faserzement **84**/**105**
- schuppenförmige **93**/**46**
- Dachelemente **97**/**56**
- selbsttragende Dachflächenfenster **95**/**151**; **97**/**35**
- Dachentwässerung **11**/**32**
- Bemessungsregel **05**/**64**

Dachgeschossdecke **13**/**87**
- Dachhaut **81**/**45**; **84**/**79**
- Risse **81**/**61**
- Verklebung **79**/**44**

Dachkonstruktion **09**/**109**; **09**/**188**; **11**/**50**; **11**/**59**

Dachneigung **79**/**82**; **84**/**105**; **87**/**60**; **87**/**68**; **97**/**50**; **97**/**84**

Dachrand; siehe auch → Attika **79**/**44**; **79**/**67**; **81**/**70**; **86**/**32**; **87**/**30**; **93**/**85**; **05**/**74**

Dachrinne **05**/**64**

Dachsanierung **05**/**127**

Dachstuhl **13**/**87**

Dachterrasse **86**/**23**; **86**/**51**; **86**/**57**; **95**/**119**; **97**/**119**; **10**/**132**
- Dachtragwerk **06**/**133**
- Sicherheit **06**/**65**

Dachüberstand **05**/**74**; **05**/**130**

Dämmplatten; siehe auch → Wärmedämmung

Dämmplatten **80**/**65**; **97**/**63**; **00**/**48**; **03**/**21**
- Dämmschicht
- Durchfeuchtung **84**/**47**; **84**/**89**; **94**/**64**; **99**/**90**; **04**/**50**; **05**/**111**
- Hinterströmung **10**/**35**; **10**/**50**
- lastabtragend **05**/**92**

Dämmschichtanordnung **80**/**44**; **03**/**31**

Dämmschichttrocknung **07**/**117**

Dämmschürze **12**/**81**

Dämmstoffdicke **16**/**21**

Dämmstoffe für Außenwände **80**/**44**; **80**/**57**; **80**/**65**; **00**/**48**
- Dämmstoffe
- kapillaraktiv **10**/**35**
- neue, Leistungsfähigkeit **09**/**58**

Dämmstoffnormen, europäische **09**/**58**
- Dampfbremse **03**/**41**
- feuchteadaptive **97**/**78**

Dampfdiffusion; siehe auch → Diffusion
- Dampfdiffusion **75**/**27**; **75**/**39**; **76**/**163**; **77**/**82**; **03**/**41**
- Estrich **78**/**122**

Dampfdiffusionswiderstand; siehe auch → Sd-Wert

Dampfdruckgefälle **01**/**95**

Dampfsperre **79**/**82**; **81**/**113**; **82**/**36**; **82**/**63**; **87**/**53**; **87**/**60**; **92**/**115**; **93**/**29**; **93**/**38**; **93**/**46**; **93**/**54**; **97**/**78**; **09**/**119**; **10**/**35**
- Fehlstellen **91**/**88**; **03**/**41**; **03**/**147**; **03**/**152**
- feuchteadaptive **05**/**130**

Dampfsperrwert, Dach **79**/**40**; **87**/**80**; **97**/**70**

Darrmethode **90**/**101**; **94**/**46**; **01**/**103**; **13**/**56**; **13**/**64**

Dauerhaftigkeit **07**/**61**; **08**/**16**; **08**/**63**; **08**/**91**; **14**/**37**

Dauerhaftigkeitsklasse **08**/**124**

Dauerstreitpunkte **09**/**01**

Decken, abgehängte **87**/**30**

Deckenanschluss **78**/**109**; **03**/**31**

Deckendurchbiegung **76**/**121**; **76**/**143**; **78**/**65**; **78**/**90**; **04**/**29**

Deckenrandverdrehung **89**/**61**

Deckenschlankheit **78**/**90**; **89**/**61**

Deckelfaktor **95**/**135**

DEGA (Deutsche Gesellschaft für Akustik) **16**/**86**

Dehnfuge; siehe auch → Fuge

Dehnfuge **85**/**49**; **85**/**89**; **88**/**111**; **91**/**35**; **91**/**49**; **07**/**20**
- Abstand **76**/**143**; **85**/**49**; **91**/**49**; **04**/**38**; **04**/**143**
- Dach **79**/**67**; **86**/**93**; **91**/**82**
- Verblendung **81**/**108**; **04**/**38**

Dehnungsdifferenz **76**/**143**; **89**/**61**

Dekontamination **07**/**125**

Delamination **06**/100
Desinfektion **07**/151; **12**/112; **16**/79
- Dichtheitsprüfung **01**/57; **09**/119
- Grundleitungen **12**/137
- Dichtstoff, bituminös **77**/89
- Fuge **83**/38; **91**/72; **99**/72; **00**/80
Dichtungsprofil, Glasdach **87**/87
Dichtungsschicht, elastische **81**/61
- Dichtungsschlämme **07**/93; **07**/155; **09**/69
- mineralische (MDS) **10**/19
Dichtschlämme **77**/82; **77**/86; **83**/119; **90**/109; **99**/72
Dickbeschichtung **99**/59
Dielektrische Messung **83**/78; **90**/101
Diffusion; siehe auch → Dampfdiffusion, Wasserdampfdiffusion **87**/53; **91**/88; **92**/115; **94**/64; **94**/130; **97**/35; **03**/61
Diffusionsstrom **82**/63; **83**/21; **94**/64; **94**/72; **94**/130; **99**/90; **03**/41; **04**/100; **04**/150
Diffusionstechnische Eigenschaften **10**/50
DIN 1045 **86**/63; **02**/34; **02**/50
DIN 18065 **10**/139
DIN 18195 **83**/85; **97**/101; **99**/34; **99**/59; **99**/100; **99**/105; **99**/112; **99**/121; **04**/103; **05**/15; **05**/80; **11**/95; **11**/108; **11**/112
DIN 18195, 18531, 18532, 18533, 18534, 18535 **11**/99
DIN 18516 **93**/29
DIN 18531 **97**/84; **05**/15; **05**/38; **05**/46; **12**/126; **17**/23
DIN 18531, 18532, 15333, 18534, 18535, 18195 **11**/91; **15**/123; **17**/70; **17**/33; **17**/58; **17**/90
DIN 18550 **85**/76; **85**/83
DIN 4095 **90**/80; **17**/49
DIN 4107 **01**/10
DIN 4108; siehe auch → Wärmeschutz
DIN 4108 **84**/47; **84**/59; **92**/46; **92**/73; **92**/115; **93**/29; **93**/38; **93**/46; **93**/54; **95**/151; **00**/42; **03**/15; **03**/31; **12**/126
DIN 4108-8 Fachbericht **11**/146
DIN 4108-10 **09**/58; **17**/6
DIN 4109 **09**/35; **16**/86; **17**/6
DIN 4122 **11**/95
DIN 4701 **84**/59; **00**/42
DIN 68800 **12**/126
DIN 68880 **93**/54; **97**/35
DIN EN 832 **01**/65
DIN-Fachbericht 4108-8 **11**/132; **11**/172; **12**/104; **13**/142
- DIN-Normen; siehe auch → Norm **82**/11; **78**/5; **81**/7; **82**/7; **00**/69; **00**/72; **00**/80; **09**/35; **16**/1, 99, 105, 116
- Abweichung **82**/7; **99**/13
- Entstehung **92**/9; **16**/135
DIN-Gläubigkeit **16**/99
DIN-Norm **17**/111

DIN-Normen **17**/1
DIN V 18599 **12**/126
Dola-Dach **11**/67
Doppelstehfalzeindeckung **79**/101; **97**/70
Dränung **77**/49; **77**/68; **77**/76; **77**/115; **81**/113; **81**/121; **81**/128; **83**/95; **90**/69; **90**/80; **99**/59; **99**/112; **17**/49
Dreieckfuge **00**/80
Dreifachwand **99**/81
Druckbeiwert **79**/49
Druckdifferenz **87**/30
Druckwasser; siehe auch → Grundwasser; Stauwasser
Druckwasser **81**/128; **83**/95; **83**/119; **90**/69; **99**/59; **99**/100; **02**/75; **02**/84; **04**/103; **07**/155; **07**/162
Duldung **86**/9
Dünnbettmauerwerk **04**/29; **10**/93
- Dünnlagenputz **04**/29; **04**/143; **10**/83
- Armierung **10**/83
Duo-Dach **11**/67
Duodach **97**/119
Duplex-System **08**/43
Durchbiegung **78**/90; **78**/109; **79**/38; **87**/80
Durchfeuchtung; siehe auch → Feuchtigkeit
- Durchfeuchtung, Außenwand **76**/79; **76**/163; **81**/103; **89**/35; **89**/48; **96**/49
- Balkon **81**/70
- leichtes Dach **87**/60; **97**/70
- Wärmedämmung **86**/104
Durchfeuchtungsgrad **01**/103; **05**/140
Durchfeuchtungsschäden **83**/95; **89**/27, **96**/81; **96**/105; **97**/63; **98**/57; **99**/72; **01**/81
Durchgangshöhe/-breite **10**/139
Durchwurzelung **11**/84
Durchwurzelungsschutz **08**/30
Durchwurzelungstest **05**/92

Ebenheitsabweichung **06**/22
Ebenheitsanforderung **06**/38
Ebenheitstoleranzen **88**/135; **98**/27; **00**/62; **02**/58
ECB-Dachbahn **05**/46
Effizienz **13**/135
EG-Binnenmarkt **92**/9; **93**/17; **00**/72
EG-Richtlinien **94**/17
Eigenschaft, zugesicherte **02**/01; **03**/01
Eigenschaftsklasse **05**/38
Einbaufeuchte; siehe auch → Baufeuchte **94**/79; **97**/78; **04**/100; **04**/103
- Einbaufeuchte
- Parkett **04**/87; **04**/147
Einbruchhemmung **14**/145; **15**/147
Einheitsarchitektenvertrag **85**/9
Einschaliges Flachdach **11**/67
Eisschanzen **87**/60
Eissporthalle **08**/115

Elektrokinetisches Verfahren **90**/121; **01**/81; **01**/111
Elektroosmose **90**/121; **96**/94; **01**/81; **01**/111
Elementwand **07**/66; **07**/79
EN-Code, Bedeutung **09**/58
Endoskop **90**/101; **96**/40; **96**/81
Endschwindwert, mineral. Baustoffe **02**/95
Energetische Beurteilung **13**/33
Energetische Gebäudequalität **06**/122; **14**/49
Energetische Mindestqualität **13**/8
Energieausweis **13**/8
Energiebedarfsausweis; siehe auch →
 Gebäudepass **00**/33; **00**/42; **01**/10; **06**/15
Energiebedarfsberechnung **06**/122
– Energiebilanz **95**/35; **01**/10
– Gebäudebestand **01**/42; **06**/105
Energieeffizienz **06**/105
– Energieeinsparung **92**/42; **93**/108; **13**/135; **14**/49
– Fenster **80**/94; **95**/127; **98**/92
Energieeinsparverordnung; siehe auch → EnEV **06**/15; **11**/41; **13**/8; **13**/51
Energiekennwert **06**/105; **06**/143
Energiepass **06**/15; **06**/122
Energieverbrauch **80**/44; **87**/25; **95**/127
– EnEV **00**/33; **00**/42; **01**/10; **01**/57; **03**/31; **06**/15; **06**/94; **11**/161;
– Nachweisverfahren **14**/49
EnEV **16**/21
EnEV 2016; Änderungen, Grenzen **16**/21
Entfeuchtung; siehe Trockenlegung
Enthalpie **92**/54
Entkernung **13**/87
Entkopplungsbahn **10**/70
Entsalzung von Mauerwerk **90**/121; **01**/81; **01**/111
Entschädigung **79**/22; **02**/15
Entschädigungsgesetz; siehe auch →
 Sachverständigenentschädigung ZSEG, JVEG **92**/20; **04**/15
– Entwässerung **86**/38
– begrüntes Dach **86**/93
– genutztes Dach **86**/51; **86**/57; **86**/76
– Umkehrdach **79**/76
Entwässerungsanlage **05**/64
Entwässerungseinrichtung **12**/23
Entwässerungsrinne **12**/144
EOTA **05**/15
EPBD **13**/135
EPDM-Bahn **05**/46
Epoxidharz **91**/105
EPS **13**/108; **13**/121
EPS-Dämmstoffplatten **12**/92
EPS mit Infrarot aktiven Zusätzen **09**/58
Erdbebengebiete **07**/20
Erdberührte Bauteile; siehe auch → Gründung; Setzung

Erdberührte Bauteile **77**/115; **81**/113; **83**/119; **90**/61; **90**/69; **90**/80; **90**/101; **90**/108; **90**/121; **15**/20; **15**/123; **17**/33; **17**/41; **17**/49
Erddruckverteilung **09**/95
Erdwärmetauscher **92**/54
Erfüllungsanspruch **94**/9; **03**/145
Erfüllungsgehilfe **95**/9; **05**/31
Erfüllungsrisiko **01**/01
Erfüllungsstadium **83**/9
Erkundigungspflicht **84**/22
Ersatzvornahme **81**/14; **86**/18
Erschütterungen **90**/41; **01**/20
Erschwerniszuschlag **81**/31
Erweiterung der Beweisfrage **87**/21
– Estrich **78**/122; **85**/49; **94**/86; **02**/41; **10**/28; **15**/20
– Bewehrung **04**/147
– mikrobielle Sanierung **07**/135
– Trockenlegung **02**/95
– Trocknung **94**/86; **94**/146; **10**/28
– schwimmender **78**/122; **78**/131; **88**/121; **03**/134; **04**/62
Estrichprüfung **13**/25
ETA **05**/15; **05**/121
ETAG **05**/100; **07**/20
ETA-Leitlinien **96**/56
Eurocode **05**/10; **07**/20; **16**/105
Expositionsklasse **08**/63
Extensivbegrünung **86**/71; **11**/166; **11**/84

Fachingenieur **95**/92
Fachkammer **77**/7
– Fachwerk, neue Bauweise **93**/100
– Außenwand **00**/100; **10**/35
– Sanierung **96**/74; **96**/78
Fachwerkkonstruktion **12**/50
Fahrlässigkeit, leichte und grobe **80**/7; **92**/20; **94**/9
Fanggerüst **90**/130
Farbabweichung **06**/29
Farbgebung **80**/49
Faserbewehrung **10**/28
Faserzementwellplatten **87**/60
– Fassade **83**/66
– hinterlüftet **15**/101
– hinterwässert, Wasserführung **15**/64
Fassadenberater **95**/92
Fassade, Beton **17**/142
Fassadenbeschichtung **76**/163; **80**/49; **89**/122; **96**/49; **01**/39
Fassadengestaltung **87**/94; **95**/92
Fassadenhinterwässerung **87**/94
Fassadensanierung **81**/103; **98**/50; **15**/51
Fassadenverschmutzung **83**/38; **87**/94; **89**/27; **98**/27; **98**/101; **98**/108
Fehlerbegriff, subjektiv **09**/148

Fehlertolerante Konstruktion **09**/119
Fehlstellenrisiko **07**/40
- Fenster **14**/145; **15**/51; **15**/139
- Bauschäden **80**/81
- Konstruktion **95**/74
- Material **80**/81; **95**/127; **95**/131; **95**/133
- Schallschutz **95**/109
- Wärmeschutz **80**/94; **95**/51; **95**/55; **95**/74; **95**/151; **98**/92
- Wartung **95**/74
Fensteranschluss; siehe auch → Fugendichtung, Fenster-, Türleibung **80**/81; **95**/35; **95**/55; **95**/74; **03**/41; **03**/61; **10**/50
Fensteranschlussfuge **03**/156
Fensterbank **87**/94; **98**/108
Fenstergröße **80**/94; **98**/92
Fensterlüftung **06**/84
Fensteröffnungszeit **01**/59
Fertigstellungsbescheinigung **00**/15; **03**/06
Fertigstellungsfrist **77**/17
Fertigstellungspflege **11**/84; **11**/166
Fertigteilbauweise **93**/69; **93**/75
Fertigteildecken **02**/58
Fertigteilkonstruktion, Keller **81**/121; **02**/80
Feuchte, relative **92**/54; **03**/77
Feuchtegehalt, praktischer **94**/64; **94**/72; **94**/79; **94**/86
Feuchtemessung **13**/25
Feuchtemessverfahren **83**/78; **90**/101; **94**/46; **01**/81; **01**/103; **01**/111; **10**/28
Feuchteemission **88**/38; **94**/146
Feuchtequellen **11**/132
Feuchteschaden, lüftungsbedingt **06**/136
- Feuchteschäden **14**/127
- Sanierung **03**/113
Feuchteschutzprinzipien **10**/132
Feuchteschutz, klimabedingter **15**/20
Feuchtestau **89**/109
Feuchtetransport; siehe auch → Wassertransport
Feuchtetransport **84**/59; **89**/41; **90**/91; **92**/115; **94**/64; **01**/95; **04**/62; **04**/103; **09**/69; **09**/119; **15**/101
Feuchteverteilung **94**/46; **94**/74
- Feuchtigkeit; siehe auch → Durchfeuchtung
- aufsteigend **01**/103; **03**/77
- Dach **79**/64; **94**/130; **94**/146; **97**/70; **97**/78; **97**/119; **03**/41
Feuchtigkeitsbeanspruchung, begrüntes Dach **86**/99
- Feuchtigkeitsgehalt, kritischer **83**/57; **89**/41
- kritischer, praktischer **07**/40

Feuchtigkeitsmessung **83**/78; **94**/46; **13**/56; **13**/64
- Feuchtigkeitsschutz, erdberührte Bauteile; siehe auch → Abdichtung **77**/76; **81**/113; **04**/147
- Nassraum **88**/72; **99**/72; **00**/56
Feuchtigkeitssperre **88**/88
Feuchtigkeits-Tomografie **01**/81
Firstlüftung **84**/94
Flachdach; siehe auch → Dach
Flachdach **79**/33; **79**/40; **84**/76; **84**/79; **84**/89; **86**/32; **93**/75; **05**/111; **10**/19; **11**/91; **11**/95; **11**/99; **11**/108; **11**/161
- Abdichtung **15**/119
- Alterung **81**/45; **97**/84
- Belüftung **82**/36
- Dehnfuge **86**/111; **91**/82
- Flüssigkeitsabdichtung **08**/30
- Funktionssicherheit **08**/30
- gefällelos **84**/76; **97**/84; **05**/127
- genutzt **05**/80; **11**/155
- Geschichte **11**/67
- Instandhaltung **84**/79; **05**/140
- Instandsetzung **08**/30; **11**/41
- Reparatur **84**/89
- Schadensbeispiel **81**/61; **86**/111; **94**/130
- Schadensrisiko **81**/45; **11**/59
- Windbeanspruchung **79**/49
- Zuverlässigkeit **11**/21; **14**/59
- zweischalig **82**/36
Flachdachabdichtung **82**/30; **96**/56; **05**/38; **11**/59; **15**/119; **17**/23
Flachdachanschlüsse **84**/89
Flachdachrichtlinien **75**/27; **82**/30; **82**/44; **82**/7; **97**/84; **05**/01; **05**/100; **08**/30; **12**/126; **17**/27
Flachdachsanierung **05**/111
Flachdachwartung **82**/30; **84**/89; **96**/56; **97**/84
Flachgründung **12**/71
Flächenbefestigung **97**/114; **12**/144
Flächen, direkt/indirekt beanspruchte **10**/70
Flammschutzmittel **13**/108; **13**/121
Flankenschall **82**/97; **88**/121
Flankendiffusion **03**/41
Fliesenbelag siehe auch → Keramikbeläge **88**/88; **99**/72; **00**/62; **02**/95
Fließestrich **10**/28
FLL-Regelwerk **12**/126
Flussdiagramm **97**/84
Flüssigabdichtung **05**/92; **07**/20; **07**/54; **08**/30; **08**/91; **09**/84; **11**/67; **11**/166; **17**/111
Flüssigkunststoff (FLK) **96**/56; **05**/100; **05**/140; **07**/93; **10**/19; **17**/70
Fogging **00**/86
Folgeschaden **78**/17; **88**/9; **97**/17
Folienabdeckung **02**/102; **03**/152

Foliendämmung **00**/48
- Formänderung des Untergrundes **88**/88
- Estrich **94**/86; **02**/95
- Putz **85**/83
- Mauerwerk **76**/143; **10**/93; **10**/103
- Stahlbeton **76**/143

Formaldehyd **16**/144
Formaldehydquellen **16**/144
Forschungsförderung **75**/3
Fortbildung **76**/43; **77**/26; **78**/5; **79**/33; **88**/32
Fortschritt im Bauwesen **84**/22
FPO-Dachbahn **05**/46
Freifläche **12**/23
Freilegung **83**/15
- Frostbeanspruchung **89**/35; **89**/55; **96**/49
- Dachdeckung **93**/38; **93**/46

Frischbetonverbundbahn siehe auch →
Frischbetonverbundsystem
Frischbetonverbundsystem **17**/96
Frostschürze **12**/71
Frostwiderstandsfähigkeit **89**/55
Fuge; siehe auch → Dehnfuge
- Fuge **91**/43; **91**/72; **91**/82
- Außenwand **83**/38; **00**/80; **03**/21; **04**/38
- Holzbelag **04**/87
- Wartung **05**/130
- WU-Beton **83**/103; **86**/63; **90**/91; **97**/101; **99**/81; **02**/75; **02**/84; **03**/127
- Fugenabdichtung **83**/38; **83**/103; **91**/72; **99**/127; **14**/84
- Kellerwand **81**/121; **03**/127

Fugenabstand; siehe auch → Dehnfuge, Abstand **86**/51
Fugenausbildung, -abdichtung **11**/75
Fugenausbruch **89**/27
Fugenband **83**/38; **91**/72; **97**/101
Fugenblech **83**/103; **97**/101; **99**/81
- Fugenbreite **83**/38; **02**/58
- Holzbelag **04**/87
- Pflasterbelag **97**/114

Fugendichtung, Fenster-, Türleibung; siehe auch → Fensteranschluss **76**/109; **93**/92; **95**/55; **95**/74; **97**/101; **03**/66
Fugendurchlasskoeffizient (a-Wert) **82**/81; **83**/38; **87**/30
Fugenglattstrich **91**/57
Fugenloses Bauwerk **91**/43
Fugenlüftung **06**/84
Fugenstoß **76**/109
Fundament **01**/27
Funktionstauglichkeit **08**/108; **09**/179
Furnierschichtholz **05**/74
Fußboden **00**/62; **02**/41; **04**/87; **04**/147; **14**/127
Fußbodenheizung **78**/79; **88**/111; **04**/87
Fußpunktabdichtung **98**/77; **12**/30

Gabelsonde **01**/103
Gamma-Strahlen-Verfahren **83**/78
Garantie **02**/01; **08**/1; **08**/108
Garten- und Landschaftsbau **12**/23
Gebäudeabsenkung; siehe auch → Setzung
Gebäudedehnfuge; siehe auch → Setzungsfuge
Gebäudedehnfuge **91**/35
- Gebäudepass; siehe auch → Energiebedarfsausweis **01**/42
- statischer **06**/65

Gebäudequalität, energetische **06**/15
Gebäudeschadstoffe **16**/161
Gebäudesicherheitsbericht **06**/70
Gebäudetechnische Anlagen **13**/135
Gebäudezertifizierung **10**/12
Gebrauchstauglichkeit **98**/9; **98**/22; **99**/9; **99**/34; **02**/27; **03**/66; **08**/1; **08**/16; **08**/93; **16**/116
Gebrauchswert **78**/48; **94**/9; **98**/9
Gefälle **82**/44; **86**/38; **87**/80; **97**/119; **02**/50; **09**/84; **11**/21; **14**/59; **17**/27; **17**/111
Gegenantrag **90**/9
Gegengutachten **86**/18
Gelände, Gefällegebung **12**/17
Geländeausbildung **12**/23
Gelbdruck, Weißdruck **78**/38
Gelporenraum **83**/103; **04**/94
Geltungswert **78**/48; **94**/9; **98**/9
Geneigtes Dach; siehe auch → Dach;
Geneigtes Dach **84**/76; **87**/53
Gericht **91**/9; **91**/22
Gerichtsgutachten **09**/198
Gerichtssachverständiger **00**/26; **04**/15; **04**/26
Gesamtanlagenkennzahl **00**/42
Gesamtschuldverhältnis **89**/15; **89**/21
Geschossdecken **78**/65
Geschosshöhe **02**/58
Gesetzgebungsvorhaben **80**/7
Gesundes Bauen **10**/12
Gesundheitsgefährdung **88**/52; **92**/70; **94**/111; **03**/77; **03**/94; **03**/113; **03**/120; **03**/156
Gewährleistung **79**/14; **81**/7; **82**/23; **84**/9; **84**/16; **85**/9; **88**/9; **91**/27; **97**/17; **08**/43; **10**/7
Gewährleistungsanspruch **76**/23; **86**/18; **98**/9; **99**/13; **01**/05; **03**/147
Gewährleistungseinbehalt **77**/17
Gewährleistungspflicht **89**/21; **96**/9
Gewährleistungsstadium **83**/9
Gewährung des rechtlichen Gehörs **78**/11
Gießharzscheiben **06**/100
Gipsbaustoff **83**/113
Gipskarton **06**/129
Gipskartonplatten **04**/150; **06**/22
Gipskartonplattenverkleidungen **78**/79; **88**/88
Gipsputz, Nassraum **88**/72; **83**/113; **99**/72; **00**/56
Gitterrost **86**/57; **95**/119
Gitterrostrinne **11**/172

Glas, thermisch vorgespannt **06**/100
Glasarchitektur **06**/105
Glasdach **87**/87; **93**/108
Glasdoppelfassade **06**/105
Glasfassade **15**/51
Glasfassadenurteil **11**/1
Glasendiagramm, WU-Beton **99**/9
Glaser-Verfahren **82**/63; **83**/21; **03**/41; **16**/50
Glasfalz **80**/81; **87**/87; **95**/74
Glaspalast **84**/22
Glasprodukt, Qualität **06**/100
Glasschaden **06**/100
Gleichgewichtsfeuchte, hygroskopische **83**/21; **83**/57; **83**/119; **94**/79; **94**/97
Gleichstromimpulsgerät **86**/104; **99**/141
Gleichwertigkeit **06**/1
Gleitlager; siehe auch → Deckenanschluss **79**/67
Gleitschicht **77**/89
Graue Energie **13**/128
Gravimetrische Materialfeuchtebestimmung **83**/78
Grenzabmaß **88**/135; **02**/58
Grenzwertmethode **06**/47
Großküchen **07**/102; **16**/31
Großprojekt **15**/89
Grundbruch, hydraulischer **09**/95; **09**/183
Grundleitungen **12**/137
Grundstücksentwässerungsanlagen **12**/137
Grundwasser; siehe auch → Druckwasser
Grundwasser **83**/85; **99**/81; **99**/121; **07**/162; **09**/95
Grundwasserabsenkung **81**/121; **90**/61
Grundwasserbemessungsstand **07**/162; **07**/169; **08**/30
Gründung; siehe auch → Erdberührte Bauteile; Setzung
Gründung **77**/49; **85**/58; **04**/126; **12**/71
Gründungsplatten **12**/92
Gründungsschäden **90**/17; **01**/27
Gussasphaltbelag **86**/76
– Gutachten **77**/26; **85**/30; **95**/23
– Auftraggeber **87**/121
– Erstattung **79**/22; **87**/21; **88**/24; **99**/46; **04**/126
– fehlerhaftes **77**/26; **99**/46; **04**/01
– Gebrauchsmuster **89**/9
– gerichtliches **79**/22; **99**/46; **04**/01
– Grenzfragen **87**/21
– Individualität des Werkes **89**/9
– Gutachten
– juristische Fragen **87**/21; **04**/09
– Nutzungsrecht **89**/9
– privates **75**/7; **79**/22; **86**/9; **99**/46; **04**/01; **04**/09; **11**/155
– Schutzrecht **89**/9
– Urheberrecht **89**/9

Gutachtenpraxis **09**/159; **11**/155
g-Wert **95**/51; **95**/151

Haariss **89**/115; **91**/96
Haftfestigkeit **08**/43
– Haftung **78**/11; **79**/22; **90**/17; **91**/27; **07**/09; **08**/104
– Architekt und Ingenieur; siehe auch → Architektenhaftung
– Architekt und Ingenieur **82**/23; **85**/9
– Ausführender **82**/23; **95**/9; **96**/9
– außervertraglich **91**/27; **97**/17
– Baubestand **01**/05
– deliktische **91**/27; **00**/15
– des Sachverständigen; siehe auch → Bausachverständiger, Haftung **13**/16
– gesamtschuldnerische **76**/23; **78**/17; **79**/14; **80**/24; **05**/31
Haftungsausschluss **80**/7; **00**/15; **02**/15; **12**/1
– Haftungsbeteiligung, Bauherr **79**/14
– Hersteller **95**/9
Haftungsrisiko **84**/9; **07**/09
Haftungsverteilung, quotenmäßige **79**/14
Haftverbund; siehe auch → Verbundverlegung **85**/49; **89**/109; **02**/95
Hagelschlag **11**/32
Hallenkonstruktion **08**/115
Handläufe **10**/139
Handwerkliche Holztreppen **10**/139
Harmonisierung; siehe auch → Vorschriften
Harnstoffharzklebstoff **08**/115
Hausanschlussleitungen **12**/137
Hausschwamm **88**/100; **96**/81
Haustrennwand **77**/49; **82**/109; **03**/41; **03**/134
Haustüren **00**/92
Hebeanlage **77**/68
Heißdesinfektion **16**/79
Heizenergiebedarf **01**/10; **01**/42
Heizestrich, Verformung und Rissbildung **88**/111
Heizkasten, kalibriert **13**/43
Heizkosten **80**/113
Heizungsempfehlungen **11**/132
Heizwärmebedarf; siehe auch → Wärmeschutz **92**/42; **92**/46; **94**/35; **00**/42
Herstellerrichtlinien **82**/23
Hinnehmbarkeit **06**/47
Hinterlüftete Fassade **15**/101
Hinterlüftung **04**/100; **04**/103
Hinterlüftung; siehe auch → Luftschicht
– Hinterlüftung
– Fassade; siehe auch → VHF **87**/109; **98**/70; **01**/50
Hinterströmung **10**/35
Hinweispflicht siehe auch → Prüfungs- und Hinweispflicht
HOAI **78**/5; **80**/24; **84**/16; **85**/9; **91**/9; **96**/15

Hochbauten, Überprüfung **06**/70
Hochlochziegel, Luftdichtheit **03**/55
Hochpolymerbahn **82**/44
Hochspannungsverfahren **17**/160
Höhenabweichungen **10**/139
Hohlraumbedämpfung **88**/121
Hohlraumdämmung, nachträglich **15**/80
Holz, Riss **91**/96; **06**/65
Holzbalkendach **75**/27
Holzbalkendecke **88**/121; **93**/100
Holzbalkendecke, Trocknung **94**/146
– Holzbau **06**/133
– Diffusion **12**/50
– Wärmebrücke im **92**/98; **98**/32
– Holzbauweise **06**/65
– Sockel **12**/50
Holzdächer **09**/188
– flach geneigt **16**/50
– Holzfenster
– Konstruktion **08**/138
– Schutz **08**/138
Holzfertigbauweise **98**/32
Holzfeuchte **88**/100; **93**/54; **93**/65; **94**/97; **96**/81; **97**/78; **98**/32; **04**/87; **04**/147
Holzkonstruktion, unbelüftet **93**/54
Holzleichtbau **14**/37; **14**/39
– Holzschutz **88**/100; **93**/54; **96**/81; **98**/32; **08**/138; **10**/19
– chemischer **05**/74; **08**/124; **08**/138
Holzschutzmittel **88**/52; **88**/100; **08**/124
Holzschutznorm **08**/124; **12**/50
Holztragwerk **06**/65; **08**/115
Holzwerkstoffe **88**/52; **98**/32; **04**/103; **05**/74; **16**/144
Holzwolleleichtbauplatte **82**/109
Horiziontalabdichtung siehe auch → Querschnittabdichtung **77**/86; **90**/121
Hydratationswärme **99**/81; **04**/150
Hydrophilie **08**/74
Hydrophobie **08**/74
Hydrophobierung **83**/66; **85**/89; **89**/48; **89**/55; **91**/57; **96**/49; **02**/27
Hygiene-Fachbegleiter **10**/12
Hygrometrische Messverfahren **13**/64
Hygroskopische Feuchte **13**/64
Hygrothermische Simulation **15**/101
H-X-Diagramm **92**/54

ibac-Verfahren **89**/87
Immission **83**/66; **88**/52
Immobilienbewertung **15**/1
Imprägnierung; siehe auch → Wasserabweisung **81**/96, **83**/66; **02**/27
Induktionsmessgerät **83**/78; **86**/104
Industriefußböden **02**/41
Industrie- und Handelskammer **79**/22
Infiltrationsluftwechsel **03**/55

Infrarotmessung **83**/78; **86**/104; **90**/101; **93**/92; **94**/46
Injektagemittel **83**/119; **03**/127
Injektionsschlauch **97**/101; **99**/81; **03**/127; **03**/164
Injektionsverfahren **77**/86; **96**/94; **99**/135; **01**/81; **03**/127
– Innenabdichtung **77**/49; **77**/86; **81**/113; **81**/121; **99**/135
– nachträgliche **77**/82; **90**/108; **07**/162; **07**/169; **07**/155
– Verpressung **90**/108
– Fenster **03**/61; **03**/66
Innenbauteile, Zwangseinwirkungen **10**/100
Innendämmung **80**/44; **81**/103; **84**/33; **84**/59; **92**/84; **92**/115; **96**/31; **97**/56; **00**/48; **09**/119; **09**/183; **10**/35; **10**/50; **10**/62; **15**/101
– Fachwerk **00**/100
– nachträgl. Schaden **81**/103
Innendruck Dach **79**/49
Innenputz **16**/1
Innenraumabdichtung **17**/58
Innenraumluft **05**/70
Innenverhältnis **76**/23; **79**/14; **88**/9
Innenwand, nichttragend **78**/65; **78**/109; **04**/29
Innenwand, tragend **78**/65; **78**/109
Inspektion **06**/133; **08**/115
Installation **83**/113; **94**/139
Instandhaltung **05**/111; **08**/16; **08**/22; **17**/23
Instandsetzung **84**/71; **84**/79; **96**/15; **01**/05; **01**/81; **05**/111; **17**/142
Instandsetzungsbedarf **96**/23
Instandsetzungsrichtlinie, Betonbauteile **02**/34
Institut für Bautechnik **78**/38
Internationale Normung ISO **92**/9
IR-aktive Farben **08**/74
Isolierdicke **80**/113
Isolierglas **87**/87; **92**/33; **98**/92; **06**/143
Isoplethen **03**/77
Isothermen **95**/55; **95**/151; **03**/66
Ist-Beschaffenheit **14**/10

Jahresheizenergiebedarf **00**/33; **01**/10
Jahresheizwärmebedarf; siehe auch → Heizwärmebedarf; Wärmeschutz **00**/33
JVEG **04**/15; **04**/26; **04**/139

Käfer **12**/63
Kaltdach; siehe auch → Dach zweischalig; Dach belüftet
Kaltdach **84**/94
Kaltdesinfektion **16**/79
Kaltwasserleitungen **08**/54
Kalziumsilikatplatten **00**/48
Kalziumsulfatestrich **00**/56; **04**/62
Kandidatenliste **16**/161
Kapillarität; siehe auch → Wasseraufnahme,

Kapillarität **07**/**40**
Kapillare **76**/**163**; **89**/**41**; **92**/**115**; **99**/**90**; **01**/**95**
Kapillarwasser **77**/**115**
  – Karbonatisierung **93**/**69**
  – im Rissbereich **01**/**20**
Karbonatisierung **17**/**130**
Karsten Prüfröhrchen **89**/**41**; **90**/**101**; **91**/**57**
Kaufrecht **06**/**122**
Kaufvertrag **07**/**125**
Kaufvertragsrecht **01**/**05**
Keilplatte **10**/**62**
Keilzinken-Lamellenstöße **08**/**115**
Keimbelastung **07**/**135**; **07**/**151**
Kellerabdichtung; siehe auch → Abdichtung;
  Erberührte Bauteile **77**/**76**; **81**/**128**; **96**/**94**;
  04/**103**
  – Schadensbeispiel **81**/**121**; **81**/**128**
Keller, Nutzung **14**/**100**; **14**/**107**; **14**/**114**;
  14/**121**; **14**/**127**; **14**/**133**
Kellerlüftung **16**/**1**
Kellernutzung, hochwertige **77**/**76**; **77**/**101**;
  83/**95**; **02**/**102**; **04**/**100**; **04**/**103**
Kellerwand **77**/**49**; **77**/**76**; **77**/**101**; **81**/**128**;
  99/**100**; **99**/**105**; **99**/**112**; **99**/**121**; **99**/**135**
Keramikbeläge; siehe auch → Fliesen,
  Keramikbeläge **88**/**111**; **98**/**40**
Kerbwirkung **98**/**85**
Kerndämmung **80**/**44**; **84**/**33**; **84**/**47**; **89**/**35**;
  91/**57**; **98**/**70**; **15**/**80**
KfW-Kriterien **10**/**12**
Kiesbett **86**/**51**
Kiesrandstreifen **86**/**93**
Kimmstein **12**/**81**
Klassifizierung **14**/**84**
Klemmprofil **05**/**80**
Klemmschiene **05**/**80**
Klimatisierte Räume **79**/**82**; **98**/**92**
KMB siehe auch → Bitumendickbeschichtung
  Kohlendioxiddichtigkeit **89**/**122**; **05**/**136**
KMB **07**/**54**; **07**/**155**; **09**/**69**
KMB-Richtlinie **12**/**126**
Kombinationsabdichtung **07**/**54**; **07**/**61**; **09**/**69**;
  10/**19**
Kompetenz-Kompetenz-Klausel **78**/**11**
Kompressenputz **96**/**105**
Kondensation; siehe auch → Diffusion;
  Wasserdampfdiffusion **76**/**163**; **82**/**81**
Kondensationstrockner **07**/**117**
Kondensfeuchtigkeit **83**/**119**
Konsole **98**/**77**
  – Kontamination, mikrobielle **07**/**124**;
  07/**135**
  – Grenzwerte **07**/**151**
Kontaktfederung **82**/**109**
Konterlattung **93**/**38**; **93**/**46**; **93**/**65**
Kontrollrecht **09**/**10**
Konvektion **91**/**88**; **93**/**92**; **93**/**108**; **97**/**35**; **03**/**15**;

03/**41**; **03**/**55**; **10**/**35**
Koordinierungsfehler **80**/**24**; **95**/**9**
Koordinierungspflicht **78**/**17**; **95**/**9**
Körperschall **78**/**131**
  – Korrosion, Leitungen **94**/**139**; **08**/**54**
  – Stahlbeton **02**/**34**; **02**/**50**
  – Korrosionsschutz **15**/**64**
  – allgemein **08**/**43**
  – Konstruktion **08**/**43**
  – Metalldach **97**/**70**; **08**/**54**
  – Sperrbetondach **79**/**67**
  – Stahlbauteile **08**/**43**
  – Stahlleichtdach **79**/**87**
Korrosionsschutz **16**/**61**; **17**/**142**
Korrosionsverhalten **08**/**43**
Kostenrechnung nach ZSEG **79**/**22**; **97**/**25**;
  02/**15**
Kostenschätzung **81**/**108**
Kostenüberschreitung **80**/**24**
Kriechen, Wasser **76**/**163**
Kriechverformung; siehe auch → Längenänderung **78**/**65**; **78**/**90**
Kristallisation **83**/**66**
Kristallisationsdruck **89**/**48**
Kritische Länge **79**/**40**
Kritischer Wassergehalt **13**/**64**
Krustenbildung **83**/**66**
KSK-Bahn **99**/**112**; **07**/**54**
Kunstharzputze **85**/**76**
Kunstharzsanierung, Beton **81**/**75**
Kunststoff-Abstandhalter **06**/**143**
Kunststoffdachbahn **84**/**89**; **86**/**38**; **91**/**82**
Kunststoff-Dichtungsbahn **07**/**54**
Kunststoff-Fenster **15**/**51**
Kunststoffmodifizierte Bitumen-
  dickbeschichtungen, PMBC **17**/**33**
Kupferrohrleitung **08**/**54**
k-Wert **82**/**54**; **82**/**63**; **84**/**22**; **84**/**71**; **87**/**25**;
  92/**46**; **92**/**106**; **96**/**31**; **97**/**119**; **05**/**46**
kF-Wert **95**/**151**

Länge, kritische **04**/**62**
Längenänderung, thermische **76**/**143**; **78**/**65**;
  81/**108**
Last, dynamische **86**/**76**
Lastabtragende Wärmedämmschichten **12**/**92**
Lastbeanspruchung **91**/**100**; **04**/**62**
  – Lebensdauer, Flachdach **81**/**45**
  – technische **84**/**71**; **08**/**16**
  – von Bauteilen **08**/**1**; **08**/**22**
Lebensdauerdaten **08**/**91**;**08**/**93**; **08**/**104**; **08**/**108**
Lebenszyklus **08**/**22**; **17**/**166**
Lebenszykluskosten **13**/**128**
Leckagesimmulation **16**/**149**
Leckortung, siehe auch → Ortungsverfahren
  99/**141**
Leckortungsverfahren **17**/**160**

Lehm 00/100
Leichtbeton als Untergrund für Fliesen und Platten 02/95
Leichtbetonkonstruktion 81/103
Leichtes Dach; siehe auch → Stahlleichtdach 79/44; 87/30; 87/60
Leichte Trennwände 10/100
Leichtmauerwerk 85/68; 89/61; 89/75; 98/82; 98/85; 04/29
Leichtmörtel 85/68
Leichtputz 98/85
Leistendeckung 79/101; 97/70
Leistung, besondere 95/9; 96/15
– Leistungsbeschreibung 92/9; 94/26; 03/06; 06/38; 07/01; 08/108
– funktionale 08/1
Leistungsbestimmungsrecht 09/148
Leistungsersetzung 81/14
Leistungstrennung 95/9
Leistungsverweigerungsrecht 94/9; 01/01
Leistungsverzeichnis 05/01; 05/121; 06/22; 08/1
Leitern 90/130
Leitprodukt 06/1
Leitungswasserschaden 94/139
Leopoma 17/160
Lichtkuppelanschluss 79/87; 81/61; 95/142
Lichtschacht 77/49
Lichttransmissionsgrad 95/51
Ligninverfärbung 06/129
Lochfraß 08/54
Luftdichtheit; 79/82; 93/85; 93/92; 94/35; 01/59; 03/15; 03/41; 03/156; 06/84; 09/109; 09/119; 10/19; 10/50; 14/49; 16/149
– Dach 87/30; 87/53; 97/35; 97/70; 01/71; 03/41
– Fenster 03/61; 03/66; 03/156
– Gebäudehülle 95/55; 96/31; 00/33; 01/10; 01/57; 01/65; 01/71; 03/55
– neue Bauweisen 93/100
Leckagebewertung 16/149
Luftdichtheitsebene 06/122; 16/149
Luftdichtheitsmessung 13/51
Luftdurchlässigkeitsmessung 01/65
Luftdurchströmung 87/30; 92/54; 92/65; 96/31; 01/65
Luftfeuchte 75/27; 82/76; 82/81; 83/21; 88/38; 88/45; 92/73; 92/106; 94/46; 01/76; 01/95; 03/77
Lufthygiene 05/70; 06/90; 10/12
Luftqualität 06/84
Luftraum abgehängte Decke 93/85
Luftschallschutz; siehe auch → Schallschutz
Luftschallschutz 78/131; 82/97; 88/121; 03/134; 09/35
– Luftschicht siehe auch → Hinterlüftung 98/70; 03/21
– ruhende 82/36; 03/152

Luftschichtdicke 75/27; 82/91
Luftschichtplatten 84/47
Luftstromgeschwindigkeit 75/27; 01/65; 03/55; 03/145
Lufttemperatur, Innenraum 82/76; 88/38; 88/45; 98/92
Luftüberdruck 79/82; 87/30
Luftundichtheit, Kosten 09/119
Luftverschmutzung 87/94
Luftwechsel siehe auch → Luftfiltrationsluftwechsel 82/81; 88/38; 93/92; 95/35; 01/10; 01/59; 01/65; 03/77; 06/94; 06/136
Luftwechselrate 92/90; 97/35; 01/42; 01/57; 01/76; 03/15
Luftundichtigkeit, Kosten 09/119
Lüftung; siehe auch → Belüftung; Wohnungslüftung
– Lüftung 88/38; 88/52; 92/33; 92/65; 93/92; 93/108; 03/77; 06/84; 06/90; 06/94; 06/136
– Keller 14/121
Lüftungsanlagen 92/64; 92/70; 93/85; 01/59; 01/65; 01/76; 06/84; 06/90; 06/94
Lüftungsempfehlungen 11/132
Lüftungskonzept 13/145
Lüftungsöffnung, Fenster 95/109
Lüftungsplanung 13/145
Lüftungsquerschnitt 75/39; 84/94; 87/53; 87/60
Lüftungsverhalten 92/33; 92/90; 95/35; 95/131; 01/59; 01/76; 03/120
Lüftungssystem 13/142; 13/145
Lüftungswärmeverlust 82/76; 91/88; 94/35; 95/35; 95/55; 01/57; 01/59; 03/55

Mäuse 12/63
MAK-Wert 88/52; 92/54; 94/111
Mangel 78/48; 82/11; 85/9; 85/14; 86/23; 96/9; 97/17; 98/27; 04/143; 06/1; 07/09; 08/1; 09/172; 10/7; 12/1; 14/10; 16/116; 16/135
– Begriff 05/121; 07/01
– Hinnehmbarkeit optischer 06/29
– Verursacher 89/15; 89/21; 96/9; 99/13
– verborgener 15/1
– wesentlicher 03/01
Mangelanspruch 08/1; 14/107
Mangelbeseitigung 81/14; 81/31; 88/17; 94/9; 99/13; 01/01; 03/147
Mangelbeseitigungsanspruch 06/1
Mangelbeseitigungskosten 03/01; 06/47
Mangelbewertung 78/48; 84/71; 94/26; 98/9; 99/13; 02/01; 03/01; 06/122; 09/01
Mangelfolgekosten 09/198
Mangelhaftung 11/1
Mangelkenntnis 97/17; 03/06
Marmor 08/1
Massivhaus 14/37; 14/39
Mastixabdichtung 86/76

Maßtoleranzen **88**/135; **98**/27; **02**/58; **07**/20
Mauersperrbahn **07**/54
Mauerwerk; siehe auch → Außenwand
Mauerwerk **76**/121; **94**/79; **07**/20
- Abdeckung **89**/27
- Ebenheit **10**/83
- Formänderung **76**/121; **76**/143; **94**/79; **04**/29; **04**/38
- Gestaltung **89**/27
- großformatig **10**/93; **10**/103
- hochwärmedämmendes **03**/55
- leichtes **89**/61; **89**/75
- zweischalig **84**/47; **89**/35; **89**/55; **15**/80

Mauerwerksanker **89**/35
Mediation **10**/1
„Mediation"; siehe → Schlichtung **04**/09
Mehrscheibenisolierglas **06**/100
Messgeräte **13**/43
Messmethoden **11**/132; **13**/33; **13**/43; **13**/51; **13**/56; **13**/64; **13**/73
Metalldeckung **79**/82; **79**/101; **84**/105; **87**/30; **87**/60; **87**/68; **93**/85; **97**/70; **97**/78
Metallfassadenelement **06**/129
Metallleichtbau **15**/64
Mietrecht **14**/107
Mietvertrag **07**/125
Mikrobieller Aufwuchs **13**/115
Mikroorganismen siehe auch → Pilzbefall; Algen **98**/101; **01**/39
Mikroporenfilm-Anstrich **05**/70
Mikrowellenmessgerät **13**/56
Mikrowellenverfahren **83**/78; **90**/101; **01**/81; **01**/103
Minderung **06**/1; **06**/122; **10**/7
Minderungsanspruch **01**/1
Minderwert **78**/48; **81**/31; **81**/108; **86**/32; **87**/21; **91**/9; **91**/96; **98**/9; **06**/29; **06**/47
- technisch, merkantil **15**/1

Mindestluftwechsel **06**/90
Mindestschallschutz **82**/97
Mindeststandard **16**/99
Mindesttrockenschichtdicke **16**/31
Mindestwärmeschutz **82**/76; **92**/73; **92**/90; **96**/31; **10**/50; **11**/132; **11**/146; **11**/172
Mineralfasern **93**/29; **94**/111
Mineralwolle **13**/121; **15**/109
- Anwendungsgebiete **09**/58

Mini-Heizplatte **13**/43
Mischmauerwerk **76**/121; **78**/109
Mitwirkungsrecht **09**/10
Modernisierung **93**/69; **96**/15; **96**/23; **96**/74; **96**/78; **01**/05; **11**/161; **13**/8
Monitoring **13**/25
Montageschaum **97**/63; **03**/61; **03**/66
Mörtel **85**/68; **89**/48; **02**/95
Mörtelbett **97**/114
Mörtelfuge **91**/57; **03**/55
- deckelbildende **03**/154

Muldenlage **85**/58
Muldenfraß **08**/54
Musterbaubeschreibung **09**/133; **09**/142
Musterbauordnung **78**/38; **87**/9; **93**/24
Mustersachverständigenordnung **77**/26
MVOC **05**/130
Mykotoxine (Pilzgifte) **07**/135
Myzel siehe auch → Schimmelpilzbildung **88**/100; **96**/81; **03**/77; **03**/94

Nachbarbebauung **90**/17; **90**/35; **04**/126
- Nachbesserung **76**/9; **81**/7; **81**/25; **83**/9; **85**/30; **86**/23; **87**/21; **88**/9; **94**/9; **09**/10; **10**/7
- Außenwand **76**/79; **81**/96; **81**/108
- Beton **81**/75
- Flachdach **81**/45; **99**/141

Nachbesserung **01**/01
Nachbesserungsanspruch **76**/23; **81**/14; **88**/17
Nachbesserungsaufwand **88**/17; **98**/9; **98**/27
Nachbesserungserfolg **98**/9
Nachbesserungskosten **81**/14; **81**/25; **81**/31; **81**/108
Nachbesserungspflicht **88**/17
Nacherfüllung **06**/47; **11**/1; **11**/41; **15**/1
Nacherfüllungsarbeiten **11**/161
Nachhaltigkeit **08**/16; **08**/22; **14**/39; **15**/40; **17**/166
Nachhaltigkeitsstrategie **14**/37; **14**/39
Nachprüfungspflicht **78**/17
Nagelbänder **79**/44
Nassraum **83**/113; **88**/72; **88**/77; **00**/56; **00**/80; **10**/19
- Abdichtung **88**/77; **99**/59; **99**/72; **07**/102; **08**/30; **09**/84; **10**/70; **14**/76; **15**/131
- Anschlussausbildung **88**/88; **99**/72
- Beanspruchungsgruppen **83**/113; **99**/72
- Holzbau **08**/30

Nassraumabdichtung **16**/31; **17**/58
Naturstein **83**/66; **88**/111; **96**/49
Natursteinbelag **00**/62; **02**/95
NDP (National Festzulegender Parameter) **05**/10
Nebenpflicht **12**/1
Nebenraum **14**/100; **14**/107; **14**/114; **14**/121; **14**/127; **14**/133
Netzwerk Schimmel **12**/107; **12**/112
Neue Bundesländer **93**/69; **93**/75
Neuherstellung **81**/14; **99**/13
Neutronensonde **86**/104; **90**/101; **99**/141
Neutronen-Strahlen-Verfahren **83**/78; **01**/103
Nichtdrückendes Wasser; siehe auch → Grundwasser; Nichtdrückendes Wasser **83**/85; **90**/69
Niedrigenergiehaus **95**/35; **97**/35
Niedrigenergiehausstandard; siehe auch → Wärmeschutzverordnung **92**/42

Niveausgleich **11**/120
- Norm, siehe auch → DIN-Normen
- europäische Harmonisierung **92**/9; **92**/46; **94**/17; **00**/72; **05**/10
- Prüfkriterien **11**/170
- technische **87**/9; **90**/25; **98**/27
- Verbindlichkeit **90**/25; **92**/9; **99**/13; **99**/59; **00**/69; **00**/72

Normenarbeitsausschuss **11**/170
Normenausschuss Bauwesen **92**/9; **00**/72
Normen, Normung **05**/121; **11**/50; **11**/95; **11**/91; **11**/99, **11**/108; **11**/112; **15**/20; **15**/114; **15**/119; **16**/135
Normungsarbeit **16**/135
Normungsgremium **05**/121
Notablauf **05**/127
Nutzenergie **13**/135
Notentwässerung **05**/64; **11**/32
Nutzerverhalten **92**/33; **92**/73; **96**/78; **01**/59; **03**/120
Nutzschicht Dachterrasse **86**/51
- Nutzungsdauer **08**/22; **08**/91; **08**/93; **08**/104
- Flachdach **86**/111

Nutzungsklassen **07**/79; **09**/69; **17**/121; **17**/154; **17**/70
Nutzungsklassen (A + B) **11**/166
Nutzwertanalyse **98**/27; **06**/47; **06**/122

Oberflächenbeschaffenheit **06**/129
Oberflächenbeschichtung **05**/74
Oberflächenebenheit, Estrich **78**/122; **88**/135
Oberflächenentwässerung **12**/144
Oberflächenschäden, Innenbauteile **78**/79
Oberflächenschutz, befahrbare Flächen **14**/66
- Oberflächenschutz, Beton **81**/75
- Dachabdichtung **82**/44
- Fassade **83**/66; **98**/108; **01**/39

Oberflächenschutzsysteme **17**/70; **17**/106
Oberflächenspannung **89**/41; **98**/85
Oberflächentauwasser **77**/86; **82**/76; **83**/95; **92**/33
- Oberflächentemperatur **80**/49; **92**/65; **92**/73; **92**/90; **92**/98; **92**/106; **92**/125; **98**/101; **11**/132
- Putz **89**/109

Oberflächentemperaturmessung **03**/152
Oberflächenversickerung **12**/17
Oberflächenvorbereitungsgrad **08**/43
Oberflächenwasser **12**/17
Obergutachten **75**/7
Ökologie **09**/51
Ökonomie **09**/51
Opferputz **07**/20
Optische Beeinträchtigung **87**/94; **89**/75; **89**/115; **91**/96; **98**/27; **98**/108
Organisationsverschulden **97**/117; **99**/13; **10**/7

Ortbeton **86**/76
Ortschaumdach **11**/67
Ortstermin **75**/7; **80**/32; **86**/9; **90**/130; **91**/111; **94**/26
Ortungsverfahren für Undichtigkeit in der Abdichtung **86**/104; **99**/141
- Öffnungsanschluss; siehe auch → Fenster
- Außenwand **76**/79; **76**/109
- Stahlleichtdach **79**/87
- Öffnungsarbeit **13**/16
- Ortstermin **91**/111; **03**/113

Öffnungsklausel **06**/1

PAM-Fluorometrie **08**/74
Pariser Markthallen **84**/22
Parkdeck **86**/63; **86**/76; **97**/101; **97**/114; **97**/119; **02**/50; **11**/99; **11**/112; **14**/66
Parkett **78**/79
Parkdeck **16**/61
Parkettbelag **04**/87; **04**/147
Parteigutachten **75**/7; **79**/7; **87**/21
Partialdruckgefälle **83**/21
Paxton **84**/22
PCM-Putzzusätze **08**/74
Perimeterdämmung **99**/90
Pflasterbelag **97**/114; **12**/144
Pfützenbildung **97**/84
Phasenverzögerung **92**/106
Phenolharz-Hartschaum **09**/58
Photovoltaikanlagen **11**/59; **11**/161
Pilzbefall; siehe auch → Schimmelpilzbildung **88**/52; **88**/100; **92**/70; **96**/81
Pilzsporen **98**/101
Planer **05**/31; **13**/1
Planungsfehler **78**/17; **80**/24; **89**/15; **99**/13
Planungskriterien **78**/5; **79**/33
Planungsleistung **76**/43; **95**/9
Plattenbauweise; siehe auch → Fertigteilbauweise
Plattenbauweise **93**/75
Plattenbelag auf Fußbodenheizung **78**/79
Polyesterfaservlies **82**/44
Polyethylenfolie; siehe auch → Folienabdichtung
Polymerbitumenbahn **82**/44; **91**/82; **97**/84
Polyurethan-Hartschaum **09**/58
Polystyrol **15**/109
Polystyrol-Dämmstoffplatten **12**/92
Polystyrol-Hartschaumplatten **79**/76; **80**/65; **94**/130; **97**/119; **00**/48; **04**/50
Polystyrolpartikelschaum **13**/101; **13**/108
Polyurethan **15**/109
Polyurethanharz **91**/105; **03**/127; **03**/164
Polyurethanschaumstoff **79**/33
Porensystem **04**/62
Porensystem, Ausblühungen **89**/48
- Praxisbewährung

- von Bauweisen **93**/100; **99**/9; **99**/34; **99**/100; **99**/112; **99**/121; **00**/80
- von Dachbahnen **05**/46

Potentialdifferenz-Verfahren **17**/160
Primärenergiebedarf **00**/33; **00**/42; **01**/10; **13**/135
Primärenergiebilanz **09**/183
Primärenergieeffizienz **14**/37
Primärenergiegehalte **13**/128
Primärmangel **99**/34
Privatgutachter **09**/10
Privatwirtschaft **15**/89
Produkthaftung **99**/34
Produktinformation; siehe auch → Planungskriterien **79**/33; **99**/65; **02**/27
Produktnorm **05**/10
Produktzertifizierung **94**/17
Produzentenhaftung **88**/9; **91**/27; **02**/27
Projektsteuerung **15**/89
Prospekthaftung **05**/136
Prozessförderungspflicht **04**/01
Prozessrisiko **79**/7
Prüfgrundsatz **07**/61; **07**/102
Prüfintervall **06**/70
Prüfmethoden **99**/141
Prüfstatik **06**/65
Prüfung **06**/133
Prüfungs- und Hinweispflicht **78**/17; **79**/14; **82**/23; **83**/9; **84**/9; **85**/14; **89**/21; **04**/01; **08**/108; **11**/1; **12**/1
Prüfverfahren **05**/92; **07**/61
Prüfzeichen **78**/38; **87**/9
- Prüfzeugnis **05**/90; **05**/92; **05**/136
- allgemeines bauaufsichtliches **05**/15; **05**/121

Pulverbeschichtung **08**/43
Putz **16**/1; **16**/41
Putz, alt-neu **16**/41
Putz-Anstrich-Kombination **89**/122; **98**/50
Putz; siehe auch → Außenputz
- Putz **07**/20; **08**/30; **12**/35; **15**/20
- Anforderungen **85**/76; **89**/87; **98**/82
- hydrophobiert **89**/75
- Oberflächenqualität **06**/22
- Prüfverfahren **89**/87
- Riss **89**/109; **89**/115; **89**/122; **91**/96; **98**/90; **04**/50
- wasserabweisend **85**/76; **96**/105; **98**/57; **98**/85

Putzdicke **85**/76; **89**/115
Putz, historisch **16**/41
Putzinstandsetzung **16**/41
Putzinstandsetzungssystem **04**/29
Putzmörtelgruppen **85**/76
Putzschäden **78**/79; **85**/83; **89**/109; **98**/57; **98**/85
Putzsysteme **85**/76; **04**/143

Putzuntergrund **89**/122; **98**/82; **98**/90
Putzzusammensetzung **89**/87
PVC-Bahn **05**/46
PYE-Bahn **05**/127

Qualifikationsnachweis **99**/100
Qualität am Bau **14**/1; **14**/10
Qualitätsanforderungen **14**/1
- Qualitätsklasse **05**/38; **06**/22; **06**/38; **08**/16; **09**/84, **14**/84; **14**/140
- Fenster **14**/145

Qualitätskontrolle **94**/26; **97**/17; **00**/9; **03**/06; **09**/193
Qualitätsmerkmale **14**/1
Qualitätssicherung **94**/17; **94**/21; **95**/23; **03**/06; **17**/166
Qualitätsstandard **84**/71; **99**/46; **00**/9
Qualitätsstufe **06**/129; **14**/66
Qualitätsüberwachung **00**/15; **03**/06; **03**/147
QualiThermo **13**/33
- Quellen von Mauerwerk **89**/75; **04**/29
- Holz **94**/97; **04**/87

Quellenverwendung **17**/1
Quellfolie **02**/80
Querlüftung **92**/54; **06**/84
Querschnittsabdichtung; siehe auch → Horizontalabdichtung; Abdichtung, Erdberührte Bauteile **81**/113; **90**/121; **96**/94; **12**/30

Radaruntersuchung **13**/73
Radon **88**/52; **14**/121
Rammarbeiten **90**/41
- Randabschluss
- Abdichtung **05**/80

Randverbund **06**/143
Ratten **12**/63
Rationalisierung **05**/01
Rauchabzugsklappe **95**/142
Rauchgasverfahren **99**/141; **17**/160
Raumentfeuchtung **94**/146
Raumklassenkonzept **15**/37
Raumklima **79**/64; **84**/59; **88**/52; **92**/33; **92**/65; **92**/70; **92**/73; **92**/115; **93**/108; **98**/92; **01**/76; **06**/90; **11**/132; **11**/146
- Raumluftfeuchte **97**/78; **11**/146
- Kellerraum **07**/79

Raumluftqualität **16**/144
Raumlufttemperatur **88**/45
Raumlüftung; siehe auch → Wohnungslüftung
Raumnutzungsklassen **15**/123
REACH-Verordnung **16**/161
Rechtsfragen für Sachverständige **16**/116
- Aufgabenverteilung **09**/10

Rechtsvorschriften **78**/38; **87**/9
Recycling **13**/121

Reduktionsverfahren **81**/113
Referenz-Wohngebäude **16**/21
Regeln der Bautechnik, allgemein anerkannte
78/38; **79**/64; **79**/67; **79**/76; **80**/32; **81**/7;
82/7; **82**/11; **82**/23; **83**/113; **84**/9; **84**/71;
87/9; **87**/16; **89**/15; **89**/27; **90**/25; **91**/9;
98/22; **99**/13; **99**/34; **99**/65; **00**/69; **00**/72;
00/80; **07**/09; **07**/20
Regelquerschnitt, Außenwand **76**/79; **76**/109
Regelschneelast **06**/133
Regelwerke **81**/25; **82**/23; **84**/71; **87**/9; **87**/16;
08/30; **15**/20; **17**/111; **17**/130
Regelwerke, Aussagewert **09**/01
Regelwerke, Dach **99**/65
Regelwerke, europäisch **09**/35
Regelwerke, nationale **09**/35
  – Regelwerke, neue **82**/7; **07**/20; **12**/126;
    16/1; **17**/6
  – Schwimmbad **07**/93
Regendichtheit, Lagerhalle **09**/10
Regensicher **09**/179
Rekristallisation **89**/122
Relaxation **98**/85; **04**/29
Residenzpflicht **88**/24
Resonanzfrequenz **82**/109
Restlebensdauer **13**/128
Restnutzungsdauer **13**/128
Restmangel, technischer **81**/31; **98**/9
Richtlinien; siehe auch → Normen
Richtlinien **78**/38; **82**/7; **99**/65
Riemchenbekleidung **81**/108
Ringanker/-balken **89**/61
  – Riss **11**/75
  – Außenwand **76**/79; **81**/103; **91**/100
  – Bergbauschäden **90**/49; **01**/20
  – Bewertung **85**/89; **91**/96; **01**/20; **04**/50;
    04/119; **08**/30
  – Berurteilungsprobleme **10**/83
  – Estrich **78**/122; **02**/41; **04**/62; **04**/147
  – Gewährleistung **85**/89
  – Holzkonstruktion **06**/65
  – Injektion **91**/105; **03**/127; **03**/164
  – Innenbauteile **78**/65; **78**/90; **78**/109;
    10/83; **10**/89; **10**/93; **10**/100; **10**/103
  – Leichtmauerwerk **85**/68; **89**/61; **98**/82;
    98/85; **04**/29
  – Mauerwerk **89**/75; **04**/29; **04**/38; **10**/89;
    10/93; **10**/100
  – Oberfläche **85**/49
  – Stahlbeton **78**/90; **78**/109; **91**/96; **91**/100;
    02/34; **02**/50
  – Selbstheilung **07**/79
  – Sturz **76**/109
  – Weite, Änderungen **11**/166
  – Zulässigkeit **10**/89; **10**/103
  – Rissbildung **85**/38; **01**/20
  – Fassade **83**/66; **91**/100; **01**/50; **02**/34

Rissbreitenbeschränkung **91**/43; **99**/81; **99**/127;
02/34
Rissformen **85**/38
Rissklassen **15**/123; **17**/90
  – Rissneigung
  – Reduzierung **10**/103
  – von Baukonstruktionen **10**/103
  – Risssanierung **78**/109; **79**/67; **85**/89;
    91/105; **08**/31
  – Außenwand **81**/96; **02**/34
  – Risssicherheit **76**/121; **10**/100
  – Kennwert **89**/87
  – Wirtschaftlichkeit **10**/103
  – Rissüberbrückung **89**/122; **91**/96; **01**/39;
    03/164; **04**/29; **10**/83
  – Beschichtungssystem **08**/81
  – Lebensdauer **08**/81
  – Leistungsfähigkeit **08**/81; **10**/83
Rissursache **08**/81
Rissverlauf **76**/121; **01**/20
Rissverpressung **03**/162
Rissweite **76**/143; **07**/40
Rohrdurchführung **83**/113; **99**/72; **03**/134
Rohrinnensanierung **08**/54
Rollladen, -kasten **95**/135
Rollläden, Schallschutz **95**/109
Rollschicht **89**/27; **90**/25
Rotationsströmung; siehe auch → Luftdurch-
  strömung
Rückstau **77**/68
Rutschgefahr **00**/62

Sachgebietseinteilung **77**/26
Sachkundenachweis **12**/117
Sachmängelrecht **05**/01
Sachmangel **02**/01; **08**/1
Sachmangelhaftungsrecht **06**/1
Sachverständigenbeweis **77**/7; **86**/9; **04**/01
Sachverständigenentschädigung; siehe auch →
  Entschädigungsgesetz, ZSEG, JVEG **92**/20;
  97/25; **00**/26
Sachverständigenhaftung **10**/7; **11**/1
Sachverständigenordnung **79**/22; **88**/24; **93**/17;
  99/46
Sachverständigenpflichten **11**/1
Sachverständigentätigkeit **16**/1
Sachverständigenwesen, europäisches **95**/23;
  99/46
Salzanalyse **83**/119; **90**/101
Salze **77**/86; **89**/48; **90**/108; **96**/105; **01**/103;
  03/77
Salzverteilung **13**/73
Sandbett **97**/114
Sandwichelement **06**/129
Sanierputz **83**/119; **90**/108; **96**/105; **99**/90;
  07/20
  – Sanierung; siehe auch → Instandsetzung;
    Modernisierung **86**/23; **96**/15; **13**/1

- Flachdach **81**/61; **96**/56
- genutztes Flachdach **86**/111
- Schimmelpilz **05**/70; **05**/130
- Verblendschalen **89**/55
- von Dächern **93**/75

Sanierungsplanung im Gutachten **82**/11; **87**/21
Sattellage **85**/58
Saurer Regen **85**/100
Sättigungsfeuchte **13**/64
Sättigungsfeuchtigkeitsgehalt **83**/57; **01**/103
SBI **13**/108
Schachttest **13**/108
- Schadensanfälligkeit
- von Bauweisen **99**/112
- durch Photovoltaik- und Solaranlagen **1**/59
- Schadensanfälligkeit, Flachdach **82**/36; **86**/111; **11**/59
- Nassraum **88**/72; **00**/56; **00**/80
- von Bauweisen **93**/100

Schadenserfahrung **09**/01
Schadensermittlung **81**/25; **83**/15
Schadensersatzanspruch **76**/23; **78**/17; **81**/7; **81**/14; **98**/9; **03**/01
Schadensersatzpflicht **80**/7
Schadensminderungspflicht **85**/9
- Schadensstatistik **96**/23
- Abdichtung erdberührter Bauteile **99**/112
- Dach/Dachterrasse **75**/13
- Öffnungen **76**/79; **79**/109; **80**/81

Schadensursachenermittlung **81**/25; **96**/23; **96**/40
Schadensvermeidung, -begrenzung **11**/21
Schadstoffimmission **88**/52; **00**/86; **01**/76; **10**/12
Schadstoffrisiken **16**/161
Schädlinge **12**/63
Schalenabstand, Schallschutz **88**/121
Schalenfuge, vermörtelt **81**/108; **91**/57
Schalenzwischenraum, Dach **82**/36
Schallbrücke **82**/97; **03**/134; **03**/164
Schalldämmaß **82**/97; **82**/109; **95**/109; **03**/164
- Schallschutz **84**/59; **88**/121; **08**/30; **09**/179; **14**/27
- -anforderungen **14**/27
- Fenster **95**/109
- im Hochbau DIN 4109 **82**/97; **99**/34; **03**/134; **09**/35
- -klassen **14**/27
- Treppen; **10**/119
- Türen **00**/92
- -stufen **14**/27

Schallschutz **16**/1
- Balkone **16**/86
- Anforderungen **16**/86
- Hochbau **16**/86

Schalungsmusterplan **06**/38

Scharenabmessung **79**/101
Schaumglasplatten **12**/92
Schaumglasschüttungen **12**/92
Scheibenzwischenraum, Eintrübung **06**/100
Scheinfugen **88**/111
Scherspannung, Putz **89**/109
Schiedsgericht **10**/1
Schiedsgerichtsverfahren **78**/11; **04**/09S
Schiedsgutachten **76**/9; **79**/7; **04**/09; **10**/1
- Schimmelpilz **05**/130; **06**/84; **06**/94; **07**/125; **11**/146
- -bildung **13**/64; **13**/142; **13**/145; **14**/100; **14**/127; **15**/40
- Leitfaden **15**/37; **17**/154
- Sanierung **05**/70; **12**/104; **12**/107; **12**/112; **12**/117; **15**/37; **17**/6
- Raumluftbelastung **07**/135
- Vermeidung **15**/40
- Wachstumsbedingungen, Beurteilung **11**/172
- Wachstumsbedingungen, Raumluftbelastung, Sanierungsverfahren **07**/125

Schimmelpilzbildung; siehe auch → Pilzbefall **88**/38; **88**/52; **92**/33; **92**/65; **92**/73; **92**/90; **92**/98; **92**/106; **92**/125; **96**/31; **03**/66; **03**/77; **03**/113; **03**/120; **03**/156; **04**/100; **11**/132; **11**/146; **13**/64; **13**/142; **13**/145; **15**/139
Schimmelpilze, Eigenschaften **16**/71
Schimmelpilz, Sanierung **16**/79
Schimmelpilzsanierungs-Leitfaden **07**/125; **07**/135; **07**/151; **12**/117
Schimmelpilz-Vermeidung **11**/146
Schimmelpilzwachstum **11**/132; **16**/71
Schimmelpilze, Wachstumsbedingungen **16**/71
Schlagregenbeanspruchungsgruppen **80**/49; **82**/91; **00**/100; **11**/120
- Schlagregenschutz **83**/57; **87**/101; **10**/50; **15**/80
- Einfluss auf Innendämmung **10**/35
- Kerndämmung **84**/47
- Putz **89**/115
- Verblendschale **76**/109; **81**/108; **89**/55; **91**/57

Schlagregensicherheit **89**/35; siehe auch → Wassereindringprüfung
Schlagregensperre **83**/38
Schleierinjektion **99**/135; **07**/155
Schleppstreifen **81**/80; **91**/82; **05**/80
- Schlichtung **10**/1
- außergerichtliche **04**/09

Schlitzwand **09**/95
Schmutzablagerung **03**/77
Schmutzablagerung, Fassade; siehe auch → Fassadenverschmutzung **89**/27; **01**/39
Schnellestrich **10**/28
Schrumpfsetzung **90**/61
Schubverformung **76**/143

Schüttung, Schallschutz **88/121**
Schuldhaftes Risiko **84/22**
Schuldrechtsreform **02/01**; **02/15**; **06/122**;
  07/01
Schutzestrich **17/106**
Schutzlage **11/84**
Schweigepflicht des Sachverständigen **88/24**
Schweißbahn **11/67**
Schweißnaht, Dachhaut **81/45**
Schwelle **12/17**
Schwellenanschluss; siehe auch → Abdichtung,
  Anschluss **95/119**
  – Schwimmbad **88/82**; **99/72**; **07/93**
  – Klima **93/85**
Schwimmender Belag **85/49**
Schwimmender Estrich **78/122**; **88/121**
  – Schwindriss **85/38**; **97/101**
  – Estrich **04/147**
  – Holz **91/96**; **94/97**
Schwindverformung **76/143**; **78/65**; **78/90**;
  79/67; **89/75**; **98/85**; **04/29**; **04/62**
Schwingungsgefährdung **79/49**
Schwingungsgeschwindigkeit **90/41**
Sd-Wert WBFt **97/56**; **97/78**; **99/90**
Seekieferfurnierplatten **08/1**
Seekieferplatten **05/130**
Seitenkanalverdichter **07/117**
Sekundärtauwasser **87/60**; **93/38**; **93/46**
Selbstabdichtung **04/94**; **04/150**
Selbstheilung von Rissen **09/69**
Selbstreinigung, photokatalytische **08/74**
Setzungen; siehe auch → Erdberührte Bauteile,
  Gründung
  – Setzungen **78/65**; **78/109**; **85/58**; **90/35**;
    90/61; **90/135**; **01/20**; **01/27**
  – Bergbau **90/49**; **01/20**
Setzungsfuge **77/49**; **91/35**
Setzungsmaß **90/35**
Sicherheitskonzept **06/61**
Sicherheitsüberprüfung **06/70**
Sicherheit von Tragwerken **06/61**
  – Sichtbeton **06/38**; **06/129**
  – Machbarkeitsgrenze **06/38**
Sichtbeton **16/1**; **17/142**
Sichtbetonklasse **06/38**
Sichtbetonschäden **85/100**; **91/100**
Sichtmauerwerk; siehe auch → Verblendschale
  89/41; **89/48**; **89/55**; **91/49**; **91/57**; **96/49**;
  10/50
Sick-Building-Syndrom **97/56**; **01/76**
Sickerrinne **05/130**
Sickerschicht; siehe auch → Dränung
Sickerschicht **77/68**; **77/115**
Sickerwasser **83/95**; **83/119**; **99/105**; **99/121**;
  02/75
  – Simulation
  – hygrothermische **15/101**
  – Wärmebrückenberechnung **92/98**

Simulationsprogramm Raumströmung **92/65**
Sockel **12/81**
Sockelabdichtung **12/30**
Sockelanschluss **12/35**
Sockelhöhe **77/101**
Sockelputz **12/35**
Sockelputzmörtel **98/57**
Sockelzone **12/17**; **12/23**
Sogbeanspruchung; siehe auch
  → Windsog
Sogbeanspruchung **79/44**; **79/49**
Sohlbank **89/27**
Solaranlagen **17/23**
Solargewinne **95/35**
Solarhaus **95/35**
Soll-Beschaffenheit **14/10**
Sollfeuchte **94/97**
Sollrissfuge **07/66**; **07/79**
Sommerlicher Wärmeschutz **14/49**
Sonderfachmann **83/15**; **89/15**
Sondermüll **13/121**
Sonderprüfung **06/70**
Sonneneinstrahlung **87/25**; **87/87**; **98/92**
Sonnenschutz **80/94**; **93/108**; **98/92**
Sonnenschutzglas **87/87**; **98/92**
  – Sorgfaltspflicht **82/23**
  – Sachverständiger **03/06**
  – Sorption **83/21**; **83/57**; **88/38**; **88/45**;
    92/115; **94/64**; **94/79**; **01/95**; **07/40**
  – Holz **94/97**
  – Isotherme **13/64**
  – Therme **83/21**; **92/115**; **99/90**; **03/77**;
    07/40
Sozietät von Sachverständigen **93/17**
Spachtelabdichtung **88/72**; **99/72**; **99/105**;
  99/112
Spanplatte, Nassraum **88/72**; **88/88**; **99/72**
Spanplattenschalung **82/36**
Sparrenfeuchte **97/56**; **97/78**
Sperrbeton; siehe auch → Beton wasserun-
  durchlässig, WU-Beton
Sperrbeton **77/49**
Sperrbetondach **79/64**; **79/67**
Sperrestrich **77/82**
Sperrmörtel **77/82**
Sperrputz **76/109**; **77/82**; **83/119**; **85/76**;
  90/108; **96/105**; **98/57**
Spritzbeton Nachbesserung **81/75**
Spritzschutzstreifen **12/23**
Stahl **08/43**
Stahlbeton; siehe auch → Beton
  – Stahlleichtbaufassade **06/29**
  – Abweichung **06/29**
Stahlbetonbau **17/130**
Stahlleichtdach **79/38**; **79/87**
Stahltrapezdach **79/8**; **79/82**; **87/80**
Stand der Forschung **84/22**

Stand der Technik; siehe auch → Regeln der Bautechnik **78**/17; **79**/33; **80**/32; **81**/7; **82**/11; **03**/06; **03**/61
Standsicherheit **01**/27; **06**/70; **13**/87; **17**/130
Standsicherheitsnachweis **06**/61
Stauwasser; siehe auch → Druckwasser **77**/68; **77**/115; **83**/35; **99**/105
Steildach **86**/32; **11**/84
Steintreppen **10**/139
Stelzlager **86**/51; **86**/111
Stoßfuge, unvermörtelt **89**/75; **04**/29
Stoßlüftung **06**/84
Strahlungsaustausch **92**/90
Streitverkündung **93**/9
Strömungsgeschwindigkeit **82**/36
Structural glazing **87**/87
Sturmschaden **79**/44; **79**/49; **11**/32
Sturz **98**/77; **04**/143
Subsidiaritätsklausel **79**/14; **85**/9
Substrat **11**/84
Swingfog **16**/79
Symptom-Rechtsprechung **14**/10
Systemmangel **99**/13

Tagewerk **81**/31
Tapete **10**/83
Tatsachenfeststellung **04**/01
Taupunkttemperatur **75**/39; **98**/101
Tausalz **86**/76; **02**/50
 – Tauwasser **82**/63; **92**/65; **92**/90; **92**/115; **92**/125; **03**/41; **05**/74; **15**/139
 – Fenster **14**/145
 – Tauwasser, Dach **79**/40; **82**/36; **94**/130; **95**/142; **03**/41
 – Kerndämmung **84**/47
Tauwasserausfall **75**/13; **75**/39; **89**/35; **92**/33
 – Tauwasserbildung **87**/60; **87**/101; **87**/109; **88**/38; **88**/45; **92**/106; **03**/61; **03**/66; **04**/100
 – Außenwand **81**/96; **87**/101
Technische Güte- u. Lieferbedingungen TGL **93**/69
Technische Normen, überholte; siehe auch → Stand der Technik **82**/7; **82**/11
Temperaturdifferenz, Flachdach **81**/61
Temperaturfaktor FRSi **03**/61
Temperaturverformung **79**/67; **04**/38; **04**/62
Temperaturverhalten **01**/95
Temperaturverlauf, instationärer **89**/75; **03**/77
Terminüberschreitung **80**/24
Terrassentür **86**/57; **95**/119
thermische Konditionierung **13**/8
Thermoelemente **13**/43
Thermografie **83**/78; **86**/104; **90**/101; **93**/92; **99**/141; **01**/65; **01**/103; **03**/31; **13**/25; **13**/33
Tiefgarage **11**/170; **16**/61; **17**/106

Tiefgaragendecke **11**/166
 – Toleranzen **06**/15; **06**/129; **14**/10
 – Abmaße **88**/135
Tracergas-Verfahren **17**/160
Tragfähigkeit **06**/70; **13**/87
Transmissionswärmeverlust; siehe auch → Wärmeverlust; Wärmeschutz
Transmissionswärmeverlust **91**/88; **92**/46; **94**/35; **95**/35; **95**/55; **96**/31; **03**/15; **03**/31; **09**/183
Transparenzgebot **09**/148
Trapezprofile **81**/68
Traufe **86**/57
Traufplatte **12**/23
Trennlage **86**/51; **04**/62
Trennschicht **77**/89; **02**/41
Trennwandfuge **03**/41
 – Treppen **10**/139
 – außen **10**/132
 – Gefällegebung **10**/132
 – leicht **10**/119
 – massiv **10**/119
 – Regelwerke **10**/139
 – Treppenbelag
 – Dränung **10**/132
 – schwimmend **10**/119
Treppengeländer **10**/139
Treppenkonstruktionen **10**/119
Teppenpodest, entkoppelte Auflager **10**/119
Treppenraumwand, Schallschutz **82**/109; **03**/134; **03**/164
Treppensysteme, geregelt/ungeregelt **10**/139
TRK-Wert **94**/111
Trinkwasserleitung **08**/54
Trittschallschutz **78**/131; **82**/97; **82**/109; **88**/121; **03**/134; **03**/162; **09**/35; **10**/119; **16**/86
Trockenbaukonstruktion **06**/22
Trockenlegung, Mauerwerk; siehe auch → Bauwerkstrockenlegung **90**/121; **94**/79; **01**/111
Trocknung **05**/130
Trocknungsberechnung **82**/63
 – Trocknungsverfahren
 – technisches **94**/146
 – unseriöses **01**/111
Trocknungsschwinden, baupraktisches **10**/93
Trocknungsverlauf **94**/72; **94**/146; **04**/62
Trombe-Wand **84**/33
Tropfkante **87**/94; **98**/108
Türen; siehe auch → Haustüren; Wohnungstüren
Türschwellen **11**/120
Türschwellenhöhe **95**/119
TWD **96**/31

Register 1975–2017

UBA 17/154
Überdeckung, Dacheindeckung 84/104; 97/50
Überdruckdach 79/40
Übereinstimmungsnachweis 93/24; 96/56; 98/22
Übereinstimmungszeichen 05/15
Überlaufrinne 88/82
Überwachungspflicht 06/61
Überzähne 02/58
Ultrahydrophobie 08/74
Ultraschallgerät 90/101
Ultraschalluntersuchung 13/73
Umkehrdach 79/40; 79/67; 79/76; 86/38; 97/119; 11/67
Umnutzung 13/87; 14/133
Unfallverhütungsvorschriften 90/130
Unmittelbarkeitsklausel 79/14
Unparteilichkeit 78/5; 80/32; 92/20
- Unregelmäßigkeit
- hinzunehmende 06/129; 09/172
- optische 06/129
Unterböden 88/88
Unterdach 84/94; 84/105; 87/53; 93/46; 93/65; 97/50
Unterdecken 88/121; 97/50
Unterdruck Dach 79/49
Unterdruckentwässerung 05/64; 05/127
Unterestrichtrocknung 07/117
Unterfangung 01/27
Untergrundvorbehandlung 11/21
- Unterkonstruktion, Außenwandbekleidung 87/101; 87/109
- Dach 79/40; 79/87; 97/50
- metalleinged. Dach 79/101; 97/78
- Umkehrdach 79/76
Unterläufigkeit 11/21
Unterspannbahn 84/105; 87/53; 97/50; 03/147
Unterströmung 97/119
Untersuchungsaufwand 09/159; 13/25
Untersuchungsverfahren, technische 86/104; 90/101; 93/92
Unverhältnismäßigkeit 01/01; 03/147; 06/1; 06/122; 09/172
Unverhältnismäßigkeitseinwand 94/9; 99/13
Unwägbarkeiten 81/25
Urheberrecht 17/1
Urkundenbeweis 86/9
Ursachenanalyse 09/01
U-Wert Messung 13/43
U-Wert-Zunahme 03/21; 03/31
Ü-Zeichen 05/15; 05/90

VAE-Dachbahn 05/46
Vakuum Isolations Paneele 09/58; 15/109
Vakuumprüfung 99/141
VDI 4100 09/35; 14/27; 16/86
Vegetationstragschicht 11/84
Verankerung der Wetterschale 93/69; 03/21
- Verantwortlichkeit
- Abgrenzung 05/31
- Verblendschale; siehe auch → Sichtmauerwerk 89/27; 91/57; 98/77; 04/38; 10/19; 12/30
- Sanierung 89/55
- Verformung 91/49; 98/70; 04/38
Verbraucherberatung 09/142
Verbundabdichtung 07/93; 07/102; 09/84; 10/70, 14/76; 16/31; 17/58
Verbundbelag 04/119; 04/153
Verbundverlegung; siehe auch → Haftverbund 85/49; 04/62
Verbundestrich; siehe auch → Estrich
Verbundpflaster 86/76; 97/114; 97/119
Verdichtung, setzungssicher 97/56
Verdichtungsarbeiten 90/41
Verdunstung 90/91; 94/64; 03/41; 04/62
- Verformung, Außenwand 80/49
- Stahlbeton-Bauteile 78/90
- Türen 00/92
Verformung (Dach) 11/75
Verfugung; siehe auch → Fuge; Außenwand, Sichtmauerwerk 91/57
Vergelen 07/155
- Verglasung 80/94; 95/74; 15/51
- Schallschutz 95/109
- Wintergarten 87/87; 93/108; 96/65
Verglasungsklotz 06/100
Vergleichsvorschlag 77/7
Vergütungsprinzip 04/15; 04/26
Verhältnismäßigkeitsprüfung 94/9
Verjährung 76/9; 84/16; 86/18; 88/9; 90/17; 00/15
Verjährungsfrist 76/23; 77/17; 79/14; 97/17; 99/13; 02/01; 02/15; 08/1
Verkehrserschütterungen 90/41
Verkehrsflächen 12/144; 17/90
Verkehrssicherungpflicht 06/61
Verkehrswertminderung; siehe auch → Wertminderung
Verkehrswertminderung 90/135
Verklebung, Dachabdichtung; siehe auch → Bitumen; Abdichtung, Dach 82/44; 95/142
Verklebung, Luftdichtheitsebene 09/119
Verklotzung 87/87; 95/55
Versanden 77/68
Verschleiß, ästhetischer 08/22
Verschleißschicht 89/122

Verschmutzung; siehe auch → Schmutzablagerung, Fassade
Verschmutzung, Wintergarten **93**/108
- Verschulden des Architekten **89**/15
- des Auftraggebers **89**/21
- vorsätzliches **80**/7
Verschuldenfeststellung **76**/9
verschuldensabhängige Anspruchsverhältnisse **16**/116
Verschuldensbeurteilung **81**/25
Versickerung **97**/114
Versiegelung **78**/122; **04**/87
Vertragsabweichung **06**/122
Vertragsauslegung **14**/1; **14**/10
Vertragsbedingungen, allgemeine **77**/17; **79**/22; **94**/26
Vertragsfreiheit **77**/17
Vertragsrecht AGB **79**/22; **00**/69
Vertragsstrafe **77**/17; **99**/13
Vertragsverhältnis **05**/136
Vertragsverletzung, positive **84**/16; **85**/9; **89**/15
Vertreter, vollmachtloser **83**/9
Verwendbarkeitsnachweis **93**/24; **96**/56; **98**/22; **07**/61
Verwendungseignung **02**/01; **05**/01; **05**/121; **06**/1
Verzinkte Stahlrohrleitungen **08**/54
VHF; siehe auch → Hinterlüftung, Fassade VHF, vorgehängte, hinterlüftete Fassade **03**/21; **03**/152
VOB **91**/9
VOB/B **77**/17; **83**/9; **99**/13
VOB-Bauvertrag **85**/14
Vorhangfassade; siehe auch → VHF **87**/101; **87**/109; **95**/92
Vorlegeband, Glasdach **87**/87
Vorleistung **89**/21
Vorschriften, Harmonisierung **93**/24; **94**/17; **96**/56; **99**/65; **00**/72

Wand **15**/20
Wandabdeckung **15**/64
Wandanschluss, Dachterrasse **86**/57
Wandbaustoff; siehe auch → Außenwand **80**/49
Wandentfeuchtung, elektro-physikalische **81**/113
Wandkonstruktionen **09**/109
Wandorientierung **80**/49
Wandquerschnitt **76**/109
Wandtemperatur **82**/81
Wannenausbildung **86**/57; **99**/81
Warmdachaufbau; siehe auch → Dach, einschalig, unbelüftet; Flachdach
Warmdachaufbau **79**/87
Warme Kante **15**/139

Wärmebrücke **84**/59; **88**/38; **92**/33; **92**/46; **92**/84; **92**/98; **92**/115; **92**/125; **94**/35; **95**/35; **03**/15; **03**/21; **03**/66; **03**/77; **15**/80
- Beheizung einer **92**/125; **01**/95
- Bewertung **92**/106; **95**/55; **03**/21; **09**/51
- Dach **79**/64
- erdberührte Bauteile **12**/81
- geometrische **82**/76; **92**/90; **03**/31
- Nachweis **01**/10; **03**/31
- Schadensbilder **92**/106; **98**/101
Wärmebrückenverlustkoeffizient **03**/31
Wärmedämmende Anstriche **15**/109
Wärmedämmputz **00**/100
Wärmedämmung; siehe auch → Dämmstoff, Wärmeschutz
- Wärmedämmung **80**/57; **93**/69; **09**/51; **09**/58; **11**/161
- Außenwand, nachträgliche **81**/96; **00**/48
- durchfeuchtete **86**/23; **86**/104; **94**/130
- Fehlstellen **91**/88; **03**/21; **04**/50
- geneigtes Dach **87**/53; **97**/56; **00**/48
- Keller **81**/113
Wärmedämmverbundsystem **85**/49; **89**/95; **89**/109; **89**/115; **98**/40; **98**/101; **07**/20; **13**/101; **13**/108; **13**/115; **13**/121; **14**/140; **15**/40; **17**/6
- Brandschutz **04**/143; **16**/1
- Diagonalarmierung **04**/50; **04**/143
- hinterlüftetes **01**/50
- Instandsetzung **98**/50; **04**/50
- Riss **04**/50; **04**/143
- Recycling **13**/101
- Reparierbarkeit **13**/101
- Sockelausbildung **12**/35
- Überdämmen **13**/105
- Überputzen **13**/105
Wärmedurchgang **95**/55
Wärmedurchgangskoeffizient **82**/54; **82**/76; **06**/15
Wärmedurchlasswiderstand **82**/54; **82**/76; **82**/109
- Wärmegewinn
- verlust **80**/94; **95**/55
- solarer **94**/46
Wärmeleitfähigkeit von Dämmstoffen **15**/109
Wärmeleitfähigkeitsmessung **83**/78
Wärmeleitzahl **82**/63
Wärmeleitzahländerung **76**/163
Wärmeplatten **07**/117
- Wärmerückgewinnung **82**/81; **92**/42; **92**/54; **92**/64
- Dach **79**/40
Wärmeschutz **80**/94; **80**/113; **82**/81; **87**/25; **87**/101; **94**/64; **11**/21; **11**/120; **11**/146; **13**/43; **14**/49; **15**/20; **16**/1; **16**/21
- Baubestand **96**/31; **96**/74; **00**/33; **01**/10

- Baukosten **80**/38
- Bautechnik **80**/38
- Dach **79**/76; **97**/35; **97**/119; **11**/41
- Energiepreis **80**/44; **80**/113
- erhöhte Anforderungen 1980 **80**/38
- im Hochbau DIN 4108 **82**/54; **82**/63; **82**/76; **00**/33
- Innendämmung **10**/50
- sommerlicher **93**/108
- temporärer **95**/135

Wärmeschutzanforderungen **11**/161
Wärmeschutzberechnung **12**/81
Wärmeschutzverordnung 1982 **82**/54; **82**/81; **92**/42; **94**/35
Wärmeschutzstandard **11**/172
Wärmeschutzverordnung 1995 **00**/33
Wärmespeicherfähigkeit **84**/33; **87**/25; **88**/45; **94**/64
Wärmestau **89**/109
Wärmestromdichte **83**/95; **92**/106; **94**/64
Wärmeströme **95**/55
Wärmestrommesser HFM **13**/43
Wärme- und Feuchtigkeitsaustausch **88**/45; **94**/64; siehe auch → Sorption
Wärmeübergangskoeffizient **92**/90
Wärmeübergangswiderstände **82**/54; **03**/31; **03**/77
Wärmeübertragung **84**/94; **00**/48
Wärmeverlust Fuge **83**/38; **95**/55; **97**/35; **01**/71; **03**/152
Warmwasserleitungen **08**/54
- Wartung **05**/64; **05**/111; **11**/21
- Fugen **05**/130

Wasser, Zustandsformen **07**/40
Wasserabgabe **04**/94; **04**/100
Wasserableitung **89**/35; **97**/50; **97**/63; **98**/108
Wasserabweisung; siehe auch →
Imprägnierung **89**/122; **98**/57
- Wasseraufnahme, Außenwand **82**/91; **94**/79
- Grenzwert **89**/41
- Wasseraufnahme, kapillare **83**/57; **96**/105; **01**/95; **01**/96; **04**/62; **04**/94; **04**/100; **04**/150
- -abgabe **89**/21

Wasseraufnahmekoeffizient **76**/163; **89**/41
- Wasserbeanspruchung **83**/85; **90**/69; **90**/108; **99**/72; **99**/105; **07**/40; **07**/66; **14**/84
- Einstufung **11**/120

Wasser-Bindemittelwert **89**/87
Wasserdampfdiffusion; siehe auch
→ Diffusion
Wasserdampfdiffusion **75**/39; **83**/57; **88**/45; **89**/109; **93**/85; **07**/40; **12**/50
Wasserdampfkondensation **82**/81

Wasserdampfkonvektion **07**/40
Wasserdampfmitführung **87**/30; **87**/60; **91**/88; **93**/85
Wasserdampfstrom, konvektiver **87**/30; **87**/60; **91**/88; **93**/85
Wasserdurchlässigkeitsbeiwert **99**/59; **17**/41
Wassereindringtiefe **83**/103; **99**/90; **02**/70; **04**/94
Wassereindringprüfung (Karsten) **89**/41; **90**/101; **91**/57
Wassereinwirkungsklassen **15**/123; **15**/131; **16**/31; **17**/33; **17**/41; **17**/90
Wasserführung **12**/17
Wasserlast **79**/38
Wasserpumpe **81**/128
- Wasserspeicherung **07**/40
- Außenwand **81**/96; **83**/21; **83**/57; **98**/108; **10**/35

Wasserspeier **12**/23
Wassertransport; siehe auch → Feuchtetransport
Wassertransport **76**/163; **83**/21; **89**/41; **90**/108; **99**/90; **99**/127; **04**/94; **04**/100; **04**/103; **04**/150; **07**/40; **10**/35
- Wasserzementwert **83**/103; **02**/70
- Betonoberfläche **02**/88

Wasserwirtschaft **17**/49
Weiße Decke **11**/166
Weiße Wanne; siehe auch WU-Beton **83**/103; **91**/43; **07**/09; **11**/75; **14**/84; **17**/121
Weisungsrecht des Gerichtes **13**/16
Wennerfeld-Gerät **01**/103
Werbung des Sachverständigen **88**/24
Werkleistung **06**/1
Werkunternehmer **89**/21
Werkvertrag **07**/125; **10**/7; **13**/1; **16**/135
Werkvertragsrecht **76**/43; **77**/17; **78**/17; **80**/24; **99**/13; **00**/15; **01**/05; **02**/01; **07**/01; **16**/116
- Wertminderung; siehe auch → Minderwert **01**/01; **06**/129
- Betonwerksteinplattenbelag **04**/119

Wertminderung, technisch-wirtschaftliche **78**/48; **81**/31; **90**/135
Wertsystem **78**/48; **94**/26
Wertverbesserung **81**/31
Widerstandsklassen **15**/147
Winddichtheit **93**/92; **93**/128; **97**/56; **01**/65; **01**/71; **09**/109
Winddruck/-sog **76**/163; **79**/38; **87**/30; **89**/95; **97**/119
Windlast **79**/49; **05**/58
Windlastnorm **05**/58
Windsog an Fassaden **93**/29
Windsogsicherheit **05**/111
Windsogsicherung **05**/127; **08**/30; **11**/32

Windsperre 87/53; **93**/85; siehe auch →
  Luftdichtheit → Winddichtheit
Windverhältnisse **89**/91
Winkeltoleranzen **88**/135; **02**/58
Wintergarten **87**/87; **92**/33; **93**/108; **94**/35;
  96/65
Wirtschaftlichkeit **13**/8
Wohnfeuchte **96**/78
Wohnhygiene **09**/51
Wohnungslüftung **80**/94; **82**/81; **92**/54; **97**/35;
  01/59; **01**/76; **03**/113; **07**/20; **11**/132;
  11/146; **11**/172
Wohnungstrennwand **82**/109; **03**/134
Wohnungstüren **00**/92
Wundermittel, elektronisches **01**/111
Wurzelschutz **86**/93; **86**/99
WU-Beton **10**/19; siehe auch → Beton,
  wasserundurchlässig; Sperrbeton; Weiße
  Wanne
WU-Beton **83**/103; **90**/91; **91**/43; **97**/101; **99**/81;
  99/90; **02**/70; **02**/84; **02**/84; **02**/88; **03**/127;
  03/164; **04**/94; **04**/100; **04**/103; **04**/150;
  07/40; **07**/66; **07**/79; **07**/162; **07**/169;
  09/183; **17**/111; **17**/96
WU-Beton, Leistungsgrenzen **09**/69
WU-Dach **11**/75
WUFI **09**/188
WU-Richtlinie **07**/79; **11**/78; **11**/166; **17**/96;
  17/121
Wurzeln **11**/166

XPS-Dämmstoffe **09**/58
XPS-Dämmstoffplatten **12**/92

ZDB-Merkblatt **07**/93
Zellulose-Dämmstoff **97**/56
Zementleim **91**/105
Zertifizierung **94**/17; **95**/23; **99**/46
Zeuge, sachverständiger **92**/20; **00**/26
Zeugenbeweis **86**/9
Zeugenvernehmung **77**/7
Zielbaummethode; siehe auch → Nutzwert-
  analyse **98**/9; **98**/27; **06**/29; **06**/47; **06**/122
Ziegelmauerwerk **10**/100
Zink **08**/43
Zitatrecht **17**/1
Zivilprozessrechtsreform **04**/01
ZSEG; siehe auch → Entschädigungsgesetz
  92/20; **97**/25; **99**/46; **00**/26; **02**/15
ZSEG; siehe auch → JVEG **04**/15; **04**/139
ZTV Beton **86**/63
Zugbruchdehnung **83**/103; **98**/85
Zugspannung **78**/109; **02**/41
  – Zulassung
  – bauaufsichtlich **87**/9; **00**/72
  – behördliche **82**/23
Zulassungsbescheid **78**/38
Zuverlässigkeit **08**/16; **15**/131; **17**/27
Zwangskraftübertragung **89**/61
Zwängungsbeanspruchung **78**/90; **91**/43;
  91/100
zweischaliges Flachdach **11**/67
zweischaliges Mauerwerke **15**/80

Printing: Bariet Ten Brink, Meppel, The Netherlands
Binding: Bariet Ten Brink, Meppel, The Netherlands